数字化实验室仪器设备接口集成技术研究

主　编◎张彦彬
副主编◎王兆君　刘　丹　苏　杨

中国科学技术大学出版社

内 容 简 介

本书为国家重点研发计划“国际贸易重要食品的安全侦查与风险监控实验室应用示范”项目(2019YFC1605400)研究成果。本书聚焦数字化实验室的仪器设备接口技术和实验室信息管理系统,对关键技术和集成应用进行深入研究,具体包括数字化实验室的概念及其发展历程、实验室仪器设备管理与接口技术、LIMS开发与应用、信息系统建设与集成、实验室相关标准、数据安全管理、大数据技术等内容。

本书可供实验室、信息化、系统集成与项目管理等领域的管理者、研究人员、开发人员以及高校相关专业的学生参考使用。

图书在版编目(CIP)数据

数字化实验室仪器设备接口集成技术研究/张彦彬主编. —合肥:中国科学技术大学出版社,2023.3

ISBN 978-7-312-05608-6

Ⅰ.数… Ⅱ.张… Ⅲ.① 实验室仪器—实验室管理—研究 ② 实验室设备—实验室管理—研究 Ⅳ.G311

中国国家版本馆CIP数据核字(2023)第028759号

数字化实验室仪器设备接口集成技术研究

SHUZIHUA SHIYANSHI YIQI SHEBEI JIEKOU JICHENG JISHU YANJIU

出版 中国科学技术大学出版社
安徽省合肥市金寨路96号,230026
http://press.ustc.edu.cn
https://zgkxjsdxcbs.tmall.com

印刷 安徽省瑞隆印务有限公司

发行 中国科学技术大学出版社

开本 710 mm×1000 mm 1/16

印张 21

字数 444千

版次 2023年3月第1版

印次 2023年3月第1次印刷

定价 98.00元

编 委 会

顾　问　李志勇

主　编　张彦彬

副主编　王兆君　刘　丹　苏　杨

编　委（以姓氏笔画为序）

王　芳　王　颖　王菊飞　包先雨　全　泉

巩兴盛　刘世明　杜利民　李　静　李伦立

李嘉敏　吴　柯　何王福　何洪兴　张金平

陈　泳　陈华举　陈志丹　林俊伟　周锦顺

郑俊超　徐敦明　梁茵茵　葛晓瑜　綦佩妍

蔡伊娜

序　一

党的十九届五中全会提出要坚定不移地建设制造强国、质量强国、网络强国、数字中国。检验检测行业是为实体经济服务的高技术服务业、科技服务业和生产性服务业,被视为国家质量提升、助力实体经济转型升级的重要支撑。检验检测行业数字化转型既是服务于我国数字经济发展和产业质量提升的现实需要,也是检验检测行业做大做强的必由之路。本书以数字化实验室设备接口集成技术研究为突破口,结合数字化实验室的定位、目标,设计了一套系统架构体系以及实验室管理信息系统,并结合实际案例进行分析,以期抛砖引玉,促进经验交流,共同推动行业技术升级。

2006年联合国工业发展组织(UNIDO)和国际标准化组织(ISO)正式提出国家质量基础设施(National Quality Infrastructure,NQI)的概念,将计量、标准化、合格评定并称为国家质量基础的三大支柱。其中,合格评定包括检验检测和认证,检验检测是国家质量基础设施的重要组成部分。

我国经济社会已进入高质量发展阶段,全社会对产品质量安全、生态环境保护、维护市场公平竞争等提出了更高的要求,检验检测服务在经济和社会发展中发挥着越来越重要的作用。社会中的许多决策需要科学有效的数据和信息作为基础,而这些数据和信息需要通过检验检测的方法获得。检验检测利用数字技术进行全方位、多角度、全链条改进,实现行业在各个层面的数字化、网络化、信息化发展,发挥数字技术对检验检测技术发展、质量保证的作用,从而更有效地提升社会公众对检验检测服务行业的信任度和满意度,促进检验检测行业的高质量发展。同时,检验检测的数字化还可以有效地助力政府和行业监管,通过深化数字技术,实现智慧监管。

随着经济的发展和技术的进步,数字化转型是传统产业实现质量变革、效率变革的必由之路。归根结底,我们应深刻洞悉数字化带来的优势和潜力,结合自身能力提升的需求,统筹规划,科学实施,抓住数字化转型的机遇,实现跨越式发展。

对于检验检测机构,数字化是提升工作效率和竞争力的有效手段和重要工具。越来越多的机构认识到数字化对于业务模式创新、服务效率提升的重要意义。通过数字化数据采集技术,能够追溯数据产生的环境、设备、人员、方法、条件,减少人为干预,还原检测数据产生的场景,极大地提升数据的可信度。

对于监管部门,数字化是提升监管效率的重要举措和抓手。从数字化监管的角度来看,数字化转型能够实现数据溯源功能,有利于监管部门开展事中、事后监管,通过检验检测报告查询过程数据和原始数据,为数字化监管提供依据。

对于企业和公众,数字化加深了两者之间的信任。通过数字化转型,企业与公众不仅能够及时获得检验检测机构为服务方提供的检验检测报告,还可获得相应的数据分析服务和数据溯源及产品溯源,真正做到让公众买得放心、用得放心、吃得放心。

如今,检验检测数据与“大智移云”相结合,成为了数字化实验室发展的主旋律。如何在广泛应用各种自动化大型分析仪器的同时,对产生的海量数据进行跨部门、跨层级、跨地区共享、分析与及时响应;如何建立一整套实验室信息化标准流程和技术路径,解决自身存在的问题,优化工作路径,提升数据分析能力,提高数据共享效率,聚合实验管理效能,已经成为现阶段检验检测机构面临的现实问题。

本书结合实际工作实践,详述了检验检测机构实验室信息化的发展历程、实验室信息管理系统(LIMS)的基本知识、技术框架等,列举了具有代表性的实际案例及应用情况分析。相信本书会在如何整合设备资源、技术资源和人力资源以及建设 LIMS 方面,给予检验检测机构和相关人员一些全新的启发。

生　飞

中国检验检测学会常务副会长

2022 年 10 月于北京

序　二

随着人们产品质量意识的提升，检验检测数据比以往更需要进行严格审查，这成为合规实验室的管理重点。一个优秀的检验检测管理平台，可以实现实验室人（人员）、机（仪器）、料（样品、材料）、法（方法、标准、质量）、环（环境、通信）的全面资源管理。检验检测数字化转型，需要一套完整的检验综合管理和产品质量监控体系，以满足日常管理的要求，保证检验分析数据得到严格的管理和控制，全面优化实验室的检验管理工作，显著提升实验室的工作效率和生产力，提高质量控制水平。

实验室信息管理系统是实验室完成复杂过程管理的强大工具，它能提升实验室与企业的协同能力。软件平台是基于网络技术的成熟的LIMS（实验室信息管理系统），是为科研和企业等多种类型的实验室专门设计的。LIMS实现了全面的报告、监督和网络功能，把独立的商业过程集成到一个单一的、统一的平台上，大大增强了数据管理和实验室内部及企业间的数据共享能力。

实验室信息管理系统是基于网络的协同工具，它是企业业务系统的一个必要组成部分。通过与其他系统的无缝链接，实验室信息管理系统可为其他软件系统或者个人提供决策分析所需要的质量数据，根据组织类型的不同，实时检验数据帮助组织提升质量管理，如当原材料检验不合格时，及时采购其他原材料；在完成最终产品的质量检验后，加快货运速度；执行实时产品召回；帮助公共卫生行业提高预警能力。

本书系统介绍了数字化实验室仪器设备接口集成技术，对于检验检测实验室的专业技术人员、实验室人员、质量管控人员、统计分析人员具有重要的参考价值。

汪东升
清华大学计算机科学与技术系教授
2022年10月于北京

序　三

对于实验室而言，数字化转型是指运用新一代数字技术，促进实验室战略、业务、研发、管理、服务、财务、供应链等的转型与升级，实现实验室活动所需的人员、设施环境、仪器设备、计量溯源系统及外部支持服务等的数字化管理与运维，确保实验室检测或校准结果的正确性和可靠性。因此，实验室的数字化转型，其核心是支撑实验室形成有价值的数字资产，即可信任的数据，并最终赋能价值的过程。

数字化转型对于实验室转型发展的重要性是无可辩驳的。数字化转型不是目的，实验室的生存和发展才是最终目标。转型首先要“转心”，只有转变思维方式，才能驱动业务创新，完成变革。只有颠覆性创新，才能破旧立新。

新冠肺炎疫情期间，数字经济展现了较强的抗风险能力和发展韧性，检验检测数字化转型势在必行。一方面，数字化转型降低了检验检测机构的人工成本，提升了数据信用度，创新了业务模式，有利于提升用户体验，提高工作效能和核心竞争力；另一方面，其数据溯源的特性有利于加强行业自律，提高监管部门的监管效率。

检验检测数字化转型，可以加速推进检验检测业务跨区域发展。借助数字化实验室开放生态、连接一切、跨界融合的特点，客观全面地呈现检验检测认证行业的现状，推动资源优化整合。一方面，有助于数据分析、数据运营和数据赋能，不仅可实现“让数据多跑路，让用户少跑腿”，还能实现数据利用最大化，使主管部门和企业用户的决策更精准；另一方面，有助于投资方认清行业风险，有效规避风险，避免蜂拥而上，同时也避免了重复认证的问题。相应地，搭建检验检测数字化实验室亟须专业的数字化供应链，保障数字化转型服务供给，同样需要平台开发商深入探究检验检测的行业特性和数字化转型的要求，解决检验检测行业与信息化技术的数据安全、数据融合、知识框架化等瓶颈问题，加强数据的安全保障。

鉴于检验检测行业与质量、民生以及监管密不可分，检验检测的数字化绝不能局限于机构内部，必须从行业整体及产业链上下游加以充分考虑。

检验检测有助于经济数字化形成新供给。检验检测是生产制造、科技研发、商贸流通、航运物流、专业服务、农业等领域的重要组成部分。因此，实验室的数字化转型，应考虑与上下游产业的贯通发展，尤其在推进生产、研发和贸易方面，检验检测的数字化转型将有助于提升产业链、供应链的安全性、稳定性。

检验检测有助于生活数字化满足民生保障新需求。数字化民生保障，在公共卫生、健康、教育、司法等领域，与检验检测息息相关。实验室在推进数字化转型的过程中，应充分考虑在智慧医院、数字校园、疾控服务、司法鉴定等一批数字化示范场景中的参与与融合。

检验检测有助于治理数字化优化新环境。在深化“一网统管”建设，聚焦公共安全、应急管理、规划建设、城市网格化管理、交通管理、市场监管、生态环境等重点领域时，检验检测行业十分重要。因此，实验室的数字化转型，要优先考虑态势全面感知、风险监测预警、趋势智能研判、资源统筹调度、行动人机协同等方面的诉求。

本书充分利用数据安全、数据融合、知识框架等知识，通过信息集成、数据挖掘、人工智能等技术，阐述了实验室数字化转型，为读者提供了可实践的应用场景，期望能为广大读者拓展数字化实验室建设规划的思路与视野。

李志勇
广州海关技术中心二级研究员
2022年10月于广州

前　言

当看到《数字化实验室仪器设备接口集成技术研究》这个书名时，读者自然可以想到，本书的研究对象是实验室仪器设备接口，实验室是数字化的实验室，聚焦的是接口集成技术。事实上，本书所涉及的内容并不局限于此。本书以仪器设备接口为切入点，为读者展示了数字化实验室的发展历程、技术平台和系统架构，信息系统建设与应用，仪器设备接口集成技术，仪器设备相关标准，数据安全管理，大数据技术和数字化实验室发展与挑战等丰富多彩的内容。

当然，本书只对专业领域的一个分支进行研究，所以必然无法实现实验室相关内容的全覆盖。同时，仪器设备接口集成技术需要较多的前置知识，读者如果没有这些知识储备和工作经验，阅读相关章节会比较吃力。同时，读者可以循着相关章节找到更多实用的、有价值的信息，这些信息来源于笔者的工作实践，来源于参考文献，来源于互联网，相关资料也经过了团队的筛选、验证和内化整理。

本书与实验室信息管理系统建设密切相关，适用于 LIMS 的项目管理者、开发团队和运维团队。书中包含了相关标准、数据安全、大数据技术和数字化实验室等内容，适用于对数字化实验室工作感兴趣并乐于深入研究的行业同仁。本书附有相关案例，对数字化实验室仪器设备接口与 LIMS 集成建设具有一定的指导意义和可借鉴性。

全书共分为八章，具体内容如下：

第一章是“数字化实验室的发展历程”。本章首先对检验检测实验室的发展历程进行回顾，由此引出并重点介绍数字化实验室的发展历程。然后，介绍在当前的发展条件下实验室在数字化进程中面临的挑战。最后，讲述数字化实验室建设的必要性。对于有一定工作经验的读者，这个章节可以跳过或者泛读。

第二章是“数字化实验室技术平台和系统架构”。本章开始进入专业知识领域，为读者介绍数字化实验室一体化平台的体系架构、技术架构、部署架构，探讨如何有效地进行实验室数字化转型、构建数字化实验室技术平台。本章有很多行之有效的方法可以借鉴，也有目前比较主流的系统架构的介绍，建议读者仔细阅读这部分内容。

第三章是“数字化实验室信息管理系统建设与应用”。本章为读者介绍了实验室信息管理系统(LIMS)的建设目标及原则，详细讲述了LIMS的功能和生命周期，为LIMS的建设提供基本的指导方向、功能参考和流程指引。同时也向读者展示了具有代表性的LIMS实际案例及应用成果。

第四章是“数字化实验室仪器设备接口集成技术”。本章是全书的技术难点，也是最为重要的章节。仪器设备与LIMS的集成在很多年来一直是行业内的痛点，要解决好这个问题，不仅需要有专业的技术团队与合作方，还需要投入一定量的资金，更需要数月的建设周期。本章包含了两个方面的研究内容，一是仪器设备数据采集方案；二是仪器设备数据生命周期。

第五章是“实验室仪器设备相关标准”。本章首先介绍了国标、行标、地标、团标和国际标准，然后对标准中与实验室仪器设备相关的部分进行重点解读。本章还介绍了与LIMS相关的标准，阐述了标准在LIMS建设和实验室仪器设备接口集成技术中的作用。本章可以作为读者了解和运用标准的一个入口，若想获得更加丰富多彩的专业知识，读者可以根据本书的参考文献查找最新的资料。

第六章是“仪器设备数据安全管理”。本章内容是比较容易被忽略的。在LIMS和实验室的日常工作中，这个部分往往没有得到足够的重视。而这恰恰是实验室精细化管理不可或缺的重要一环。本章将从数据安全入手，共同探讨如何做好仪器设备数据安全管理，详细介绍数据安全技术。

第七章是“实验室仪器设备大数据技术”。时至今日，大数据这个概念已经深入人心。对于运行多年的大型综合性实验室，对其数据的管理和应用，确实可以采用大数据的理念模式。本章介绍了大数据的概念，研究了仪器设备的数据挖掘技术，借助实例来展示如何用大数据思维进行仪器设备数据分析。本章内容还涉及人工智能和数据可视化等信息化领域的专业技术。

第八章是“数字化实验室发展与挑战”。虽然实验室仪器设备越来越高精尖，信息化技术也发展迅猛，但是实验室的工作现状并不容乐观。本章将重点剖析数字化实验室面临的各种挑战。我们将从LIMS国产化与定制开发、实验室仪器设备国产化、实验室领域的标准规范等方面展开研讨。在本章的最后，笔者对数字化实验室的未来进行了展望。

本书完成于2022年，书中引用的参考文献、论文、标准和网络资料等也在此时间之前，请读者在后期阅读中留意相关文献的日期，注意查阅对照最新的文献资料。科技的发展日新月异，当前行之有效的方法也可能在未来被新技术取代，虽能"按图索骥"，但请勿"刻舟求剑"。本书部分资料借鉴了互联网上可公开查阅的匿名作者的资料，渠道来源不一，在此一并致谢，恕不再特别注明出处。

本书由张彦彬主编，副主编为王兆君、刘丹、苏杨，顾问为李志勇，编委由张金平、王菊飞、陈华举、李静、包先雨、陈泳等多个单位的多位专业人员共同组成。

本书在编写过程中得到了各个领域多位专家的鼎力相助和热心支持，他们为本书提出了诸多宝贵的意见和建议。本书出版得到了国家重点研发计划(2019YFC1605400)的资金支持。同时，编委团队成员也得到了各相关单位领导和同事的大力支持与帮助，在此一并表示感谢！

由于编者水平有限，书中难免存在不妥和疏漏之处，恳请广大读者批评指正、不吝赐教。也欢迎对本书内容感兴趣的读者与我们作进一步的沟通与交流。

编　者

2022年10月

目　　录

第一章　数字化实验室的发展历程

近20年来，数字化和物联网技术为所有行业和机构的管理革命打开了大门，这一过程同样也在实验室领域产生作用。

在这近20年中，在实验室管理信息化逐步成熟的前提下，越来越多的实验室开始考虑如何利用技术创新和数据分析来优化实验室管理、改进技术架构、提高使用者的体验感以及为实验室的未来发展储备技术优势。

在此趋势下，不断有数字化技术在不同的实验室中被使用，并为这些实验室带来了或大或小的改变，而数字化实验室的概念也相应产生。在各个行业进行数字化转型的过程中，各个领域实验室的先行者也在顺应业务的变化趋势，进行着各种各样的数字化转型探索，共同推开了数字化实验室的大门。

第一节　检验检测实验室的发展历程

大多数读者在看到“实验室”三个字的时候，往往首先想到的是那些耳熟能详的研发实验室：

有历史上产出过重要成果的个人研发实验室，如伽利略、拉瓦锡在自己的私人实验室进行个人研究。

有依托优秀人才资源进行能力传承的大学实验室，如久负盛名的剑桥大学卡文迪许实验室、依托于湖南杂交水稻研究中心建设的实验室、依托于武汉大学建设的杂交水稻国家重点实验室、依托于中国科学技术大学合肥微尺度物质科学国家研究中心建设的实验室等。

有研发各类产品的企业实验室，如发明了电话的贝尔实验室、支撑起计算机商业帝国的IBM研究实验室、主导华为各类软硬件研究与基础学科研究的2012实验室等。

更有各类国家资源支撑以进行更尖端科研的国家实验室，如培养了5位诺贝尔物理学奖得主和4位诺贝尔化学奖得主的劳伦斯伯克利国家实验室，反复刷新核聚变运行时长的中国科学院合肥物质科学研究院，因粒子对撞机引发学界内外高度关注的中国科学院高能物理研究所等。

除此之外，另一类实验室虽然不能给民众带来太多谈资，却广泛存在于社会中，实实在在地影响着民众生活的方方面面，这就是检验检测[①]实验室。

检验检测实验室虽然并不进行前沿科学技术研究或基础理论研究，很少产出改变世界的创新成果，但这类实验室通过不断提升它们的检测能力，推动各类生产制造领域的质量不断提升，促进研发创新不断发展，为我们的生命健康、人身安全、环境保护保驾护航。检验检测实验室的影响力因此得以渗透到社会生产和生活的各个层面和环节。

检验检测市场依托于经济全球化的发展得到了几乎同步的飞速扩展，其发展水平与贸易活跃程度呈高度正相关。由于欧美等国家的海上贸易起步很早，在经过了百年的发展后，海外检验检测市场顺应着各个时期世界商品经济贸易需求的变化趋势，不断进行领域扩张，目前已经基本进入了成熟阶段。总的来说，主要经过了以下几个发展阶段。

一、一战前——检验检测行业的产生期

在第一次工业革命以前，几乎所有商品（如农产品与手工制品）都是通过人力进行生产加工的，由于生产力低下，这种商品的生产流通的数量和范围都极为受限。随着第一次工业革命中蒸汽机与各类工业机器的出现和广泛应用，交通运输业、纺织业、煤炭钢铁行业的生产力得到了极大的提升，商品的贸易规模也得以同步提升。刚兴起的粮食、船舶、贸易保障等早期贸易市场让国际航运进入了快速发展阶段，工业化的产品生产力以势如破竹之力席卷整个欧洲，对小农经济产生了降维打击之势。数不清的制造公司、贸易公司如雨后春笋般破土而出。这一次生产力的变革改变了生产关系和贸易方式。在此期间，各类贸易纠纷、质量纠纷、安全纠纷也随之出现。1903 年，英国开始依据英国工程标准协会（BSI）制定的标准，对经检验合格的铁轨产品实施认证并加注“风筝”标识，成为早期的产品认证制度。到了 20 世纪 30 年代，欧美日等工业国家和地区都相继建立了当地的认证认可制度，特别是针对质量安全风险较高的特定产品，纷纷推行强制性认证制度。为顺应此类需求的出现，企业的生产质量检验检测实验室和具有公信力的第三方检验检测实验室应运而生，现在的行业巨头 SGS、BV、天祥等巨型跨国检验检测集团也纷纷建立。

其中，SGS 在 1878 年成立于法国鲁昂，前身是法国谷物装运检测所，以粮食检测业务起家；1939 年，SGS 通过并购欧洲的实验室开展金属矿物检测业务，同时进入了南美洲的农业检测市场。

---

① GB/T 27000—2006《合格评定　词汇和通用原则》中对检验的定义为：审查产品设计、产品、过程或安装并确定其与特定要求的符合性，或根据专业判断确定其与通用要求的符合性的活动。而检测的定义是按照程序确定合格评定对象的一个或多个特性的活动。

历史悠久的BV于1828年成立于比利时，其最初的使命是为运输保险商提供船舶和设备状况信息；1910年，BV将检测技术应用至汽车行业，成为汽车检测这一新兴行业的开拓者；1920年，BV通过提供金属零部件和设备的检测服务，将业务扩张至铁路与建材领域。

此时，由于科技发展水平不高，检验检测设备基本用于简单的物理化学生物测试，比如成分分析主要采用基于热力学和四大化学平衡理论的基本化学分析法，精密度和准确度主要依赖于天平性能的提升；力学测试、电性能测试、可靠性测试等很多物理测试则与当前的检验检测设备没有原理上的区别，仅在易用性、准确性、精密度、稳定性上存在量的差距；基于光学显微镜和革兰氏染色法的微生物鉴定与检验检测此时也已趋于成熟。

而在19世纪，信息化则处于洪荒时期，在1906年发明电子管之前，各实验室主要通过纸质计算或使用机械式计算器进行数据的计算。

二、两次世界大战期间——沉寂期

两次世界大战期间，世界局势动荡不安，世界贸易市场遭到大幅度冲击，对检验检测服务的需求也极速降低，检验检测实验室的业务进入了一段时间的沉寂期，没法像战前一样继续增长。因此市面上的检验检测实验室也开始走出舒适圈，拓展新的检验检测领域与业务范围。

其中，SGS依赖原有的检测能力，通过为同盟国军队提供消费品检测服务正式进军消费品检测领域，并将业务拓展至21个相关国家，顺应市场需求的变化获得了飞速的发展。

1866年成立的TUV从蒸汽锅炉检测起家，具备蒸汽设备、电力设备、电梯的检测能力，在两次世界大战期间积极拓展了活动结构、环境方面的检验检测业务。

此时，信息化则迎来了萌芽期。在两次世界大战期间，基于军事需求发展起来的电子技术与检验检测技术开始快速成熟，物理学也得到了飞速发展。在检测技术方面，电磁兼容检测、声学检测等对军事有较大帮助的检测技术逐渐得到普及；同时在化学分析方面，各种仪器分析方法的发展也非常迅速，全面改变了以化学分析为主的局面。

在计算机方面，机械计算设备的发展达到了巅峰，二战中德军的加密机“Enigma”及盟军解密机“炸弹”的故事，被搬上了大荧幕为世人所知；电子管计算机也在1946年初现雏形。沉寂中的检验检测实验室默默扩展着业务领域，即将感受到计算机这个新生事物给行业带来的深远影响。

三、二战后至2000年——复苏期

二战后的1950～2000年，世界进入漫长的和平年代，战后各个主要市场开始重建,并逐渐恢复经济的高速增长,逐渐建立起全球化经济。随着各国基建实力的不断加强,建筑、机械、石油化工产业等相关行业得到了飞速发展,而检验检测实验室的发展也正式迎来了新的春天。

(一) 国外发展

两次世界大战后,澳大利亚于1946年成立了世界上第一个实验室认可组织——澳大利亚国家检测机构协会(NATA),首先对实验室进行认可。在进行实验室认可的过程中,NATA初步总结了10个对实验室检验一致性造成重大影响的因素:仪器设备、环境条件、人员素质、对样品的管理、测试方法、人员职责、记录的结果、承受压力的能力、外部对实验室的服务、文件化的程序和文件管理。这也成了后续实验室进行质量管理及认可组织对实验室能力进行认可的基础质量要素。

20世纪70年代以前,各国开展的认证活动都以产品认证为主,1980年,国际标准化组织(ISO)出版了《认证的原则与实践》一书,总结了自1903年英国首创铁路风筝标志认证以来的认证。为了实现国与国之间的相互承认,国际标准组织和国际电工委员会(IEC)向各国正式提出建议:"以型式试验+工厂质量体系评定+认证后监督"的形式为基础,建立各个国家的认证制度。1978年,ISO正式发布了ISO/IEC 17025的鼻祖ISO GUIDE 24:1978(《认证机构验收检验检测机构的指南》),为检验检测实验室的规范发展提供了标准化的参考依据,为检验检测实验室的规范化发展奠定了基础。1990年,经过一段时间的发展,ISO又发布了ISO/IEC GUIDE 25:1990(《校准和检测实验室能力的一般要求》),该标准已具备实验室质量管理的关键要素。

到了20世纪80年代,工业发达国家先后建立了本国的认可机构;20世纪90年代后,包括我国在内的一些新兴国家也相继建立了认可机构。

在此期间,伴随着战后生产力的快速发展、产品门类的极速增长和实验室质量管理体系的标准化建立,各主流检验检测集团在规范化的过程中完成了服务领域的快速扩张。SGS通过自身扩张与一系列并购顺利地将检测领域扩展到工业检测、无损检测、石化检测和环境检测。而BV则依靠自身在钢铁、检测方面的检测能力,扩展了建筑检测业务。老牌检测实验室如TUV、天祥、德凯等也都顺应经济复苏的形势进行着业务拓展。

(二) 国内发展

对于国内检验检测市场,新中国成立后,中国政府开始实行国家对外贸易的统一管理,从无到有建立了独立自主的对外贸易管理体系。对于贸易过程中关键的质量检验检测过程,国家在对外贸易部下设商品检验总局,统一领导和管理全国的进出口检验检测机构并开展检验检测工作。

1978年改革开放后，我国检验检测行业，特别是进出口商品检验得到了初步发展，随着我国对外开放和经济体制的改革，计划经济一统全国的局面逐渐被社会主义市场经济模式取代。政府管理部门对企业产（商）品的计划、生产、分配、销售等环节的垄断逐步被供需双方的供销合同机制所取代，因此也就产生了供需双方的验货检验需求。同时，政府管理部门对产（商）品的产、供、销管理职能转为对产（商）品的质量监督管理职能，进而形成政府对检验检测机构的需求。1984年，国务院颁布了《中华人民共和国进出口商品检验法实施条例》，规定国家商检局为统一监督管理全国进出口商品检验检测工作的主管机关，各地商检局及其分支机构负责监督管理本地区的进出口商品检验检测工作；规定所有的业务一律由国家检验检测机构实施，还特别规定在中国境内不得设立外国检验检测机构。于是在随后的几年中，从国家到各行业、部门，从省（市、自治区）到地市县相继成立了各级产（商）品质量监督检验机构，承担政府对产（商）品的质量监督抽查及验货、仲裁任务。为了规范这些检验检测机构和依照其他法律法规设立的专业检验检测机构的工作行为，提高检验检测工作质量，原国家计量局借鉴国外对检测机构（检测实验室）管理的先进经验，在1986年颁布了《中华人民共和国计量法》，规定了对检验检测机构的考核要求，并于1990年，参照ISO/IEC GUIDE 25：1982（《检测实验室技术能力的通用要求》），发布了我国对检验检测机构计量认证的考核标准——JJG 1021—1990（《产品质量检验机构计量认证技术考核规范》，俗称计量认证50条）。

根据国家统计局的数据，到1989年，我国进出口总额从1987年的206亿美元增长到了1116亿美元，国家商检局的检测工作量难以匹配快速增长的检验量。同年，《中华人民共和国进出口商品检验法》颁布，明确了商检机构可对规定的商品实施强制性检验检测，并确定了多种检验检测主体的合法性，规定国家商检部门和商检机构可根据需要，通过考核指定符合条件的国内外检验检测机构承担委托的进出口商品检验检测工作，开始对民间资本开放商品检验检测市场。

1989年天祥通过合资的方式首先进入我国市场，1991年SGS进入我国市场，1993年BV进入我国市场，这些发展了几十年乃至上百年的检测集团在抢下我国市场的同时，也为我国带来了成熟的实验室管理理念。

1990年，我国海关依据国内外相关研究所与专家的经验和理论支持，正式筹建海关的第一个实验室，并于1991年正式启用，主要负责广东、广西、海南、湖南、福建五省（自治区）进出口货物及其他关区的毒品化验与检测工作。

（三）数字化实验室的发展

在检验检测行业发展的同时，IT技术从零开始飞速发展，数字化进程也逐步席卷各个行业和领域，包括科研、生产、流通、销售、传媒、卫生、银行、政府、军事、气象、交通等人们生活的方方面面。借助数字化技术的发展，全世界也迎来了第四次工业革命，同样，实验室也未能“幸免”，在发展过程中得到了数字化技术的全面支持。

作为科学研究和生产技术的重要基础，人们对于分析测试的要求无论是在样品数量、分析周期、分析项目，还是在数据准确性等方面都提出了越来越高的要求。各种类型的实验室无论其规模大小，都在不断地产生大量的信息，这些信息主要是测试分析的结果数据，另外还有许多与实验室正常运行相关的管理型信息。随着检验检测需求的扩展，实验室需要处理更多样品，获得更多数据，但实验室分析人员的数量通常无法同比例及时增多。在这种情况下，要获得较高质量的实验数据，必然会加大实验室现有分析人员的工作压力。随着实验室业务量的迅速增加、业务规则的日趋复杂，以及历史数据的不断累积，实验室信息往往在数量上非常庞大，在逻辑上非常复杂。在这种情况下，如何科学地对海量数据进行保存、管理、维护、传递；对众多的客户报告进行生成（制作）、发送，以及对各台仪器设备进行维护，同时处理好其他实验室中相关的业务、事务、人事等管理问题，就成为许多实验室面临的共同难题。

在传统的人工管理模式下，实验室需要为维护这些信息耗费大量的人力和物力，但往往发现管理效率相当低下，并且总是不可避免地会出现这样那样的问题，因此无法进行实验室信息的快速科学分析，这个问题对于规模较大的实验室来说尤为突出。这种繁琐、缓慢、需要多次复查的管理模式的结果就是头绪繁多、管理混乱，从而对实验结果的获得造成阻碍。在这种情况下，如果没有实现实验室自动化，就必须要求经过严格训练的高素质科技工作者加入，以最大限度地提高工作效率，从而满足实验室的要求。1985 年琼斯（Jones）对英国一些分析实验室开展的专门调查表明，有 73%的实验室管理人员反映：实验室的效率有待进一步提高，并认为造成实验室效率不高的原因之一是实验室人员对他们每天所从事的重复性工作非常不满意。这项调查也特意涉及这些实验室中用来报告结果的各种方法，包括口头报告和书面报告。这些报告数据的方法有时可能是非常低效率的。对于口头报告的情况，结果可能会被错误地解释，因为没有书面材料可以佐证。

实验室信息管理系统（Laboratory Information Management System，LIMS）正是在这一背景下应运而生的，并在较短的时间内在全世界范围内迅速得以推广普及。作为集现代化管理思想与计算机技术为一体的用于各行业实验室管理和控制的一项崭新的应用技术，LIMS 的引入能够把实验室的管理水平提升到与信息时代相适应的水平。

1. 数字化实验室功能变迁

ASTM E1578 标准由美国材料与试验学会（ASTM）于 1993 年首次发布。经过 3 次更新，最新版本于 2018 年发布。该标准是全球范围内最早发布的关于实验室信息化建设的标准。通过 ASTM 各版本之间的变化，也可以一窥数字化实验室在各个时代的发展历程。

（1）非标准化时期

在个人计算机(PC)刚刚普及，实验室质量管理体系尚未完善的年代，已有部分实验室开始了数字化转型的探索。但由于处于摸索阶段，此时的 LIMS 解决方案较为简单。

1968 年，美国一家谷物、食品、饲料公司根据自身实验室的业务需求，以 IBM 大型机为主机自主研发了第一套 LIMS，它主要由两个系统组成：DACS(数据采集系统)和 EAS(实验室分析报表系统)，主要满足了实验记录、报告的编制和生成的需求，并在此环节带来了很高的效率提升，但因定制开发周期长、成本高，此解决方案仅有少数具备较强的开发能力。

20 世纪 80 年代初，商业化的 LIMS 开始逐渐出现，并最早应用于制药行业，一般由企业内部开发部门或外部软件公司定制开发，主要作为质量保证/质量控制(QA/QC)工具来使用。此时的 LIMS 被称为第一代(1G)LIMS，以单个集中式 PC 的形式推出，可以提供 ELN(电子实验记录本)、电子报告生成、任务跟踪等针对性的功能，用于满足实验室的一部分需求。

第二代(2G)LIMS 于 1988 年问世，此时检验检测实验室的质量管理理论已趋于成熟，各类管理要素也被实验室的管理者重视了起来，此时各实验室的需求已有大幅发展，LIMS 相对应增加了系统管理、工作计划安排、数理统计分析、图形软件、状态跟踪、审计跟踪、仪器管理等功能，并能够与外部系统进行集成。在功能复杂性与耦合程度增加的需求下，关系型数据库和基于小型 PC 的用户界面开始成为 LIMS 的标配。

（2）ASTM E1578-93

ASTM E1578-93 发布于第三代(3G)LIMS 问世后不久，其概念模型与功能设计也是基于第三代 LIMS 的建设范围与效果提出的。此时，基于管理体系的发展趋势，ISO/IEC 17025 的雏形 ISO/IEC GUIDE 25:1990《校准和检测实验室能力的通用要求》于 1990 年正式发布，对实验室的质量管理提出了更为标准化的参考，也为 LIMS 的建设提供了极强的指导作用。

第三代 LIMS 是于 1991 年基于开放系统推出的，它的建设集中了当时计算机技术的诸多优势：PC 易于使用的界面、标准化的桌面客户端、小型计算机服务器的强大性能和数据安全性。第三代 LIMS 开创性地将 C/S 架构(客户端/服务器体系结构)应用到了实验室信息化管理中，由一系列 LIMS 客户端和运行着关系型数据库 (RDBMS)的服务器分别处理业务数据。这套 LIMS 是由一个进行基因组学研究的国际化联盟参与开发的，是人类基因组项目的一部分，这套 LIMS 的开发和使用也让整个行业意识到，LIMS 是一个对于生命科学前沿研究乃至整个研发与检验检测行业有影响的重要工具。

ASTM E1578-93 根据 LIMS 的功能要求，在概念模型中将 LIMS 的功能分成了三个级别，即第Ⅰ级：最基本的 LIMS 功能要求；第Ⅱ级：介于中间的 LIMS 功能要求;第Ⅲ级:高级的 LIMS 功能。其概念模型如图 1.1 所示。

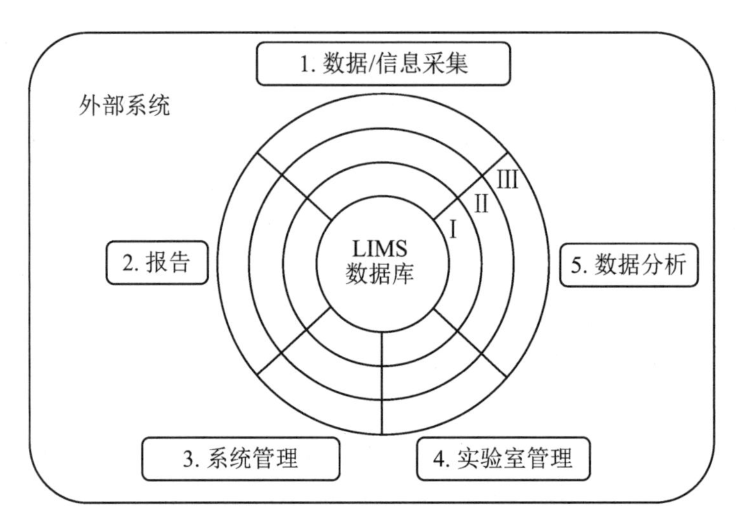

图 1.1 ASTM E1578-93 LIMS 概念模型

1993 年提出的 LIMS 概念模型已与当今大部分 LIMS 无异,在基本功能层面满足了实验室核心业务的基础管理需求,能够让各个实验室的检验检测业务在信息化系统中得到记录和跟踪;而中高级功能则从用户体验、数据安全、检测效率、数据完整性、实验室运营管理、自动计算等方面全面强化了实验室的管理能力与运行效率。在功能设置上,首版 ASTM E1578 已规划了以下功能模块:样品登录、样品跟踪/条形码支持、时间安排、监督链、仪器集成、结果登录/审核跟踪、质量保证/质量控制(QA/QC)参数检查、结果报表、Web 集成/与企业软件的链接、化学物质和试剂清单、人员培训记录跟踪/仪器维护、资料归档/数据入库。

除了以上我们当前已较为熟悉的各个实验室的管理功能外,ASTM 早在 1993 年的 LIMS 规范中就已列入了人工智能(AI)应用。在 20 世纪 80 年代,人工智能走入应用发展的新高潮。卡内基梅隆大学研发的 XCON 专家系统能够模拟人类专家的知识和经验解决特定的问题,实现了人工智能从理论研究走向实际应用的重大突破。而探索不同的学习策略和学习方法的机器学习(特别是神经网络)技术,也在大量的实际应用中开始慢慢发展,这让 AI 技术在 LIMS 中的应用初具技术可行性。此时,ASTM 对 LIMS 中的 AI 技术的定义主要体现为两种形式:专家系统和自然语言交互。

专家系统指通过特定规则的知识库辅助操作人员进行选择操作,主要目标是为需要进行自动化决策的实验室提供操作工具。ASTM 认为 AI 技术的运用需要充分进行成本考量,实验室需要在考察创建适用的规则库、开发同样功能的程序和执行相同任务所需的人力及时间三者之间进行权衡,AI 决策在当时已有应用案例,但并不总是最好的选择。

自然语言系统在当时已经有了 30 余年的发展,AI 技术足以根据自然语义转化为更标准的数据库查询条件。同样,此功能的应用必须与其他简化的查询机制(如常用的字段查询与多条件组合查询)进行权衡,对于一部分查询需求较特殊的应用场景,AI语义分析也具备一定的可行性。

2. 数字化实验室结构变迁

从结构上看,典型的LIMS包括三个主要层面:

应用层:亦称技术层(Technology Tier),用于LIMS与操作系统、网络及其他软件工具之间的交互。

业务层:亦称商业规则层(Business Rules Tier),决定LIMS对不同情形的响应,如需要在出报告之前进行最终产品的校核和批准等。

数据层(Data Base Tier):用于信息的保存,如样品测定结果。

LIMS同其他领域的管理信息系统(Management Information System,MIS)一样,伴随着计算机硬件、软件和网络等技术的发展而不断推陈出新、升级换代。从20世纪60年代末开始,历经起源、发展、商品化三个阶段,LIMS结构也经历了以下三个主要的发展阶段。

(1) 集中式结构

这一结构是20世纪60年代末至20世纪80年代中期的主流。这种结构的特点是:采用IBM大型机和DEC超小型机为中央主机;具有星形网络拓扑结构;通过RS232连接多台终端或通过DEC小型机采集仪器数据;应用层、业务层和数据层都互不独立,集中在一个软件系统中,均在中央机上运行。

这一时期LIMS的主要功能有:仪器控制、数据采集和处理、结果打印和输出。这种早期系统主要由大公司实验室和高校科研机构研究室开发,其系统投资大、开发难度大、要求有很高的维护技巧。

1968年,Ralston Purina(罗斯登·普瑞纳)公司研究中心的实验室每年需25人工作,以IBM大型机为中央主机研制了LIMS,它主要由两个系统组成:一个是DACS(数据采集系统),能连接液相色谱(LC)、气相色谱(GC)、电子天平、分光光度计等进行数据采集;另一个为EAS(实验室分析系统),用于统计分析、生成各种报表,当时有10人负责日常操作、编程、维护并开发新功能。该实验室有300余名技术人员,每年测试45万项,分析方法达600多种,另外还有生物研究产生的大量数据。应用新系统每年可节省15～20人工作的时间,降低了手工操作的差错概率,提高了数据质量。从20世纪70年代到20世纪80年代初,研究部门、仪器厂商和计算机公司,如Beckman(贝克曼)公司、Perkin-Elmer(珀金-爱尔默)公司、DEC(数据设备)公司、HP(惠普)公司等相继致力于开发以超小型机为中央主机的LIMS商品,到1984年国际上已推出了6种商品化LIMS,并逐渐得到推广应用。

(2) 两层结构:应用层/数据层

这是20世纪80年代中期至20世纪90年代的主流。由于PC和局域网(LAN)技术的日益普及,基于客户机/服务器(Client/Server,C/S)分布式架构体系的 LIMS 应运而生，采用这一结构的前期商品以多用户、多任务小型机为主，至少有 16 种商品化 LIMS 问世并在西方国家普遍使用。20 世纪 80 年代初以后出现了基于 PC 和以太局域网的 LIMS，提高了性价比，推动了 LIMS 的推广应用。自 1993 年以来，基于 C/S 架构 PC 的 LIMS 产品已经占据了 40%的市场份额，至 1998 年更是达到了 80%以上，所使用的计算机有 PC、DEC MicroVAX、Alpha、IBMRS6000、HP9000、SUN 工作站等；所使用的网络环境有 Novell、DECnet、Ethernet、Windows NT/OS2 等；所采用的操作系统有 DOS、UNIX、OPENVMS、HPUX 等；所采用的数据库系统有 Oracle、Sybase、Informix、Ingres、SQLServer 等。

这一时期 LIMS 增加了系统管理、工作计划安排、数理统计分析、图形软件、状态跟踪、审计、仪器管理等功能，并能够与 ERP（企业资源计划）软件、MRP（制造资源计划）软件集成在一起。有些公司还研制了专门的仪器接口用于连接各种各样的仪器设备，这些都促使 LIMS 向企业整体信息化解决方案发展。

C/S 架构的引入，使数据层能够与 LIMS 的其他部分分离，因而在逻辑结构上成为数据层/应用层的两层结构，目前仍有很多 LIMS 产品属于此类。

(3) 三层结构：应用层/业务层/数据层

进入 20 世纪 90 年代以来，随着经济全球化，市场竞争日趋激烈，商业规则常常需要发生改变，因此用户需要对程序代码进行修改并重新编译以符合新的商业要求，但是由于业务层（商业规则层）反映了实验室及所在企业/机构的实际操作流程和管理需要，在 LIMS 实施过程中往往也是代价较为大的部分——需要耗费大量的人力和物力。与之相并行的一个问题是 LIMS 厂商需要对其代码进行修改以体现最新的 IT 技术。在两层结构的 LIMS 中，应用层（技术层）和业务层（商业规则层）被编译在一起，不能分离，上面的两种修改在实际操作中往往是很难实现的，一方面阻止了用户升级到最新的技术，从而丧失了跟上 IT 发展潮流的机会，另一方面也使 LIMS 丧失了与实际需要相符合的机会。

在这种情况下，出现了采用应用层/业务层/数据层完全独立的三层逻辑结构的 LIMS。在这种三层结构的 LIMS 中，数据层每个层面的维护都是独立的。在维护技术层，最新的技术特性（如 Windows、ODBC 和网络技术的改进）也被编入 LIMS 程序中，以确保系统能够及时地向用户展示最新的技术知识，用户可以通过加密网站取得这些程序；同时，经过授权的合法用户也能够开发或维护商业规则层（业务层）及数据层，根据商业环境的改变随时修改商业规则，以确保它最大程度地满足商业需要，而不必担心由于供应商对软件的更新和升级使所作的修改白白浪费。

四、2000年后——爆发期

（一）国外发展

2000～2016年,全球化时代飞速发展,尤其是以中国为首的一系列新兴经济体加入全球化市场后,国际贸易出现了前所未有的发达,科技、文化也迎来了同步发展。同时,除了工业领域外,消费、贸易、医疗、环保、安全等领域都有机会进行更深层次的需求发掘与标准制定,各行各业都涌现出了大量新的细分检验检测市场需求,检验检测行业进入了热烈奔放的盛夏,各个主要经济体中的检验检测实验室如雨后春笋般不断涌现。

在这段世界贸易黄金期,除了各老牌检验检测实验室积极扩展检验检测领域,拓宽业务区域,也有众多新兴的检验检测实验室依据细分市场业务得以飞速发展。如1996年成立于西班牙的Applus+,在汽车领域具备强大的检测能力,检测服务已覆盖70多个国家。20世纪80年代末成立、以酒品鉴定起家的Eurofins经过30年的发展,在食品、药品、化妆品、环境、医学等领域建立了服务于欧洲和中国的900家实验室,通过并购快速成为与SGS、BV、天祥并列的四巨头之一。

（二）国内发展

2001年我国成功加入WTO,成为全球化经济体系中极为重要的一员。国家统计局的数据显示,2001～2021年,我国进出口贸易总额从5098亿美元快速增长到39.1万亿美元,增长了约76倍,这期间我国的工业生产总值位于世界前列。这一发展现状使得我国检验检测服务业的需求极速增长,国家也将检验检测服务业定义为国家质量发展战略的重要基础,这使得检验检测实验室的建设受到了国家与市场的高度重视。

这一阶段,《中华人民共和国进出口商品检验法》进一步明确了检验检测鉴定活动的民事行为资格,确定了检验检测服务的法律地位;我国遵循对WTO的承诺,允许外资独资检验检测机构进入中国市场;发布了《关于整合检验检测认证机构的实施意见》,明确指出减少检验检测认证项目的行政许可,有序开放检验检测认证市场,打破部门垄断和行业壁垒,鼓励和支持社会力量开展检验检测认证业务,积极发展混合所有制检验检测认证机构。

在外资检验检测机构的冲击及我国经济迅速发展带来的大量检验检测市场需求的双重因素作用下,我国的检验检测市场进入了快速发展阶段,涌现出一批技术服务水平高且经营状况好的检测集团,如迪安诊断医学、华测检测、国检集团、谱尼测试、广电计量、金域医学、电科院等。这里既有国有控股检验检测企业,也有民营第三方检验检测企业;既有多领域综合检验检测机构,也有主营细分领域的检验检测机构；既有上述成规模的上市集团，也有更多区域运营的小型检验检测机构对差异化市场进行补充。2022年8月8日，市场监管总局发布了《2021年度全国检验检测服务业统计简报》，截至2021年末，获得资质认定的各类检验检测机构达到51949家，较2020年增加了3000余家，全年实现营业收入共4090.22亿元，全年向社会出具检验检测报告共6.84亿份，共有从业人员151.03万人，拥有各类仪器设备900.32万台，全部仪器设备资产原值4525.92亿元，检验检测机构实验室面积10083.54万平方米。我国的检验检测行业规模持续扩大，呈现出一片欣欣向荣的景象。

（三）数字化实验室的发展

爆发的检验检测需求带来了检验检测行业的爆发式增长，检验检测行业的爆发式增长同样带来了实验室数字化行业的增长。截至2004年，美国的LIMS供应商已经达到了100余家，应用领域从传统的专业检测校准实验室、制药企业质控与研发实验室、医院扩展到同样具有实验室性质的诊所等领域，并出现了许多系统化的LIMS实施指导手册。数字化实验室走进了百花齐放的充分探索时代。

经过了20余年的发展，LIMS已在各类研发、检验检测实验室得到了广泛的应用，实验室质量管理体系得到了充分发展；实验室经营管理、业务管理需求不断细化；外部系统集成需求不断增长，不同领域实验室的特殊功能需求存在差异化发展。基于此类变化，ASTM对LIMS的概念模型和功能配置进行了大量细化与增加。其概念模型如图1.2所示。

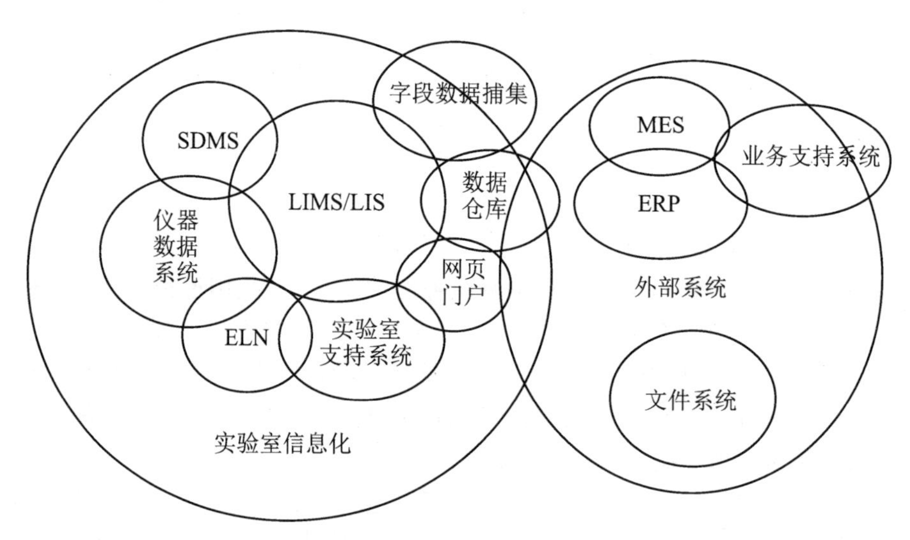

图1.2　ASTM E1578-2013 LIMS概念模型

此时，LIMS根据常规检验检测实验室的业务需求，明确了LIMS与外部系统的集成范围。对于实验室内部LIMS的功能，根据实验室的业务变化趋势，增加了专门进行客户服务的网页门户；根据 IT 技术与数据管理理念的发展，规划了数据仓库进行数据的标准化管理及全生命周期管理。

ASTM E1578-2013 对各个功能模块及其组成部分进行了更为详细的描述和更为清晰的归类，并且摒弃了诸如三维图形、多媒体配置工具、自然语义查询等与实验室经营和质量管理关系较小的功能，此标准的出台意味着数字化实验室的建设内容几乎形成了行业共识。

ASTM 考虑到数字化实验室建设需要覆盖更多类型的实验室，将生产 QA、生产 QC、外部系统集成、检验检测设备数据采集等功能模块均进行了细化描述，为数字化实验室的建设提供了更详细的功能规划指南。同时，ASTM 考虑到检验检测业务需求的横向扩张，在标准化功能地图的基础上增加了对各个领域实验室的个性化功能推荐，包括通用实验室、环境实验室、公共卫生部门（临床、微生物与药物实验）、生命科学实验室、食品和饮料实验室、重工业实验室、研发实验室、药学实验室。这一方面表明了数字化实验室供应商在实践过程中积极响应了各领域实验室的个性化功能需求，能够做到对最广泛的实验室进行功能覆盖，另一方面也表明了各个领域的实验室均认识到了实验室数字化转型所带来的管理规范化效果与效率提升效果，纷纷采用 LIMS 强化自身的管理能力。这反映了在实验室数字化过程中，软件开发实施供应商与实验室客户产生了一个良性循环，共同推进着实验室数字化的发展进程。

五、当前——变革期

（一）检验检测行业的新形势

2016 年之后，逆全球化思潮突然兴起，英国脱欧与美国共和党特朗普当选标志着逆全球化时代正式开启，随之出现的中美贸易摩擦、新冠肺炎疫情等基本标志着全球化市场体系走向衰退，传统的商品经济很难迸发出新的活力，而数字化、智能化、消费升级成为检验检测市场新的增长驱动力，5G、智能家居、物联网、新能源等成为检验检测市场新的增长点。

反观检验检测行业内部，由于市场竞争日趋激烈，各巨型检验检测集团的盈利能力不再如飞速发展期那么优秀，借助智能化与信息化的改革，使实验室获得管理提升、质量提升与服务提升成为了国际上的行业共识。

（二）数字化实验室的新浪潮

在数字化方面，随着大数据、人工智能、物联网等的兴起，人们对于实验室数字化的理解早已超出了原有 LIMS 实现流程管理信息化的范畴，更加倾向于实验室管理各个环节数据的共享与分析，对实验室的整体运行水平、管理水平，特别是管理工具数字化提出了更高的要求。

目前,基于物联网的分布式网络化管理模式为实验室数字化管理带来了全新的技术手段和管理方法,它能够快速进行信息交换和通信,以实现智能化监控。基于大数据、云计算应用服务以及信息资源深层挖掘分析等研究,借助分布式计算和智能分析技术,对实验室质量安全信息进行数据挖掘,对安全风险进行预警;借助海量信息存储和数据交换等技术,提升服务决策支持和预测评估能力,提高实验室的数字化、智能化水平;运用 4G 移动互联网、虚拟化等信息化手段,加强对质量安全风险信息的采集、追踪、分析、监测和处理,完善实验室质量安全风险监控体系。实验室管理已经全面进入数字化阶段,不仅仅局限于数据自动采集、处理等实验室自动化领域,已经能够覆盖实验室技术运作的全过程。推进实验室数字化建设,重视实验室发展战略的科学规划,有利于解决实验室管理不到位、检不了、检不出、检不准、检得慢等检验检测工作中的实际问题,促进实验室信息资源的全面整合和有效利用,提升实验室的综合竞争力,提高实验室的管理水平,为破解技术性贸易壁垒提供技术保障。在此趋势下,ASTM 也充分响应了实验室数字化管理需求的快速变化,于短短的 5 年后,发布了新版本的 E1578-2018。

ASTM 新版本的 E1578-2018 在实验室核心业务管理功能层面与之前的版本并无太大区别,主要是对一些新 IT 技术的运用进行了论证与实施推荐,在这个新版本中我们也能看到 ASTM 对现阶段数字化实验室建设的理解。其概念模型如图 1.3 所示。

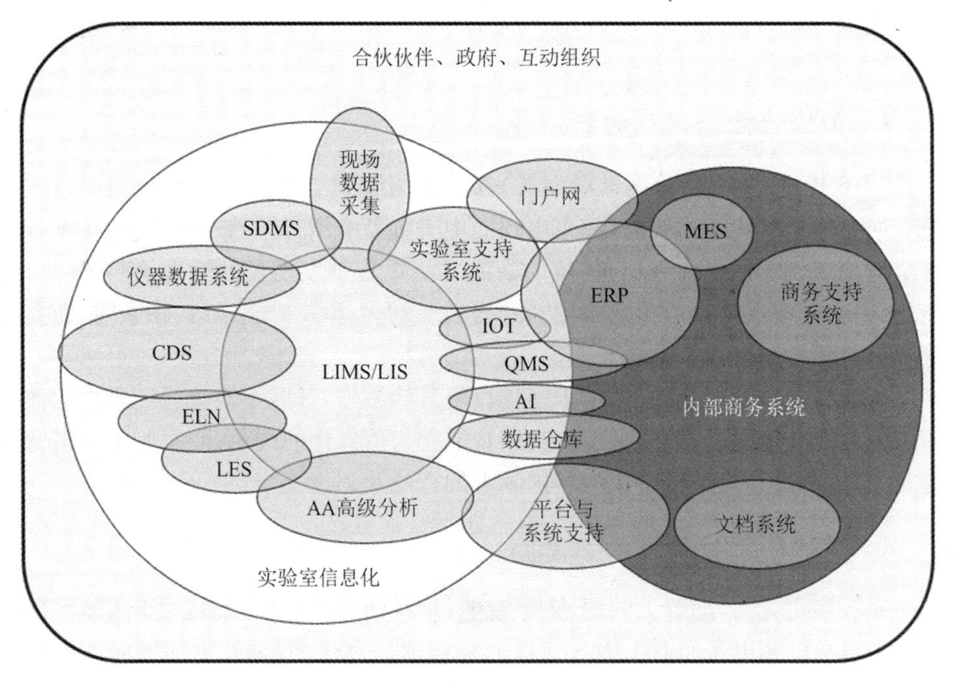

图 1.3 ASTM E1578-2018 LIMS 概念模型

与 ASTM E1578-2013 相比较，新版本在概念模型中增加了多个顺应技术发展并在各个实验室中得到应用的功能模块。

(1) 色谱数据系统(CDS)

CDS 主要用于收集、处理和分析色谱类仪器产生的数据，如高效液相色谱(HPLC)、离子色谱(IC)、气相色谱(GC)、粒度排除色谱(SEC)和亲和层析法等。CDS 通常由连接仪器和系统的硬件和软件组合而成，可以在实验室检验检测过程中快速生成大型数据集。CDS 可以执行复杂的数据计算，并通过双向控制，可对各类色谱仪器进行实验条件设置。这为使用色谱仪器的实验室大大提升了数据获取和分析的效率。CDS 通常与其他实验室信息工具(即 LIMS、ELN 和 SDMS)连接，让测试结果直接应用在实验记录与报告中。

当前主流的 CDS 供应商均为仪器制造厂商，主要品牌有岛津的 LabSolution、安捷伦的 OpenLab、赛默飞世尔的变色龙以及 Waters 的 Empower。

(2) 实验室执行系统(LES)

LES 常用于对自动化和规范化要求较高的制造环境中，是 ELN 电子实验记录本的一种应用形式。通常，在制造业的质控实验室中，实验人员需要一遍又一遍地进行相同的测试，这些测试通常根据纸质 SOP 或工作说明进行。对于质控过程而言，最重要的要求就是确保测试过程的一致性，并保障测试过程根据 SOP 的要求一步一步有序执行，这要求系统记录测试过程的所有步骤以便进行数据完整性审查。这些就是 LES 需要解决的问题。同时，LES 也支持在制样、前处理与测试样品时，实时检查标准品、参考品、试剂或溶液的信息。当相关人员上岗证、设备、试剂、物料产生偏差时，如尝试使用过期试剂或未计量的设备时，LES 可以识别质量风险并作出警示。

(3) 质量管理系统(QMS)

QMS 是在制造过程中强制执行并提高质量的程序。典型的质量管理系统通常基于质量事件与工作流进行管理，并提供智能路由将与质量相关的事件转移到业务的不同领域进行处理，以确保质量保证过程与质量控制过程的严格执行。

大多数质量管理系统包括文件控制、审计管理、不合格跟踪、纠正措施和员工培训等。更全面的 QMS 解决方案将包括供应商质量、生命科学合规性和风险管理等关键流程。

(4) 人工智能(AI)

在实验室中，AI 有许多用途，主要包括数据智能分析。使用数据挖掘、聚合、转换和报告规范可以方便地进行数据相关性分析，并帮助用户理解不同数据领域之间潜藏的关系，辅助实验室进行管理决策。AI 也可以用来监控微观或瞬时的数据变化，如部分实时监控设备的异常数据或变化趋势等，并触发特定的工作程序。另一个广泛应用 AI 的领域是医药研发实验室，通过对分子或蛋白质的结构和性能进行学习，并预测不同性能指标要求下可能对应的结构，使研发人员缩小试错的范围,极大地提高药物研发效率。

(5) 高级分析(AA)

AA在生物信息化和基因组学中用于收集和分析生物数据,包括基因组数据。与传统的实验室仪器相比,基因组仪器产生的数据量要大得多。基因组数据通常使用专门的生物信息算法进行分析。

(6) 物联网(IoT)

先进的实验室设备作为连接至云的终端,提供了收集和处理实验室数据的额外途径,并进一步增加了在集成与维护方面的挑战。我们可以将实验室的IoT看作一个更自主、更网络化的传感器系统的"网络物理系统",自20世纪90年代末以来,IoT在消费产品领域一直受到推崇,而基础技术也很快进入了各种实验室,包括临床和药物研究实验室。IoT技术有潜力提高实验室的自动化水平,增加研究发现的可能性。

第二节　实验室数字化面临的挑战

由前述内容可见,实验室数字化进程主要由多方面共同驱动:一是检验检测行业在响应市场变化时产生的内生需求;二是国家、行业的政策及法规驱动;三是数字化技术自身的发展及应用。这三个因素共同推动着各个时期数字化实验室建设方案的进化和细化。经过了10年多的探索,数字化实验室的整体概念模型与功能框架已经趋于稳定,但在当前的发展条件下,实验室数字化转型仍然面临着诸多挑战。

2022年1月12日,国务院发布《"十四五"数字经济发展规划》,明确在"十四五"时期,我国数字经济进入深化应用、规范发展、普惠共享的新阶段。在"十四五"数字经济发展的主要指标中提到,到2025年,数字经济核心产业增加值占GDP比重达10%,数字化创新引领发展能力大幅提升;软件和信息技术服务业规模预期达到14万亿元。根据国家统计局公布的数据,2022年上半年,我国经济顶住了压力,实现了正增长,产业态势持续升级,国内生产总值达562642亿元。其中,信息传输、软件和信息技术服务业增加值同比增长9.2%。在数字化的发展规划下,通过数字化技术提升检验检测行业的信息化、数字化水平也成了检验检测行业的必经之路。

检验检测信息化可应用于政府与检测服务领域、研究开发领域和生产制造领域。在我国经济发展逐渐由"高增长、低质量"向"稳增长、高质量"方向转变的背景下,政府部门及检验检测的需求快速增长,科研院所和企业研究实验室的研发投入不断加大,各企业在其产品生产周期各个环节上的检验检测投入也相应增加。这一切都是服务于我国“加强产品质量管理，提升我国产品质量水平”的国民经济发展的战略方向。2021年3月，《中华人民共和国国民经济和社会发展第十四个五年规划和2035年远景目标纲要》指出，以服务制造业高质量发展为导向，聚焦提高产业创新力，加快发展研发设计、工业设计、商务咨询、检验检测认证等服务。2022年1月，国家发改委发布《“十四五”市场监管现代化规划》并提出，大力推进质量强国建设，深入实施质量提升行动，统筹推进企业、行业、产业质量提升，加强全面质量管理和质量基础设施体系建设，全面提升产品和服务质量水平，塑造产品供给和需求良性互动的大市场。2022年8月，国家市场监管总局印发《“十四五”认证认可检验检测发展规划》，强调树立“大市场、大质量、大监管”的理念，聚焦“市场化、国际化、专业化、集约化、规范化”的发展目标。

为了这一重要目标，我国当前在质量提升方面的数字化挑战有着不同层次的体现：政府数字化监管、企业数字化转型、数字化实验室建设。

一、政府数字化监管

我国政府监管职能的数字化建设有一个逐渐提升的建设进程。1987年国家经济信息中心正式成立，1990年，43个部委信息中心成立，标志着中国电子政务信息化阶段从零散的“办公自动化”建设，进入到“正规作战”。2000年5月，国家推进“三网一库”建设，发布了《国务院办公厅关于进一步推进全国政府系统办公自动化建设和应用工作的通知》。2000年10月，《中共中央关于制定国民经济和社会发展第十个五年计划的建议》明确提出“政府行政管理、社会公共服务、企业生产经营要运用数字化、网络化技术，加快信息化步伐”的产业信息化发展方向和目标，为接下来的政府数字化建设奠定了基础。

在20余年的数字化建设中，我国政府数字化建设取得了积极的进展。2022年6月23日，中共中央、国务院发布了《关于加强数字政府建设的指导意见》，肯定了现有的发展成效，同时也根据发展过程中存在的一些问题，提出了新的要求。其中，针对数字化监管，提出需要“大力推行智慧监管，提升市场监管能力”，要求“充分运用数字技术支撑构建新型监管机制”“以数字化手段提升监管精准化水平”“加强重点领域的全主体、全品种、全链条数字化追溯监管”“以一体化在线监管提升监管协同化水平”“大力推行‘互联网＋监管’”“提升数字贸易跨境监管能力”“充分运用非现场、物联感知、掌上移动、穿透式等新型监管手段，弥补监管短板，提升监管效能”。

（一）国家质量基础设施

2022年7月29日，市场监管总局印发了《“十四五”认证认可检验检测发展规划》（下文中简称为《规划》），除了总结了“十三五”期间的发展成就之外，还提出了

“十四五”期间的发展规划，并多次提出应用数字化技术对检验检测行业进行优化与提升。

《规划》在“提升专业服务能力”这一发展任务中提出，“推动国家质量基础设施融合发展。构建统筹协调、协同高效、系统完备的国家质量基础设施融合发展体系，推动认证认可检验检测与计量、标准(含标准样品)、质量管理等要素协调互动、协同创新、融合发展，积极开展质量基础设施集成服务基地建设，支持质量基础设施服务平台及机构提供合格评定服务，强化认可在质量基础设施体系中的权威评价作用，强化质量认证、检验检测推动其他质量基础设施要素广泛应用和持续改进的积极作用，促进国家质量基础设施互联互通和高质量发展。”《规划》为质量基础设施的建设指明了方向，要求各地质量管理机构完善质量基础设施服务平台，为质量强国之路奠定基础。质量基础设施的建设在数字化的推动下将大大增强质量监督机构的监督能力与服务能力，但是在建设过程中如何借助数字化技术进行统筹协调则是一个重大挑战。当前，广西壮族自治区和广东省东莞市均建立起了 NQI 一站式服务平台，借助数字化技术更全面地服务于当地企业的高质量发展。

(二) 认证认可检验检测数字化

《规划》同样对检验检测数字化发展提出了要求。《规划》在“加快行业做优做强”这一发展任务中提出，“创新数字化评价模式。组织开展合格评定数字化评价模式研究及应用，运用大数据、区块链、人工智能等现代信息技术，推动合格评定数字化应用。开展基于工业互联网和智能制造的数字化认证模式及其关键技术的研究与应用，建立健全质量认证领域数字化评价规则和技术规范，逐步推广数字证书；探索检验检测全程数字化模式，推动基于数字设备的检验检测数字化、智能化应用；推动合格评定数字化评价向产业链供应链全过程、产品全生命周期延伸，提升数字化评价能力。”“推动行业数字化发展。适应产业数字化发展要求，推动认证认可检验检测行业数字化管理，完善认证认可检验检测数字基础设施，促进认证检测专业管理软件、智能检测设备、数据应用终端等数字技术发展，通过数字科技赋能，全面提升行业管理水平和发展质量效益。”全面肯定了创新数字化技术应用对行业做优做强的重要性。

数字化实验室的建设也在吸收国外先进经验与国内实施经验的基础上逐渐实现标准化。国家认证认可监督管理委员会提出的 RB/T 028—2020(《实验室信息管理系统管理规范》)、RB/T 029—2020(《检测实验室信息管理系统建设指南》)，对实验室信息管理系统的建设和管理进行了规范化的指引，其中，RB/T 029—2020 提出了项目启动、需求分析、系统设计、系统构建、系统实施、系统运维和系统更新等方面的指南，RB/T 028—2020 规定了 LIMS 的管理策划、建设、运行、维护、退役等管理要求。这一系列标准对国内实验室的数字化建设提供了标准化的指引。

全国实验室仪器及设备标准化技术委员会提出的GB/T 40343—2021(《智能实验室 信息管理系统 功能要求》)规定了智能实验室信息管理系统的功能模型、核心功能要求、通信功能要求和系统管理功能要求,介绍了智能实验室信息管理系统的扩展功能。该标准适用于不同领域智能实验室的信息管理系统,其他应用于实验室的信息系统也可参照使用,同时也可作为实验室信息化改造、智能实验室建设的指导。该标准对我国实验室信息化改造和智能实验室建设起到了重要的指导作用,为我国实验室信息化建设和数字化转型提供了明确的LIMS功能参考标准,将对我国实验室信息化建设和数字化转型起到积极的推动作用。

(三)计量监管数字化

2022年1月28日,国务院印发的《计量发展规划(2021～2035年)》提出:"到2025年,国家现代先进测量体系初步建立,计量科技创新力、影响力进入世界前列,部分领域达到国际领先水平。计量在经济社会各领域的地位和作用日益凸显,协同推进计量工作的体制机制进一步完善。"

《计量发展规划(2021～2035年)》在计量监管方面提出需要"创新智慧计量监管模式。充分运用大数据、区块链、人工智能等技术,探索推行以远程监管、移动监管、预警防控为特征的非现场监管,通过器具智能化、数据系统化,积极打造新型智慧计量体系。推广新型智慧计量监管模式,建立智慧计量监管平台和数据库。鼓励计量技术机构建立智能计量管理系统,推动设备的自动化、数字化改造,打造智慧计量实验室。推广智慧计量理念,支持产业计量云建设,推动企业开展计量检测设备的智能化升级改造,提升质量控制与智慧管理水平,服务智慧工厂建设。"为计量监管的数字化转型指明了建设方向,通过数字化技术的运用,全面提升计量监管体系的智能化水平,提高计量监管能力与计量监管效率,服务于各个产业的智慧化质量管理水平。

(四)海关监管智能化

2021年2月9日,习近平主席在中国—中东欧国家领导人峰会上提出开展"智慧海关、智能边境、智享联通"("三智")合作的重大倡议。2021年7月29日,海关总署发布《"十四五"海关发展规划》,提到"加快海关数字化转型,统筹运用数字化思维和数字化技术提升海关整体智治水平",从五个方面要求全面提升科技创新应用水平,包括"强化国门安全科技保障""增强海关信息化支撑能力""深化海关大数据应用""加强海关实验室整体规划和协同建设""强化口岸监管装备研发与应用"。在进出境动植物检疫监管和外来入侵物种口岸防控、进出口食品安全、进出口商品质量安全等方面"加快各类信息系统整合优化,加强智能审图、智能化卡口、区块链等技术应用,提升智能监管水平",并"建设大数据安全体系,形成大数据智能应用生态,提升大数据辅助治理能力"。

《"十四五"海关发展规划》对海关实验室建设及智慧监管能力提出了新的要求，在数字化实验室建设时需根据政策指示，充分考虑海关的智能监管要求，建成大数据应用生态，辅助海关的智能化监管。

二、企业数字化转型

（一）质量数据追溯

2016年1月12日，国务院办公厅发布《国务院办公厅关于加快推进重要产品追溯体系建设的意见》，鼓励企业"采用物联网等技术手段采集、留存信息，建立信息化的追溯体系"，敦促有关部门"加强对生产经营企业的监督检查，督促企业严格遵守追溯管理制度，建立健全追溯体系"。支持社会力量参与"探索通过政府和社会资本合作(PPP)模式建立追溯体系云服务平台，为广大中小微企业提供信息化追溯管理云服务"，围绕对人民群众生命财产安全和公共安全有重大影响的食用农产品、食品、药品、农业生产资料、特种设备、危险品、稀土产品等重点行业建立追溯体系。这要求通过质量大数据，建立起基于数字化平台的重要产品质量追溯体系。

2021年12月30日，工业和信息化部办公厅印发了《制造业质量管理数字化实施指南(试行)》，针对产品全生命周期和全产业链的质量协同提出："已较好实现数字化并实现业务集成运作的企业，要推进基于数字化产品模型的研发、设计、生产、服务一体化，加强产品全生命周期的质量信息追溯，提升产业链供应链各环节质量数据共享与开发利用，推进数据模型驱动的产品全生命周期、全产业链的质量策划、质量控制和质量改进，加强产业链供应链上下游质量管理联动，促进多样化、高附加值产品服务创新。"提出了在质量管理数字化建设的过程中，需整合产业链上下游的数据，形成全面的质量信息溯源，这对各产业链的质量大数据建设提出了前瞻性的要求。

（二）制造业质量数据管理

《制造业质量管理数字化实施指南(试行)》对制造业质量管理也提出了数字化的总体要求："推进制造业质量管理数字化是一项系统性工程，要以提高质量和效益、推动质量变革为目标，按照'围绕一条主线、加快三大转变、把握四项原则'进行布局。企业要发挥主体作用，强化数字化思维，持续深化数字技术在制造业质量管理中的应用，创新开展质量管理活动。专业机构要以提升服务为重点，加快质量管理数字化工具和方法研发与应用，提供软件平台等公共服务。"

该指南针对制造业质量检测提出："企业应根据质量管理数字化要求，完善检验测试的方法和程序。推动在线检测、计量等仪器仪表升级，促进制造装备与检验测试设备互联互通，提高质量检验效率，提升测量精密度和动态感知水平。运用机器视觉、人工智能等技术，提升生产质量检测全面性、精准性和预判预警水平。”点明了在制造业质量管理方面的数字化转型挑战，指导实验室建设通过方法优化、设备升级、人工智能等各种数字化手段对生产质量进行全面监管。

这一系列要求制造业企业在质量数据管理方面应充分利用数字化技术，在质量检测、质量数据追溯、质量数据管理等方面进行全面提升。

三、数字化实验室

（一）通用实验室管理

无论是研究开发型实验室、过程控制型实验室，还是分析测试型实验室，其主要功能都是接受样品、执行分析任务与报告分析结果。无论实验室检测技术如何变化，作为实验室其追求的管理目标几乎都包括：① 人力与设备资源的有效使用；② 样品的快速分析处理；③ 高质量的分析数据结果。尽管对于不同的实验室一些具体的目标可能会不一致，但所有实验室的评价标准几乎都是一样的，那就是数据结果的质量以及获得数据的速度，这些标准反映了该实验室的资源利用效率。而在经济全球化退潮的大背景下，检验检测行业市场竞争不仅逐渐激烈，也对检验检测实验室的精益管理提出了更高的要求。

1. 合规性挑战

不管是研发型实验室、制造业质控实验室，还是第三方检验检测实验室，都有完善的实验室质量管理体系可以遵循，如 ISO/IEC 17025、GLP、GMP、ISO/TS 16949、ISO 15189、ISO 20387 等。大多实验室在日常的检验检测工作及质量管理过程中，都需要严格遵循指南的要求。这对数字化实验室的建设提出了挑战。

在数字化实验室的建设过程中，首先要保障的是满足合规性要求，这对大多数依赖认证认可才能开展业务的第三方实验室来说尤为重要，对于部分需要进行多体系融合的实验室来说也需要系统能够覆盖不同体系中的管理要求。

在这一方面，数字化实验室也有其优势，通过系统程序可以将各类体系要求、SOP 工序等固化在系统中，实验室各岗位人员仅需根据系统权限与职责完成各自的工作，通过系统内的各种状态、数据、流程节点来规范使用者的工作，并设计各种机制限制质量风险的出现。诸如：

（1）通过人员上岗证判定用户是否具备对应的检验检测能力。

（2）通过仪器设备的检定、校准状态判断仪器是否带“病”上岗。

（3）通过待办任务与系统通知提醒用户完成质量活动记录。

（4）通过 LES 或检验检测工序保障用户根据 SOP 的要求完成工作。

（5）通过系统机制保障数据完整性等。

这些方面在降低用户质量风险的同时，也让实验室内不同人员的作业流程趋于标准化，降低了用户的学习成本与犯错概率，全面提升了用户的能力。LIMS的建设需要根据目标实验室所在领域的管理特点及质量体系，有针对性地建立质量保证机制，杜绝质量风险的产生。在此背景下，过去一套产品打天下的模式已不再可行，根据行业特点推出针对性解决方案的供应商才更令人信赖。

2. 管理海量数据的挑战

近年来，各实验室的数据管理需求呈现出了爆炸式增长的趋势，部分原因可以归结为：

(1) 商品经济高度发达带来的海量研发、生产、检测需求，导致实验室业务量猛增。

(2) 管理部门对于实验室的分析流程和日常运行提出了更高的要求，如美国食品药品监督管理局(FDA)、中国药品监督管理局、中国质量技术监督局等，近年来都对实验室的管理目标提出了更为严格的要求。

(3) 仪器自动化使得分析数据的高速采集成为可能，并且通过仪器自动计算得到的衍生数据的量亦大大增加，这样在较短的时间内就会由自动化仪器产生大量的数据。

LIMS的出现，需要帮助组织保存实验室数据，辅助实验室的质量保证实践，实现与本公司内部多部门之间的信息交流，实现基于实验室业务过程数据的经营管理决策，实现更广泛的监督管理智能，让实验室从数据产生、保存、应用环节都能够享受到数字化带来的高效处理与即时共享。相关的功能包括：建立与实验室仪器设备之间的数据接口，从而高速地采集分析数据、与相关功能模块之间可以方便地进行数据的导入导出，从而可以很方便地进行图表绘制和统计分析。

3. 加强质量保证的挑战

质量保证(QA)是指为了提供质量可靠的产品和服务而必须事先计划好的所有活动，它对质量控制(QC)措施进行质量评价以确定测定流程的有效性。实验室需要不断加强质量保证措施，以符合政府主管部门、所在企业机构主管部门的要求，同时也是出于分析本身的严谨性和生产过程控制的实际需要。LIMS的出现可以显著地促进整个QA过程，一个明显的原因在于计算机系统的引入使实验室对数据的管理变得更加容易，下面列举出了LIMS对生产效率和质量保证起到促进作用的一些要求：

(1) 数据输入和计算过程加快。

(2) 数据查询需要的时间缩短。

(3) 数据输入错误发生的概率减小。

(4) 报告和图表的生成速度更快。

(5) 参数检查速度更快且更不易出错。

(6) 可以保持有效的审核追踪。

(7) 可以自动进行样品追踪。

（8）可以提供对实验室数据的分布式访问。

（9）标准、仪器校准、流程以及记录都是可追溯的。

（10）可以很方便地提供各个生产阶段的文档——原料测试、在线测试和最终的产品测试。

4. 缩短样品分析周期的挑战

快速的样品周转对于实验室的好处是显而易见的，如在临床医学实验室中，将使重病患者及时得到科学治疗而获得新生；在过程控制实验室中，可以及时发现不合格的产品，找到原因并进行调整，从而避免更大的经济损失；在分析测试型实验室中，快速的样品周转无疑将提高仪器的使用率，从长期来看能够大大降低分析成本。

数字化实验室的建设，必须具备以下功能来加速样品的周转：

（1）自动进行任务分配与检测排期。

（2）自动计算、自动修约。

（3）自动生成报告。

（4）利用判定标准来进行数据的审核验证。

（5）自动形成样品流转记录、物料使用记录、设备使用记录。

（6）自动数据采集：这无疑将大大加速样品的周转速度，来自仪器的信号通过数据接口可以生成合适的数据文件格式并导入 LIMS 数据库。

（7）数据调取：实验室的工作人员需要对样品的状态进行追踪，因此需要定位原有的样品文件记录、日志簿或直接去找这个样品，而 LIMS 进行历史数据的调取和样品追踪只需要用户点几下鼠标即可，从而大大降低了这项耗时的搜索工作的劳动强度。

5. 便利性挑战

数字化实验室的建设需要从多个维度解决工程师工作的便利性问题：

（1）通过数据库设计实现统计、查询、获取数据的便利性。

（2）通过产品设计实现业务操作人机交互的便利性。

（3）通过大数据技术实现资料检索的便利性。

（4）通过智能产线设计实现检测操作的便利性。

（5）通过仪器数据采集、自动生成记录、自动计算、自动修约、自动判定、自动生成报告等一系列自动化逻辑实现检测数据获取、处理的便利性。

（二）制造业实验室管理

1. 质量数据分析的挑战

制造业实验室对于 QC 数据的要求进一步提高，需要对数据进行深入的统计分析，包括统计质量控制和统计过程控制（SPC），因而对数据的采集、保存、查询、分析、报告以及归档提出了更高的要求，系统需要结合实时的 SPC 对异常状态进行及时提醒，并发起异常调查，确保质量数据能够及时有效地反哺生产过程，帮助企业做到质量管理的提升。

2. 质量数据溯源的挑战

制造业实验室的质量数据溯源一方面需要满足实验室的质量管理体系，做到实验室过程记录的及时性、准确性与完整性；另一方面，在相应的政策指引与部分领域的先行实践经验下，建立基于产品 BOM 的质量族谱，通过 LIMS 的质量数据检测结果与生产批次相结合，建立产品质量数据与原辅包材、零部件、中间产品质量数据的关联关系，实现通过数字化手段追溯每一批次产品上下游质量数据的质量追溯机制。

3. 融入企业数字化规划的挑战

为响应国家政策要求，越来越多的制造型企业加大了智能制造的投入，ERP、MES、WMS 等信息化系统纷纷实施落地。数字化实验室的建设面临的一大挑战就是如何通过主数据标准化建设，融入各个企业的数字化规划中，打破系统间的信息孤岛，真正让数字化实验室打通上下游系统，让质量检测数据及时、准确地服务于企业质量提升中。

（三）研发实验室管理

1. 研发项目管理的挑战

对于研发实验室，研发项目的管理从始至终都是实验室的管理核心。项目从立项到结项的文档管理、注册资料管理、项目计划管理、项目权限管理、项目进度管理、项目预算成本管理、项目变更管理等管理细节在线下管理的模式中往往难以受控，又因为通常多项目并行的研发模式与 QA 人员的精力不足，使各个项目的过程管控往往处于薛定谔状态——只有当领导问到时才能知道项目的运行情况。

数字化研发实验室的建设可以将项目管理的执行细节引入研发机构中，通过提交各个关键节点的工作流与资料，实现对多个项目从宏观到微观的把控，帮助实验室轻松掌握项目运行状态，实现精细化管理。

2. 研发记录留存的挑战

传统的研发实验室通常采用纸质实验记录本对实验进行管理，有别于检验检测实验室每一个委托/请验单均单独归档，研发实验记录常常得不到有效归档。大多实验室仅在产出有效实验成果时才精心编写实验报告，更多实验则零散地记录在个人记录本中，随着人员流失而消散。

数字化研发实验室建设的核心是电子实验记录本，它通过模板化的方式让研发人员能够更便捷地进行数据的记录，并通过数字化技术大大简化数据分析处理的过程。同时，这也能促使所有实验过程记录均能以数字化的方式留存在系统中，在未来研发需求变更时，可让实验室挖掘到曾经的实验数据，有效降低了重复造轮子的概率。

3. 研发知识的传承

研发实验室的研发成果通常包含多种类型，在传统管理模式下通常会形成不同的文件、资料、记录，难以进行多维度归类和精准查询。通过数字化实验室的建设可以将研发实验室的主要成果进行结构化存储，如对于化工、食品、药品实验室，其设计出来的配方可以关联生产工艺、性能指标、转产文件等集中保存。对于研发过程中收集的政策、法规、文献以及产出的论文、专利等，信息系统能够通过全文检索的方式快速查找出关键文档，帮助研发人员获取已有的经验，快速进行复用转化，有效提高研发效率。

（四）第三方检验检测实验室管理

1. 提升客户服务的挑战

第三方检验检测实验室通常有着更多的服务对象，在解决了实验室内部质量管理的问题后，数字化实验室的建设需同时在优化客户服务方面发力，对实验室的客户服务能力进行数字化提升。通常需要提升的方面可能包括：

（1）第三方检验检测实验室建设客户服务系统，实现在线快速下单、订单跟踪、在线支付、在线咨询、报告查询、报告下载、问题反馈等功能，实现实验室与客户之间有序高效的数据共享，提升服务效率与服务质量。

（2）数字化实验室为客户提供消息提醒、任务跟踪、增值数据分析、统计查询等数据服务，提升客户服务能力。

（3）建设CRM，根据客户分类、信用评级、历史服务记录等数据，为客户提供个性化服务。

2. 降本增效的经营管理挑战

竞争压力增大使得实验室需要更多地进行经营管理分析，数字化实验室需要在规范化管理实验室质量的同时，为实验室运营管理提供丰富的数据支撑，辅助实验室进行效率管理、成本管理，实现实验室的降本增效。在通常的数字化实验室实践中，需根据实验室的管理要求建立多维度评价体系，对人员绩效考察、设备利用率、物料消耗量、采购金额等运行效率提供详尽的分析数据，帮助实验室进行经营管理。

3. 公平性挑战

为了激励人员的工作积极性，大多实验室都会设置绩效考核制度来对实验室工程师的工作效率、工作量进行量化评定，在传统的管理模式中大部分实验室难以快速准确地考察每一个工程师的具体工作量，人为统计会带来误差。数字化实验室的建设可以获取并分析所有用户的检测任务，并形成最准确的实时工作量统计，为每位用户提供一个标准化的绩效评分，实现人员绩效公平管理。

第三节　数字化实验室建设的必要性

在当今数字化需求日趋强烈的时代，数字化实验室的建设已是各类企事业单位实验室的又一大发展重心。通过打造部门间贯通、内部与客户间内外贯通、与上下级单位贯通、行业内贯通的一体化信息平台，建设统一、规范的检测数据中心；利用信息化手段提升和加强资源的共享与利用，提高检测的整体水平和质量管理能力，推进检测部门管理效能进一步提高，实现自动化、流程化、标准化，形成互联互通、信息共享、业务协同、统一高效的有效监管和智慧监管，这对于各类检验检测实验室来说十分必要，主要表现在以下方面。

一、建设数字化实验室是提高工作效率的主要方法

数字化实验室实现了对流程、检测数据及报告、实验室资源、客户信息等要素的综合管理，主要体现在分析员录入原始数据、系统自动计算结果、仪器自动采集原始数据、样品检测报告单自动生成、自动统计相关数据等方面，大大降低了分析人员的劳动强度，提高了工作效率。

管理者要对质量信息非常清楚，了解质量控制和质量管理的每一个环节，使质量控制和质量管理的信息更加数字化、图形化，如可以快速查询 LIMS 所涉及的样品的所有检测结果、超标的样品，也可以单独对某类样品进行数据分析，还可以细化人员上岗证的持有管理，为领导者的正确决策提供依据，提高质量管理水平。

二、建设数字化实验室是质量信息交流与共享的重要手段

在实验室质量管理体系中，结果数据的及时与准确是整个质量管理过程中的重要任务，也是质量管理的重要环节，其相关部门的工作效率直接影响效率指标。

质量管理和质量控制跨越各个实验室，是一项复杂的工程。如果仍采用传统的方法，检测信息不能得到充分共享，特别是信息实时性差，各部门得到的信息延迟，不能及时进行数据汇总和控制，将影响质量管理的相关业务流程，进而影响企业的整体效益。

三、建设数字化实验室是加强检测标准化的建设需要

在标准化工作方面，数字化系统将参考我国检验检测行业强制性和推荐性标

准，统一检验检测数据库标准，搭建检验检测数字标准数据库字典；规范标准编码规则，做到检测项目分类、检测项目、样品类型、业务类型等各类编码规则的标准化管理；将检验检测按国家标准、地方标准等类别进行模板化、结构化，形成检验检测标准库；统一原始记录与检验检测报告格式，实现原始记录与检验检测报告的模板标准化；统一检验检测数字数据交换规范，实现异构平台数据交换的标准化。通过对检验检测的过程进行标准化管理，可以使实验室更易对检验检测流程实现标准化管控，在提升运行效率的同时降低质量风险。

四、建设数字化实验室是实现质量保证的技术手段

具备完善的质量体系并确保体系的正常运转是检验检测部门确保检测结果有效性的重要途径。数字化实验室可以通过计算机网络技术、数据存储技术、数据快速处理技术，将人员、仪器、试剂、方法、环境、文件等影响分析数据的质量要素有机结合起来，组成一套完整的实验室综合管理体系，既能满足实验室内部的日常管理要求，又能保证实验室检测数据的有效性、公正性，较好地促进质控体系的有效运转。

五、建设数字化实验室是实现一体化平台的发展趋势

检验检测服务机构通过建设一体化数字实验室，可以将对外服务门户与内部业务管理有机结合在一起，通过建设协同数字化平台，可大大提高检验检测数字资源开发利用的深度与广度，增加数量、扩展容量、提高质量，可通过数据仓库技术、数据挖掘技术建设基于检验检测数字核心数据库的辅助决策功能，在各个管理层面提供数据支持、决策服务、形势分析、预测预警，满足检测机构和监管部门的政策参与、宏观调控的需要。

六、建设数字化实验室是提升实验室竞争力的必经之路

根据《2021 年度全国检验检测服务业统计简报》，截至 2021 年底，大型检验检测机构数量达到 7021 家，同比增长 9.46％。中型检验检测机构数量仅占全行业的 13.52％，但营业收入占比达到了 78.93％，集约化发展趋势显著。

对于全国甚至全球布局的大型检验检测集团，只有依靠数字化建设才能完成集团化的经营管理与质量管控，全面降低质量风险对品牌造成的影响。而对于中小型实验室而言，缺乏数字化技术的支撑将在管理成本、运营成本、质量管控、效率管控等方面更加落后，在市场竞争中逐渐被更具优势的实验室代替。

通过实验室数字化建设，优化日常业务流程，省掉检验检测报告人工输入等繁

琐环节，提升检验检测质量，保证检验检测报告的私密性、完整性、可追溯性，对实验数据的安全性进行强化，从而达到办公信息化、无纸化、移动化，可以让企业获得最优质的服务以及最完整的检验检测报告，并在整个业务流程中提升运行效率并降低质量风险，全面提升企业的竞争优势。

七、建设数字化实验室是提升政府公信力的重要手段

充分利用数字化管理的手段，可以加强检验检测工作管理力度，规范检验检测行为，提高检验检测和监管能力、效率和水平，实现企业、检验检测机构和政府监管部门之间的数字共享、互联互通，接受公众监督，真正做到公开透明、公正高效。

实验室通过数字化建设，可以为各地检验检测机构与质量管理机构逐步建成高质量、权威的检验检测数据资源库，为各级政府部门和社会公众提供权威的检验检测数据，是进一步提升政府公信力，提高产品质量，提高社会公众满意度的重要举措。在提高实验室自身品牌建设以及为经济建设服务等方面具有长远的、战略性意义。

八、建设数字化实验室是落实“质量强国”的重要体现

在信息社会的今天，传统的管理方式已无法跟上当今世界快速发展的步伐，信息已经成为第六能源，且已经成为国内外越来越多企业提高生产率、增加效益、掌握市场主动权的法宝。信息化建设为企业提供了高效强化质量管理的保证。

目前信息化已经成为世界经济和社会发展的总趋势，信息化程度和水平已经成为衡量企业综合实力的重要标志。《规划》中明确指出大力发展数字化是检验检测行业发展的必然选择，是实验室业务运行的关键保障，是把中国质量搞上去的战略举措。数字化实验室是构建大质量工作机制的需要，是提升检验检测工作服务能力与水平的需要，是推进检验检测文化建设的需要，是树立检验检测实验室良好形象的需要，更是落实“质量强国”战略的需要。

数字化实验室的建设，不管是对质量数据的管理还是对检验检测服务质量的提升，都是国家“质量兴国、质量强国”理念的重要体现，满足国家对检验检测实验室的发展要求。

第二章 数字化实验室技术平台和系统架构

第一节 数字化实验室一体化平台概述

当前，在以云计算、大数据、人工智能与区块链为代表的数字技术引领下，生物技术、新材料技术、新能源技术交叉融合，正在推动全球新一轮科技革命和产业革命加速前进，对人类生活产生前所未有的影响。新技术的深入发展在为经济社会的进步创造条件的同时，也将深刻改变国家的比较优势和竞争优势，对全球格局产生深远影响。有鉴于此，世界各国纷纷出台国家数字化发展战略来布局科技与经济发展，并重点推动企业的数字化变革，以抢占未来的发展先机。

《中华人民共和国国民经济和社会发展第十四个五年规划和2035年远景目标纲要》(简称《纲要》)的发布，提出了加快数字化发展，迎接数字时代，激活数据要素潜能，推进网络强国建设，加快建设数字经济、数字社会、数字政府，以数字化转型整体驱动生产方式、生活方式和治理方式变革；提高数字政府建设水平，将云计算、大数据、人工智能与区块链等数字技术广泛应用于政府管理服务，推动政府治理流程再造和模式优化，不断提高决策的科学性和服务效率；加强公共数据开放共享，推动政务信息化共建共用，提高数字化政务服务效能；全面推进政府运行方式、业务流程和服务模式数字化、智能化。同时《纲要》还提出要加快推进制造强国、质量强国建设，促进先进制造业和现代服务业深度融合，强化基础设施的支撑引领作用，健全产业基础支撑体系，完善国家质量基础设施，建设生产应用示范平台和标准计量、认证认可、检验检测、实验验证等产业技术基础公共服务平台。

检验检测是国家质量基础设施的重要组成部分，是国家重点支持发展的高技术服务业和生产性服务业，在提升产品质量、推动产业升级、保护生态环境、促进经济社会高质量发展等方面发挥着重要作用。随着我国经济的快速发展、国民生活水平的不断提高以及社会各界对质量安全的关注度提升，我国检验检测行业快速发展，结构持续优化，市场机制逐步完善，综合实力不断增强，但检验检测行业仍存在以下问题：

检验检测"小微"型机构数量多、服务半径小，整体仍然呈现出"规模小、客户散、体量弱"等特征。我国的检验检测行业相较于国际检验检测行业起步较晚，超过半数的检验检测机构的成立时间小于10年。据国家市场监督管理总局发布的《2021年全国检验检测服务业统计报告》，截至2021年底，我国共有检验检测机构51949家，全年实现营业收入4090.22亿元，从业人员151.03万人，共拥有各类仪器设备900.32万台，2021年共出具检验检测报告6.84亿份，平均每天对社会出具各类报告187.31万份。2021年，在全国检验检测服务业中，中等规模以上的检验检测机构数量达到7021家，同比增长9.46%，营业收入达到3228.3亿元，同比增长16.37%，小规模以上的检验检测机构数量仅占全行业的13.52%，但营业收入占比达到78.93%，仅有436家检验检测机构的检验检测业务范围涉及境内外。相关统计数据显示，就业人数在100人以下的检验检测机构数量占比达到96.31%，绝大多数检验检测机构属于小微型企业，承受风险的能力薄弱；从服务半径来看，73.16%的检验检测机构仅在本省区域内提供检验检测服务，"本地化"色彩仍占主流。

在目前现有的检验检测机构中，多数机构尚未采用各种现代化管理手段，仍在使用传统人工管理。管理人员无法快速、全面、准确地掌握检验检测进度、人员工作量等信息；人员和任务分配不及时，其过程也比较复杂；检验检测任务书、实验报告、原始记录等信息需要重复录入，查询、生成不方便；实验仪器设备的查询、维修、校准、各种标准文本的发放、查询等手续繁琐；虽然很多部门都配备了电脑，但大多数部门的电脑都是独立使用的，没有很好地实现资源共享。

大多数检验检测机构目前在数字化转型方面仍然存在问题(如图2.1所示)。

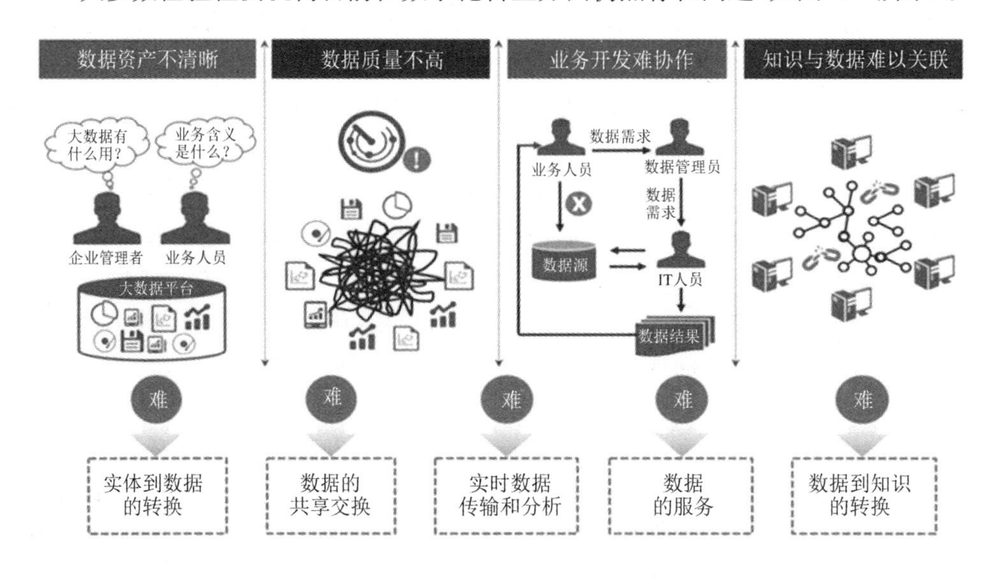

图2.1 检验检测机构存在的问题

(1) 存在信息孤岛,有数据不能用

检验检测机构信息管理和数据共享的意识还不强,导致海量数据散落在众多信息系统中,形成一个个“数据烟囱”。

(2) 数据质量不高,有数据不好用

由于缺乏统一的数据管理体系,实验室数据采集、存储等环节存在不科学、不规范等问题;数据由手工录入采集,导致数据结构化程度低,错误数据、异常数据、缺失数据等“脏数据”频频产生,无法确保数据的完整性和准确性;多个部门的数据采集标准不一、统计口径各异,同一数据源在不同部门的表述可能完全不同。

(3) 技术投入缺乏,有数据不会用

检验检测数据来源众多、体量庞大、结构各异、关系复杂。当前实验室利用数据建模分析解决实际问题的能力有待提高,对信息资源的利用大多停留在表面,导致数据之“沙”难以汇聚成“塔”,海量数据资源无法盘活,数据潜力得不到充分释放。

为贯彻落实党中央、国务院决策部署,坚定不移地推进质量强国、制造强国建设,完善国家质量基础设施,国家市场监督管理总局出台了《关于进一步深化改革促进检验检测行业做优做强的指导意见》(简称《指导意见》),《指导意见》提出加强政府实验室建设,完善检验检测公共服务体系,推动创建、整合、提升一批关键共性技术平台;推动检验检测与互联网、人工智能、大数据、区块链和量子传感技术融合发展,引导行业数字化转型升级,不断提升检验检测服务的智能化水平。同时,《指导意见》还提出检验检测机构应聚焦产业发展和民生需求,从提供单一检验检测服务向参与产品设计、研发、生产、使用全生命周期提供解决方案发展,开展质量基础设施“一站式”服务,实现“一体化”发展,为社会提供优质、高效、便捷的综合服务。

无论是从社会发展的趋势来看,还是从检验检测机构的自身发展需求来看,实验室数字化、一体化转型将成为检验检测机构保持基业长青的重要手段,那么怎样才能切实落地检验检测机构数字化、一体化转型呢? 平台化支撑是关键。

基于检验检测机构的发展和业务需求,检验检测机构在转型的过程中必然会建设和扩展更多的系统,如果没有平台的支撑,一旦业务需求超出了原有系统覆盖的业务,定制和扩展的成本就变得非常高昂;并且随着检验检测机构业务的扩展,外围系统的建设越来越多,进而会使检验检测机构整个信息系统的稳定性、数据共享性变得越来越差,最终违背了数字化、一体化转型的初衷。数字化实验室一体化平台正是帮助检验检测机构实现数字化、一体化转型落地的一把“利剑”,通过深化“互联网+政务服务”,开展质量基础设施“一站式”服务,实现“一体化”发展,建设全流程一体化在线服务平台,运用大数据、云计算、人工智能、物联网、5G 等新一代信息技术,推动检测流程和设备数字化改造,推行在线监测、实时分析、持续改进,实施数字化赋能,为客户提供优质、高效、便捷的综合服务;通过建设一体化平台,可加快构建数字技术辅助企业决策机制,打通各层级、流程及板块的数据,解决数据孤岛的问题，构建针对行业的知识图谱，实现统一门户和消息，统一流程管理、业务个性定制、连接与集成，统一数据管理和智能化，统一组织模型、用户主数据和权限控制，实现对检验检测需求和检验检测方法的精细化和标准化管理，从而实现企业的业务重塑，提高业务管理效率，降低成本，推进实验室创新突破，强化数字技术在公共卫生、事故灾难、社会安全等突发公共事件中的运用，全面提升预警和应急处置能力。

第二节　数字化实验室一体化平台体系架构

软件体系结构是由软件元素的外在可见性质和元素之间的关系组成的一种结构，软件体系结构在软件开发的各个阶段都起到了十分重要的作用。如果我们把整个平台想象成一个房子，那么平台的体系结构就类似于房屋的平面图，它描述了房子的整体布局，如各个房间的尺寸、形状、相互连接的方式等，也就是说，它可以为我们提供平台的整体视图。数字化实验室一体化平台的体系架构是如何进行设计的呢？本节将从整体架构、用户层次架构、数据架构以及集成架构四个方面对数字化实验室一体化平台的体系架构进行说明。

一、一体化平台总体架构

数字化实验室一体化平台总体架构严格按照模块化、构件化、分层构建的思想加以设计和实现。总体架构主要由“五个层次”“五个体系”“多个平台”组成。系统总体架构如图 2.2 所示。这种规划一方面可以较好地展现项目所包含的各个层面的所有内容；另一方面也可以清楚地展现出所设计的系统对各层基础的良好适应性，充分证明了系统的可扩展性及持续发展性；更重要的一点是，这种分层可以明确项目规划与实施时任务的分解，保证项目的建设任务能在预先的接口定义的基础上进行并发实施，缩短整体建设周期。

（一）五个层次

五个层次包括用户访问层、应用系统层、支撑平台层、信息资源层、基础设施层。

1. 用户访问层

访问系统的用户群包括单位总部、下属各机构、相关检验机构、公众用户等各级人员。用户可通过门户系统向应用层发出请求，应用层响应用户层的业务数据

图 2.2　数字化实验室一体化平台整体架构图

请求，并把处理结果反馈给用户。该层采用 MVC[①] 理念来设计与实现。对访问用户提供的统一访问门户，具有统一用户认证管理、单点登录等功能。这样无论是软件的维护还是系统功能扩展，都可以尽量减少业务与界面的交互干扰，从而增强系统的性能。

2. 应用系统层

应用系统层是用户直接使用的与业务有关的各系统集合，既是系统的业务逻辑处理层，也是系统的核心。其构建在应用支撑层之上，主要的业务应用包括：一体化网络实验室、一体化客户服务系统、数据分析与挖掘系统、检测业务管理系统、质量体系管理系统、全面资源管理系统、仪器数据采集系统、现场采/抽样管理系统、移动审核审批系统、移动微信办公系统、样品信息化管理系统等。此应用系统层可以专注于业务逻辑的设计，并通过综合集成管理平台实现对各子平台的交互整合。

3. 支撑平台层

支撑平台层是连接基础设施和应用系统的桥梁，是以应用服务器、中间件技术为核心的基础软件技术支撑平台，其作用是实现资源的有效共享和应用系统的互联互通，为应用系统的功能实现提供技术支持、多种服务及运行环境，是实现应用系统之间、应用系统与其他平台之间进行信息交换、传输、共享的核心。支撑平台

---

① MVC(Model View Controller)是模型-视图-控制器的缩写。它是指用一种业务逻辑、数据、界面显示分离的方法组织代码，将业务逻辑聚集到一个部件里面，在改进和个性化定制界面及用户交互时，不需要重新编写业务逻辑。

主要包括基础支撑平台、检验检测标准平台、数据交换平台三个部分。

基础支撑平台提供项目所需的各种工具软件，包括系统的各种应用组件、配置工具、开发工具等。

检验检测标准平台提供实验室检验检测的各种标准方法，可供相关人员快速查询。

数据交换平台提供数据共享功能，为系统内部各子系统及与外部系统提供信息浏览、共享等服务。

4. 信息资源层

建立数据中心数据资源库，能够提供数据存储、数据处理等服务。信息资源层主要由标准数据库、代码数据库、检验检测能力数据库、检验检测业务数据库等核心数据库系统组成。该层提供数据存储和管理、资源访问的机制，通过数据总线为上层应用提供数据及资源服务。

5. 基础设施层

基础设施层主要用于完成各类信息从采集到数据的传输、加工处理、存储和展示等全过程的软硬件设备及软硬件设备运行所需要的实体环境的有机组合，是平台建设的基础。它包括网络系统、服务器系统、存储备份系统、安全系统以及系统运行实体环境等。

平台的数据中心可采用云架构进行基础设施建设，云计算能降低 IT 环境的复杂性，将按需提供服务的自助管理基础架构汇集成高效资源池。通过对底层服务器、存储资源进行虚拟化聚合部署，利用海量数据存储系统，配合云计算管理平台，构建云计算的基础架构(简称 IaaS 平台)。IaaS 平台是为云计算中心更高层次的 PaaS、DaaS、SaaS 提供云计算服务的基础平台，具有很高的自适应性和扩展性。基础设施资源池负责对物理资源和虚拟化资源进行统一管理和调度，形成统一的资源池，实现 IaaS 服务可管、可控，其核心是对每个基础资源单位的生命周期进行管理并对资源进行管理调度。IaaS 平台负责将资源封装成各种服务并将其提供给用户。实现 IaaS 服务的可运营条件主要包括自助服务管理、资源流程管理、流量管理和用户管理等。

（二）五个体系

五个体系包括标准规范体系、安全保障体系、运行维护体系、技术支持体系和实验室管理规范体系。

1. 标准规范体系

标准规范体系是按照系统建设的规范和要求而建设的一体化平台。为了保证一体化平台建设的顺利进行，在平台建设的各阶段适时制定相应的业务规范、管理规范等。

2. 安全保障体系

安全保障体系贯穿整个系统的 IT 基础设施、应用支撑平台、应用信息系统，保证网络通信、数据存储基础设施安全。应用信息系统安全可提供统一用户管理与身份认证、数据加密等全面的安全解决方案，以全面的安全管理手段来确保系统安全。

3. 运行维护体系

运行维护体系是从运维制度、运维流程、运维组织和人员、运维技术支撑平台和运行安全保障五大部分构建的完整的运维体系。形成一套反应迅速、管理手段先进的运行维护技术支持体系，为业务提供高质量的运维服务并降低运行风险，确保应用信息系统高效、稳定、安全地运行，实现对运维效果与效率的管控。

4. 技术支持体系

技术支持体系可建设运行维护队伍，在项目建设的过程中提供系统经验丰富的支持团队。运行维护队伍需依据各运维流程的人员需求进行设定，针对整体运维体系的设计和工作流程合理设置各相关工作岗位，从 IT 基础设施监控，业务应用系统监控，IT 服务支持管理、服务台、知识管理，IT 服务交付管理等方面进行系统运维，提供快速的业务、技术故障响应与技术支持。

5. 实验室管理规范体系

实验室管理规范体系按照 ISO/IEC 17025 实验室管理的准则要求进行建设，实现检验检测过程的规范化和质量判定过程的规范化，真正建立技术、管理和规范统一的检验检测队伍。

二、一体化平台用户层次架构

一体化平台系统的用户层次架构按照单位总部、单位的分支机构、分支机构下辖机构进行设计，数字化实验室一体化平台系统的用户层次架构如图 2.3 所示。

用户层次自上而下分为以下三个层次。

1. 单位总部

在单位总部的数字化实验室系统建设上，根据不同的系统应用对象如检验检测实验室、数据中心、门户平台的不同需求建设针对性的系统。针对总部的检验检测实验室，建立检验检测业务管理、质量体系管理、实验室资源管理等。针对总部数据中心的数据集中需求，建设统一的数据标准。针对门户平台对内和对外的业务需求，建设统一的数据共享、分析及挖掘模块。

2. 分支机构

在总部的直属分支机构系统建设上，根据不同的系统应用对象如检验检测实验室、数据中心、门户平台的不同需求建设针对性的系统。

在数据中心需求上，采用与总部统一的数据标准，在分支机构建设数据中心，实现分支机构的数据中心与总部数据中心的互联互通，将分支机构的业务数据及时提交到总部的数据中心；针对门户平台对内和对外的业务需求，建设统一的数据共享、分析及挖掘系统。

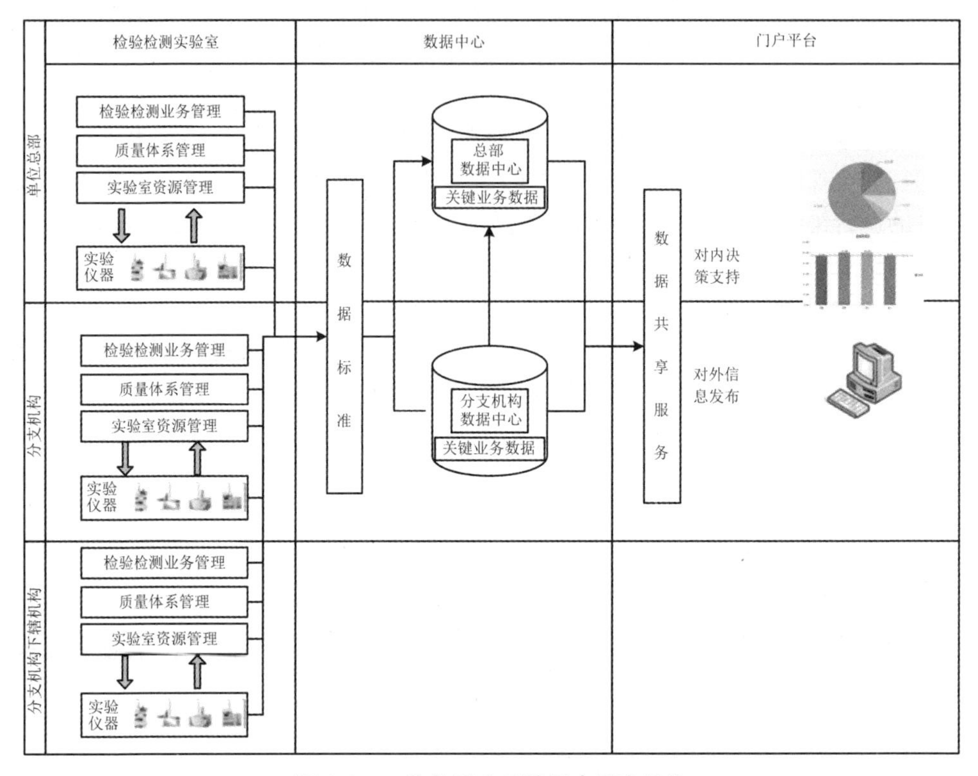

图 2.3　一体化平台系统用户层次架构

3. 分支机构下辖机构

根据不同的系统应用对象如检验检测实验室、数据中心、门户平台的不同需求建设针对性的系统。满足整体数据中心和门户平台的建设要求，分支机构下辖机构的核心数据应及时上传至直属分支机构。

三、一体化平台数据架构

为打通数据壁垒，实现数据共享及数据的高效利用，一体化平台数据架构设计如图 2.4 所示。

数字化实验室一体化平台将搭建总部、分支机构两级数据中心，总部和分支机构的检验检测实验室的业务应用系统数据通过数据标准/索引建立提取后分别存储在总部、分支机构两级数据中心。

数据中心的数据类型按照业务分为两大类：一是基础和过程数据，二是核心数据。基础和过程数据主要指检验检测实验中相关的仪器信息、检品信息、企业信息、实验记录过程数据、仪器图谱数据等；核心数据主要指检验检测中最重要的检品信息及检验检测结果数据。

为了建设检验检测数据共享平台，总部和分支机构使用专网连接，可通过专网将分支机构数据中心的数据上传总部数据中心。

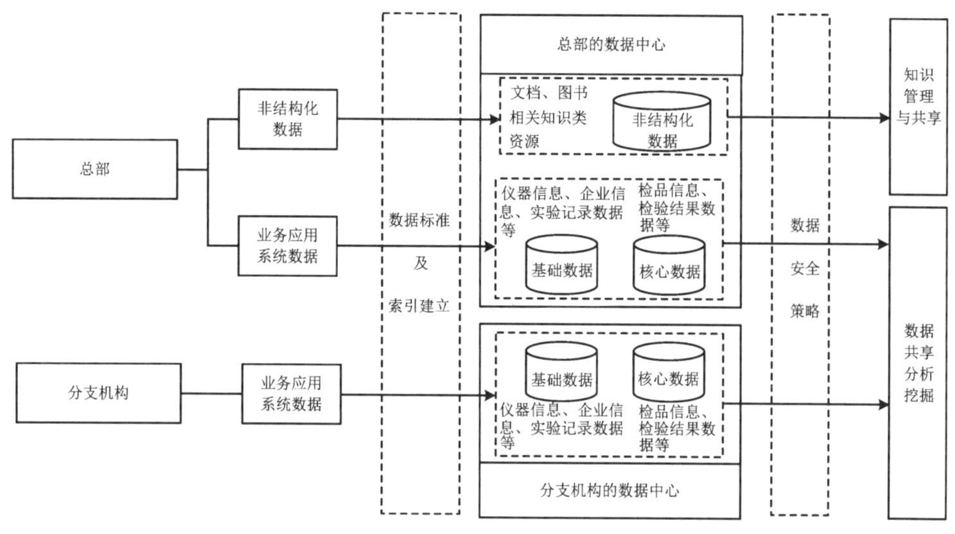

图 2.4　一体化平台数据架构

四、一体化平台集成架构

随着计算机技术的飞速发展和计算机网络的大面积普及，企业信息化、数字化建设逐步深入，企业内部与外部建立起越来越多的业务应用系统；但由于缺乏统一的规划和总体布局，容易形成多个信息孤岛。信息孤岛使数据的一致性无法得到保证，信息无法共享和反馈，在企业数据汇集和应用时往往会导致重复多次的采集和输入工作。如何建立信息孤岛之间的联系，以实现信息在不同的系统之间的交互，如何整合企业现有的 IT 资源，使企业中孤岛式的应用系统向集体协作的方向发展，发挥资源效益的最大化，降低企业成本，正在逐渐成为企业关注的重要问题。

针对以上问题，基于企业的系列标准和企业级别的信息安全要求，以满足用户的需求为根本出发点的一体化平台集成架构的搭建愈发重要。一般从基础数据整合、业务数据交互、门户统一展现与接口技术等多个角度进行数字化实验室一体化平台集成架构的搭建。通过服务网、物联网将企业设施、设备、组织、人互通互联，集计算机、通信系统、感知系统于一体，实现对物理世界的实时、协调感知和控制；通过一体化平台实现与客户、供应商、合作伙伴的横向集成（如协调办公和信息、数据共享），以及实现企业内部的纵向集成（如一体化平台内部各子系统、门户之间的业务协同），实现对各工作流系统的创建改造、数据格式的规范、组织模型的统一，使企业资源达到充分共享，实现数据、应用的集中、高效、便利的管理，消除信息孤岛。构建的一体化系统集成总体框架如图 2.5 所示。

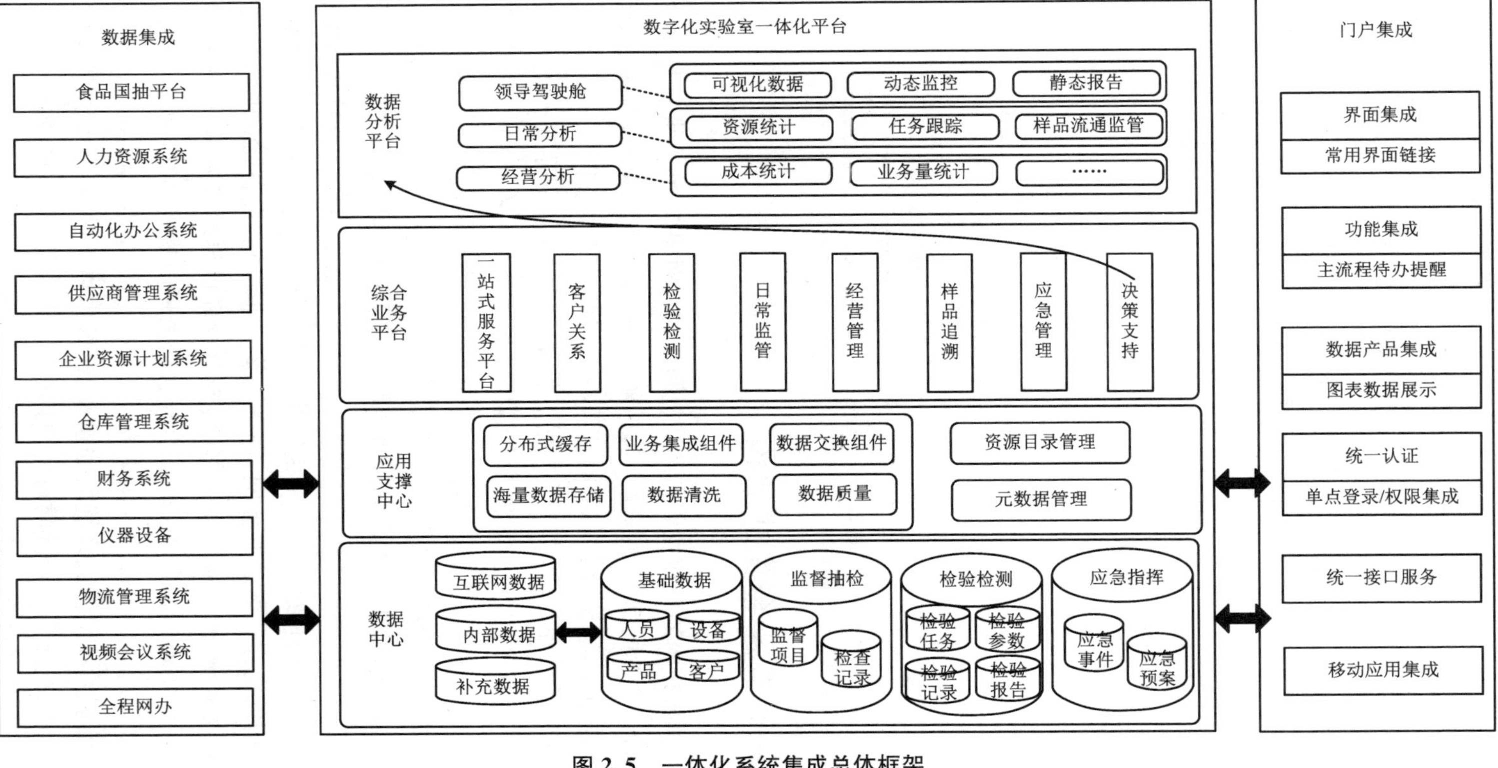

图 2.5 一体化系统集成总体框架

一体化平台的集成主要包含数据集成、门户集成两种方式，现对两种集成方式进行介绍。

数据集成主要是将数字化实验室一体化平台与企业运用的各类业务系统（如食品国抽平台、人力资源系统、自动化办公系统、供应商管理系统、企业资源计划系统、仓库管理系统、财务系统等）进行集成，并将来源于不同业务系统的数据进行整合，从各个分散的数据库中提取数据，转换后加载到一体化平台统一的数据中心，形成统一的数据仓库，数据仓库能很好地保证数据来源的唯一性和准确性，确保每一个分散的系统都能够获取数据的统一正确版本，为企业提供全面的数据共享。通过数字化实验室一体化平台与企业运用的各类业务系统集成，实现业务流程的集成，实现各科室、部门之间业务数据的有序流转。

门户集成主要是为了处理业务流程，集中管理数据资源，提升企业运营效率。数字实验室一体化平台实现了门户集成，通过门户集成可实现统一的用户管理、单点登录、身份验证等。只要是企业员工，登录门户网站，就能够获得与自己的级别相对应权限的业务，进行业务处理，并可以进入对应的业务系统完成实际业务，一体化平台门户集成主要能实现统一消息中心、统一用户管理、统一认证。通过统一消息中心，可将平台中与用户有关的所有待办事项、待处理信息、待阅读信息、用户自发起流程查询显示在平台的门户中；通过统一认证，可以使所有用户通过唯一的用户名及密码登录所有授权信息系统进行业务办理。

第三节　数字化实验室一体化平台技术架构

一般来说，平台是一个领域或方向上的生态系统，是很多解决方案的集大成者，提供了很多的服务、接口、规范、标准、功能、工具等，那么平台主要使用什么样的基础技术框架？平台内部的不同部分是以何种形式确定接口契约和数据通信的呢？平台与外部其他业务系统是如何进行集成的呢？平台是如何规范开发技术的呢？本节将对数字化实验室一体化平台的技术架构进行介绍，以基于 Java 语言，基于 SpringCloud 的微服务架构，基于 Docker 容器化镜像部署，支持 Oracle、SQL Server 数据库以及达梦、MySQL 等开源国产数据库的数字化实验室一体化平台为例，从技术架构、开发架构、集成技术架构这三个方面对其技术架构及使用的技术进行介绍。

一、一体化平台技术架构

为满足检验检测行业快速发展的需要，减少信息化重复建设，最大化地利用、分享检验检测数据，数字化实验室一体化平台需要具备灵活可扩展的特征，且平台要能最大化地利用实验室的各领域业务数据，实现数据的分析与挖掘，为领导层决策提供数据支撑，为实验室管理过程持续改进提供支撑，为此基于业务中台和数字中台的一体化平台将是最好的选择。而建立数字化实验室业务中台的基础是微服务架构，通过微服务框架围绕业务领域组件来创建应用，这些应用可独立地进行开发、管理和迭代。本书介绍的一体化平台是基于 Java 的完全 B/S 架构和基于 SpringCloud 的微服务架构构建的，其技术架构如图 2.6 所示，平台采用的核心技术如下：

表示层：H5、Android 使用 MVP(Model View Presenter)模式，支持移动端访问、界面自适应、中英文多语言。

中台：业务中台、数据中台。

微服务：注册中心、配置中心、网关、负载均衡、熔断器、链路跟踪、分布式事务等。

存储层：提供资源数据结构和持久化，分为关系型数据和非关系型数据，关系型数据有 MySQL 和 Oracle 等，非关系型数据有 Redis 和 MongoDB 等。

容器化：容器引擎和集群容器管理工具。

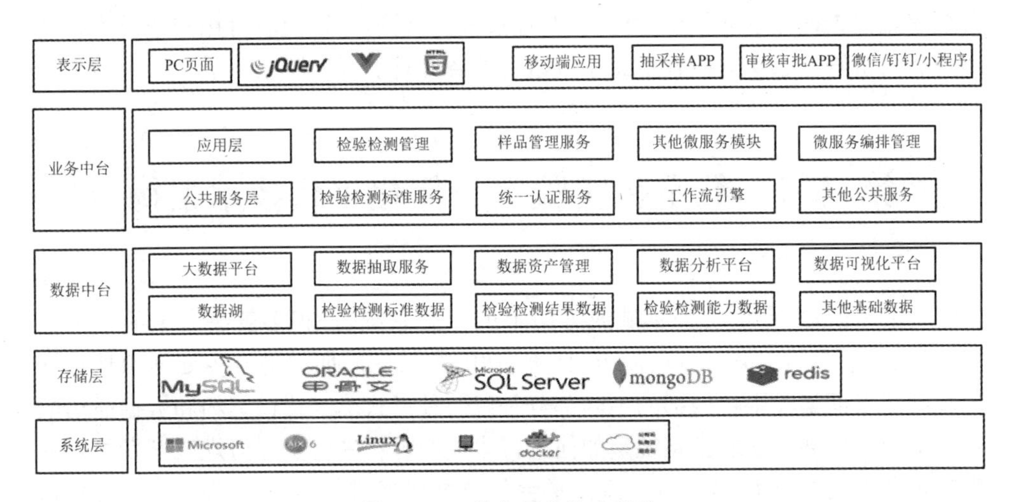

图 2.6　一体化平台技术架构

(一) 一体化平台业务中台

中台，即“企业级能力复用平台”。所谓企业级，主要是指中台处理的问题范围在企业级别，即包含多条业务线或服务多个前台产品(团队)，且建设中台一定要跳出单条业务线、站在企业整体的视角来审视业务全景；所谓能力，主要是指中台承载的对象，每家企业的核心能力不同，建设时要找到差异化竞争力；所谓复用，即中台的核心价值，它的可复用及易复用的特性能够更多地实现对前台业务的支撑；所谓平台,即中台的主要形式,它通过对更细粒度能力的识别与平台化的沉淀,实现企业能力的柔性复用。

业务中台主要将不同业务线解决相同问题域的解决方案进行抽象和封装,通过配置化、插件化、服务化等机制,实现兼顾支撑不同业务线的特性需求。大部分谈论中台的人,谈论的都是业务中台,因为不论是什么中台,最终都是为业务服务的。

数字化实验室一体化平台的业务中台将客户管理、实验室检验检测流程管理、仪器设备管理、物资耗材库存及采购流程管理等解决方案进行了单独封装,能够独立地为企业管理的不同对象提供不同的业务信息。

1. 一体化平台业务中台架构

对于数字化实验室一体化平台,其业务中台的架构如图 2.7 所示。一体化平台的业务中台架构分为基础服务层、公共服务层、应用层、访问层四个层次。

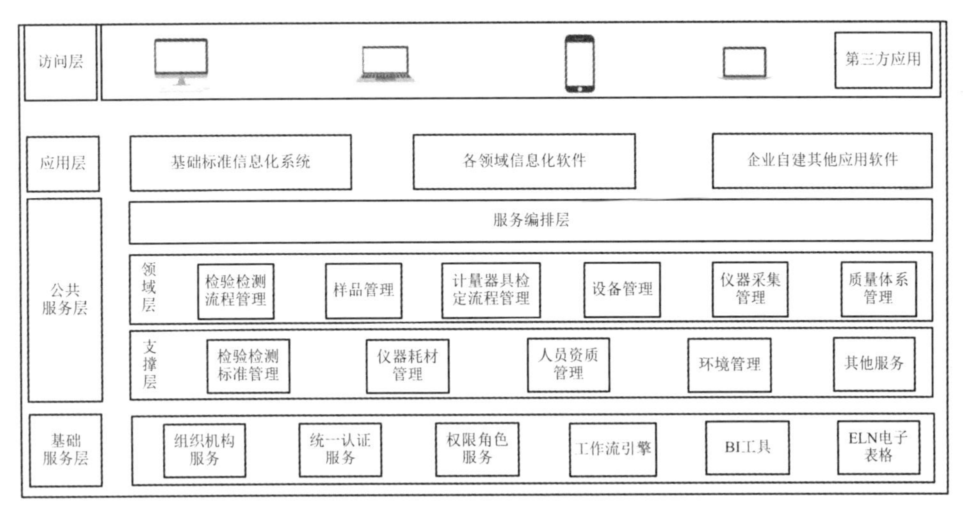

图 2.7　一体化平台业务中台架构

基础服务层主要为上层服务提供绝大多数业务需要的基础服务,如组织机构服务、统一认证服务、权限角色服务、工作流引擎等。上层服务无需关心基础服务的管理,就能享用基础服务,受基础规则管控。

公共服务层为上层业务提供公共的业务能力,主要分为支撑层和领域层。支撑层主要是为领域层级的更上层进行服务,提供如检验检测标准的业务规则逻辑、上层业务流转所需的必备资源等服务。而领域层则聚焦于各种业务领域,可以将能独立提供业务能力的服务进行独立封装,包括检验检测流程管理、样品管理、计量器具检定流程管理、设备管理、仪器采集管理、质量体系管理等。

随着行业的快速发展,企业会产生一些新的业务需求,为快速响应新需求,一体化平台的业务中台应用层应通过服务编排过程,将基础服务层、支撑层和领域层的服务能力快速组装，再加入新业务的特点，形成新的业务能力输出，帮助企业快速适应业务的调整。

2. 一体化平台业务中台优势

一体化平台的业务中台对于企业的价值是源源不断的，不管企业处于什么发展阶段，一体化平台的业务中台都能以它柔性化、敏捷化的特点应对商业环境的变化，为企业创造价值。

（1）一体化平台的业务中台的应用可帮助企业沉淀标准化行业能力，实现企业的检验检测能力、检验检测质量标准知识库、设备仪器管理、计量检定管理、物资耗材管理、人员管理、质量体系管理等业务能力的集中沉淀、高效组合。

（2）业务中台与数据中台、技术中台互为协同、互为联动，形成统一整体，实现对前台应用的统一运营支撑。如业务中台提供检验检测能力，将检验检测结果返回生产系统、全面质量管理系统以及质量监控平台，并将质量数据沉淀到数据中台，质量监控平台通过数据中台的历史质量数据分析出质量趋势图，制定可控的质量告警线，观测当前的检验检测实时结果数据，如果超出告警线，则发布质量告警信息给各个质量平台。

（3）一体化平台的业务中台可支撑市场赋能发展，平台的应用可支撑市场发展，助力企业业务的敏捷创新，推动智慧运营，锻造优秀的业务能力，实现信息全网共享。

（二）一体化平台数据中台

数据中台的概念是由阿里巴巴提出的，即实现数据分层和水平解耦，提供数据模型、数据服务与数据开发等功能。

那么数据中台到底是什么？是一种产品，还是一种解决方案型产品呢？数据中台其实更像一种企业架构方法论，是以“共享”为目标的业务流程再造和企业组织重构过程。

数据中台不单单指系统或者工具，而是一个职能部门，如检验检测部门、质量管理部门，通过一系列平台、工具、流程、规范来为整个组织提供数据资产管理和服务。数据中台主要负责全域数据集成、数据资产加工和管理、向前台业务部门和决策部门提供数据服务等。因此，数据中台的核心职能是数据资产管理和数据赋能。

数据中台是一套“让企业的数据用起来”的可持续机制，是一种战略选择和组织形式，是依据企业特有的业务模式和组织架构，通过有形的产品和实施方法论支撑，构建的一套持续不断把数据变成资产并服务于业务的机制。数据来自于业务，并反哺业务，不断循环迭代，实现数据可见、可用、可运营，如图 2.8 所示。

通过数据中台把数据变为一种服务能力，既能提升管理、决策水平，又能直接支撑企业业务。数据中台不仅仅是技术或产品，而是一套完整的“让企业的数据用起来”的机制。既然是“机制”,就需要从企业战略、组织、人才等方面来全方位地规划和配合,而不能仅仅停留在工具和产品层面。

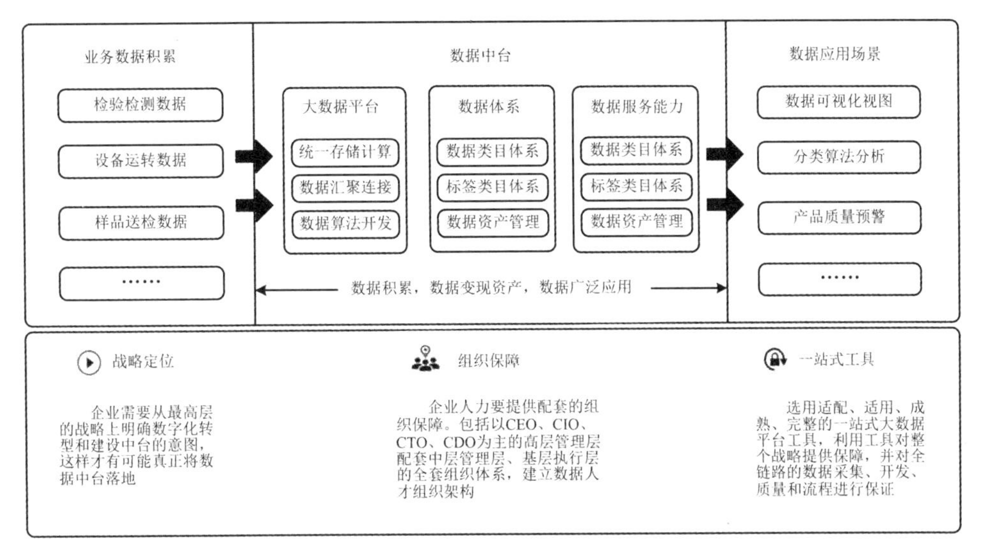

图 2.8 数据中台

通过数据中台,检验检测实验室可实现各领域的数据共享,如检验检测标准数据、检验检测结果数据、设备仪器数据等。数字化实验室一体化平台的数据中台可将实验室的数据进行分层管理,包括检验检测标准能力数据层,质量检验检测业务原始记录数据层,设备和计量器具、物资耗材、标准溶液、人员等资源数据的资源基础设施层,以及包含质量体系管理过程数据的质量监管层。各层次可通过业务逻辑关系充分解耦,在数据结构、数据质量标准化的基础上,做到标准统一,为上层业务应用提供标准统一的数据服务。

1. 一体化平台数据中台架构

数字化实验室一体化平台的数据中台架构如图 2.9 所示,其架构自下而上可分为数据汇聚层、数据开发层、数据资产体系、数据资产管理、数据服务体系。除此之外,还包括数据运营体系和数据安全体系,数据运营体系保障了数据中台的整体运营有序进行,数据安全体系保障了数据资产的安全不被攻击窃取。

数据汇聚层主要接入各业务领域的原始数据,如检验检测数据、样品送检数据、仪器运转数据、检验检测标准数据等。数字化实验室一体化平台的数据中台汇聚层可提供多种数据接入方式,兼容各种性质的数据接入。

数据开发层提供各种数据的加工、调度能力,能够实现离线开发分析、实时开发等。同时在运维方面,可提供智能调度与运维、监控告警等能力,能保障数据开发层可靠地运转。

数据资产体系主要使用标准的大数据管理体系,可将数据划分为贴源数据、统一数仓、标签数据、应用数据。

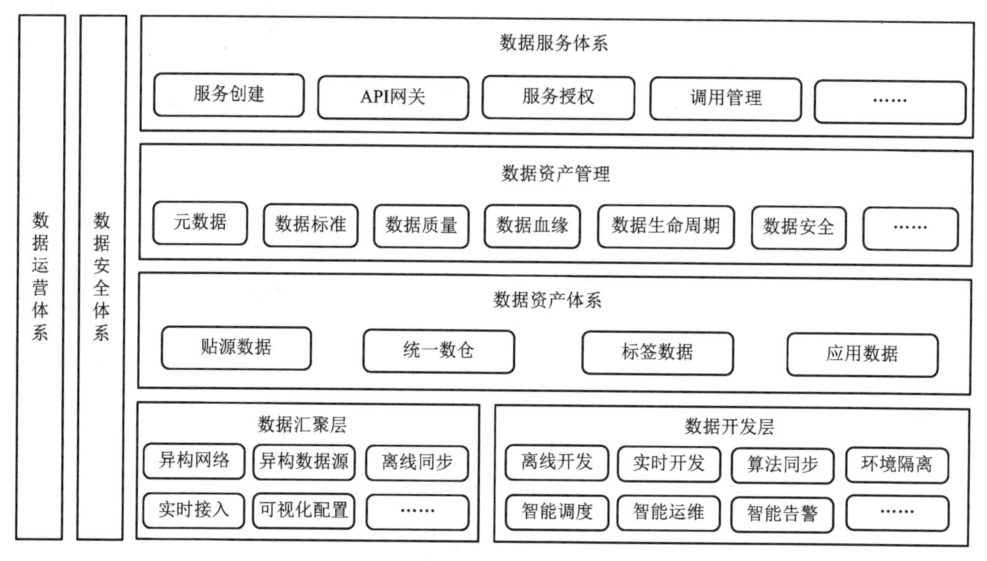

图 2.9　一体化平台的数据中台架构

数据资产管理针对资产体系，可实现各类资产数据的统一管理，从元数据管理、数据标准管理，到数据质量的检查，通过分析数据的关系，进一步分析数据之间的流转。通过数据生命周期管理，将数据根据历史区间存储划分到不同的存储位置，更合理高效、低成本地存储数据。通过数据安全能力，从数据内容方面避免敏感数据泄露。

为了将数据资产价值最大化，数据服务体系通过服务创建、API 网关等充分利用、分享数据。通过服务授权、调用管理，保障了数据有序安全地利用、共享。

2. 数据中台的优势

随着业务量的增长和竞争的加剧，企业运营速度越来越快，决策环境越来越复杂多样，不能仅仅依靠经验和直觉判断，企业需要数据驱动来帮助决策，同时基于大量数据所做的决策还要满足速度的要求，业务的数字化转型逼迫企业要有效且及时地利用数据。如图 2.10 所示，决策与分析从上到下分为战略、管理和运营三层，在战略层面企业关注战略性转变和调整，在管理层面企业关注业务成本资源和绩效成果管理，在运营层面企业期待以更加及时的方式更好地管理特定的运营流程。企业需要把各式各样的分析能力集成在一起提供实时决策支持，从下往上看，企业对分析的范围、聚合度和业务假设需求日益增加；从上往下看，企业对分析的详细程度、容量和速度要求日益提高。

通过构建数据中台，可以帮助企业全面掌控信息并获得可信、完整、相互关联的企业信息单一视图，如实验室人员资质信息、设备仪器档案信息、检验检测周期、检验检测能力等信息。通过构建数据中台可实现对数据的唤醒，企业可以获得深入的洞察力，帮助企业进行正确的决策并转化为实际行动，如我们可以分析检验检

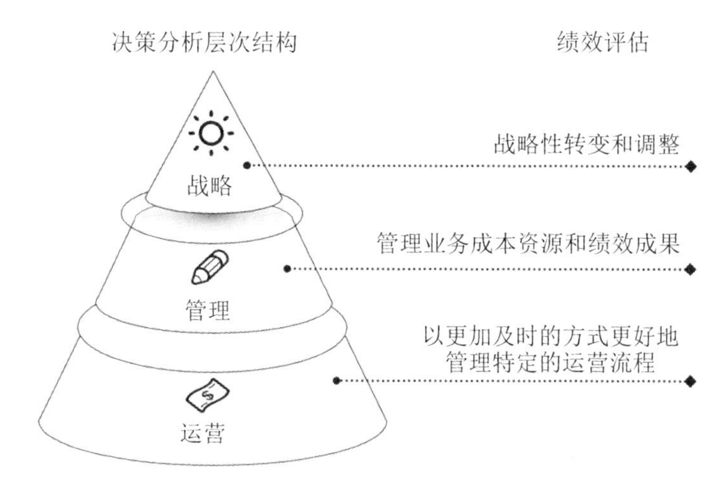

图 2.10　决策分析层次结构

测流程每个节点的流转时间，发现阻塞流程的关键因素。通过构建数据中台，企业能通过数据分析发现问题并获得指引业务的洞察力，通过将业务分析模型加入到业务流程中，使洞察力的价值不是一次或几次的偶然体现，而是常态化地发挥作用，指导企业的常规业务活动，如通过数据化实验室一体化平台的 SPC 统计过程控制，总结出实验室检验检测的控制限，通过观察日常检验检测结果，判断产品质量是否稳定。通过将分析模型嵌入到业务流程或者将分析结论自动返回到业务流程中去，避免同样的问题再次发生，或在问题发生时及时加以应对，最终实现流程的不断优化。通过数据中台，数据的价值将被最大化地挖掘并加以利用，数据从待开发状态被唤醒成为业务优化的驱动者，在唤醒数据的过程中，除了业务分析和优化能力外，还涉及业务流程的解读以及如何构建问题模型等内容。

具体来说，企业构建数据中台具有以下意义：

(1) 将数据作为生产资料转化为数据生产力。在大数据时代，企业只有了解用户，在数据支撑的条件下不断创新，打破数据孤岛，才能在日益激烈的竞争中长期保持优势。

(2) 从企业数据(如企业检验检测能力、物资耗材库存、样品质量趋势、检验检测业务流转等)中获取深入的洞察力，并依据洞察力帮助企业进行更明智的决策并进一步转化为实际行动。利用数据中台聚合的企业全维度数据，企业可以从海量信息中发现业务规律、可能出现的欺诈、风险和新的商机等，通过分析技术创造独特的竞争优势，将分析技术融入战略决策和日常运营管理中。

(3) 帮助企业更好地了解自身所处的行业和目标客户。数据中台建设的核心目标是以客户为中心进行持续规模化的创新。通过构建数据中台，汇集企业全面的数据、行业全渠道数据等，打造高质量的数据资产，为企业前方业务提供数据支撑和深层次客户洞察，帮助企业制定更加个性化和智能化的产品和服务。例如，实验室企业针对某个农产品各区域、各品质等级不同季节和年份的样品检验检测数据，绘制农产品品质区域化地图，制定农产品品质标准库。

(4) 支持企业进行商业模式创新，为业务洞察提供数据支撑。依托云计算、大数据和人工智能算法模型，将海量数据进行机器学习和深度学习建模，找出潜藏的规律(业务洞察)，支持前方团队业务创新(转换为行动)，从而带动大规模的商业创新。通过数据中台提供的各种数据服务，弥补业务人员和技术人员之间的沟通协作鸿沟(技术人员不懂业务、业务人员不懂技术)，使得数据应用到业务变得简单。同时，数据中台提供的标准化数据访问能力，也促进了内部各业务系统的进一步创新和融合。

(三) 一体化平台微服务架构

微服务是指开发一个小型但有业务功能的服务，每个服务都有自己的处理和轻量通信机制，可以部署在单个或多个服务器上，微服务是一种松耦合的面向服务架构。使用微服务架构，将应用程序构建为独立的组件，并将每个应用程序进程作为一项服务运行。这些服务使用轻量级 API，通过明确定义的接口进行通信。这些服务是围绕业务功能构建的，每项服务执行一项功能。由于它们是独立运行的，因此可以针对各项服务进行更新、部署和扩展，以满足对应用程序特定功能的需求。

1. 微服务架构的特点

对于单体架构和 SOA[①] 总线型架构，微服务架构的主要特点是服务组件化、服务松耦合以及服务自治、去中心化。

(1) 服务组件化

每个微服务都可以看作一组小的服务，每个服务都是对单一职责业务能力的封装，即专注做好一件事情。我们可以将设备仪器管理、仪器数据采集、检验检测业务管理、质量体系管理等服务拆分成一组组独立提供能力的服务。

(2) 服务松耦合

每个微服务都可以独立进行部署并向外提供服务，可以提供更加灵活的代码组织与发布方式，从而提升应用的交付能力和扩展能力。我们可定义每个微服务的清晰边界，将微服务业务逻辑封装在内部，在边界接口层有限地发布出来供其他服务调用与依赖。如实验室仪器数据采集服务，我们将仪器数据解析逻辑封装在服务内部，不允许外部服务通过接口改变内部逻辑，只发布仪器采集的最终结果数

---

① SOA 架构是一个面向服务的架构，它是一个组件模型。SOA 架构将应用程序的不同功能单元(称为服务)进行拆分，并在这些服务之间定义良好的接口和契约使其联系起来。接口是采用中立的方式进行定义的，它独立于实现服务的硬件平台、操作系统和编程语言，这使得在各种各样的系统中的服务可以使用一种统一和通用的方式进行交互。

据并输出接口。

(3) 服务自治、去中心化

相对于单体架构，微服务架构是更面向业务创新的一种架构模式。其技术选型灵活，不受已有系统的技术约束，各微服务采取与语言无关的 API 进行集成；同时团队间可以彼此独立工作，从而提高开发速度。通过微服务划分，我们能够将仪器数据采集服务和仪器文件上传服务分离成两个独立的服务。由于两个服务独立部署，通过基本接口互联，因此对于仪器采集服务，我们可以使用 Java 技术栈开发。仪器文件上传服务往往需要适配低版本的 Windows 系统，可以使用其他桌面应用开发语言技术栈开发。

2. 一体化平台微服务架构

微服务架构是业务中台和数据中台的建设基础。通过借鉴“微服务”架构的设计理念，数字化实验室一体化平台可将实验室业务拆分成各种独立的微服务模块，数字化实验室一体化平台可建立统一的检验检测业务流程、实验室资源、报表、移动 APP、质量管理、一体化门户、报告管理等微服务，构建一体化服务体系，为实验室管理提供有力的支撑。一体化平台微服务架构如图 2.11 所示。

平台运用微服务架构的容器化部署，采用 Docker 容器、Rancher 支持各类身份验证系统平台来管理 Kubernetes(简称 K8s)集群。通过 K8s 编排工具管理各个微服务节点的 Docker 容器，不仅提高了系统负载能力，使资源平衡分布和利用，还实现了系统高可用和强拓展的全自动化部署。

基于微服务架构开发的专网数字化实验室一体化平台，可提供“一门式登录”“一站式办公”“一体式展现”服务；可全面提升完善实验室管理水平，方便相关人员日常办公，提高工作效率。建设微服务体系，可有效地解决系统开发、应用集成、业务流程整合的问题，可以面向应用实现快速开发部署，根据应用的使用情况动态分配资源，合理把控系统运行情况，在确保应用建设效果和运行稳定性的同时，降低信息化建设、运维的资源投入。

通过微服务集成管理平台，可对应用系统和微服务组件进行管理、注册、更新和监控，并通过获取基础软硬件的运行数据，进行分析展现，实现对信息化工作的整体管控，及时发现运行故障与效率压力，降低运维难度，提升运行保障能力，提高信息化支撑能力。通过对组织机构和人员信息的统一管理与维护，减少了重复性的运维工作，降低了运维成本，保证了系统间用户信息的完整性、一致性、实时性。

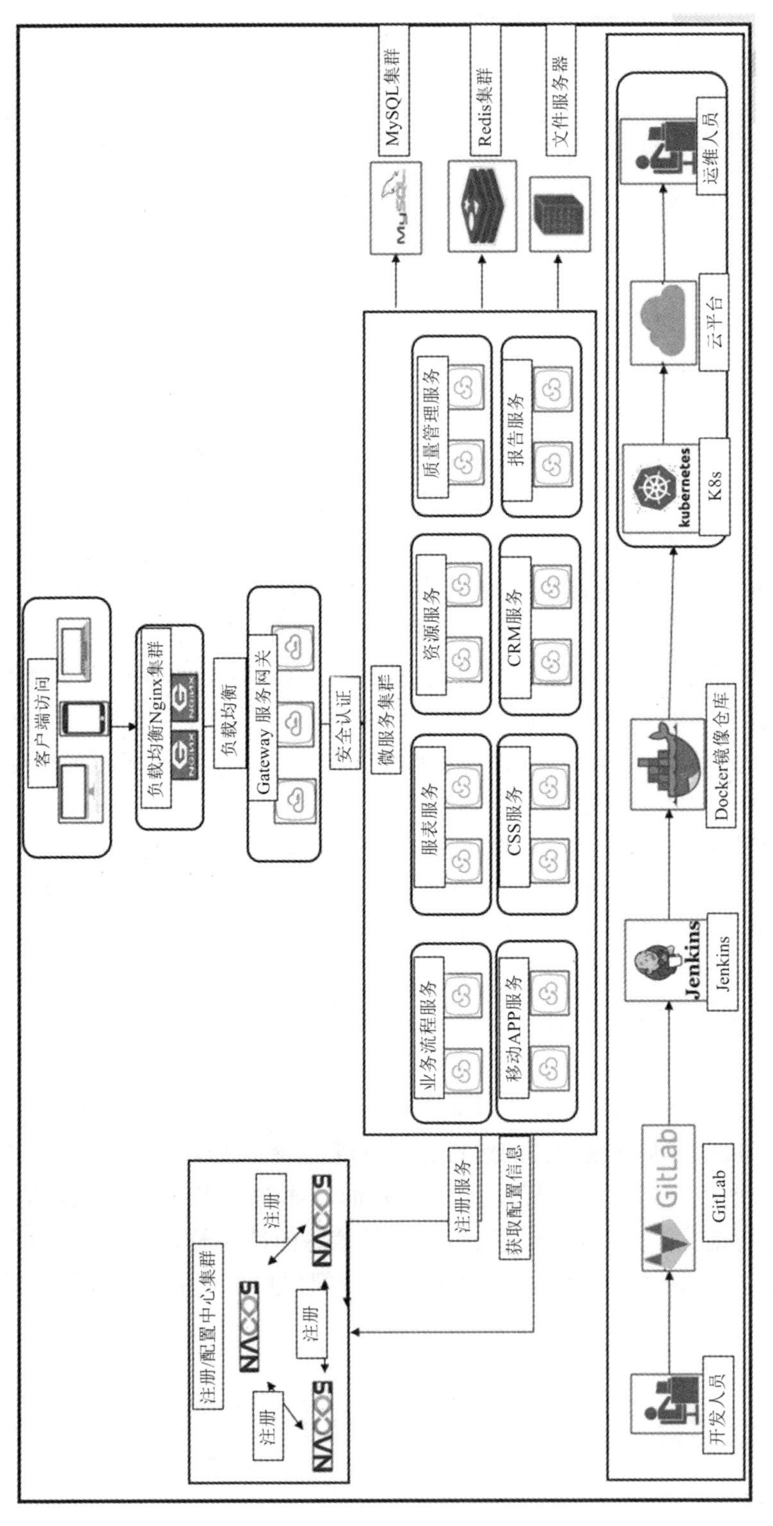

图 2.11 一体化平台微服务架构

实验室一体化平台微服务架构设计的目的是保障实验室业务稳定、高效运转，通过微服务架构，每个微服务模块之间保持高内聚、低耦合，服务具有独立性和可组合性，使微服务独立运行部署成为可能，比如质量体系微服务出现故障，不会影响检验检测流程的使用。服务内部保持分层 MVC 设计，前后端分离开发，使前端技术栈不受后端开发技术约束，能够尽可能使用流行成熟的前端开发框架，更有利于提升实验室业务交互体验。后端持久化层使用成熟的 ORM 架构，将数据库持久化层操作与业务逻辑充分隔离，使实验室后期切换其他关系数据库成为可能。国产化部署是大势所趋，数据库迁移的适配风险尤其高，使用 ORM① 架构，一体化平台能方便地切换各种国产关系型数据库。

3. 微服务架构优势

（1）复杂问题简单化

在保证功能不变的情况下，可将原来实验室管理软件巨大的单体式应用分解为多个可管理的服务或分支，如检验检测管理、样品管理、设备管理等服务，为采用单体式编码方式的应用提供了模块化的解决方案，使复杂性问题更易于开发、理解和维护。

（2）技术平台多样化

不同的微服务可以采用不同的技术平台开发，不需要被迫使用项目开始时采用的过时技术，可以选择现在较主流的先进技术。同时，微服务是单一、简单的模块化组件，完全可以使用新技术对以前的代码进行重写，使开发语言更加多元化。

（3）服务部署持续化

每个微服务都是独立的部署单元，服务的迭代更新，均可以独自进行，不仅可以加快部署速度，更重要的是将对应用系统产生的风险降到最低，提高系统可持续运行的能力。

二、一体化平台开发架构

产品开发架构图的设计主要是为了解决沟通障碍，达成共识，减少歧义，保证产品开发的质量和效率。产品开发架构设计时需要考虑产品的非功能性特征，主要对产品的高可用性、高性能、扩展、安全、伸缩性、简洁性等进行系统级的把握。在产品开发架构设计中，需要确定组成应用系统的实际运行组件，确定运行组件之间的关系，考虑部署到硬件的策略。因此，产品开发架构的设计是产品开发进行的前提，必须对产品开发架构进行正确的设计、把控以及理解才能开展产品的开发

---

① ORM 是 Object-Relational Mapping 的简写。ORM 是一种为了解决面向对象与关系数据库存在的互不匹配的现象的技术。简单地说，ORM 是通过使用描述对象和数据库之间映射的元数据，将程序中的对象自动持久化到关系数据库中。它的作用是在关系型数据库和对象之间进行映射，这样，我们在具体操作数据库时，就不需要再去和复杂的 SQL 语句打交道，只要像平时一样操作它就可以了。

工作。

数字化实验室一体化平台开发架构的搭建采用分层设计的思想，实现了系统的“高内聚、低耦合”，采用分而治之的思想，可将问题划分开来各个解决，使系统易于控制、延伸和分配资源，便于系统的开发、维护、部署和扩展。系统的开发架构如图 2.12 所示。

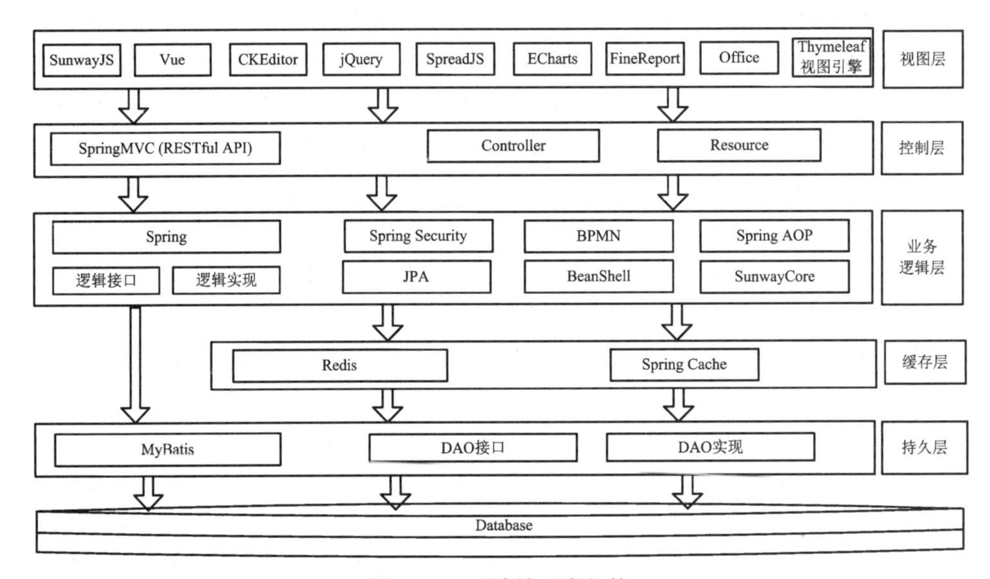

图 2.12　系统的开发架构

1. 视图层

视图层通过比较成熟的框架实现多种形式的前端界面展示，通过 Vue、CKEditor、jQuery 等多种成熟的框架构建用户操作界面，通过自行封装 Sunway Js 可定制化组件构建 ELN 电子记录模板，通过 ECharts 实现数据统计分析展示，通过多种报表工具实现报表的数据展示。

2. 控制层

控制层采用目前最先进的 SpringMVC 框架，对外提供标准的 RESTful 接口，供其他系统调用或者第三方系统使用。

3. 业务逻辑层

业务逻辑层借助 Spring Security 为应用系统提供声明式的安全访问控制功能，减少了为 Web 系统安全控制编写大量重复代码的工作。AOP 是 Spring 框架面向切面的编程思想，利用 AOP 可以切入系统的全部请求中，拦截记录系统的操作日志信息，对系统事务进行整体处理。采用工作流实现工作流程中任务的流转操作。

4. 缓存层

在缓存层系统采用 Redis 进行关键信息的缓存存储管理，包括登录用户的信息、用户的菜单信息、系统参数、组织机构、基础编码、系统多语言等，方便对信息进行快速调用。

5. 持久层

在持久层通过定义 DAO 接口，编写 DAO 接口的实现类，调用 MyBatis 定义的 SQL 语句来实现数据库的持久化操作。

6. 其他

同时，系统支持通过仪器采集脚本的配置功能与配置参数、预处理及结果参数，将配置的采集脚本与仪器绑定，以实现仪器数据采集；通过计算公式函数配置定义函数，为分析项编写计算公式逻辑代码，来实现分析项之间的调用和运算；系统应支持市面上主流的 Oracle、Mysql、SQLServer 这三种关系型数据库以及达梦、金仓等国产数据库，以满足不同客户的需求。

三、一体化平台集成技术架构

实验室数字化建设中涉及大量不同类型的信息系统，数字化实验室一体化平台的建设也并非单纯的任务，涉及与现有业务系统的集成和衔接。这些现有的业务系统往往是不同时期开发的，随着业务和数据日趋复杂，在应用方面面临着众多问题：多对多的数据交换，牵一发而动全身；商业逻辑多处重复，浪费开发资源；难以进行业务修改，无法快速推出新产品、新业务；开发质量难以控制等。

数据集成既是应用集成的基础，也是实施集成类项目的工作重点和难点。为有效解决实验室数字化过程中的信息孤岛问题，需要将不同系统中的数据集成在一起，用于集中分析，或者实现不同系统数据之间的高效共享。对于实验室数字化和平台建设，如何有效管理系统之间的数据传输是实验室需要面对的主要挑战之一。

为满足系统间协作和数据交换的需要，基于国内外业界开放式标准，一体化平台对系统集成技术架构进行了统一规划，如图 2.13 所示，包括与行业业务系统生态集成、与实验室仪器设备集成以及开放接口平台(API)三个方面的规划。

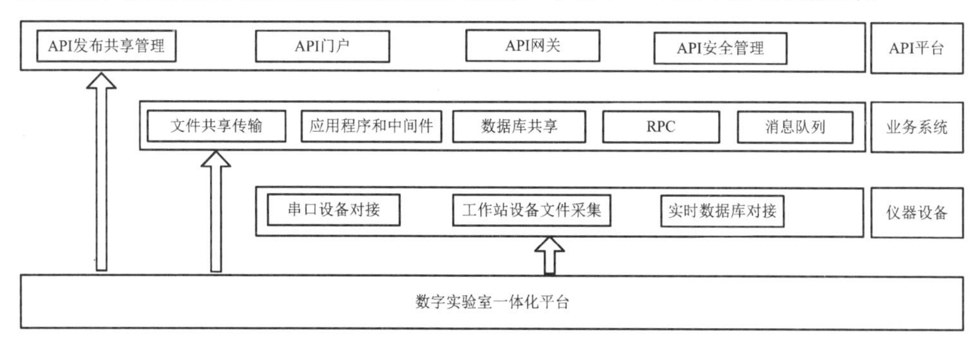

图 2.13　一体化平台系统集成技术架构

1. 与仪器设备的集成

实验室仪器设备数据的自动采集是实验室数据化的关键内容，仪器数据管理与自动采集可提高实验室仪器自动化水平，实现对实验室仪器数据进行统一管理、维护、归档、存储的目标。纵观检验检测行业，仪器设备数量之多、种类之繁，即使针对同一项目进行检验检测的仪器设备，由于制造商不同，输出的数据也千差万别，导致仪器设备数据采集难度大、费用居高不下，甚至形成了有价无市的局面。

一体化平台系统提供统一数据采集接入接口，全面覆盖所有数据源，通过构建智能数据解析服务中心，实现实验室仪器数据自动采集，使各类仪器设备数据协议简单化、标准化，为数据使用方提供规范统一的目标数据，让整个数据采集过程更便捷、更高效、更准确、更安全。系统以常用的计算机和通信技术为基础，实现实验室设备的采集数据信息交换和共享。通过对实验室仪器设备检测样品后输出的原始报告文件进行二次采集，或者进行数据直采完成原始文档归档，通过对归档文档进行数据挖掘，分析并提取实验结果数据，为生成电子原始记录提供实验项目相关数据。

一体化平台提供的数据自动采集的方法按照检验检测仪器类型分为两类：一是自带附属工作站的仪器，如原子吸收光谱仪（AAS）、电感耦合等离子体发射光谱仪（ICP-OES）、电感耦合等离子质谱仪（ICP-MS）等。对于自带工作站的设备，涉及对设备产生数据的二次采集，数据类型包括 ACCESS、Excel、TXT、XML[①]、SQL Server、DB 等。这些带有数据处理工作站的仪器，通过工作站软件的“报告”或“导出数据”功能，将图谱和其中的数据按设定的格式输出到同一个图谱文件中，一体化平台读取此文件的内容，按照既定的规则从文件中抽取所需的样品编号、方法、检验检测项目、峰值、单位、检验检测结果等数据，并与一体化平台中的样品编号、方法、检验检测项目等对照，成功后写入平台数据库中的检验检测结果中。二是没有数据工作站但有标准通信接口，通信协议和接口类型包括 TCP/IP、RS232、RS485、USB 等，系统与此类仪器可通过接口连接，将仪器对应分析报告或图谱自动与系统流程数据关联，随时满足溯源需求。当发现分析报告或图谱有问题时，应支持重新采集并能够实现系统自动与实际样品关联绑定。

2. 与各业务系统的集成

在实施应用集成或数据集成时，需考虑到不同的技术架构，如不同接口的应用系统，不同的操作系统（如 Windows、Linux 等），各种数据格式（如二进制、纯文本、XML 等）等方面，具体来说有以下几点：

应用耦合度：这一点也和软件工程中的基本设计思想是契合的，即要求系统之

① XML 指扩展标记语言，它是标准通用标记语言的子集，一种用于标记电子文件使其具有结构性的标记语言。它可以用来标记数据、定义数据类型，是一种允许用户对自己的标记语言进行定义的源语言。它非常适合互联网传输，提供统一的方法来描述和交换独立于应用程序或供应商的结构化数据。

间的依赖性达到最小,这样当一个系统发生变化时会对另外一个系统产生尽可能小的影响,也就是所谓的松耦合。

侵入性:当进行集成的时候,希望集成的系统和集成功能的代码变动都尽可能小。

技术选择:不同的集成方案需要不同的软硬件,这涉及开发和学习的成本。

数据格式:既然系统要集成,从本质上说就相当于在两个系统间通信,那么相互通信的系统就要确定交换数据信息的格式来保证通信的正常进行。

数据时间线:当一个系统需要传递数据给另外一个系统时,它们传送的时间要尽可能少,这样可以提升系统整体运行的效率,减少延迟。

数据或功能共享:有的应用集成还考虑功能的集成共享。这种功能的共享带来的好处是使一个系统提供的功能在另外一个系统看来就好像是调用本地的功能一样方便。一些典型的应用集成如 RPC(远程方法调用)就符合这种特征。

远程通信:通常系统调用采用同步的方式。但是在一些远程通信的情况下,采用异步的方式也有它的优点,如带来系统效率的提升。不过这也使系统设计的复杂度变大。

可靠性:要考虑系统的容错能力。

当数字化实验室一体化平台与企业的其他业务平台集成时,集成的方法有很多,最常见的有中间件、文件传输、数据库共享、远程方法调用以及消息队列,它们在解决某些特定领域的问题时有自己的特长,下面分别介绍各种方法的特点。

(1) 企业应用程序集成和中间件

具有确定的企业应用程序集成策略或标准企业中间件平台的组织应评估实验室信息管理系统是否能够轻松地与中间件支持的标准集成。与中央中间件平台集成可以大大降低集成的成本和复杂性。系统到中间件平台的单一集成可能支持与连接到同一中间件中心的多个企业应用程序的信息交换。

中间件平台可以由基于标准的集成代理软件组成。集成代理主要构建在消息传递中间件上,提供端到端的集成平台来处理实验室和数据消费者之间的数据交换组件。它提供了广泛的、预构建的应用程序适配器和到多个应用程序(包括打包的和大型机应用程序)的双向连接。在这个配置中,系统的集成代理组件过滤并映射数据,将本地代码转换为标准代码,并在使用约定的传输机制安全地传输数据之前生成有效的消息结构和内容。消息代理/集成引擎可以是单独的独立功能,也可以与实验室信息化解决方案集成。

(2) 文件共享传输

文件共享传输的优势在于简单直观。它的典型交互场景如图 2.14 所示。

在这种场景下,一个应用产生包含需要提供信息的文件,然后再由另外一个应用通过访问文件获取信息。在这里,集成部分所做的事情主要是将文件根据应用的不同需要进行格式的转换。在这种集成方式下,有以下几个重要的问题需要考虑：

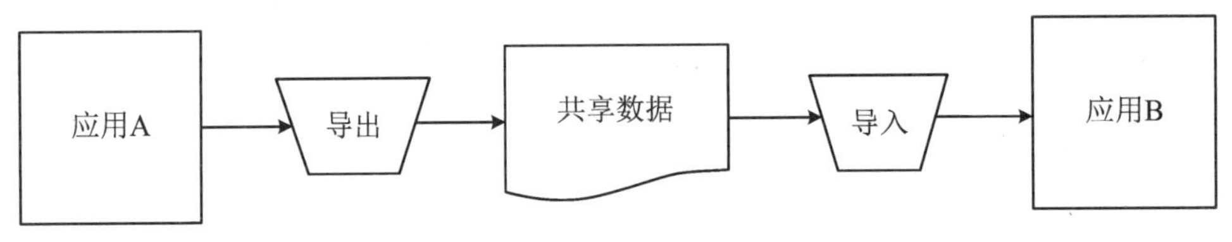

图 2.14　文件共享传输

第一，文件的格式。这是因为不同应用系统传递消息的具体样式不一致。一些常见的方法是传递 XML 或者 JSON[①] 格式的文本。当然，在一些 UNIX 系统里面也有通过纯 TXT 文本传递信息的情况。

第二，文件的产生及处理。一般产生文件需要一定的时间，而我们不太希望文件产生得太频繁。而且，一个应用在产生文件的时候怎么保证另外一个应用不去修改它呢？如果文件产生完成，那么怎么通知另外一个应用呢？怎么知道另外一个应用已经处理过自己处理的文件？产生的文件会不会有重名的冲突？文件被处理完之后该怎么办，删除它还是重复再应用？这些问题在信息传输比较频繁时是很容易发生的。这些问题的发生会导致两个应用系统之间信息的不同步或者信息的错误，这也是采用纯文件传输的弊端。

当然，在一些应用场景下，文件传输还是有优点的。在一些信息交换不是很频繁、对信息的及时性要求不太高的情况下，文件传输是值得考虑的。也可以采用定时产生和使用文件的方式，只要保证两者不产生冲突和执行顺序正确，集成的效果还是可以达到的。文件传输还有一个优点，即相较于集成的系统来说，它比较完美地屏蔽了需集成的细节，系统只要关注符合标准格式的文件内容，具体实现和数据交换都不需要关心。

(3) 共享数据库

共享数据库也是比较常见的一种应用集成方式。在很多应用开发的场景下，数据库相对独立地提供一部分服务，所以与其他系统的对接也比较容易。这种集成的方式如图 2.15 所示。

与前面文件共享传输的方案比起来，该方案的优势是可以保证数据的一致性。在文件传输中，如果文件要传输给多个应用的话，我们是没办法保证所有应用的数据是同步且一致的，可能有的快有的慢。而在共享数据库中，所有的数据都统一存储在公共的数据库里，任何一个系统产生数据或者发生变化，另外一个系统也可以马上看到，也就不存在这样的问题了。

当然，这种方案也有它不足的地方。首先，对于多个应用来说，共享数据库需要能够适应它们所有的场景。不同的应用考量的点是不一样的，要能适应所有的

① JSON(JavaScript Object Notation)是一种轻量级的数据交换格式，它是基于 JavaScript 的一个子集。

需求对于数据库来说就显得尤其困难。其次是性能方面的问题，不同的应用可能会同时访问相同的数据导致数据访问冲突，因此也会带来如死锁等问题。

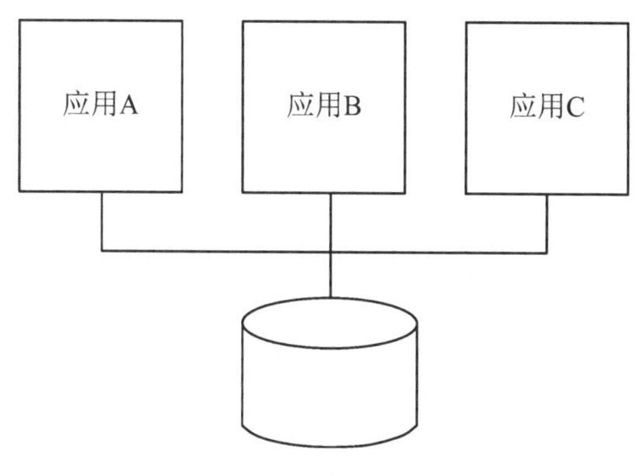

图 2.15　共享数据库

（4）远程过程调用（Remote Procedure Call，RPC）

Java RMI 就是一种典型的远程过程调用的方法，其应用场景如图 2.16 所示。

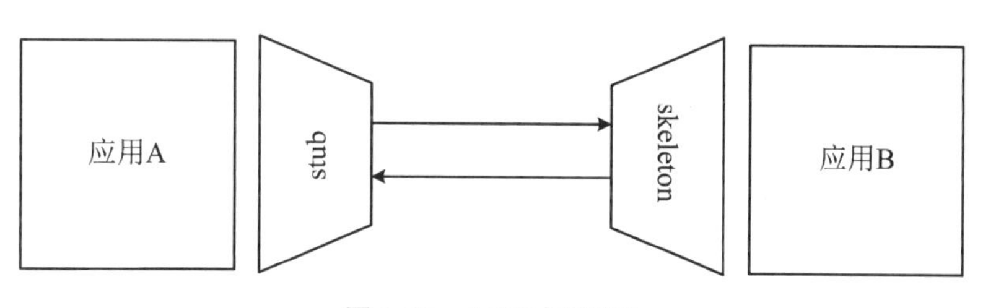

图 2.16　远程过程调用

以 Java RMI 为例，当需要访问远程方法的时候，先要定义访问的接口，然后通过相关工具生成 skeleton 和 stub，之后一端通过 stub 给另外一端发送消息。在应用 A 本地的代码中访问 stub 看起来还是和调用本地的方法一样，这些细节都被 stub 屏蔽了。其他的技术如 COM、CORBA、. NET Remoting 都采用了 RPC 的思路。

RPC 的这种思路能够很好地集成应用开发。当然，由于这种机制也会带来一定的问题，如 Java RMI 或者. NET Remoting 都只局限于一个平台。例如，应用 A 是用 Java 编写的，如果要和另外一个系统通过 RMI 集成，该系统也必须是 Java 编写的。另外，它们之间是一种紧耦合关系。RPC 调用使用的是一种类似于系统 API 的同步调用，当一端发出调用请求时会在那里等待返回的结果，如果此时另外一个系统出现故障，会对调用方产生很大影响。另外，在 RPC 调用的时候默认期望消息是按照发送的顺序传递给接收方的，但是由于各种环境的影响，会使得接收的结果乱序，这样也可能导致系统执行出现问题。所以，从可靠性来说，RPC 还是存在着一定的不足的。

（5）消息队列

和前面几种集成的方式相比，消息队列算是一种比较理想的解决方案。消息队列的集成方式如图 2.17 所示。

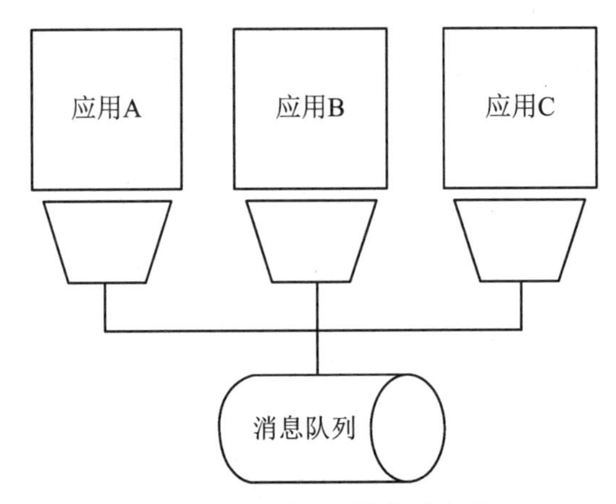

图 2.17　消息队列的集成方式

在所有应用之间，要通信的消息都通过消息队列来传输，由消息队列来保证数据传输的异步性和稳定性等。总的来说，这看起来有点像网络连接结构，所有数据通过一条可靠的链路进行通信。消息队列的集成方式有很多优点，具体如下：

① 更好地应用解耦

采用文件传输或者共享数据库的方式需要知道文件或者数据库在哪里，对于 RPC 方式来说甚至要知道对方的 IP 地址才能进行方法调用。而消息队列则只需双方规定好通信的消息格式，各自将消息发给消息队列就可以了。这就好比两个人通信，一个人只要把要写的内容写好再交给邮局，剩下的事情他就不用操心，全让邮局办就可以了。同样，不管对方是用什么语言开发的系统，只要它们采用统一的消息格式，Java 开发的系统也能够和 C＋＋、.NET 等平台的系统通信。

② 消息的可靠性

我们发送消息的具体任务相当于交给了消息队列。所有提交的消息由消息队列里的 Message Router 来投递。这有点像网络系统里的路由器，根据发送方指定的地址转发到另外一个地方。同时，消息队列也根据不同的需要将消息持久化，保证消息在投递的过程中不会被丢失。

③ 系统可靠性

如果将消息队列和 RPC 方式做一个对比，就如同生活中打电话和发短信的区别。在打电话的时候，拨电话的一方期望接电话的一方在电话旁边并能够接收响应。如果接收人不在电话旁或者在忙的话，拨电话的这一方就只能在电话前等待。这就是系统不够全面的地方，一旦系统中另外一方出现故障，系统就没法正常运作。要保证能够正常通信，需要系统双方都同时就位。而发短信的这种方式则不然，消息可以准确地送达对方，如果对方暂时忙碌，消息也会保存在那里，等有空的时候再响应，这样至少保证了信息的有效传递。这种保证系统异步执行的特性，从某种角度来说也提升了系统性能。

由上可以看出，消息队列是一种兼顾了性能、可靠性和松耦合的集成方式。

3. 开放接口平台 API Manager

一体化平台提供开放接口平台 API[①] Manager，从创建和管理 API，到监控 API，API Manager 可提供 API 整个生命周期所需要的各种控制，包含控制访问权限、访问流量、监控 API 的调用、版本控制等。这将不再需要为不同的 API 编写适配接口，只需将 API 资源添加到 API Manager 中，即可实现 API 资源复用等功能，即用户可将系统中的相关资源添加至 API Manager 中，后续建设的系统可直接通过该 API Manager 平台申请进行相关 API 资源使用，无需再编写接口。

第四节　数字化实验室一体化平台部署

数字化实验室一体化平台部署可分为两种方式，一种是使用云端服务进行部署，另一种是企业在本地通过服务器进行部署。在数字化实验室一体化平台实施时，各企业可根据自身的具体情况对两种部署方式进行选择。

一、一体化平台云化部署

云化部署就是采用云化的方案，也叫作 SaaS 模式，使用厂商提供的云服务器，无需搭建任何基础架构或购买额外的硬件设施即可实现存储空间扩展，具有缩短部署时间、减少成本、扩展性强以及更新升级方便等优势。以下从云化部署的架构以及云化部署的基础措施两方面对云化部署进行详细说明。

（一）一体化平台云化部署架构

在云计算中，硬件和软件都被抽象为资源并封装为服务，向云外提供服务，用户以互联网为主要接入方式获取云中提供的服务，但用户获取的服务类型不尽相同，主要分为基础设施即服务（IaaS）、平台即服务（PaaS）、软件即服务（SaaS）等。一体化平台云服务涉及的基础技术和功能，如图 2.18 所示。

---

① API(Application Program Interface)指应用程序接口。应用程序接口是一组定义、程序及协议的集合，通过 API 接口实现计算机软件之间的相互通信。API 的一个主要功能是提供通用功能集。API 同时也是一种中间件，为各种不同的平台提供数据共享。

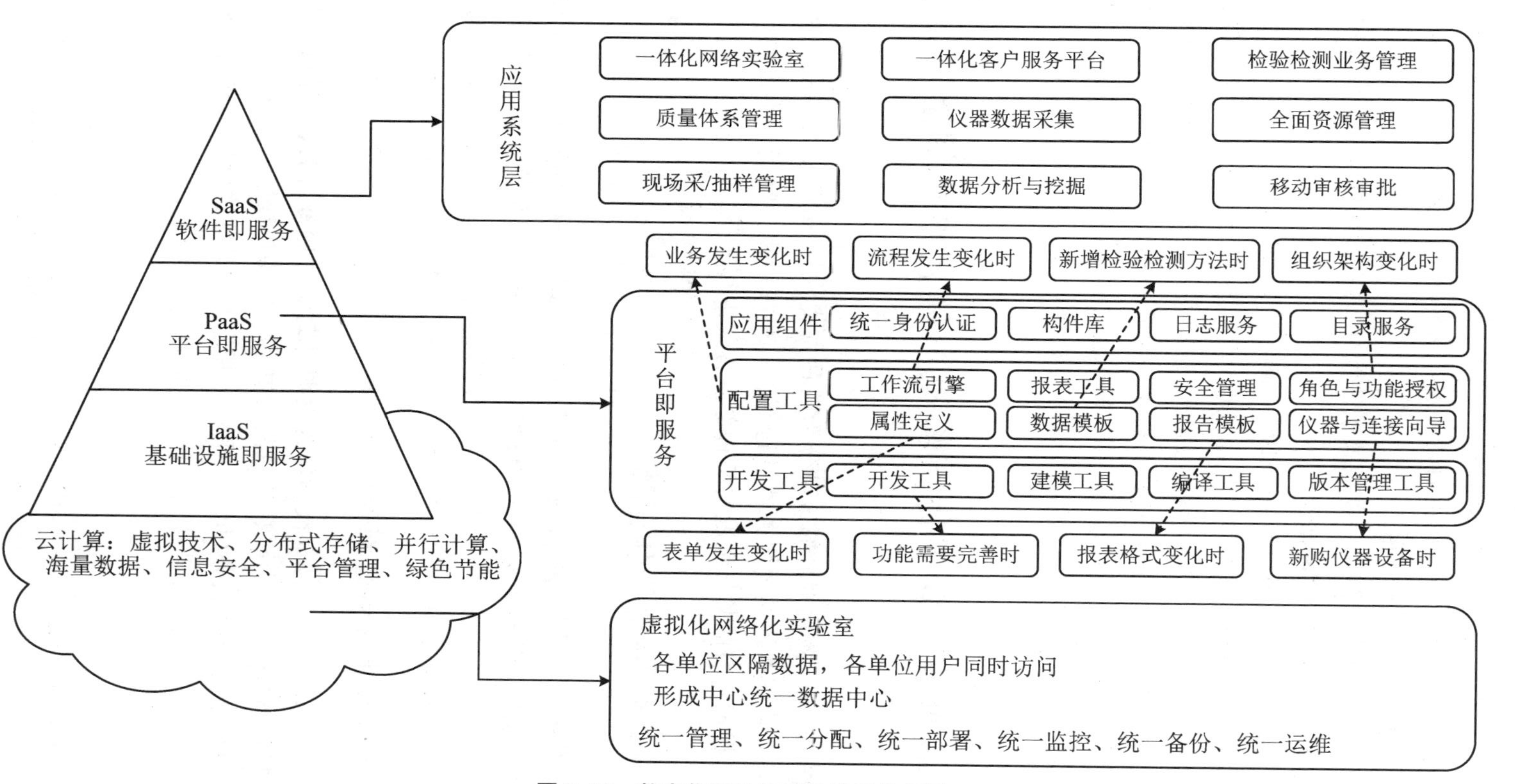

图 2.18　数字化实验室系统的云化部署

1. 针对基础设施即服务(IaaS)层

基础设施即服务以服务的形式为用户提供底层的、接近直接操作硬件资源的服务接口。用户无需购买服务器、网络设备、存储设备,通过调用这些接口可以直接获得计算资源、存储资源和网络资源等,具有自由灵活的特点,用户可以利用这些基础设施资源量身制定所需的应用类型。

实验室中的数据集中存储在关系型数据库中,通过异构数据交换平台,可从各业务系统中获取数据并存储。当前主流的关系型数据库有 Oracle、DB2、MySQL、SQL Server 等。服务器一般采用双机备份、负载均衡等技术。分布式存储系统主要将数据分散存储在多台独立的设备上。分布式存储系统采用可扩展的系统结构,利用多台存储服务器分担存储负荷,利用位置服务器定位存储信息,它不但提高了系统的可靠性、可用性和存取效率,还易于扩展。分布式存储系统所管理的数据存储在分散的物理设备或节点上,存储资源通过网络连接。

2. 针对平台即服务(PaaS)层

平台即服务为用户提供应用服务引擎,即一个托管平台,用户可以将他们所开发和运营的应用托管到云平台中,如互联网应用接口/运行平台,用户基于该应用平台,可以构建该类应用,一旦客户的应用被开发和部署完成,所涉及的其他管理工作,如动态资源调整等都将由该平台层负责。

可以将二次开发工具、安全组件、技术组件部署在该层。

开发平台:窗口管理、表单定制、菜单管理设计等。

安全组件:用户管理、组织结构配置、职位角色配置、权限管理、电子签名管理、日志管理、审计跟踪、过期处理等功能。

技术组件:集成帆软报表、NWA① 分析、ERP 接口、条码管理,能进行任务提醒、可视化工作流程配置、数据追溯管理等。

3. 针对软件即服务(SaaS)层

软件即服务为用户提供的是可以直接使用的软件,用户只需按需购买即可,往往是具有特定功能的软件服务。

可以将一体化平台的核心功能部署在该层,如检验检测过程管理、全面资源管理、质量与管理、仪器设备数据采集、基于平板的现场检验检测管理、手机移动审批管理、对外服务管理、数据分析与挖掘等。

4. 云计算

实验室可利用云计算支持异构的特点整合各项服务,同时利用其资源分配可动态伸缩的特点,实现对实验室运算资源的最大化利用。

云计算的创新有助于推动以高性能计算、大数据分析和人工智能为基础的数

---

① NWA(Northwest Analytical)是全球领先的统计过程控制(SPC)软件控件提供商,其产品可帮助企业作出智能的、基于信息的决定,这些决定能够有效地管理和改善制造企业的生产流程和供应链。

字革命，所有这些服务都可显著地影响实验室的生产力和能力。然而，随着云计算技术的迅速发展，它们为实验室维护和控制安全、隐私、数据完整性、系统完整性和合规性创造了新的需求和挑战。一体化平台可以部署在完全由公司内部资源安装和支持的计算基础设施上，或者，公司可以选择使用从外部供应商那里购买并通过公共互联网或私有网络交付的计算服务作为服务（在云中）。使用云计算服务模型处理实验室信息工作的好处包括：低启动成本、持续开支（而不是预付资金购买）、部署的许可证数量的灵活性、性能的可扩展性和保证应用程序的服务级别。在理想情况下，组织还可以通过减少资本设备和支持基础设施（如冷却系统）的费用来提高生产力并降低总体拥有成本（TCO），同时只需支付所使用的服务的费用即可。基于云计算的实验室数字化产品的一些缺点包括：更复杂的合规性问题、升级要求（如 Web 浏览器版本、桌面应用程序、操作系统、数据库环境）、用户和数据的安全性问题以及系统集成问题。

（1）云计算的部署模式

公共云是著名的部署模型，本质上为互联网上的公共受众提供云端的资源或服务，或两者兼有。在某些情况下，用户可以通过"直接连接"或专用网络服务访问公共云，这些服务承诺简化网络并降低成本。私有云是为单个实体运营的，这意味着实体拥有的个性化内部或非现场数据中心提供可扩展的自助服务资源以满足其需求。然而，私有云确实带来了额外的成本和其他需要考虑的因素。混合云是公共/私有云与至少一个公共和私有云的任何组合。企业可以将资源分布在多个物理位置（私有云），并使用不同的公共云资源为其客户、员工和业务合作伙伴提供广泛的服务。在使用云计算时需要考虑云工作负载和责任，以确定哪个业务部门或供应商提供计算服务、这些服务何时运行、数据将存储在哪里以及不同的服务将如何与业务应用程序、客户和员工集成。此外，公共多租户云系统包含一些特殊的考虑因素，这些考虑因素可能会在管理和升级时间方面产生问题，因为通常需要很长的时间来支持变更控制、培训和影响评估。

（2）云计算的服务模式

许多类型的公共云计算服务模型可供实验室使用，其中脱颖而出的有 IaaS、PaaS、SaaS 三大类。IaaS 使实验室可以选择使用服务提供商的数据中心资源（即信息技术基础设施）来运行虚拟的操作系统、应用程序，在某些情况下还可以运行网络组件，帮助实验室控制数据存储。PaaS 与 IaaS 类似，服务提供商控制操作系统、网络和存储，实验室能够处理应用程序部署，在某些情况下还可以处理环境配置设置。SaaS 比 PaaS 更受限，因为服务提供商控制安装的大部分方面，实验室人员只需访问应用软件和数据库。在某些情况下，用户指定的应用程序设置也可能由用户控制。实验室还可以利用云上的其他服务，包括存储即服务（STaaS，基于云的数据存储）、安全即服务（SECaaS，基于云的互联网安全）、数据即服务（DaaS，基于云的数据管理和分发）和测试环境即服务（TEaaS，基于云的按需软件测试环境）。

（3）云计算的主要考虑因素

云平台提供商使用服务的堆叠层架构，使云架构师能够选择管理云资源的级别。例如，在虚拟专用网络中，部署虚拟服务器可以完全控制服务器配置，但会增加支持和管理成本。支持和管理可作为内部和外部管理服务的混合体，以提供运营支持，但仍要求相关各方以协调的方式编写并明确遵循相应的策略。如果应用程序或服务用于高度管制的行业，或敏感数据被处理和存储，则可能需要在本地或内部云上托管这些系统，以确保其安全。在其他场景中，应用程序或服务可以在由云平台提供商管理的共享托管环境中使用。在规划实验室云架构时，应考虑以下方面。

① 架构、设计和安全是有关云部署决策的首要因素

是否能够完全利用云计算的优点，取决于私有和公共基础设施之间的集成程度以及应用保护和控制措施来保护知识产权和通信的能力。特别是在混合部署模型中，应考虑用户、设备和私有云数据中心的位置以及公共云数据中心的位置。需要考虑将应用程序部署到不同的云数据中心用于管理数字身份，而访问管理（IAM）框架则是另一个关键的体系结构。实验室员工、客户、企业对企业（B2B）系统和设备都需要访问云资产，我们要考虑组织将控制和配置什么、何时可以访问云资源和数据以及通过什么身份访问。我们还需要考虑部署应用程序，以隔开客户可以访问的资源。

② 管理是实验室的另一个主要考虑因素

无论计算资源位于何处，实验室仍负责保护、使用、收集和存储在这些资源中的计算资源和数据。本书中描述的相关规则也适用于基于云的计算资源。如果第三方供应商提供 SaaS 服务，则应进行控制和检查，以确保第三方满足安全、质量和合规的要求。此外，应定期进行审计，以验证持续的合规性。使用基于风险的方法，组织可以确定最佳保护级别。

③ 基于云服务的管理要求与内部系统的严格程度相同

内部人员可能需要接受新技术和工具的培训，才能在这些新的服务交付模型中有效地管理系统；随着云服务使用的增加，管理的复杂性日益增加，尤其是在混合环境中，管理的复杂性是一个关键的因素。实验室数据和操作可能依赖于由内部和外部资源组合管理的一组不同的服务，当出现问题时，应理解清楚哪个业务部门拥有流程中给定步骤的工作负载，以获得有效的支持响应。应使用服务水平协议，并与业务需求相匹配，以保持运营的持续，应该考虑工作负载运行的时间和地点等因素。

④ 应评估基于云的服务的可用性

生产系统可能要求全世界不同地区每天 24 小时的可用性，而较小的实验室对可用性的要求较低。确定实验室所需的可用性级别，了解服务提供商如何确定可

用性级别及服务提供商正在使用哪些工具来提高其服务的可用性(如检查点、冗余模型和数据复制)。

⑤ 云服务的可扩展性

云服务的可扩展性为实验室提供了以前没有的选择。企业只需在必要时支付所需的费用,而不需要购买更多的 IT 资源。我们需要了解服务提供商在帮助监控服务(响应时间)、更改服务级别和控制成本等方面的选项。

⑥ 动态性能测量和评估在实验室信息化云实现中非常重要

云基础设施提供了增加虚拟处理器数量的能力,以满足需求变化(即用户数量),性能瓶颈可以与应用程序及其设计或部署联系在一起。安全和监管要求可能需要大量的加密工作,如果应用程序设计得不好,性能可能会受到影响。另外,监控工具甚至 Web 浏览器与云应用程序的交互也可能会影响性能。

⑦ 加密

在数据上传到其预定存储器之前,可以使用加密方案对数据进行转换和编码。加密可保护所有端点之间的数据和基于云的消息传递,但方法可能因云提供程序而异。因此,需要明确服务提供商如何加密以及是否满足必要的法规要求。

⑧ 数据安全和隐私问题

隐私问题要求实验室考虑云中存储哪些数据、数据将存储在何处以及如何移动和保证数据安全。尤其要了解提供者如何、何时和在何处移动敏感数据。可以在不同的地理位置收集和存储数据,以确保所有用户和系统都能及时访问数据。此外,需要确保云服务提供商在其协议中明确表示,在不同的情况下,哪一方应承担责任。

需要进行合规性审计,以确保数据资产不会受到损害。这包括分析审计跟踪、安全日志和对云配置进行更改的审计。此外,任何审计数据、数据收集器和日志服务器也应该是可证明合规的。确定服务提供商的能力,包括其在基础架构中内置了哪些审核功能,以及他们可能使用的分析工具。工具需要到位,以支持监管审计。

服务等级协议(SLAs)[①]至关重要,应仔细考虑。完整的服务等级协议将涵盖云部署的重要考虑因素,并将明确谁负责什么工作。如果从内部服务模型转移到托管服务模型,则应花费额外的时间了解将要进行的更改。已经提到的许多注意事项都应该在 SLAs 中以某种方式加以解决。

移动设备在业务和服务扩展中发挥着更为重要的作用。例如,作为数据源,它们可用于收集实验室检验检测数据、物理和化学取样数据、图像和视频数据以及客户调查中的数据。现代移动手机和平板电脑能够连接到基于云的服务,发送和接

---

① 服务等级协议(SLAs)是关于网络服务提供商和客户间的一份合同,其中定义了服务类型、服务质量和客户付款等术语。

收数据，参与协作工作，并通过电子邮件和即时消息进行电子通信。需要注意的是，连接到基于云的服务的设备应经过身份验证和识别，并应进行必要的检查和控制，以确保移动设备不会损害数据或合规性。

适应、迁移和存档计划是成功部署云的关键。在实验室数字化建设的过程中业务目标、工作流程、工作负载、软件、基础设施、数据集成、数据类型、数据结构、数据关系和数据目的均发挥了作用，因此应在所有适应和迁移计划中尽早进行评估。此外，还需要确定与迁移相关的任何存档策略，包括数据需要进行热存档（接近生产访问级别）或冷存档（保留时间长，响应时间短）。

当前，云计算的高性能计算（HPC）仍处于相对初级的阶段，尽管方法略有不同，但云计算服务提供商已经开始支持 HPC 环境。在与提供 HPC 支持的少数服务提供商合作时，主要考虑的是如何将 TB 甚至 PB 的数据传输给服务提供商。像亚马逊网络服务（AWS）这样的提供商以各种大小的存储设备的形式提供物理数据传输服务，一旦数据被提供者移动并上传到云端，实验室就可以对数据更新进行增量管理。

（二）一体化平台云化部署基础措施

1. 云化部署基础设施构件

（1）逻辑网络边界

将一个网络环境与通信网络的其他部分分割开来，形成一个虚拟网络边界，包含并隔离了一组关于云的 IT 资源，且这些资源可能是分布式的。逻辑网络边界通常由提供和控制数据中心连接的网络设备来建立，一般是作为虚拟化 IT 环境来进行部署的。

（2）虚拟服务器

一种模拟物理服务器的虚拟化软件。通过提供独立的虚拟服务器，可以实现多个用户共享一个物理服务器。从映像文件进行虚拟服务器的实例化是一个可以快速且按需完成的资源分配过程。

（3）云存储设备

云存储设备（Cloud Storage Device）机制是指专门为基于云配置所设计的存储设备。如同物理服务器如何大量产生虚拟服务器映像一样，这些设备的实例可以被虚拟化。在支持按使用计费的机制时，云存储设备通常可以提供固定增幅的容量分配。此外，通过云存储服务，还可以远程访问云存储设备。主要问题在于数据的安全性、完整性和保密性。另一个问题与大型数据库性能有关，即 LAN 提供的本地数据存储在网络可靠性和延迟水平上均优于 WAN。

（4）云使用监控

云使用监控机制是一种轻量级的自制软件机制，用于收集和处理 IT 资源的使用数据。根据需要收集的使用指标类型和使用的数据收集方式，云使用监控器可以以不同的形式存在。目前常见的三种基于代理的实现形式为监控代理、资源代理和轮询代理。每种形式都将收集到的使用数据发送到日志数据库,以便进行后续的处理和报告。

(5) 资源复制

复制被定义为对同一个IT资源创建多个实例,通常在需要加强IT资源的可用性和性能时执行。使用虚拟化技术来实现资源复制(Resource Replication)机制可以复制基于云的IT资源。

(6) 已就绪环境

已就绪环境机制是PaaS云交付模型的定义组件,它代表的是预定义的基于云的平台,该平台由一组已安装的IT资源组成,可以被云用户使用和定制。云用户使用这些环境在云内远程开发和配置自身的服务与应用程序。典型的已就绪环境包括预安装的IT资源,如数据库、中间件、开发工具和管理工具。

2. 云存储设备存储等级和主要存储接口

(1) 云存储等级

云存储等级指数据存储的逻辑单元,主要分为以下四个等级:

文件:数据集合分组存放在文件夹中的文件里。

块:存储的最低等级,最接近硬件,是可被独立访问数据的最小单位。

数据集:基于表格,以分隔符分割或以记录的形式组织的数据集合。

对象:将数据及相关的元数据组织为Web的资源。

(2) 主要存储接口

网络存储接口:文件存储和块存储通常通过网络存储接口来访问。文件存储需要将独立的数据存入不同的文件,当数据发生变化时,原来的文件要被生成的新文件替换。云存储设备机制是基于这种接口的,数据搜索和抽取性能很可能不是最优的。存储水平和阈值都是由文件系统本身决定的。不论是逻辑单元号(LUN)还是虚拟卷,块存储与文件集存储相比,拥有更好的性能。

对象存储接口:各种类型的数据都可以作为Web资源被引用和存储,这就是对象存储,它以可以支持多种数据和媒体类型的技术为基础。实现这种接口的云存储设备机制通常可以通过以HTTP为主要协议的REST或者基于Web服务的云服务来访问。网络存储行业协会(SNIA)的云数据管理接口(CDMI)规范支持使用对象存储接口。

数据库存储接口:基于数据库存储接口的云存储设备机制除了支持基本存储操作外,通常还支持查询语言,并通过标准的API或管理用户接口来实现存储管理。根据存储结构,这种存储接口分为两种主要类型:关系数据库存储和非关系数据库存储(NoSQL)。其中,关系数据库依靠表格,将相似的数据组织为行列的形式,表格之间的关系可以用于保护数据的完整性,避免冗余(规范化)。基于云的关系数据库的主要挑战来自于扩展和性能。垂直扩展比水平扩展更加复杂。当远程访问时，大量的数据可能会造成更高的处理开销和延迟。非关系数据库采用更松散的结构存储数据，避免关系数据库带来可能的复杂性和处理成本，可以进行更多的水平扩展。限于有限的或原始的模式或数据模型。非关系存储倾向于不支持关系数据库的功能，如事务或连接。将规范化数据导出到非关系存储后，数据大小一般会增加。非关系数据存储机制是专有的，严重地限制了数据的可移植性。

二、一体化平台本地部署

本地部署就是由用户在本地部署服务器环境，即本地管理。本地服务器的部署方式适合大型企业及实验室，需要投入一定的人员、资金及硬件来保证一体化平台的正常运行，基础投入较大。本地部署相较于云化部署，具有维护更为方便、安全性更高、本地安装自主性和灵活性更高等优势。以下对本地部署的部署架构及基础措施进行详细介绍。

（一）一体化平台本地部署架构

数字化实验室一体化平台的本地部署应按照平台的实际需求，对整个平台的网络结构、网络选型以及网络应用按照先进性、成熟性、可靠性、开放性、安全性的原则进行设计。

网络架构的部署关系着数字化实验室一体化平台的网络安全问题，平台的网络安全主要依靠防火墙、网络防病毒系统等技术在网络层构筑一道安全屏障，并通过把不同的系统、产品集中在一个安全管理平台上，实现平台网络的统一、集中的安全管理。

构建一个完善安全的网络安全平台至少需要部署以下产品。

1. 防火墙

防火墙是网络的安全核心，提供边界安全防护和访问权限控制。而网络防病毒系统的作用包括：杜绝病毒传播，提供全网同步的病毒更新和策略设置，提供全网杀毒。

2. 网络拓扑结构划分

防火墙主要是防范不同网段之间的攻击和非法访问。由于攻击的对象主要是各类计算机，所以要科学地划分计算机的类别来细化安全设计。在整个内网中，根据用途可以将计算机划分为三类：内部使用的工作站与终端、对外提供服务的应用服务器及重要数据服务器。这三类计算机的作用不同，重要程度不同，安全需求也不同：

第一，重点保护各种应用服务器，特别是要保证数据库服务的代理服务器的绝对安全，不能允许用户直接访问。对于应用服务器，则要保证用户的访问是受到控制的，要能够限制访问该服务器的用户范围，使其只能通过指定的方式进行访问。

第二，数据服务器的安全性要大于对外提供服务的应用服务器，所以数据库服务器在防火墙定义的规则上要严于其他服务器。

第三，内部网络有可能会对各种服务器和应用系统进行直接的网络攻击，所以内部办公网络也需要和代理服务器、对外服务器等隔离开。

第四，不能允许外网用户直接访问内部网络。

3. 堡垒机

堡垒机主要是在特定的网络环境下，为了保障网络和数据不受来自外部和内部用户的入侵和破坏，而运用各种技术手段监控和记录运维人员对网络内的服务器、网络设备、安全设备、数据库等设备的操作行为，以便集中报警、及时处理及审计定责。

4. 防病毒设计

病毒的防护必须通过防病毒系统来实现。防范病毒的入侵，就应该根据具体的系统类型，配置相应的、最新的防病毒系统。从单机到网络实现全网的病毒安全防护体系，病毒无论从外部网络还是从内部网络中的某台主机进入网络系统，通过防病毒软件的实时监测功能，都会把病毒扼杀在发起处，防止病毒扩散。

5. 内外网隔离

实验室内部检测数据在局域网内运行，互联网用户和移动端用户通过防火墙和内部系统进行数据交互，在防火墙可以设置访问策略、数据访问传输权限等规则，实现内外网的数据隔离。

数字化实验室一体化平台本地部署整体架构如图 2.19 所示。

实验室仪器数据的自动采集是实验室自动化、数字化的关键内容，仪器数据采集主要完成检测仪器设备的数据采集、曲线拟合、状态监控和异常报警等工作。一体化平台仪器采集模块能实时通过传递参数的方式来控制仪器传递数据并根据返回值判断设备的状态是否正常。采集到数据后平台可自动进行曲线拟合，如果获取的数据不在正常范围值内，平台会进行报警提醒设备负责人。平台的数据采集包含了工作站报告的采集以及其他接口设备的数据采集。平台直接采集仪器的检测数据并根据公式自动计算，将图谱以附件的形式储存在服务器上，审核人员可以直接查看检测结果和图谱。

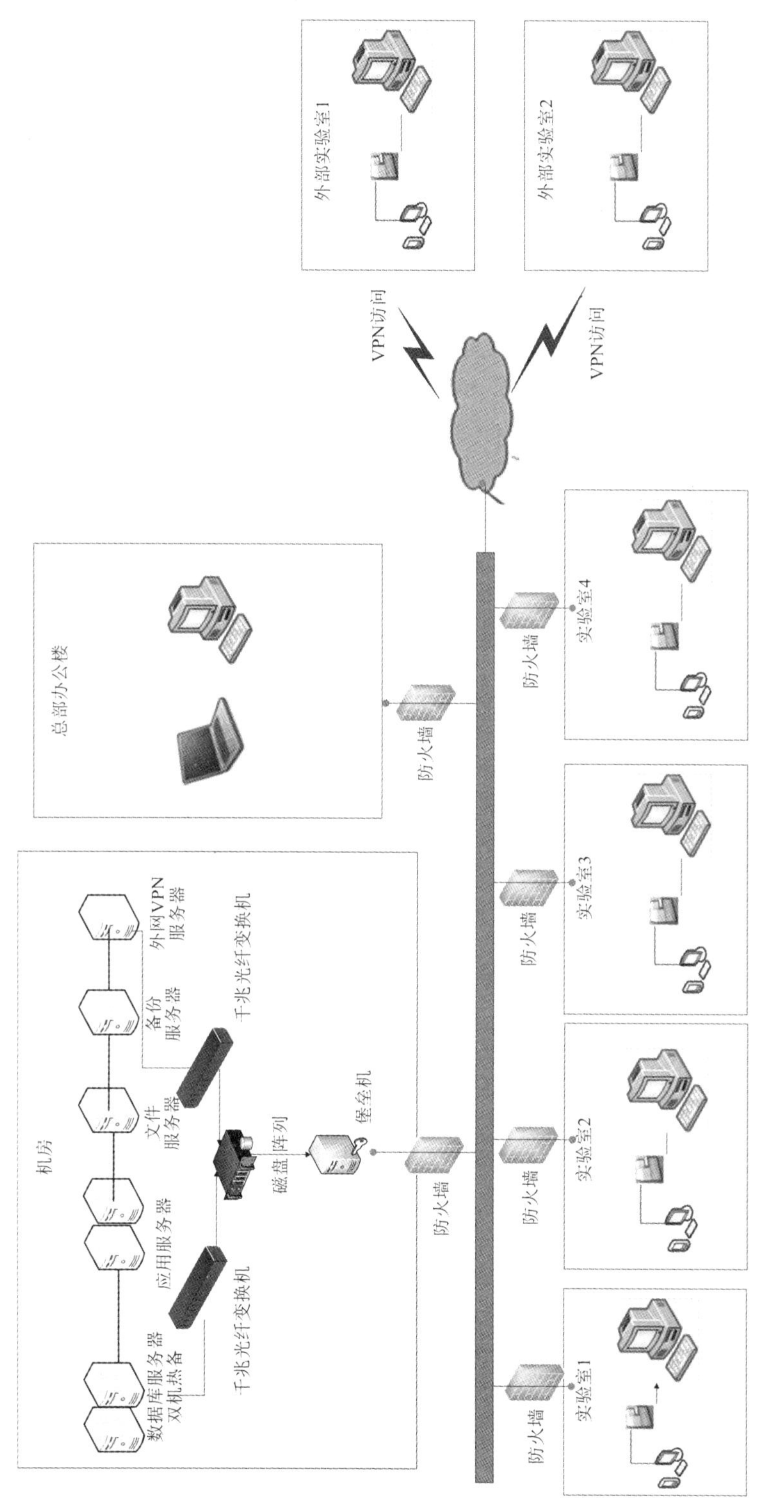

图 2.19　一体化平台本地部署整体架构

（二）一体化平台本地部署基础措施

1. 硬件基础设施

（1）一般要求

硬件平台是部署一体化平台的重要因素，该平台包括计算需求（如处理器能力、内存、磁盘空间）和网络需求（如带宽、安全性、仪器连接、LAN/WAN）。硬件平台的架构应该由选定的一体化平台应用系统的供应商和它支持的业务的供应商提供的需求驱动，实际硬件设备的获取和部署可以分阶段进行，以与软件实现时间表相匹配。

（2）关键要素

一体化平台的基础设施设计通常是由所支持的业务和用户的规模和范围驱动的。例如，小的单站点实现可能只需要适度的基础设施，而大的多站点实现可能需要更多的思考和规划。对于更大的单点站的实现，团队应考虑集中托管的单实例设计还是区域分布的设计更适合自身的情况。在评估基础设施设计要求时，应考虑以下功能和特点：

① 用户和站点分布

涉及多个站点的大型实施项目的用户和站点分布、站点的地理分布、它们靠近承载基础设施的数据中心以及有关数据的要求共享和聚合是需要考虑的一部分因素。

② 并发用户

在数字化实验室一体化平台解决方案中，用户的数量及其地理分布非常重要，尤其是要考虑到一天中高峰时段的系统性能以及基础设施分布模型对系统性能和系统使用的影响。

③ 每年新增的记录数量

样品数量、每个样品的平均测试数量以及测试期间生成的数据量对于估计系统资源需求，尤其是计划充分在线存储记录而言非常重要。

④ 在线存储

包括在线维护的记录数量，以及测试期间生成的数据和相关审计跟踪记录。审计跟踪记录通常会消耗大量的在线存储。

⑤ 档案储存

储存量和储存时间是决定实验室数据档案储存要求的重要因素。数据保留要求通常由法规或内部法律政策驱动，或两者兼而有之，档案的储存可能会给实验室带来巨大的技术或成本负担，如果维护存储大量实验室数据所需的基础设施和专业知识的成本令人望而却步，那么将数据归档到云端可能是一个更具成本效益的选择。

⑥ 所需报告和标签的数量和类型

工作中生成的报告数量、打印机的地理位置，甚至是打印机的类型都可能会对系统负载和性能产生影响，应在基础设施设计中予以考虑。

⑦ 系统和仪器接口

接口应用与仪器的地理位置、接口带宽要求、操作系统要求有关，在确定基础设施要求时，应确定并考虑网络安全以及独立或共享的公司网络。

⑧ 网络带宽

网络延迟和网络速度慢通常是中央或区域部署基础设施的整体系统性能的限制因素，可能需要逐个站点进行评估。例如，与其他站点相比，对于具有低容量广域网（WAN）连接到其公司网络的小型站点，在中心或区域分布模型中遇到性能下降的情况并不少见。

⑨ 应用负载均衡

软件架构决定了系统平台可以如何更好地使用多处理器的负载平衡，软件架构支持添加硬件组件（硬件的可扩展性）以满足负载扩展的需求这一点非常重要。

⑩ 网络安全

从公共互联网访问的网络安全系统需要额外的措施来支持适当的安全级别，以保护它们免受网络攻击和数据泄露，与网络相连的仪表也应满足安全要求。

⑪ 分布式计算

全球应用程序部署需要跨多个区域和大陆的计算和连接支持，系统可以设计为单实例或多实例解决方案，并且可以使用内部部署或基于云的基础设施服务。

⑫ 数据备份需求

在确定实验室信息化解决方案的数据备份策略时，应考虑数据的关键性和恢复丢失数据的难度。如果恢复时间不是实验室的一个关键因素，那么传统且缓慢的恢复方法（如从备份中恢复）就足够了。在其他情况下，如对于核心业务至关重要的大型系统，恢复时间目标非常短，服务器镜像或其他数据复制方法等基础架构选项可能成本高昂，但对于确保业务的连续可用性至关重要。

⑬ 数据聚合和分析

决定实施单实例或多实例基础设施可能会受到业务数据共享或聚合需求的影响。如单实例系统可能使数据共享和聚合变得更简单，但可能需要升级广域网的容量和性能，以便为最终用户提供足够的性能。

2. 数据库建议

（1）一般要求

由于实验室和企业之间不断增长的信息交换需求，实验室一体化平台的数据库组件需要最大程度地恢复能力。实验室一体化平台系统应建立在可靠、有效、有公司标准支持的商业数据库管理系统的基础上，商业关系数据库管理系统可以进行组织、配置和调整，以满足各种使用和性能场景。

（2）关键要素

以下特性应作为数据库平台评估的一部分：

① 标准化

许多实验室信息化应用系统支持多个数据库平台，但是所选解决方案还必须符合组织当前已有的数据库平台和标准，这一点至关重要。

② 核心设计灵活性

实验室信息供应商提供的数据库模式设计应具有良好的文档记录和足够的灵活性，以捕获和存储常见的实验室数据类型，包括完整的数字、日期/时间和文本数据类型。所需的其他数据类型可能包括图像、多媒体、XML 和其他专有或二进制数据文件。管理工具通常由应用程序提供，以便管理和配置相关任务，如用户维护、工作流程修改、查阅表格中信息的引用、用户定义文件的添加。

③ 扩展设计灵活性

数据库应支持根据需要修改数据库结构，包括添加/修改文件、索引、关系和表。但是，在进行这些更改之前，应仔细考虑对平台系统功能的影响。实验室信息化供应商应就如何以受控方式实现数据库修改提供指导。

④ 数据复制和备份

数据库平台应以高效和便捷的方式支持数据复制和备份。这些功能对于在主要系统发生灾难性故障时保护和维护平台中的信息至关重要，而使用电子记录的实验室应确保保护系统内抓取的信息。典型的快照或增量备份进程每晚运行，但需在备份间隔之间提供有限的保护。数据库层内的数据复制工具[有时在存储区域网络(SAN)的存储层之间]通过复制数据中心或远程服务器之间的所有事务来提供额外的数据丢失保护。可以根据数据丢失的风险和成本调整数据复制时间(初始数据捕获和数据复制到不同环境之间的时间间隔)，高价值实验室通常在几分钟内复制数据。

⑤ 多个环境(开发、质量和生产平台)

数据库平台应支持数据库的多个环境(副本)和迁移工具在不同环境之间移动对象的能力。典型的实现包括用于代码/配置开发的开发环境、用于正式测试和主数据构建的测试环境以及用于生产信息的生产环境。数据库环境包括用于数据管理、应用程序定制和集成的应用程序开发组件，这些组件通常包括开发存储过程、视图(存储查询)以及按计划流程和其他应用程序访问的功能模块。对于驻留在单独硬件上的系统，应考虑额外的数据库应用程序许可证。

⑥ 维护

数据库平台应允许数据库管理员使用索引、表空间管理和进程调度程序等功能来调整数据库的性能和安全性。

⑦ 人员

在实验室信息管理系统部分或全部由除应用供应商以外的各方管理和维护的情况下，应考虑系统所用的熟练技术人员的可用性。

三、一体化平台国产化适配

在相关政策的引导下，我国基础软硬件的国产化发展良好。在数字化实验室一体化平台的开发设计中，为响应及支持软硬件国产化的政策，平台的运行环境及基础措施全面支持国产化适配。以下将从国产化趋势、国产化意义以及国产化适配三个方面对数字化实验室一体化平台的国产化适配进行介绍。

（一）国产化趋势

近年来，数字经济浪潮席卷全球，我国数字经济也进入快速发展阶段。加快推进企业数字化转型，有利于构建全链条数字化生态，增强产业链、供应链的自主可控能力，为社会经济高质量发展、提高生产效率注入新动能。在此过程中，国产软硬件企业作为数字化转型的先行代表，正在创新驱动发展战略的引领下，加速实现核心技术突破，在服务企业数智化商业创新的过程中探索前行。

长期以来，国内软件市场一直被国外软件产品垄断，比如系统软件有 Windows 操作系统、ORACLE 数据库管理系统，应用软件有 SPSS、Office 等。随着计算机信息系统的发展和普及，一个企业、行业乃至一个国家的正常运转越来越多地依靠信息系统，这就对信息安全提出了更高的要求。软件的核心技术掌握在别人手里，这种受制于人的局面无疑是非常被动、非常危险的，存在着重大隐患，尤其是在国家一些重要部门、国家保密机构和军方，一旦出现问题那将是致命的。因此要想实现信息的真正安全，软硬件的国产化至关重要，这是国家战略必争的高新技术。

软硬件国产化发展的问题早已引起国家的高度重视，国家相关部委都已经出台决策和实施优惠政策，包括《国务院关于深化制造业与互联网融合发展的指导意见》《关于深化“互联网＋先进制造业”发展工业互联网的指导意见》《中国制造2025》《“十四五”国家信息化规划》《新时期促进集成电路产业与软件产业高质量发展的若干政策》等重要政策和法规，鼓励和支持软硬件国产化发展，我国也已形成具有一定规模的软硬件研究和开发队伍，在理论研究和实际系统的研制上积累了宝贵的经验。

在过去，以 Wintel 和 IOE 为代表的海外厂商群体凭借先发优势和长期积累，形成技术兼容壁垒，几乎实现了软硬件的垄断。微软在 PC 诞生的初期凭借先发优势不断扩大市场份额，在和 Intel 长期的技术磨合中，形成了垄断性的 Wintel 体系；IBM、Oracle、EMC（即 IOE）也在相应领域占据了长期的垄断地位。在大数据时代，开源社区、云计算、分布式数据库、虚拟化集群等新兴潮流在一定程度上冲击了国外厂商的优势地位，对于国产基础软硬件的发展起到了积极的推动作用。

国产基础软硬件生态以 2006 年的“核高基”为基础和前提，自 2015 年开始进入“可用”阶段。2006 年发布的《国家中长期科学和技术发展规划纲要（2006～

2020年)》,将"核心电子器件、高端通用芯片及基础软件产品"列为16个科技重大专项之首,简称"核高基重大专项"。2008年,"核高基"经审议通过正式实施。"十二五"(2011～2015年)期间,核高基重大专项以满足国家信息产业发展重大需求的战略性基础产品为重点,突破高端通用芯片和基础软件关键技术,研发自主可控的国产中央处理器(CPU)、操作系统和软件平台、新型移动智能终端、高效能嵌入式中央处理器、系统芯片(SOC)和网络化软件,实现产业化和批量应用,初步形成自主核心电子器件产品保障体系。从整体来看,2015年是国产基础软硬件发展的分水岭。在2020年信创战略进一步推广之年,国产基础软硬件的生态环境已经趋于完善。在相关政策的引导下,经过前期的探索和积累,国产软硬件产业形成了整体推进的局面:国产芯片的性能已经足够强大,而中间件、数据库、办公软件、行业应用软件,也涌现了一批优秀的国产企业。

在软硬件产业快速增长的时代,国产基础软硬件的发展至关重要,没有国产软硬件的产业化,我们不仅会在经济上遭受损失,而且更会给国家的信息安全留下隐患。没有自己的核心技术,就没有发言权;没有自己的核心技术,更谈不上自主发展。只有在信息技术水平上掌握了制高点,我们才能在经济上、科学技术上、国防上处于领先地位,不受制于人。软硬件技术作为信息技术的重要标志,它的发展水平在一定程度上代表着信息技术的发展水平,因此掌握先进的软硬件技术关系着国计民生、国家安全,实现软硬件国产化的意义不言而喻。

(二) 国产化意义

建设世界科技强国是我国的战略目标,只有把关键核心技术掌握在自己手中,才能从根本上保障国家经济安全、国防安全和其他安全。

在大国贸易摩擦的大背景下,国家之间的竞争开始触及更多更深层次的领域,要想在这场竞争下掌握优势,就必须实现软硬件的国产替代化。发展国产化最根本的意义就是掌握技术自主可控,这关系到国家的安全和产业的自主发展,防止被其他国家"卡脖子"。基础软硬件国产化对国家的发展具有以下意义。

1. 经济意义

目前,我国70%的企业、39%的产品均不同程度地受到发达国家技术专利的技术壁垒的限制。软件的研发往往需要投入大量的资金,而这部分钱最终会成为软件售价的一部分。同时,软件制造商为了追求高利润往往会把软件价格定得较高。在这方面,国外软件商的产品零售价就可以说明这一点。

2. 应用意义

信息化建设在应用中,需要企业与软件厂商进行协商与交互,由于政治制度与文化体制的区别,国产软件在开发和运维方面基本从国情出发,着力于研究适合中国人使用习惯的软件。

3. 社会责任

政府和企业都担负着重大的社会责任。政府和企业在国际交流与合作过程中，应该将自主技术与信息安全纳入重点考虑范畴。因为国家安全比经济更重要。

（三）国产化适配

数字化实验室一体化平台在适配部署方面，应全面支持国产软硬件，如国产服务器、国产云计算平台、国产操作系统、国产应用服务中间件、国产数据库等，全面响应国家鼓励软硬件国产化的政策，推动国产软硬件的发展，全面支持国产化。

1. 国产部署平台适配

数字化实验室一体化平台在部署方面，应支持国产服务器、国产云计算平台的部署和应用。

服务器的本质是计算机，主要为互联网提供基础的算力和数据存储支持，它既是互联网的关键节点，也是软件平台部署的必要硬件。与普通电脑不同的是，服务器主要用于企业和事业单位，需要 24 小时不间断运行，因此在硬件设计上更加追求稳定性和可靠性。数字化实验室一体化平台部署需要的应用服务器、数据库服务器、APP 服务器等，都支持国产服务器的采购应用，在服务器的选择上，可选用华为、浪潮、联想、清华同方等国产品牌。

云计算平台也就是云平台，是指基于硬件资源和软件资源的服务，为系统平台提供计算、网络和存储的能力，可以快速、简单和可扩展的方式创建和管理大型、复杂的 IT 基础设施，一般可划分为数据存储型云平台、以数据处理为主的计算型云平台以及数据存储处理兼顾的云计算平台。数字化实验室一体化平台部署应支持国产云计算平台，如腾讯云、阿里云、金山云、华为云、浪潮云、联通沃云、AWS、百度智能云、七牛云、青云（QingCloud）、UCloud 等。

2. 国产操作系统适配

操作系统是管理计算机硬件与软件资源的计算机程序，同时也是计算机的内核与基石，是提供用户与系统交互的操作系统。数字化实验室一体化平台操作系统适配包括服务器操作系统以及用户 PC 端操作系统。

国产操作系统基本上都是基于 Linux 内核的，20 世纪 90 年代末，我国就已经出现了早期版本的 Linux 操作系统，起步时间相比国外并不算晚。但是由于过去国产操作系统行业格局较为分散，国产操作系统历史版本较多，如 Deepin、中标麒麟、优麒麟、银河麒麟、COS、起点等，大部分不具备规模优势，无法得到重视。在操作系统行业整合的大趋势下，产业资源向少数优秀企业汇聚，国产操作系统行业格局由分散趋于整合，优势龙头企业主导地位不断提升，国产操作系统得到了快速良好的发展。

数字化实验室一体化平台应全面适配支持目前的主流国产操作系统，如统信 UOS 以及麒麟软件的银河麒麟操作系统。统信 UOS 是统信软件自主研发的操作系统，其基于 Linux 内核，同源异构支持 4 种架构（AMD64、AMR64、MIPS64、SW64），支持龙芯、鲲鹏、飞腾、兆芯、申威、海光 6 种主流国产芯片及相应的笔记本、台式机、服务器等，是可用的自主操作系统。麒麟软件是中国软件旗下的国产操作系统公司，银河麒麟桌面版操作系统 V10 是在天津麒麟原有的产品系列基础上，打造的全新的产品，实现了同源支持飞腾、鲲鹏、龙芯、兆芯、海光等国产平台；银河麒麟高级服务器操作系统 V10 是针对企业级关键业务的，适应虚拟化、云计算、大数据、工业互联网时代对主机系统可靠性、安全性、扩展性和实时性的需求，依据 CMMI5 级标准研制的提供内生安全、云原生支持、国产平台深入优化、高性能、易管理的新一代自主服务器操作系统；同源支持飞腾、龙芯、申威、兆芯、海光、鲲鹏等自主平台；可支撑构建大型数据中心服务器高可用集群、负载均衡集群、分布式集群文件系统、虚拟化应用和容器云平台等，可部署在物理服务器和虚拟化环境、私有云、公有云和混合云环境中，应用于政府、国防、金融、教育、财税、公安、审计、交通、医疗、制造等领域。随着时代的发展，国产服务器已具备满足数字化实验室一体化建设需求的能力，企业在平台建设部署时可考虑采用国产操作系统，实现软硬件国产化。

3. 国产应用服务中间件适配

应用服务器中间件，是指提供系统软件和应用软件之间连接的软件，以便于软件和系统各部件之间的联系。中间件处在操作系统与更高一级的应用程序之间，将应用程序运行环境与操作系统相互隔离，是一种跨平台的基础软件。随着 IT 行业的发展，许多软件需要在不同的硬件平台、网络协议异构环境下运行，应用也从局域网发展到广域网，传统的"客户端/服务器"两层结构已无法适应需求，以中间件软件为基础框架的三层应用模式应运而生。目前，中间件主要用于解决分布式环境下数据传输、数据访问、应用调度、系统构建、系统集成、流程管理等问题，是分布式环境下支撑应用开发、运行和集成的平台。通过在中间层部署中间件，主要目的如下：一是高并发访问的处理和快速响应；二是屏蔽异构性，实现互操作；三是可对数据传输加密，提高安全性。

应用服务器中间件的需求根据数字化实验室一体化平台服务器配置测算，需满足以下要求：

(1) 支持主流硬件平台、操作系统平台（如 UNIX、Solaris、Linux、Windows 等），支持 IPv6、SDP、IPoIB 等协议；为虚拟化环境提供独有的 JVM，可不依赖特定操作系统厂商提供的 JVM。

(2) 支持 JDK 7.0 或以上标准，支持 JEE 5.0 或 JEE 6.0 规范，全面支持各种 XML、Web Services 相关的技术规范。

(3) 支持各种主流的关系型数据库，并可对数据库的访问效率提供优化，内置 Web Server 功能，并且能够和主流的 Web Server，如 Apache HTTP Server、MS IIS 等进行集成，并支持不同操作系统下的 Web Server 级的负载平衡。

(4) 支持异构平台之间的集群功能，能够在局域网（LAN）、城域网（MAN）和广域网内（WAN）部署集群；支持集群的负载均衡器的高可用性，实现请求从失效的负载均衡器热切换到备份负载均衡器。

(5) 支持应用级负载均衡,支持集群中动态增加服务器功能,通过定义多个应用服务组,在资源出现故障的时候能够在组之间进行自动切换。

(6) 提供独立的会话管理器,在集群情况下支持 Session 级故障恢复。提供快照功能,在系统出现问题或存在潜在隐患时能自动生成相应的快照信息,并提供快照回放功能,方便对问题进行定位。

(7) 支持同一个应用的多个版本同时对外提供服务,能够在运行时动态加载新版本应用。

(8) 提供应用迁移工具,通过使用迁移工具,可以从其他应用服务器部署到指定应用服务器上。

(9) 具备标准的 B/S 模式管理控制台,可对远程的多台 J2EE 应用服务器环境进行应用部署、管理维护和性能监控,能够对 Web 服务器进行集群相关配置。

(10) 支持多种开发工具,如 Eclipse、JDeveloper、NETBean 等架构的快速应用系统的统一开发工具,能快速地进行 JSP、EJB、XML、WebServices、JMS 等的开发。

(11) 提供内置的 JMS 服务,支持将第三方消息中间件作为消息服务代理。

(12) 支持 Web Service,支持 JCA 1.5。

数字化实验室一体化平台的开发设计常用的 Java Web 服务中间件,应支持国产服务器中间件,如东方通、金蝶 K8S 等,以完成平台系统和应用之间的连接,实现数字化实验室一体化平台的搭建和开发。

4. 国产数据库适配

数据库是非常重要的基础软件,和操作系统、中间件并列为三大基础软件。几乎所有的应用软件都要基于数据库存储、管理和处理数据,数据库直接影响应用软件的运行效率、可拓展性、灵活度和可靠性。对于应用软件的开发,选择合适的数据库是非常重要的环节。

数据库是数字化实验室建设的重点,是 IT 系统平台的要素,可实现一体化平台数据共享、减少数据冗余度、实现数据的独立性、实现数据集中控制、保证数据的一致性和可维护性、确保数据的安全性和可靠性,在遇到故障后实现数据的恢复。

以前,数据库行业基本被国外占据了绝对市场,甲骨文、IBM、微软如同三座大山压在国产数据库的前方。由美国甲骨文等一批科技巨头制裁俄罗斯之后,让我们意识到自主可控在现代化科技时代对于一个国家的重要性,实现数据库的国产化对于国家的数据安全具有重要意义。

国内数据库的发展得益于 3 个机遇:一是信创战略对国产生态体系的推动;二是大数据时代,非结构化数据处理需求以及高并行运算带来数据库行业的技术革新,国产厂商存在弯道加速的机会(不一定短期内可以超车);三是国内云计算巨头入局,在一定程度上改变了竞争边界,打破了过去以 Oracle 为代表的巨头垄断格局。

国产数据库的发展从种子萌芽到百花齐放，经历了从探索期到萌芽期、成长期、发展期的过程，从1978年至今，历时共40余年。国产数据库技术的发展也经历了3个时代，从商业到开源，再到云数据库时代。在2022年5月的国产数据库榜单中，榜单的前9名非常具有代表性，为所谓的“三商三云三开源”，即3个商业数据库品牌：达梦、GBase、金仓；3个开源数据库品牌：openGauss、TiDB、OceanBase；3个云数据库GaussDB、PolarDB、TDSQL。

数字化实验室一体化平台的建设应适配支持国产化数据库的使用，如达梦、金仓等这类商业数据库，对于开源数据库和云数据库，可根据客户的实际需求进行定制开发，以全面实现平台对国产化适配的支持。

第三章　数字化实验室信息管理系统建设与应用

第一节　数字化实验室信息管理系统建设概述

一、LIMS在数字化实验室中的定位

在信息化时代，LIMS传统上用于处理和报告来自研究、质量控制和生产实验室的样品测试数据。在实验室数字化时代，数据成为了数字化实验室发展最为关键的因素。能否利用信息化、数字化系统产生大量高质量、高价值的数据，并将其高效利用，成为了实验室数字化转型成功的关键因素。

实验室数字化建设的范围涵盖了多个技术解决方案或数字化系统，通过这些系统，可以将实验室的业务、流程、数据、人员、资源等要素数字化。实验室数字化不仅仅是关于管理实验室活动和数据的软件，它有许多要素，其中一些要素与业务管理系统和其他第三方工具集成或交叉。

数字化实验室系统常用于促进实验室战略、业务、研发、管理、服务、财务、供应链等的数字化转型与升级，以实现实验室活动所需的人员、设施环境、仪器设备、计量溯源系统及外部支持服务等的数字化管理与运维，确保实验室检测或校准结果的正确性和可靠性。而通过LIMS产生及采集的数据通常是数字化实验室中价值最高、体量最大的数据，如仪器分析数据、质量控制数据、实验室资源数据。因此，LIMS通常作为实验室数字化转型的起点，并作为数字化实验室建设的核心内容。

二、LIMS建设目标

（一）总体目标

LIMS的主要建设目标是通过大数据、云计算、移动互联网等新兴信息技术的

运用,以业务个性定制、流程统一管理等方式,实现实验室的业务重塑和全流程信息化、无纸化管理。通过对“人、机、料、法、环、测”的全面资源信息化管理,优化实验室人员、物资配置,达到节约成本、提高服务水平的目的。

通过仪器数据的自动采集,实现数据连接与集成,打通组织内各层级、流程及板块的数据,解决数据孤岛问题;为相关机构提供真实、完整、有效、可追溯的实验数据,实现对实验室业务数据的深度挖掘和多维呈现。

以信息化手段推动实验室管理模式转变,最终能够建立起协调统一、标准规范、运转高效的实验室信息化体系,规范实验室的检验、检测、研发、质控等行为,提高实验室运营能力和管理水平,提高业务管理效率,降低成本,推进实验室突破创新。为相关机构提供真实、完整、有效、可追溯的实验数据,为各级政府部门和社会公众提供权威的检验检测技术服务。

(二)具体目标

1. 构建组织一体化实验室业务平台

根据组织的实际需求,合理搭建覆盖其总部、分支机构、下辖机构等多级组织架构的全组织一体化实验室业务平台,支持组织架构内多个部门、多个地点、多个人员同时使用,统一开展检验检测业务,实现组织一体化统管和互联互通。在遇到实验室业务量猛增、部分实验室业务中断、新的市场机遇等突发情况时,能快速调整各实验室的资源分配、业务分配等,保障检验检测工作的顺利完成,提升组织的应急响应能力和资源利用率。

2. 构建实验室信息化标准体系

依据国家相关信息化标准体系和机构的实际情况,构建实验室信息化标准体系。建立实验数据交换标准,实现与其他外界业务系统数据交换的标准化、规范化。同时对实验标准、实验方法进行结构化、数字化管理。

3. 实现异构平台的互联互通

建立数据交换标准,对接机构内部各类业务系统及外部公共系统平台。整合实验室相关业务系统,实现跨层级、跨系统地与实验室数据互联互通、信息共享、业务协同。

4. 实现实验室业务流程优化与再造

通过 LIMS 的建设,引入信息化理念和先进实验室管理理念,对实验室原有的管理制度、工作流程进行优化,对管理方式进行再造。通过对业务流程中各个环节的条件、成本、期限、人员等进行控制,实现对业务工作的可知、可控、可预测管理,实现实验室业务的规范化、自动化、数字化管理,进一步提升实验室业务管理水平。

5. 实现实验室工作全方位信息化管理

LIMS 应深入贯彻 ISO/IEC 17025、GB/T 27025 和 ISO 9000 等实验室管理要求,提高实验室业务工作的规范化程度,避免人工操作的随意性,使各项实验室工作具有可溯源性，实现与业务密切相关的实验室“人、机、料、法、环、测”的全面信息化管理。

6. 实现实验室仪器数据采集自动化、实验记录电子化

通过仪器数据的自动采集，以及信息的自动调用、自动计算、自动判定、自动查错，提高工作的自动化程度和工作效率，减少因人工操作而产生的差错，确保实验室实验数据的准确性、可溯源性。通过应用电子实验记录，实现了实验流程中最大限度的无纸化，同时也实现了实验报告书的自动合成及电子实验报告书的发放。

7. 实现实验室质量保证与质量控制

遵从各种质量规范，将各种质量规范的管理理念融入系统底层设计中，通过各种自动化质量控制手段，实现质量保证与质量控制的管理，为机构提供有效的质量管理平台。

8. 实现实验室业务的移动应用

通过手机、平板电脑等移动端工作界面，便于实验室人员随时随地使用移动应用，避免数据的重复录入，保证数据的一致性、合法性、实时性。为委托方提供信息统一出入口，充分满足委托方的需求，提高工作效率，节约委托方的时间，提升机构的形象。

9. 建立数据共享分析与挖掘系统

充分利用数据分析技术和数据挖掘工具，实现对 LIMS 产生的数据进行深入分析利用。通过可视化商业智能展示工具找出隐藏在业务数据中的潜在问题、规律和价值，用数字化的手段辅助实验室管理者决策，为各级领导的科学决策提供可靠的技术支撑，提升经营管理决策水平并实现实验室降本增效，实现业务数据的增值利用。

10. 实现平台安全运行的全面管控

进行安全认证系统及其他安全管理软件集成，确保全局范围内系统的安全性。用户从安全认证平台实现统一单点登录，并通过电子签章，进一步加强检验检测数据及报告书在审核、审批操作中的安全性和法律效力。

11. 实现实验室资源的统筹管理

实现实验室资源统筹管理，做到对成本效益和人员绩效的信息化管理。指导科学定价和成本核算，避免资源和资金浪费。采用信息化技术和手段对实验室工作过程进行监控，保证工作质量，保证工作记录及文档资料的完整性和安全性。

三、LIMS 建设原则

LIMS 作为数字化实验室的核心平台，其建设不仅要着眼于机构目前的业务和信息技术手段，同时要着眼于机构未来的发展，因此在 LIMS 建设过程中，需要遵从以下原则。

（一）先进性

践行科学监管理念，将实验室管理与信息技术相结合，实现实验室过程、质量控制和安全管理的现代化、科学化和信息化，有效提高工作效能。系统在设计思想、系统架构、采用技术、选用平台上均要具有一定的先进性、前瞻性、扩充性。在选用平台上，基于多层架构的浏览器/服务器模式的产品，可实现数据库层、应用层和界面展示层完全分离，更方便升级。做 LIMS 选型时，在充分考虑技术先进性的同时，尽量采用技术成熟、市场占有率比较高的产品，从而保证建成的系统具有良好的稳定性、可扩展性和安全性。

（二）标准性和规范性

严格遵守相关法律法规，采用国内外通用技术标准，严格按照实验室管理要求，推进相关工作和活动的规范化、标准化，实现以相互协调、互联互通为基础的一体化管理，为实验室信息化管理工作提供基础平台。

（三）高可靠性

可靠性反映软件在稳定状态下维持正常工作的能力。在建设平台上需保证系统的可靠性和安全性。在系统设计中，应有其他保护措施。平台和应用软件应具有成熟性、容错性和易恢复性等特点。

（四）开放性

在技术层面，系统应兼容以往和未来的应用系统，各相关数据源相互衔接和融合；在管理层面，将现行管理体制、机制与发展要求相结合，兼容各业务系统的管理模式，达到高度适用性。

（五）可扩展性

考虑到系统建设是一个循序渐进、不断扩充的过程，系统要采用模块化结构。整体构架的考虑要与现有系统进行无缝连接，并为今后的系统扩展留有扩充余量。系统集成留有公共接口，以实现方便灵活的扩展功能，同时需要考虑实验室内部科室个性化的业务模式和未来实验室质量控制发展的需求。

（六）整体性

系统建设要统一数据标准、安全标准和网络接口标准，并形成统一的核心实验标准平台，同时兼顾实验领域的特殊性，形成纵向和横向上的一体化管理。

第二节　数字化实验室信息管理系统功能

从 20 世纪 60 年代至今，LIMS 的功能已经经过了近 60 年的不断演变。现代的 LIMS 通常含有丰富的功能集，几乎涵盖了实验室活动的所有方面。世界各国的各类标准化组织也在不断地推动 LIMS 产品标准体系的建立，以期为实验室信息化改造、实验室信息管理系统建设提供基本的指导方向和功能参考。

ASTM E1578 *Standard Guide for Laboratory Informatics*（《实验室信息管理指南》）以及 GB/T 40343—2021《智能实验室　信息管理系统　功能要求》分别是在世界范围内以及我国国内影响力最大的 LIMS 标准。上述两个标准是对 LIMS 数 10 年以来的功能发展成果的高度总结，可作为建设数字化实验室信息管理系统的建设范围参考，并作为 LIMS 开发阶段的功能需求模板。

需要注意的是，并非所有行业的实验室业务流程都是相同的，如科研机构的研究开发型实验室、生产制造行业的过程控制型实验室、第三方检验检测行业的分析测试型实验室、海关进出口商品监管型实验室等，这些实验室对于 LIMS 的功能要求有一定的差异。对于特定行业的实验室，需要特定的功能来满足实验室的需要。本节将以 ASTM E1578-18 以及 GB/T 40343—2021 所描述的功能要求为基础，并结合特定行业的实验室-海关技术中心检验检测实验室的业务流程，说明适用于海关技术中心检验检测实验室的 LIMS 的功能要求。

一、检验检测过程管理

检验检测过程管理系统可根据不同的检验检测对象，定制不同的检验检测业务流程，以满足不同检验检测对象的业务流程特点。海关检验检测实验室的主要业务流程如下：

（1）卫生检疫。

（2）动物检疫。

（3）植物检疫。

（4）食品检测。

（5）食品接触材料检测。

（6）化妆品检测。

（7）纺织品检测。

（8）电器安全检测。

（9）玩具婴童用品检测。

(10) 汽车与装备检测。

(11) 工业原材料检验检测。

(12) 危险化学品与运输包装检测。

(一) 业务受理

(1) 根据不同的样品类型、业务类型进行规范编码,形成统一的海关检验检测业务基础数据标准,并且要求数据标准具有通用性、灵活性。

(2) 根据不同的样品类型(如食品、动物、植物样品、消费品、生物样本等),或不同的业务类型(如委托、监督、应急、监测等)进行统一规划,规范业务受理信息要素和流程。

(3) 支持不同类型的样品检验检测流程,包括食品检验检测流程、化妆品检验检测流程、卫生检验检疫等流程。

(4) 系统能够快速受理业务,可按检验检测项目进行模板化受理。根据受检样品的执行标准,实现可以快速打钩批量选择,减少手动录入的工作量,提升受理工作效率。

(5) 能够快速确认检验检测项目和方法是否落入实验室认证认可范围内,并根据一定的逻辑规则,自动判断是否可以加盖 CMA 或 CNAS 章,减少人为判断失误的可能。

(6) 可以快速查询到相关国家标准以及重要通报的项目及限值,支持模糊查询、通配符(如星号或问号)查询、精确查询。

(7) 可进行标准分类的标准化管理维护,实现标准类型(如国家标准、行业标准等)的分类编码,可以通过编码或名称进行查询维护。

(8) 可建立标准规范库,参考国家标准、行业标准的目录结构,实现标准的规范化、编码化管理。

(9) 支持国家食品药品监督管理总局抽检、食品安全风险监测等大批量样品信息的快速输入或导入。

(10) 针对较为复杂类型的业务有特殊的实现方式,如理化、消毒涉及的稳定性样品。

(11) 针对每一个受理都有详尽的操作记录,记录细化至某个样品、某个检验检测项目,便于追溯。

(12) 支持任务中止功能。

(13) 支持一定程度的纠错,开放特定接口允许受理人员修改受理信息。

(二) 样品登录

样品登录信息主要包括委托受理信息、样品信息、检验检测项目标准信息、其他信息 4 个部分。

（1）委托受理信息包括委托单位名称、详细地址、委托经办人、联系电话、生产企业、进出口企业、是否退样、是否同意使用非标准方法、是否出具评价报告、检验检测结果评价、是否留样以及留样数量、打印报告份数等（可根据不同的业务类型制定受理信息）。

（2）样品信息包括样品名称、样品标记（商标）、样品性状（物态颜色）、样品来源、样品批号、样品数量、规格型号、保存条件、包装情况、采样日期、送检日期、送检者、运输方式等。卫生检疫类的样品信息应包括旅客的姓名、身份证件编号、性别、年龄、现住址、入境日期、标本采集日期、送检单位、送检者、联系方式等内容。各科室可根据不同的样品类型定制样品采集信息要素。

（3）检验检测项目标准信息包括检验检测目的、检验检测项目、检验检测依据（测试方法）、产品评价标准（指标）、是否经CMA/CNAS认证等。

（4）其他信息包括商定完成时限、委托检验检测方和受理方的人员签名以及其他需要特别说明的信息。

不同业务类型的委托受理信息、样品信息，必须经质量保证科授权方可进行变动。

所有这些信息，根据实际业务需要，均可手动录入、设置默认值或下拉列表录入，并具有模板复制、批量登记功能。对于已输入的样品信息，可通过录入送检日期、样品编号、样品名称、委托单位信息等方式调取，并支持模糊查询。在部分样品信息登录时（如委托单位、生产企业、进出口企业、样品名称等）具有记忆功能，以减少二次录入的工作量。所有信息在系统内可实现自动关联。

样品登录管理可包含以下功能：

（1）支持各类食品、化妆品、生物样品、卫生检疫、消费品等不同类型样品信息的登录。

（2）对于不同类型的样品（如食品、化妆品、生物样品、公共卫生、消费品等），进行统一规划，规范登录界面以及样品信息的录入要素。

（3）支持从Excel表格中批量导入样品信息。

（4）样品编号由系统自动生成，支持预约编号功能，可对海关实验室不同类别的样品进行统一规划，实现样品编号的规范化管理。

（5）能自动生成检验检测协议书，能自动生成特殊业务的合同评审表，支持样品分配和留样管理，支持撤单、退单流程的管理，可方便地查询并选择检验检测依据、检验检测标准、检验检测方法、产品评价标准。

（6）根据不同的业务类型，可以通过检验检测模板、检测方法标准、检验检测项目库、产品评价标准等条件，查询各类国家标准、已制作保存的企业标准以及相关的项目、限值等。

（7）实验室已通过认证认可的项目和方法用黑色表示，未认证认可的项目和方法用红色表示。系统要支持默认检验检测方法以及评价标准与检验检测项目的自动匹配筛选功能。

(8) 系统支持手动输出数据自动纠错功能,如邮政编码必须是6位数字等。

(9) 支持样品模板维护,以及受理单层级、样品层级的复制,提高受理人员的工作效率。支持通过文本、(扫描)附件的形式流转给实验室必要的信息说明,如稳定性放置条件、仪器说明书。

(10) 允许受理人员修改受理单信息,如检验检测项目增删、标准更改、产品评价标准更改,且系统自动记录相关信息的变更记录。

(11) 可以依据受理相关信息,自动生成相应数量的样品标签以及留样标签。

(三) 样品管理

能对样品的整个生命周期进行管理,包括样品的接收、领用、归还、留样以及处置等。能对每个样品进行唯一的编码(规则可以设定),支持样品的条形码、二维码、射频识别标签(RFID)等。样品标签内容及格式应支持自定义。

支持建立并维护留样信息和处置信息,包括样品信息、留样位置、留样数量、留样期限、留样条件、留样领取、经办人员等。

能自动生成留样台账和留样领取记录,工作人员可手动分配留样样品位置。

系统能根据不同样品的留样期限自动提示过期处理,以报告发放时间作为留样起始时间计算,由系统自动关联。

留样样品销毁处理后,留样台账中有相应的记录并可查询统计。

可运用条形码、二维码、RFID等技术实现样品的信息化高效管理。如因扫描设备故障等原因导致条形码扫描失效,则可通过手动输入样品编号的方式完成样品流转过程。

支持在检验检测流转过程中,通过扫描样品条形码标签等进行样品定位。

(四) 任务分配

根据样品的类型不同可进行灵活的样品分配,进而可直接分配到实验室的实验分析人员,也可按需分配到部门、科室或分析组。

按各业务科室的检验检测能力及目的自动或人工生成样品交接单。

可以根据检验检测项目库,自动分配检验检测人、复核人;同时可根据人员在岗情况,支持手动分配和调整任务;具有任务提醒到人、提醒到组的功能;支持已分配检验检测样品的退回,并由相关负责人重新分配;可根据委托单进行任务分配,也可根据检验检测项目进行任务分配。

(五) 结果录入

实验数据录入界面应简洁清晰、便于操作,支持批量录入。项目名称、检验检测依据、方法号、检验检测要求等信息应能从系统基础数据中自动获取,不需要人工重复输入，录入检验检测结果时，系统应同时记录结果的登记人和登记时间。可浏览检验检测依据、标准、评价指标、仪器操作指导书等信息。

为满足不同的输入习惯，系统可提供按样品和按分析项目两种结果输入界面。数据的输入方式包括人工输入方式和仪器分析数据的自动采集输入方式，自动采集输入方式能根据预先设定的计算公式进行实验结果的自动计算。可与实验室的大型仪器做自动化接口，可方便地调取大型仪器的检验检测结果和图谱等信息。

为满足对关联要素追溯性的要求，在结果录入时，支持检验检测者自动或手动（一般是通过事先设置后自动录入）录入所用的仪器编号、仪器重要的操作条件、重要的化学品名称和批号、温湿度计编号及测量值、标准溶液试剂等的用量等，并可根据仪器的运行情况调整数据采集的仪器。

系统也可自动将所录入的数据与仪器管理中预设的仪器精度、量程以及测试管理中分析项目的上限、下限进行比较并作出适当的提示。

可查询调出相同样品的历史检验检测信息和相应的原始记录作进一步比对，自动绘制对应的比对趋势图、控制图。

支持对检验检测数据修改过程进行溯源。

支持平行样、加标样、空白样、质控样等实验室质控手段，能够对质控的超标结果进行提示（如平行样超差后以红色提醒标出）。支持快速批量查看质控样的结果状态。

支持实验人、实验房间、温湿度、标准溯源记录、辅助仪器实验室实验信息的记录、追溯。

支持在结果录入处自动生成、预览原始记录，便于实验人员更为直观地查看实验信息、结果。支持依据样品登录时确定的产品评价标准对检验检测结果进行判断，超标结果用红色标出。

对于多文字性描述且计算较为复杂的检验检测项目，除了可支持 Excel 或其他第三方工具实现定制化的自动计算外，还可在独立界面进行仪器、试剂、实验详细说明信息的录入，以便体现在原始记录和报告中。

（六）原始记录管理

实现对于不同类型样品的原始记录的电子化。原始记录表中的信息一般包括样品信息、实验过程信息、仪器信息、标准物质信息以及试剂信息等。

支持原始记录预览、查看和不同层级的在线审核。质控样和普通样的原始记录可用明显的标识区别开。系统应支持在原始记录上自动生成电子签名。

所有对原始记录的修改，都应被系统自动记录，包括修改前的内容和修改后的内容，以便于追溯。

（七）数据审核

系统应能对待审核任务作出提醒，支持多级审核。

审核人员可依次对检验检测人员提交的检验检测原始记录和结论进行逐级审核;每级审核人员均能查询检验检测人员的实验操作记录、数据分析过程。有疑问的检验检测,可退回检验检测人员处进行修改,需记录退回的原因及时间,并追踪处理情况,如遇特殊情况可跨级退回。必要时可启用复检流程。复检时,可在原科室进行,也可在其他科室进行。

对各级审核人员(包括授权签字人的审核)需重点审核的内容如超标的检验检测结果,发送质控偏离的检验检测过程,进行醒目提示。支持批量审核功能。

(八) 报告管理

系统应支持报告在线自动生成,根据自动采集或手动录入的数据自动合成检验检测报告。

报告的生成基于对报告模板的管理,系统应能自定义编制各类检验检测报告模板,以供常规检验检测使用。可按规定程序以及相应权限对报告模板进行修改。

报告的编制、审核、修正、批准实行流程化管理;在报告编制、审核、批准的时候可查看检验检测的原始记录(包括原始分析数据)及相关的图谱,且操作方便。报告审核程序完成后会自动签发报告,并自动记录各环节的处理人和时间。

已完成的报告能归档,能被查阅,报告逾期未发的应能自动提醒。报告经审核、批准后,最终打印时,只能进行打印不能进行任何修改,如需修改应进行报告召回流程。对已发出报告的修改,可进行在线申请。应支持对检验检测报告的检索、统计。

可通过系统在线发送电子检验检测报告至指定联系人的邮箱或外部系统。

(九) 业务进度跟踪

可实时追踪样品检验检测任务的进展情况、检验检测状态(如未检、检测中、检毕、签发、发出等),对检验检测即将到规定日期和超期的样品可进行不同颜色的醒目提示。

可对样品的流转过程进行记录,记录样品何时到何部门、何时完成工作,用户可随时根据样品编号、样品名称等信息查询该样品在何部门进行什么操作。使相关人员动态了解工作的完成情况、完成人、完成结果、收费情况等。

按照委托信息(如样品编号、样品名称、委托机构名称、生产企业、进出口企业、联系人等)查询追溯到编制、审核、批准、发放等不同阶段的检验检测报告,支持模糊查询。

设置超期报告提醒,系统对超期报告进行警报提示,可按照超期的天数定义级别,提醒对象包括检验检测人员、实验室主任、样品受理人员等。需要复检的样品或有特殊原因可由相应的检验检测人员申请延期编制报告。

管理岗位可对各部门的工作进行汇总查询。可根据委托信息查询某一时间段内完成样品的检验检测和报告情况,包括出错查询,并可打印相关的报表。

二、实验室资源管理

(一) 人员管理

可建立实验室人员技术档案库,包括姓名、性别、生日、联系电话、学历、职称、职务、专业、岗位等。

提供对人员信息的多角度查询和汇总统计。

根据权限不同可控制用户能查看的档案范围。

对人员培训进行管理,包括人员培训计划、人员培训记录等。

实现人员授权上岗管理,经授权上岗的人员方能进行指定产品或项目的检验检测工作。

(二) 仪器管理

实现对仪器设备的管理。在系统中可建立仪器设备管理库管理仪器设备的信息,包括基本信息(如仪器类型、型号、唯一标识、生产厂家及联系电话、所属测试系统、技术指标等)、检定状态(如修正因子、修正值、修正曲线等校正数值、检定日期、待检日期等)、期间核查记录、维护记录、维修记录(包括所用配件、费用、人员工时等),可上传附件。

可按样品、检验检测项目、工作组、检验检测员等查看仪器的使用情况,也可统计其使用率。

对仪器设备的检定、校准和期间核查,到期前应提前预警通知。

(三) 检验检测标准管理

实现对检验检测项目的标准化、结构化管理。实验室现行有效的检验检测项目、检验检测方法、产品评价标准、抽采样方法的信息化管理,由专人或责任部门负责统一更新和发布。一般通过检验检测项目、方法和评价标准等相对独立的维度进行管理,并建立它们之间的关联关系,以实现对检验检测项目方便易用地选择定位,如从样品类别自动推荐出该类别样品需要测试的检验检测项目。

应实现对检验检测项目认证资质的管理。

(四) 文件管理

对于质量手册、程序文件、作业指导书、质量管理记录表、检验检测报告模版、原始记录模版等可实现版本控制以及文档受控编号的规范化管理。

系统可实现文件的流程化管理,如科室校核、质管审核、领导批准、受控下发、作废收回。

（五）合格供应商管理

可建设合格供应商档案管理功能，每供应商一档，营业执照、质量保证证明、服务资质与范围等信息可扫描后导入系统。

供应商基本信息包括供应商名称、地址、联系人、联系电话、所属国家/省市/区县等信息。

实现合格供应商评价流程，可在系统上对供应商进行评价，只有评价通过的供应商才能成为合格的供应商。

（六）标物、试剂管理

可管理标物、试剂的基本信息，部分系统可对标物、试剂的申购流程进行管理。

应实现对标物、试剂的出入库管理，如可记录其领用、配置情况。

标物、试剂库存量不足可报警。在领用标物、试剂后，系统能自动扣除库存，从而实现库存的自动更新管理。

支持标物、试剂的有效期到期提醒功能。

三、质量与安全管理

（一）质量体系与活动管理

系统应提供内部评审、管理评审、质量监督、投诉、新工作评审、不确定度评定、期间核查、能力验证等管理功能，满足 ISO/IEC 17025 质量管理体系要求。

1. 内审、管理评审

内审和管理评审功能可采用在系统中定制的质量管理模块来实现，对于实验室内审、管理评审，不符合项、纠正/预防措施既可在系统中实现全过程跟踪管理，也可由文档管理员将内部审核表、内部审核报告、管理评审会议记录、管理评审报告等手工录入到系统中。

涉及的流程包括：内审和管理评审的年度计划管理流程、内审和管理评审的实施流程、评审过程中的不符合项管理流程、不符合项对应的纠正措施管理流程以及预防措施流程。

2. 质量监督与控制

在系统中可使用“质量控制模块”对实验室年度监控计划、过程、结果、改进等进行管理。并使用系统中的工作流实现质量监督与控制流程的电子化。

3. 投诉管理

可应用系统中的质量投诉模块来管理客户的投诉和质疑，当客户对检验检测结果产生质疑或对相关服务进行投诉时，要求实验室对所得出的检验检测结果或服务给予解释。质量负责人在收到投诉以后，可以记录投诉信息，判断投诉是否受理，若接受投诉，则要调查复盘整个检验检测过程，并反馈给客户对检验检测结果的最终解释。当有投诉产生时，系统具有提醒功能。

（二）实验室环境及安全管理

1. 实验室环境监控

通过与实验室每个房间的温湿度气压监测仪系统进行集成，将实验室的温度、湿度、气压等信息采集到系统中，可进行实时查看，并可引用到原始记录与报告中。

2. 危险废弃物处理

对危险废弃物的处理，需要记录的信息包括：实验室、废弃物种类、处理人、处理时间、处理方式（如实验室自行处理、委托处理）、数量、规格、实验室处理措施、委托处理措施、处理单位意见等。

3. 实验室事故、感染事件管理

系统中可记录实验室事故、感染事件，包括事件（故）详述、原因评估、事故处理意见、处理人、处理实施方式、预防措施、预防措施验证意见。可生成出具事件报表。

四、现场检验检测管理

部分现场检验检测的业务（如公共卫生检验检疫、海关现场查验、食品抽样检测），因为限于其特殊的办公条件，无法高效便捷地使用电脑登录线上信息管理系统。而通过建设移动端应用来满足现场办公、采样、任务分配等现场工作的需要，可以提高现场人员的工作效率，规范现场人员的工作流程。

（一）现场任务管理

本模块可实现对现场工作任务的管理，包含任务下载、数据上传、任务分配、批量传输、数据汇总等功能。

（1）任务下载

通过连接中间服务器获取 LIMS 中的任务数据，传输至平板电脑中。

（2）数据上传

可根据用户选择的任务、点位、样品、检验检测项目等数据，向 LIMS 服务器自动上传数据。

（3）任务分配

现场负责人可通过此功能分配任务，接收任务的工作人员可将数据划分到自己的任务列表中，以达到任务分配的目的。分配后的任务可进行数据编辑、结果录入等。任务分配可随时修改。可对负责人的角色权限进行控制，任务分配功能只有负责人具有。

(4) 数据汇总

工作人员完成采样、数据录入任务后，将数据统一汇总至现场负责人手中，数据汇总中如有重复的数据不会覆盖系统原有的数据（重复的数据以特殊颜色标识），可人工进行判断后，选择正确的值进行保留，并可删除错误值。可对负责人的角色权限进行控制，数据接收功能只有负责人具有。

（二）现场采样、抽样和检验检测数据录入

本功能可供工作人员在平板电脑上直接进行数据录入，实现现场录入无纸化，保证现场数据的原始性。主要包含作业地点信息录入、样品信息录入、实验结果信息录入等。系统可提供丰富的录入方式，能够最大限度地减少工作人员的工作量。

(1) 作业地点信息录入

可删除、增加作业地点，录入作业地点信息，并可批量录入和删除作业地点。

(2) 样品信息录入

可增加、删除样品，可录入样品的采样时间、样品形状、备注等信息。

(3) 实验结果信息录入

可人工在平板电脑上录入现场直读仪器的检验检测结果数据。

(4) 数据复核

数据录入完成之后，进行数据复核并确认。

(5) 自动计算

通过系统预定义的公式，自动对录入的样品实验结果数据进行计算、修改。

(6) 自动评价

根据事先维护的高限、低限，自动评价出结果是否合格，对于不合格的样品可进行复测。

(7) 仪器、实验员选择

可选择采样或现场实验仪器，实验人员默认为当前登录的用户。

(8) 数据验证

验证输入数据的完整性，如果数据录入不完整，则无法进行数据汇总、提交审核等操作。

(9) 电子签名

随同采样、抽样的客户（陪同人）通过手写板的方式，录入个人电子签名。

(10) 附件管理

支持附件上传，可提供附件的分类查看功能。

(11) 多媒体管理

提供拍照、摄像、扫描条形码和二维码等功能，用来辅助现场的采样或抽样

工作。

（12）现场打印

可集成打印机的相关驱动软件，能够在现场使用蓝牙、无线网连接打印机，实现现场打印。

五、仪器设备集成

根据 ISO/IEC 17025、GB/T 27025 等规范的要求建立健全实验室仪器设备的科学管理体系，以保证实验室分析检验检测结果的准确性与有效性。作为仪器设备管理制度的重要一环，如何准确及时地记录仪器设备的使用情况，确保仪器设备符合检测性能要求，以高效合理地利用仪器设备，已经成为目前仪器设备管理领域迫切要解决的问题。同时，为了保证数据的准确性和提升检验检测的效率，也对仪器设备的检验检测结果的自动采集提出了相应的要求。因此，在 LIMS 建设过程中，需要将仪器设备集成作为重点内容。

仪器设备集成方案主要包含两方面：一方面是使用仪器数据采集完成仪器检验检测结果不经过人工处理直接到 LIMS 中的自动化转化过程；另一方面是使用仪器监控服务完成仪器开关机状态、使用状态以及环境参数等数据的监控。

LIMS 与仪器设备集成架构如图 3.1 所示。

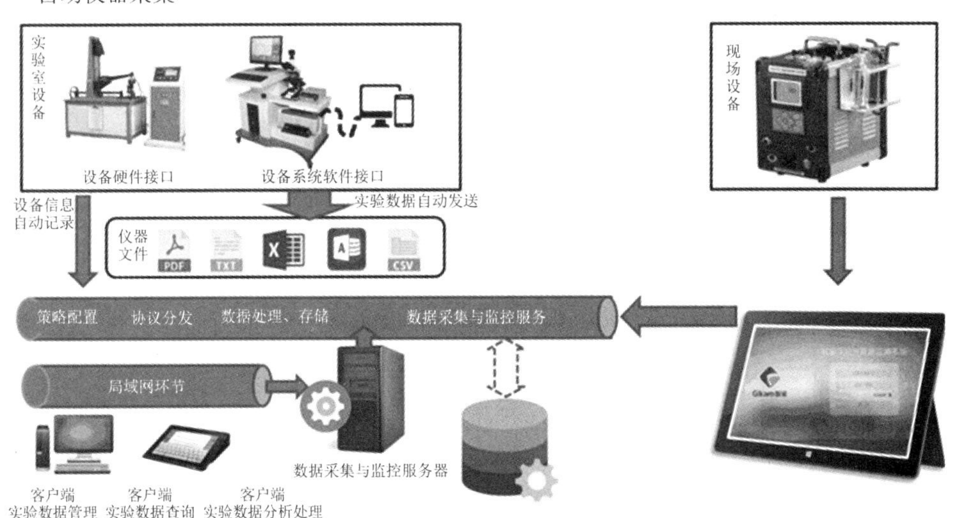

图 3.1　LIMS 与仪器设备集成架构图

（一）仪器采集管理

实现对具有数据输出功能的仪器设备进行数据自动采集、记录、计算，即可自动采集实验室检验检测仪器设备的数据，包含实验室所有可出具电子数据的检验检测仪器辅助设备。采集的数据类型包括实验结果、实时数据、图谱等。

根据仪器设备提供的数据传输接口、工作站的情况等，将仪器数据采集划分为：串口仪器数据采集、并口仪器数据采集、网口仪器数据采集、蓝牙仪器数据采集、文件仪器数据采集等不同的种类。但是，在LIMS建设的过程中，为了达到仪器接口的统一性和一致性，一般会辅助硬件资源，将不同的接口转化为统一的接口方式，如将串口、并口、蓝牙等通过相应的转换器直接转换为统一的无线网络传输，如此在LIMS中只需要针对网络传输协议进行数据的处理即可。

需要说明的是，为使数据在仪器和LIMS之间传输，需要使仪器产生的数据联网。但是考虑到实验室仪器直接接入互联网会造成潜在的安全风险，所以仅将仪器接入安全的局域网，同时要保证，仪器联网技术不能与仪器工作站的软件产生冲突。

系统可对仪器采集任务状态进行监控，可终止、启动仪器采集任务。可对仪器采集接口进行版本更新，并记录接口变更记录。

采集数据后可根据预定义的计算公式实现数据自动分析计算，自动生成原始记录（具备添加、删除、均值、计算、打印、预览原始记录等功能）。

可选择设定质控点，自动生成质控图，自动判定是否超标。可生成仪器使用记录和统计仪器利用率报表。

（二）仪器监控

仪器监控在LIMS建设的过程中，主要目标是实现仪器的开关机状态、使用状态以及环境参数等数据的监控。与仪器数据采集类似，仪器监控同样需要使用仪器提供的接口或相关硬件板卡以实现从电信号到数字信号的转换。仪器监控首先把需要监控的仪器连接到局域网，然后数据采集服务器通过配置不同的数据采集适配器采集各台仪器的监控数据。把相关数据发送到LIMS数据处理服务器。通过监控仪器的状态数据，可及时准确地记录仪器设备的使用情况，自动计算仪器设备的使用率，用以评估设备产能。通过监控仪器设备的环境参数，也能在环境参数不符合仪器运行要求时及时发出报警提醒。通过仪器监控集成，可实现仪器设备的智能化、远程化管理，有效提升了仪器设备的利用率。

六、移动审批管理

实验室领导层需要经常出差，而领导层往往需要承担大量的管理审批任务，为了能让在外的领导层对内部的工作进行及时处理，可使用移动端应用实现报告、管理流程中涉及的审批，可以通过手机直接在线完成查阅、审批流程，具体功能包括消息推送、在线审批、业务查询、自动提醒等。

七、数据分析与数据挖掘

（一）数据查询

可实现实验室各类资源（包括检验检测人员、检验检测方法、检验检测项目、卫生标准、仪器设备、试剂、标准品等）及任何相关信息的查询与统计。

实现对业务流转情况的查询：对样品的流转过程自动进行记录，用户可随时根据样品编号查询该样品在任何科室进行什么操作。

可按用户定义的条件和相应权限，查询到样品信息、原始记录、结果数据、评价结果、检验检测报告。

（二）统计分析

自动生成实验室日常的统计报表，包括日报、月报、季报、年报等。支持用户自定义统计报表的生成。

人员工作量统计：按日/月/单位统计每个人员（岗位）的工作量。

科室工作量统计：按月/年统计工作量，按产品类型、检验检测项目逐项统计总数。

仪器利用率统计：按月/年统计仪器的分析项次汇总，需要全面了解仪器设备的使用情况。

分类业务量统计：按月/年统计不同检验检测类型的业务量；实验室数量、设备等与检验检测能力相关的统计；各类样品信息的查询统计；样品分析状态与进度，分析数据与结果；仪器设备管理信息查询，包括仪器设备的运行状态、检定、校准及校验结果、仪器工作时间等；客户投诉、投诉量统计及原因分析；客户满意度调查结果查询统计。

八、系统管理

系统管理模块保证 LIMS 正常运行，包括系统初始化、用户管理、系统设定、数据库管理、工作流管理、日志管理等。

（一）用户管理

支持对不同职位、岗位的人员设置不同的权限，每个人员都有唯一的登录密码。支持系统管理员管理权限设置并进行定期维护。支持不同权限的人员只能访问规定的页面，应用权限内的功能。

（二）系统设定

可对系统中所使用的各类功能表格的内容进行设定、修改和维护。

（三）工作流管理

支持可自定义工作流引擎技术，并涵盖所有检验检测业务流程和其他管理流程；支持按业务变化进行流程调整；支持以图形方式直观地显示样品的流转状态。

（四）日志管理

系统操作日志：能自动记录系统用户的登录状态以及用户在系统内的操作记录。

数据修改日志：系统建立后台记录数据库，用以自动记录所有的修改。此功能为只读，并且只授权质量管理科主任、质量负责人、最高管理者。

第三节 数字化实验室信息管理系统生命周期

一、LIMS生命周期简介

LIMS生命周期是指为实施、运行和最终退役的实验室信息管理系统而采取的活动。典型的实验室全生命周期如图3.2所示。虽然许多实验室的活动可能同时发生，但为了便于规划和提供项目管理的检查点，可以通过将活动组织成连续的阶段来更好地使系统的生命周期可视化。系统的生命周期从实施开始，通过引入信息化系统来取代原来的手工管理过程或更换即将过时的系统，系统的使用阶段也是生命周期的运行和维护阶段。在这一阶段，系统将随着新需求的出现、供应商提供的新版本或底层基础设施（软件和硬件）的更新而发展。如果系统过时（或因业务压力而迫使更改），且实施了新的系统，则原系统将会退役。

（一）实验室信息化生命周期阶段

项目启动最先发生在LIMS初始实施阶段。在项目启动阶段，需要对项目开发或升级进行构思，参考开发业务案例，确定项目的初始范围和边界。项目启动的最终决策是决定整个项目“执行”或“不执行”。

需求分析阶段对确定LIMS的具体需求非常重要。初始实现期间需要进行需求分析，在运行和维护阶段发生的系统升级和开发也需要进行需求分析。需求为

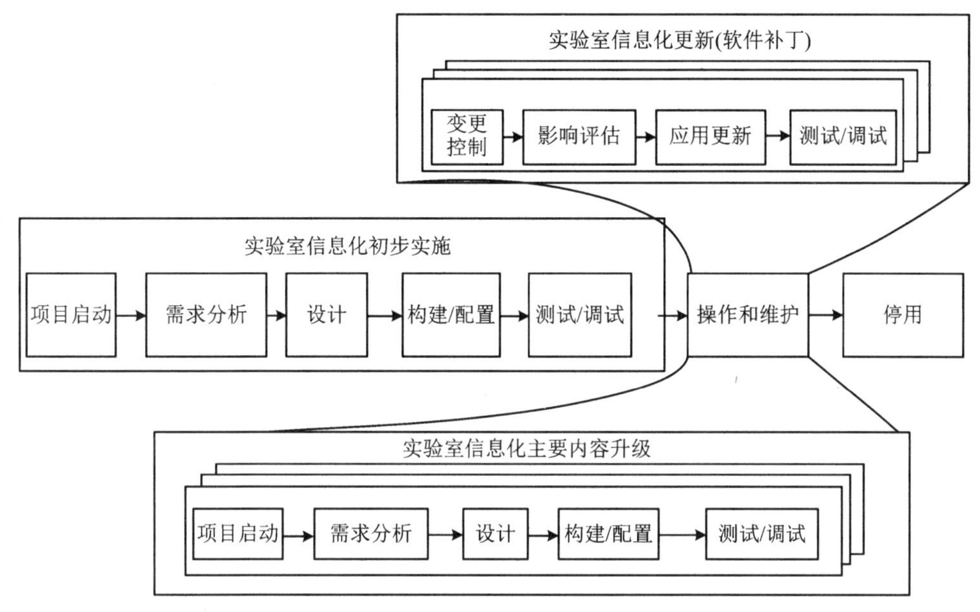

图 3.2　LIMS 全生命周期

LIMS 的选择提供了功能性的或非功能性的基础,功能需求包括系统的日常使用及其应支持的工作流程,非功能性需求定义了可能包括满足系统工作的 IT 基础设施及监管需求在内的其他要素。典型的监管需求是系统支持组织可能遵守的任何法规和审计要求的需求,包括对系统进行合规验证的任何潜在需求。

设计阶段将功能需求转化为详细的逻辑和物理设计规范。设计发生在初始实施期间,而系统升级和开发发生在运行和维护阶段。对于现成的商业系统,此阶段可能包括指定工具如何使用、配置、定制或组合,以满足用户需求。

构建/配置阶段是 LIMS 的构建阶段。活动包括定制、配置以及正在实施的方案的开发测试。构建/配置活动发生在初始实施阶段。

测试/调试发生在即将投入使用阶段。此阶段的活动包括最终数据加载、用户验收测试、培训和部署。如果需要,还需进行验证。

运行和维护发生在系统用于支持实验室生产中的运行阶段。在此阶段可能需要进一步的测试,以确保方案与不断变化的业务和技术需求保持一致。供应商或实验室 IT 人员可以提供更新或新版本以解决已识别的问题,为基础系统提供增强的功能,或为不断变化的技术提供支持。这些更新可以在分析其影响后应用于系统中。应用升级也可能是一个主要项目,并且应该遵循与初始实施活动类似的实施过程。

退役是系统生命周期的最后阶段。通常由技术过时或重大组织变化驱动,退役涉及下一代解决方案的规划,包括提供对历史实验室数据的访问等。LIMS 具有完整的生命周期实施流程。典型系统实施和生命周期的流程如图 3.3 所示。该图说明了信息系统生命周期各阶段的相对资源利用情况，包括三种类型的资源：实验室/业务用户、应用程序/系统专家、验证专家。

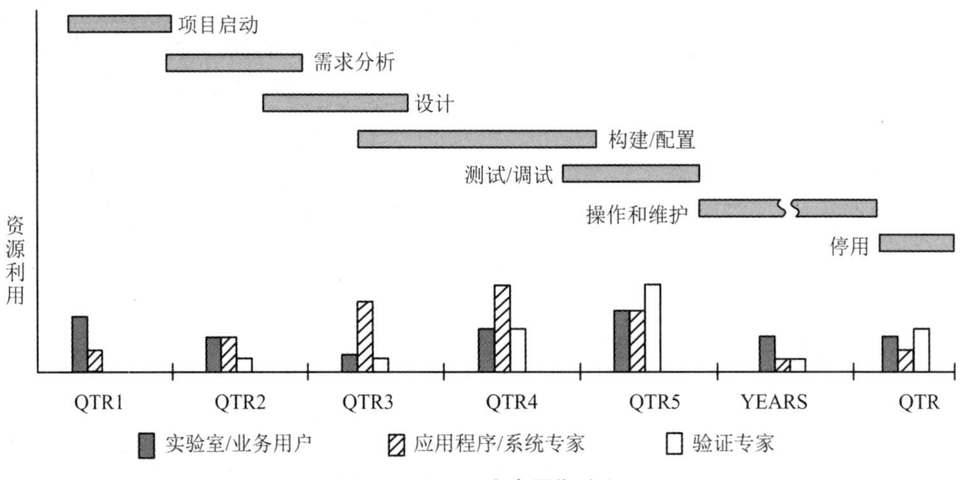

图 3.3 LIMS 生命周期流程

如图 3.3 所示的“时间”轴仅为说明性的，许多因素会影响到时间。其中包括所需解决方案的复杂性和范围，所选解决方案对确定需求的定义（影响所需的开发、定制或配置），改变工作实践以匹配现成的商业系统的组织意愿。也受非功能性需求的影响，如出于监管目的的验证、资源可用性、时间限制和预算等。负责管理 LIMS 方案实施的人员应确保他们与关键参与人合作，以确保时间表是可实现和现实的。

本章介绍的阶段是按顺序进行的，但有些活动可能是并行的。例如，设计可以在需求完成之前开始，而构建/配置可以在设计完成之后开始。敏捷、迭代或原型开发技术的使用可能进一步模糊阶段之间的区别。然而，阶段为实验室信息化项目的实现提供了一种逻辑方法，而敏捷方法可以被看作一种将阶段压缩为更短但更多迭代的方法。

如图 3.3 所示的“资源利用”轴描述了实验室/业务用户、应用程序/系统专家和验证专家在整个生命周期中的持续参与以及参与时间。作为方案的最终用户，实验室/业务用户在项目启动、需求分析、测试/调试阶段的参与度更高。在设计和测试/调试阶段，系统专家的参与度最高。在构建/配置和测试/调试阶段，验证专家的参与度更高。

（二）成功的 LIMS 项目的关键

LIMS 项目应与其他复杂或关键业务的 IT 项目具有相同的处理方法。本节概述了影响任何 LIMS 项目成功的一些关键因素。

所有 LIMS 项目均应采用标准项目管理技术，但这里并不详细介绍项目管理内容。有许多普遍接受的项目管理方法可以使用，个人可以成为合格的项目经理。良好的项目管理方法是可扩展的，以反映项目的规模和复杂性。从事 LIMS 项目的人如果自己没有经验，既可以从组织中获得经验丰富的项目管理资源，也可以聘请第三方项目经理。LIMS 供应商也应该具备项目管理技能，这些技能可以在积极参与到项目中被使用。使用正式的管理控制架构和项目管理工具有助于理解和交流项目复杂性、优先级和变量，从而更好地规划和决定软件购置及部署。

LIMS 项目的限制约束包括时间、成本和范围。质量或“目标明确性”可能更适合描述“范围”这个限制，因为它包含潜在的非功能需求（如系统验证等）。当管理 LIMS 项目时，应充分理解这些限制：系统需要做什么？需要多长时间？预算限制是什么？确保为这些约束设定的期望值是可兼容的也是至关重要的。换言之，组织是否有足够的时间或资金来实施系统以达到所要求的质量？对一个约束条件的任何更改几乎会对另一个约束条件产生影响。扩大项目范围可能会导致成本增加，还可能会增加时间。在与供应商合作时，项目管理者必须了解所有约束条件。在任何情况下，应使用变更控制制度来管理变更对项目的影响。

长期参与者的参与和承诺能进一步确保 LIMS 的成功实施。参与人包括用户双方管理层，具备监管职能的质量管理者、客户，其他职能也可能依据项目范围确定。在商业测试机构中，财务部门可能会要求系统提供信息，以确保准确和完整的账单。如果该组织有一个将要参与的 IT 小组，则应将其确定为参与人。参与人可能或多或少地参与到项目中，这取决于他们或他们的职能将受到项目的影响程度的大小。在所有情况下，与参与人的持续沟通在整个项目中都至关重要。该沟通应包括项目的原因、对参与人的影响、进度报告（有时包括财务报告），以及项目完成后实现的效益。应记住，参与项目的任何供应商也是关键参与人。参与人应在整个生命周期内致力于系统的成功。更长、更复杂的项目需要继续与参与人沟通，尤其是在发生变化时，以确保其兑现承诺。

业务案例是一个完善的项目计划的基础，应作为项目启动的一部分进行创建。关于如何创建业务案例的指南有很多，但开发业务案例的两个关键原因是确定实施项目的原因以及项目完成后如何衡量其是否成功。此外，确定如何量化项目的价值，例如，在项目启动之前，将实验室关键绩效指标（KPI）（如员工单位检测效率、仪器效率、测试成本、每批质量缺陷）与实施后的每 3～12 个月的结果进行比较。

避免存在不被支持的定制、配置和变更业务案例。所有这些都增加了开发和测试活动的时间和复杂性，并可能引发其他错误。范围变化有时是微妙而不易觉察的，应使用正式的变更控制过程来批准对范围的任何变更，无论变更多么微小。在对系统进行变更之前，需认真评估任何潜在的承诺、技术支持和软件维护（产品升级）影响。

基于组织的指导方针、业务案例和确定的需求，建立完善的采购流程和选择标准。需求应该定位在需主要解决的问题上,而不是口头的或架构的方案。非功能性 IT 需求应根据组织的技术标准和技术路线图进行验证,而不是根据个人偏好或现有计算基础设施进行验证。应估算总体拥有成本、内部定制和支持成本因素,通过自动化和运营改善后节省成本,预测产品生命周期、附加许可证成本,以及软件维护成本。

确定项目的实施方法。实施方法有很多,如瀑布式方法、螺旋式方法、迭代方法、敏捷方法,这些都超出了本书描述或推荐实施方法的范畴。组织可能已经开发了自己的实现方法,在这种情况下,值得使用这种内部经验作为项目团队的一部分,如果供应商参与到项目中,最好采用他们的方法。此外,还可以使用第三方顾问。

新系统可以重新检查业务流程,并提供由新系统支持的最佳实践。避免复制过时的纸质系统,切断不同的数据资料(如电子表格/宏)、切断不再有意义的自动工作流。然而,要认识到这些额外的目标,无论权衡得是否合理,都不可避免地会影响到项目的资源、时间、决策、参与人。

应建立手工(纸质)或备用系统(并定期测试),以在系统暂停时维持业务的连续性。

二、第一阶段——项目启动

本部分概述了系统生命周期项目启动阶段所发生的活动,包含以下三个方面:项目启动和计划、开发业务案例、制定质量计划。这里还强调了变更控制的重要性,为读者提供了启动新信息化项目时应遵循的指导原则。

项目启动阶段是 LIMS 决定一个项目执行或被拒绝的过程。任何项目或过程的关键点是:开始、实现了某个目标、停止,而项目启动为这三个因素奠定了基础。例如,业务案例提供项目和项目成本评估的证据,项目概要提供概述功能和非功能要求,质量计划将概述项目所需的质量方法,沟通计划可以概述如何将项目进度传达给所有关键参与人。项目启动阶段的可交付成果将根据在该阶段收集的有关项目或者计划是否继续下去作出决定。可接受的项目管理技术详细解释了项目启动阶段可能的交付成果。项目启动的内容以及需要多长时间取决于项目的性质和范围。项目管理技术具有可扩展性,可以有效地管理不同规模的项目。由于项目启动阶段提供了项目执行下去的原因,所以它会以某种形式或其他形式包含在所有 LIMS 项目中,从全面实施到创建新的报告。显然,在这些例子中,项目启动的规模和范围会有很大的不同,但结果是相同的;我们至少要了解项目执行的原因,并就是否继续该项目达成一致意见。只有在资金至少可支持下一阶段的工作时,才能作出继续进行的决定。下面将介绍项目启动阶段的三个关键交付成果:项目概要、业务案例和质量计划,同时也强调了变更控制制度的重要性。

1. 项目概要

项目概要旨在提供项目的总体视图,将其放在整个组织环境中,并将其与可能正在运行的其他项目或程序放在一起。项目概要描述了项目问题、需要解决的问题、可利用的机会、需要满足的需求。这些可能非常具体,例如,引入需要纳入现有LIMS方案中一般或更大范围的新监管需求,替换现有的纸质管理系统。项目概要应记录项目目标和当前确定的项目可交付成果,其中可能包括大纲要求。这些要求此时可能非常高,如实施生物库样品跟踪系统以取代现有的纸质系统,那些特殊排除的项目也应记录在案。如果某个特定的部门或组织不属于LIMS实现的一部分,需要在这里说明。在生物银行系统的例子中,自动冷冻机管理硬件和软件可能被明确排除在项目之外。项目概要可能会确定已知的限制条件,其中包括时间限制(如实施新法规要求的最后期限)、财务限制或技术限制(如公司标准要求基于云的虚拟系统或者公司标准特别禁止基于云的虚拟系统)。项目概要还可以确定项目、产品和程序的相互依赖性。例如,生物银行软件的实施可能取决于新冰箱的购买和调试,LIMS的实施可能取决于新设施的建设。项目概要还可能包含对项目的任何已知风险以及组织的项目管理方法所概述的项目计划(如果需要)。

2. 业务案例

业务案例用于通过确定业务收益和成本来证明拟议项目的合理性。在项目启动阶段开发的业务案例可能是一个高级别文档,尤其在成本方面。例如,在项目启动时可能无法完全确定需求,可能没有选择项目所基于的产品或平台,可能尚未决定实施系统的方法,并且不会与选定的供应商(内部或外部)开始谈判。然而,在项目启动时,应该很好地理解商业利益,因为这些利益构成了为什么项目应该被考虑的基础。项目概要中可能已经概述了商业利益,但业务案例提供了一个扩展它们的机会。业务案例是在项目执行过程中需要审查的文档,以确保其理由仍然有效。举一个极端的例子,如果项目的目标是在某个站点或特定实验室安装LIMS,但组织关闭或出售该站点或实验室,那么项目应该停止,该业务案例将失效。

业务案例中的收益应尽可能可衡量,因为它们提供了在项目完成后证明项目成功的最佳方法。对于某些项目来说,开发业务案例可能比其他项目更容易。例如,监管报告或合规要求可能比自动化或质量改进的预期效益更容易证明。良好的成本效益分析需要时间,应对实验室的环境进行深入了解以及对预期效益进行仔细分析,对那些不作为的成本效益组成部分(不执行系统)也应注明,这有时被称为"什么都不做"选项。成本分析应考虑总体拥有成本(TCO),包括初始购买成本、实施(包括预期定制)成本和持续维护成本。效益通常分为有形(易于计算的硬收益)或无形(公认但难以量化的软收益)两种。我们在项目启动时可能并不完全了解效益,因此,应在项目期间根据需要定期审查和更新业务案例,如有可能,财务估值应与每项效益相关联。如果财务估值不能与效益相关联,则应确定其他衡量或证明其价值的方法。例如,内部服务不产生收入、增加样品吞吐量的实验室仅在需要或将需要更多待处理样品的情况下才有有效的业务效益。在这种情况下，用来证明一个项目的“软”效益往往会受到挑战。保护品牌声誉通常被认为是有好处的，如果将其作为一种正当理由，则应根据系统将如何帮助保护品牌以及与失败相关的成本进行备份。在食品工业中，LIMS 可以通过阻止之后需要召回的产品的运输来保护品牌声誉。这类召回不仅会影响品牌声誉，还会产生与召回相关的直接成本，这些可在司法中进行衡量和使用。表 3.1 中列出了 LIMS 项目可以提供的效益类型，具体来说就是 LIMS 项目的收益。需说明的是，该表并不试图定义与每个收益相关的可测量值。与每个收益计算相关的任何假设都应记录下来，以便在每次业务案例发生时确认其有效性，避免产生不切实际的期望，因为管理层或最终用户对预期收益的幻想破灭通常会导致项目失败。

表 3.1 实验室信息化的效益示例

有形效益	说明	无形/其他效益	说明
实验室的生产量和能力	每单位时间内增加在实验室中处理的样品的数量、分析员、部门和/或仪器	更好的服务与管理	使信息与供应商和客户更紧密地集成后获得效益
实验室的周转时间	减少开始至结束的样品处理时间	获取信息/工具	终端用户获得更多的数据和更好的工具，可改进自助服务报告和分析。数据访问也可促进常规与非常规性问题的解决
节省劳力	减少分析员处理样品和数据所需的时间	更便于实现和演示法规遵从性	通过工作流、SOP 电子记录的改进，可更便于实施并演示质量和监管要求的遵从性
减少错误率	自动化系统会减少数据录入、转录和计算错误。通过减少流程废物/返工工作降低错误率，包括减少重新分析样品和重新处理数据花费的时间，从而改进流程	较早地检测并纠正错误	将触发纠正措施的失控条件或其他问题，尽早提醒用户
减少实验室调查和质量检验活动中花费的时间	质量改进允许在增值活动中花费更多时间，并可允许减少流程检验频率和数据评估步骤	改进实验室管理	更好的工具可使实验室操作的工作流和管理更加一致

续表

有形效益	说明	无形/其他效益	说明
减少发布制造产品周期的时间	与物料需求计划系统(MRP)及企业资源计划系统(ERP)的集成使得在批准实验结果后,即可立即发布产品	改进样品管理	样品跟踪功能可提供有关所有样品的状态和位置的详细信息,减少标记错误或放错样品位置的可能性,并通过文件记录,保证收集的样品的可追溯性
减少客户服务的成本和时间	提供自助服务、对样品状态的只读访问、测试结果等。实验室信息化可消除终端用户对客户服务人员的依赖	强制执行精益六西格玛实践	实验室和生产之间更紧密地耦合将提供更快的质量趋势显示
减少在审计中花费的时间	快速访问电子数据、SOP、审计跟踪文件和其他质量记录能够大大减少审计时花费的时间	尽早拦截产品质量中的漂移	允许在制造过程中进行近实时调整
		提高市场中的客户满意度和竞争力	更好的质量数据和服务可提高客户满意度/信心、实验室的声誉、企业品牌价值以及在市场上的整体竞争力

在创建业务案例时,高估潜在利益并不罕见。错误的来源可能包括低估系统的实施成本,尤其是管理者参与的成本和返工处理不良需求的成本;高估了潜在的生产力收益;高估了改进的实验室服务;由于缺乏对系统的熟悉(这应该是短期的),未能解释引入新系统对生产力的最初影响;将不现实的价值分配给软效益。业务案例是一个活生生的文档,应根据需求进行审查和更新。在整个项目的生命周期中,随着项目的进展,成本估算等项目将变得更加准确,实际发生的成本也可以包括在内。可以根据需要监控和更新业务案例中使用的假设,并确认项目的有效性。然而,审查业务案例可能会显示项目不再可行或不必要,在这种情况下,应该停止它。因正确的原因而停止的项目不是一个失败项目,而应是一个成功的项目。

一份完善、考虑周全的质量计划有助于确保顺利、成功地实施 LIMS,并在必要时进行验证。应确定 LIMS 项目的质量期望。这些期望因组织而异,取决于组织所服从的法规水平等因素。质量计划中的关键参与人将进行质量组织或质量监管，以及参与确定项目的质量要求，他们可能还需要参与监测质量计划的遵守情况和系统的最终审核。如果系统不符合规定的质量标准，他们可能会阻止系统上线。质量计划应包括质量方针和目标、确定的期望和作出的任何假设。

3. 质量计划

质量计划需要评估受系统影响的项目、用户和最终客户的风险，这些风险将有助于指导在实施过程中和整个系统生命周期中进行验证。与风险评估相关的参考资料要有据可查。用户应根据其业务目标和与信息化项目相关的风险来评估项目。风险参数包括但不限于总体项目风险、基于新系统对产品质量有影响的产品风险、变更管理领域的人员风险和业务风险（业务风险可能包括软件定制带来的风险）。质量计划还应包括任何需要满足的内部或外部质量标准及任何需要遵循的识别程序。这些程序可以确定在系统的日常使用和退役期间，系统将如何实施、验证和维持在验证状态。此外，质量计划可确定项目所需的文档，如用户需求文档、功能规范文档、系统设计文档、测试脚本和验证计划。质量需求的实施将对项目实施所需的时间和成本产生影响。因此，项目的质量水平应与项目的规模、潜在风险和监管要求相适应。如果与供应商合作，无论是内部的还是外部的，他们都应该有自己的质量体系。因此，确保组织的质量计划与供应商之间不存在冲突是很重要的。最佳的选择是双方采用统一的质量方法。对于不习惯在质量环境中工作的组织或个人，应采用供应商的质量方法。但是，在任何情况下，供应商都应了解、理解和获得相关质量信息。

没有什么比不受控制的变更更让项目面临风险。功能需求变更（通常称为范围渐变）是一种可能影响项目成功的变更，影响项目约束的其他变更也同样影响项目的成功。变更几乎是不可避免的、必要的，而且往往是有益的，即使是在有完整计划的项目中。因此，需要通过某种形式的变更控制制度来管理潜在的变更，该机制应在项目开始时就已建立。在项目过程中，当变更被识别时，应对其进行审查，以确保其恰当和必要，并评估其影响，根据评估得到是否可接受的结论。更改将影响项目约束，并可能影响其中一个或多个约束，即功能（质量）、成本、时间，所以要求变更时不能忘记这一点。当与内部或外部供应商合作时，他们应参与管理和控制变更，因为在许多情况下，他们将是评估拟议变更影响的关键点，并直接受其影响。

项目启动阶段是整个项目的基础，对项目的正确实施至关重要。为确保这一点，应选用适合的人员并确定其职能，应根据项目的性质和范围进行确定。在编制项目概要时，主要的参与人将是项目个人或小组。创建项目概要将涉及可能受项目影响的用户和其他人，可能需要项目管理职能部门的参与。如果项目进展顺利，那么所选供应商应能查阅项目概要，以便了解项目背景。如果项目概要包含敏感材料，则可能需要删除。业务案例的主要参与人将包括项目的潜在出资机构、项目的签字人、即将受益或受项目影响的人员（如实验室用户、实验室经理、质量和监管人员、潜在的客户）。在开发业务案例时，可能需要财务部门的参与来帮助计算潜在的财务效益。根据供应商在类似项目中的经验，他们也有机会参与业务案例。质量计划的主要参与人包括项目经理和质量/监管部门。项目工作人员应了解质量计划的含义，如创建用户需求或进行系统测试的含义。供应商必须遵守质量计划，如果对系统和供应商进行选择，则应包括质量计划的细节和对供应商的期望，以便他们能够确认遵守质量计划，并将与之相关的任何成本计入整个系统成本。如果组织没有制定质量计划的经验，则可以选择采用供应商的计划。在考虑变更控制制度时，关键的参与人是项目经理和负责项目预算的人，因为他们最受项目变更的影响。重要的是确保其他参与人也能理解为什么变更控制很重要，理解为什么所有提议的变更都应该通过变更控制制度来执行。

项目启动阶段的可交付成果包括项目概要、业务案例、质量计划、变更控制制度。可交付成果还可包括组织项目管理功能所需的任何其他文档。然而，项目启动的关键交付成果将是项目"执行"或"不执行"的决定。这样的决定表明，项目的基础已经准备好并进行了审查，项目可以进入下一阶段。该决定应附有至少在项目下一阶段提供资金的保证。

三、第二阶段——需求分析

本部分概述了在系统生命周期的需求分析阶段发生的活动。

（一）工作流程分析——当前和未来状态

模拟实验室工作流程的当前状态有助于组织充分了解其现有的工作实践，以及它们将如何受到LIMS方案的影响。这不仅可以对系统需求进行洞察，还可以识别当前工作中需要在实施LIMS方案之前解决的异常问题。有许多方法可以对实验室的当前状态进行模拟，这个模拟的重要因素是让组织内的正确人员参与进来，可能包括系统的最终用户、实验室经理和外部用户（客户），以及可能受系统影响的其他领域的代表，如生产管理人员、财务管理人员和客户服务人员。对当前状态模拟的目的是识别当前工作中的异常、问题和瓶颈。

从模拟的当前状态开始，在系统实施/选择之前，还应确定实验室的未来状态。这也是协调整个组织工作的机会。可能涉及单个实验室、多个实验室或全球组织内的多家实验室，在可能的情况下协调或标准化流程，最终简化系统并在整个企业范围内发挥作用。

（二）业务需求分析

高级业务目标和策略应被理解并被视为制定LIMS方案详细业务需求的先决条件。这些目标应该已经在业务案例中被提前确定了。业务需求应根据需要进行定义和记录,并应由业务流程的关键参与人批准。就业务系统或基于已知资源及其功能的定制开发系统可以预期的内容而言,业务需求应该是实事求是的。

业务需求为LIMS方案提供了一个基础,以正确执行并满足定义的业务需求,包括定义的输入、功能和输出。业务需求可能是计算、技术细节、数据操作和处理,以及确定系统应该支持的其他特定功能。业务需求由非功能需求(也称质量需求)支持,它对设计或实现(如性能需求、安全性或可靠性)加以约束。一般来说,业务需求以“系统应满足规范要求”的形式表示,而非功能性需求则以“系统应满足该要求”的形式表示。

用户需求文档(URD)或用户需求规范是一种说明用户期望软件能做什么的文档。用户需求和功能需求通常被合并到一个功能需求文档中。一旦所需的信息被完全收集,它将被记录在一个URD中,该URD旨在明确说明软件应该做什么,并成为合同协议的一部分。URD应在最终用户、主题专家和各种业务参与人的输入下开发。URD可用作计划成本、时间进度、里程碑、测试等的指南。URD明确的属性允许客户向不同的参与者展示,以确保描述了所有必要的功能。制定URD需要进行协商,以确定哪些在技术和经济上可行。编写URD既是一门科学,也是一门艺术,需要软件技术技能和人际交往技能。URD通常包括每个需求的优先级排序。典型的URD可能包括应内置于最终系统中的强制性需求(M)、期望需求(D)(除非成本太高否则应包含在内)、可选需求(O)(可根据需要内置于系统中)、未来增强需求(E)(可能包含于最终系统中,但是是有限的)。“赢得”排名可能也很有用,该排名涵盖了已确定但因任何原因被拒绝的要求。每一个功能和用户需求都应该是唯一的和准确的,不能相互矛盾,并且是可测量的,不应假定需求。应在各种需求文档中详细列出需求,然后在投标申请阶段与供应商共享。需求应支持商务目标,如果无法将已识别的需求与业务相关联,则应质疑其有效性。功能和用户需求文档应通过变更控制进行管理。

四、第三阶段——系统设计

(一) 功能需求分析

根据所遵循的系统开发生命周期或项目方法,功能需求可在单独的文档中定义,与先前讨论的用户需求不同。用户需求是用业务语言描述系统需要做什么来支持业务流程,功能需求是用系统功能语言描述系统如何满足业务需求,换句话说,功能需求是将业务需求转换为应用程序特定语言。功能需求应具体化、可测量、现实化,以确保测试能够轻松确认需求是否已经满足。

当业务需求和功能性需求在单独的文档中被定义时,行业法规可能会要求使用跟踪矩阵将它们关联起来,以保证全流程的可追溯性。在业务需求和功能需求之间。即使行业法规没有规定这一点，将这种可追溯性落实到位也是一种很好的做法。它有助于确保最终系统中包含所有商定的用户需求，并确保在测试时完全覆盖系统。

功能需求可记录在系统的主要特性和功能清单中，该清单将被配置和使用。LIMS 的具体功能需求可参考本章第二节起草，可作为开发 LIMS 功能列表的基础。

功能需求分析通常在 LIMS 选择完成后进行。通过分析所选系统如何满足用户需求，根据供应商满足业务需求的能力进行选择。显然，供应商在制定功能需求文档方面起着关键作用，此时客户也应参与其中。客户应至少能够澄清和回答供应商可能提出的问题，并审查和批准最终文档。即使这个过程没有规定创建功能设计，供应商自己的质量体系或过程也应该支持。由于项目的规模或性质，供应商可以建议创建这样的文档，在这些情况下，应遵守供应商的建议，并为创建文档提供时间和资金。

功能需求的重要性或权重应与用户需求的重要性或权重相匹配。如果用户需求已被识别，但被认为不包含在系统中，那么开发它们的功能需求就没有什么意义。但是，为了清楚起见，它们可以在功能需求中提及，但不需要进行标记。

快速原型开发技术可用于帮助用户和开发团队将高级需求详细描述为一组功能规范。当使用现成的商业产品时，可有助于限制用户期望和系统范围，避免最严重的配置和过多的定制。

（二）系统设计文档

功能需求文档完成后，可编制详细的功能需求文档、系统设计文档（SDD）。系统设计文档是供应商或开发人员用来记录系统技术特性的技术文档，包括数据库表结构、特定算法和低级别的通信协议等。系统设计文档是开发团队在开发一个新系统时使用的参考文档，但是对于现成的商业 LIMS 而言，可能不需要系统设计文档。用户需求和功能需求提供了根据现有功能和配置或定制工具实现系统所需的信息。应该咨询供应商是否需要系统设计文档，如果需要，那么可再次将 SDD 的每个元素追溯到功能需求中，从而追溯到用户需求中。

（三）测试计划

一旦功能设计文档和系统设计文档编制完成，则可根据需要编制测试文档。系统软件测试不在本书范围内。测试可能包括单元测试、系统测试、集成测试和其他形式的用户验收测试。组织可能需要 IT 部门或质量部门为测试方法提供资源，供应商能够就先前采用的成功测试计划提供建议，或者使用第三方顾问。当测试一个系统时，可以再次对功能需求和用户需求进行跟踪测试。

（四）系统设计阶段的关键参与人

系统设计阶段是将用户识别和商定的需求转化为如何包含或构建到系统中的阶段。在这个阶段中，系统用户、项目团队和供应商之间的沟通非常重要，关键的参与人将来自这些领域。供应商将参与制定功能规范，项目团队成员也将参与其中，尤其是负责制定用户需求的人员。当对用户需求有任何疑问时，关键用户也会参与进来。

测试计划的主要参与人将是项目团队成员、供应商以及开发和运行任何测试脚本的人员。质量监管团队可能还需要审查和批准测试计划，以确保其符合质量或监管要求。

（五）系统设计阶段的可交付成果

系统设计阶段的可交付成果至少包括项目团队负责成员和供应商商定并签署的功能需求文档，这是本阶段最重要的可交付成果。系统设计文档也可以是可交付文档，正式的测试计划和测试用例也可能会出现在这个阶段，同时也包括组织的项目管理功能所需的任何其他文档，例如，变更控制请求和日志。

五、第四阶段——构建/配置

在本阶段中，系统软件配置、接口配置或开发、任何需定制的编码、组件以及IT 基础设施，都需要集成到一个完整的系统中。

配置通常被视为使用商业软件中的设置和标注来改变该软件的一种行为。是否能以这种方式成功地配置一套完整的系统，取决于供应商对实验室工作流程的所有可能变化的预期，如果可能的话是比较容易做到的。也可以从更广泛的意义上看配置，如汽车的配置是基于将供应商提供的一组标准选项（如发动机尺寸、变速器类型、颜色等）结合在一起，这些选项都是为了协同工作而设计的。通过改变配置，不同的买家最终会得到同一辆车的不同版本。但是，它们基于相同的平台和标准组件，在保修范围内可由供应商提供维护和服务。同样，LIMS 配置是将一组功能对象集合在一起，以创建系统的特定配置。应使用复杂的工具来操作这些功能对象，以创建一个满足用户需求的系统（从图形和功能两方面），但该系统未来仍需得到供应商的支持，并随着软件新版本的出现而升级。功能对象是不能被更改的，但它们工作的接口会进行更改。

定制通常被定义为软件开发活动，涉及使用 LIMS 供应商的专有开发语言或其他第三方编程语言编写代码。此外，定制可能会改变基本系统功能的使用方式，或添加供应商基本产品中不存在的新功能。如果产品的配置能力不灵活，则需重新定制使系统满足特定组织的确切需求。在定制系统时，应花些时间了解所做工作的影响，具体来说，应明确供应商支持系统的能力以及解决系统升级问题的能力。例如，询问定制是否会使系统在新版本中难以升级？如果这样做，系统将面临过时、不可支持的风险。了解系统的基本设计对于配置和定制扩展非常重要，如果可以在不影响持续产品保修或支持的情况下配置软件，则对项目范围、测试/验证和维护的影响最小。修改核心系统代码可能会产生更大的影响。系统配置、开发和测试有许多方法，ISO/IEC/IEEE 12207-2017（《系统和软件工程　系统生命周期过程》）能够充分解释软件开发的不同方法。以设计、构建和测试活动的迭代为特征的快速开发，由一个跨职能团队（来自业务、IT、质量几个部门）支持，是实现LIMS的有效方法，但是它需要有经验的人员参与。

如果存在自定义代码模块，则应根据定义的质量计划开发该模块。如果使用供应商或第三方进行开发，他们同样需遵守质量计划。如果没有制定质量计划，供应商或第三方至少应按照自己的质量计划或程序工作，并能证明其已遵守这些计划或程序。

在构建/配置阶段，特别是在开发自定义代码时，可能需要单元测试、集成测试和系统测试。在规定的环境中，需要证明这些已经验证。在单元测试时，每个开发单元或模块应根据先前的需求规格说明书中定义的测试参数和脚本进行测试。集成测试将模块集成到功能要素中，并根据定义的测试参数再次对其进行测试。集成测试能够测试整个系统，包括对第三方系统或仪器接口进行测试。该测试是构建/配置阶段的一部分，由于用户的测试/调试不同，因此由负责构建或配置系统的各方完成。

六、第五阶段——测试/调试

（一）验证

许多行业可能需要对LIMS进行验证。如果需要验证，那么在项目启动阶段就需确定。食品药品监督管理局（FDA）等监管机构存在着特定的验证要求。正确的验证执行，可以从长远中节省时间、资源、材料和费用，也代表着最佳实践的使用。传统的验证方法，如良好自动化生产实践规范（GAMP），会显著增加LIMS的实施时间。使用预期用途方法或基于风险的方法可以减少受监管机制的时间和成本。验证文档在LIMS的验证过程中起着关键作用。如果在规定的环境中验证一个系统，那么组织的质量或监管部门从项目开始时就应参与进来，在整个项目中应参照验证的要求运行。

（二）测试

测试需求应作为项目启动时制定的质量计划的一部分加以确定。测试通常基于测试脚本，这些脚本确定了在测试系统及测试功能时要执行的步骤。测试步骤应可追溯到已确定并同意使用的个性化需求。在测试脚本中识别测试步骤所涉及的需求是很有用的，它能完成一个完整的跟踪矩阵，将用户需求链接到系统设计文档以及交付的系统中。即使在部署了敏捷或快速开发技术的地方，测试也非常重要，也应跟踪到确定的需求。测试过程应记录每个步骤通过或未通过，并可以输入注释。失败步骤的注释应尽可能全面，并详细描述失败的性质。在提供这些详细的信息后，识别问题的原因和解决问题变得非常简单。在解决已确定的问题时，诸如"它不起作用"之类的评论是没有帮助的。可能需要多次运行测试脚本，以确保已识别的问题得到解决。测试策略的一部分将确定系统中需要的数据，以充分测试系统。

（三）用户验收测试

在 LIMS 上线发布之前，所有或部分预期用户有机会评估系统是否确实支持其日常活动，以及系统是否阻碍了任何用户的日常任务。脚本测试有助于验证正确的操作，而无脚本测试则有助于发现遗漏的需求。

（四）培训

需对最终用户和系统管理员进行适当的培训，培训应尽可能安排在系统运行期间。培训应涵盖 LIMS 操作的各个方面，如从日常系统功能培训到系统管理人员如何维护系统。培训可以根据系统中定义的角色进行定制，这些角色控制是用户可以访问的功能。应考虑系统的使用是否必须进行正式培训，特别是在规定的环境中，培训过程要保存培训记录。如果用户从一个角色变更到另一个角色，则可能需要对新角色进行培训。可根据培训的步骤和原则确定多少时间间隔进行再次培训，如果在系统的生命周期内对系统进行了重大升级或更改，那么可能需要进行再次培训。

（五）文档

应准备好所需的文档。文档应包括供应商提供的手册和用户开发的文档。供应商提供的文档可能包括用户操作手册、技术参考手册、验证文档，如果系统要接受正式验证和质量控制，则包括安装验证手册。用户开发的文档包括所有的 SOP 文档和培训文档。确保所有其他要求的项目和质量文档此时都可用，包括变更控制表、验收测试记录和测试脚本、问题报告、备份和恢复日志、审计报告和安全记录等。

（六）数据加载

主数据（有时称为静态数据）可视为系统内的管理数据。在 LIMS 中，主数据包括用户、产品、规格、方法、判定指标、测试定义和计算等要素。一个拥有数百个测试和计算规格的大型实验室可能会花费大量的时间输入和验证主数据，这一时间应包含在项目时间中。如果可能的话，使用自动化迁移数据的能力可以大大降低时间、转录错误和验证方面的成本。

如果从现有的LIMS转移到新的LIMS，将活动状态迁移到新的系统是一个好方法，活动状态包含系统在日常运行中生成的数据。在LIMS中，可能包括批次信息、创建的样品、分配样品的测试、输入的结果以及任何检查的结果。但是，如果要执行数据迁移，则需要一个周密的计划，以评估从一个系统到另一个系统的传输数据和元数据。该计划应考虑字段类型、字段长度、字段映射以及与人工验证的同步。

七、第六阶段——运行和维护

运行和维护任务包括数据备份、数据恢复、各种数据库的管理和优化、用户账户维护，以及通过支持流程解决用户与系统的问题等综合管理，如服务合同管理、软硬件维护和升级、持续改进或系统增强等。

（一）实验室信息化人员和组织安排

对于较大的组织机构来说，可以选择专职人员支持实验室信息化或其他一系列问题。其他类型的组织可能无法拥有这些资源，所以更多地会依赖供应商来支持。尽管这样，在任何情况下，都应该有人对LIMS负责，即要有一个系统经理，他们将负责系统的日常运行，与供应商联络，管理系统变更，包括实施新的功能及系统升级等。LIMS人员所需的计算机技能和系统技能随所用技术的不同而不同，理想人选是具有实验室和计算机经验的人员。可对现有实验室人员进行再培训，以获得适当的计算机技能。

（二）安全

需要建立策略和程序来记录用户对数据的访问、更新、插入、删除等操作。应根据业务需求分配LIMS特权确保商业道德及职责分离，以保证数据完整、数据质量、数据隐私、数据安全等。应建立一个涵盖用户整个生命周期、记录用户权限更改的程序。对于那些被认定需要审计的数据变更，按监管要求，应在变更时在系统内进行审计跟踪记录。依据监管要求，LIMS内的某些交易可能需要电子签名批准。

（三）备份和归档

需要建立备份策略，策略中需要详细说明备份的类型和频率。应仔细考虑数据丢失的容忍度。应定期测试备份和恢复程序，以确保其正常工作。此外，可能需要定期进行数据归档以管理系统存储空间和性能，归档过程同样需要进行测试。需注意的是，备份和归档不是同一回事，备份的作用是为数据丢失提供保证，其应基于组织对数据丢失的容忍度，而归档则用于管理存储空间和性能。

（四）灾难恢复

应建立灾难恢复程序。灾难恢复演练应以特定的频率进行，包括对业务连续性计划的评估。应定期测试灾难恢复程序，以确保系统正常工作。

（五）系统管理

系统管理包括专用系统软件、审计跟踪和 LIMS 报告，系统管理常常能监控系统数据和信息的完整性。系统管理还包括如下内容：新仪器连接到 LIMS 以传输数据、外部系统的链接维护、预防性维护任务、对故障硬件单元进行维修等。一般情况下，软件支持由 LIMS 供应商提供。

（六）法规要求

一些国家或地区的实验室所使用的 LIMS 应符合该国家或地区的法规和指南要求。应定期审查规章制度和指导方针，以确保体系保持合规性。

（七）维护和支持

商业化的 LIMS 通常有维护协议和服务，涵盖不同程度服务的技术支持。服务协议可以包括软件升级和培训的规定，以及用户和供应商对协议周期的支持期望的明确定义。服务协议应说明如何协调服务方面的分歧，并应作为与 LIMS 供应商所签合同的一部分。源代码的托管控制安排可作为 LIMS 总体支持和维护的一部分。

（八）变更控制/配置

变更控制/配置管理在 LIMS 运行中起着重要作用。硬件、软件、实验室工作人员、实验室环境和要求的变更都需要根据商定的变更制度进行仔细的监控。触发变更控制的活动有：安装软件供应商提供的产品更新程序、系统支持人员进行定制开发等。

（九）运营和维护阶段的关键参与人

运营和维护阶段将定期使用 LIMS。在这个阶段中，系统不仅应该可靠地运行，而且可以进行更改以满足不断变化的业务需求，以适应对 IT 基础设施的潜在更新，也包括对 LIMS 软件的更新。为确保正确操作，应涉及正确的人员和职责。

系统经理应全面负责系统运营，其他的主要人员包括系统的用户，应确保系统仍然满足用户的需求。如果系统在其基础架构中运行，并且对其他 IT 基础架构（如网络）负有责任，则 IT 部门可能是关键的参与人，如果计划对系统进行升级，则可能需要参与其中。其他关键参与人可能包括质量/监管部门，该部门应参与确保系统满足任何新的或不断变化的监管要求。如果计划对系统进行重大更新或更改，则需要项目管理团队，这阶段供应商（内部或外部）也是一个关键的参与人，如果需要重大变更，那么需要咨询他们。

（十）运行和维护阶段的可交付成果

运行和维护阶段的可交付成果是一个满足组织确定和商定要求的系统。此阶段可能会产生变更，这些变更的实施本身应被视为项目的一部分，因此需如前所述进行变更管理。因此，这也将形成一组可交付成果，如业务案例、质量计划和需求说明等。

八、第七阶段——系统退役

（一）计划

LIMS 可能因多种原因而退役，包括系统过时、设施关闭、使用系统的程序结束，以及不同组织的系统标准的变化等。应用程序的退役需要仔细规划，以避免无意中干扰当前或未来的业务。综合计划涉及以下要素：确认所提供的业务功能不再需要或在不同的应用程序中不再有效；识别所有用户和相关应用程序；确定硬件和软件清单；停止或禁用功能的时间表；电子或人工形式的数据归档；在必要时实施将数据迁移到新系统的计划，该计划需要传达给用户和可能受到退役影响的其他各方。

（二）作废验证

此步骤与具有不同功能的应用程序被替换与否相关。应确认 LIMS 可以停用，而不会对组织造成负面影响。在更换的情况下，应确认新系统将包含当前系统中存在的任何所需功能。

（三）用户和依赖应用程序

需要识别应用程序的所有用户以及依赖它的其他应用程序的全部所有者，以便了解计划的退役情况。应告知现有系统退役或更换可能产生的影响。用户还应该有机会对计划更换或退役及之前不可预见的影响发表评论。

（四）硬软件清单

退役的目的可能是节约成本。可能会重新使用这些硬软件部署新的应用程序，或者这些硬软件全部退役。这些待退役的是专用于非生产环境的硬件和软件。应列出待退役的与 LIMS 相关的硬件和软件清单，取消退役系统的维护和支持合同。

（五）退役时间

退役需按适当的顺序执行步骤，以避免业务中断。需要建立详细的项目计划和时间表。所有各方都需要随时了解当前的工作进展，并提醒即将发生的事件，退役计划应得到业务案例的支持。

（六）数据归档

几乎可以肯定的是，出于商业和监管的原因，实验室数据都需要最低限度地得到保留。根据行业、公司和任何监管要求，需要遵守保留计划，这些计划可能会有很大的不同。随着技术和虚拟化的进步，公司可能会将现有数据转换为 flat 表以备将来检索。这些数据可以以最低的成本进行在线维护。

其他选项包括将数据导出到第三方提供商处并进行存档，然后在需要时重新检索。此选择会产生相关的成本支出，并且存在供应商停业的风险，同时及时检索数据也可能存在限制。

如果需要以可读的形式存储数据，一种选择是打印必要的数据，并将其保存在安全的仓库中。或者可以将信息转换为电子的人工读取方式，以确保其在中长期内是可支持的，通常选择 PDF 格式。

应仔细考虑如何根据法规要求归档数据。例如，法规是否要求使用原始软件（如色谱数据系统）对原始仪器数据（如色谱图）进行重新处理？如果是这样，那么原始数据可能需要以其原始形式进行保存，并且原始软件也需以运行的状态保存，因此需要保留运行原始软件的硬件环境。

（七）将数据迁移到新应用程序

当替换成新应用程序时，可能有机会利用解决方案中的新功能，将现有实验室数据作为实施项目的一部分移动到新应用程序中。在迁移数据时，需要在需求收集阶段建立起应用业务规则，该阶段涉及有多少历史数据以及哪些数据将迁移到新的应用程序中。数据迁移可能非常复杂、耗时长且成本高。数据迁移的可行性取决于数据的复杂性和数据结构，包括新旧系统中存在的数据库类型。用户信息从一个系统迁移到另一个系统可能相对简单一些，然而，当涉及从一个系统向另一个系统迁移批次、样品、测试、结果、产品和规格等数据时，或迁移稳定性研究数据时(尤其是当前正在运行的研究需要迁移数据时),可能需要开发复杂的数据转换系统和一个复杂而耗时的验证系统。任何考虑数据迁移的组织都应该仔细权衡成本和收益,以确保其具有财务和运营意义。分析应包括与迁移相关的自动化水平。一些数据能很容易地进行手工迁移,而另外一些数据,应该使用完全自动化的迁移方案,这样效果会更好。此外,应考虑现有数据与要迁移到的数据库类型的兼容性,例如,将数据从一种类型的数据库迁移到另一种类型的数据库中可能更困难。如果决定迁移数据,则组织应制定规则或策略,应考虑各种合规性、风险、法律、IT和业务等要求,以确定需要迁移到新 LIMS 的数据量和数据类型。这些规则的定义将受到如何使用历史数据的影响。如果要在报告中使用历史数据,组织则可能会面临额外的挑战,需要进行任何必要的数据转换。组织还应该调查是否会由于迁移历史数据而与其他业务系统产生差距。如果一个组织决定是否迁移所有的数据,应该从一个全新的数据库开始,那么就应该制定相关策略,包括如何处理操作数据(特别是从长期研究中获得的任何数据,这些数据可能会在新系统中引入)和历史数据归档。

第四节　数字化实验室信息管理系统应用案例

一、LIMS 中的仪器设备集成应用

(一) 案例背景

某海关技术中心实验室每年承担 20 多万批次的检测任务,实验室内数百台分析仪器设备每天都产生数百万个分析结果数据,如此大量的分析结果数据都要录入到实验室的原始记录中。采用人工抄录分析结果数据的模式工作量极大,效率低,并且容易因书写错误、抄写错误等原因导致结果录入错误。因此,迫切需要自动化的手段来自动将仪器分析结果数据转移至实验室的原始记录中。

(二) 案例介绍

该实验室于近年引进了先进的 LIMS。该 LIMS 支持与实验室的检测仪器设备进行集成,可以将仪器分析结果和图谱自动采集成结构化数据存储在 LIMS 服务器中,并用于后续的计算、审核、查询。

LIMS 支持多种采集模式,最主要的模式为大型仪器工作站导出数据文件后采集。在该种采集模式下,在进行样品分析前,分析员在仪器工作站样品序列中录

入样品编号，在仪器分析完成后，由分析员在仪器工作站上处理和审核仪器生成的数据，然后采用工作站自带的结果导出功能，将分析结果数据导出至文件，存放在LIMS指定的文件夹下。LIMS通过预先配置的仪器采集脚本自动读取该文件，便可将文件中包含的分析结果转换成结构化数据存储到LIMS服务器中，并与被检测的样品/器具编号、检测方法、检测项目等信息自动关联绑定。LIMS还可以将仪器工作站输出的带有图谱的PDF文件采集至LIMS中，并与被检测的样品/器具编号、检测方法、检测项目等信息自动关联绑定。

LIMS也支持直接连接天平、pH计等小型设备的输出串口直接采集结果。在该种模式下，需要在LIMS和仪器设备端预先配置好一致的传输协议参数，包括数据位、停止位、请求码、波特率等。将仪器设备与安装了LIMS串口采集程序的PC通过串口数据线进行直接连接，在PC端启动LIMS串口采集程序，在仪器设备上点击发送数据按钮，LIMS串口采集程序将捕获并解析仪器发送的分析结果数据，并上传至LIMS服务器，并与LIMS中的样品编号、检测方法、检测项目等信息自动关联。

该实验室将检测实验室的数百台仪器和数十种仪器设备，通过以上两种方式与LIMS进行了集成，包括离子色谱仪、气相色谱仪、液相色谱仪、气相色谱质谱仪、液相色谱质谱仪、原子荧光仪、原子吸收仪、等离子体质谱仪、测汞仪、红外测油仪、等离子体发射光谱仪、紫外可见分光光度计、X射线荧光光谱仪等仪器。LIMS每天将数百万个仪器分析结果和图谱采集至LIMS服务器，并通过LIMS中的数据审核模块、电子实验记事本(ELN)、Excel导出等方式快速地汇总和呈现给分析人员和数据审核人员，进行后续的计算和审核。LIMS中的仪器数据采集配置如图3.4所示。

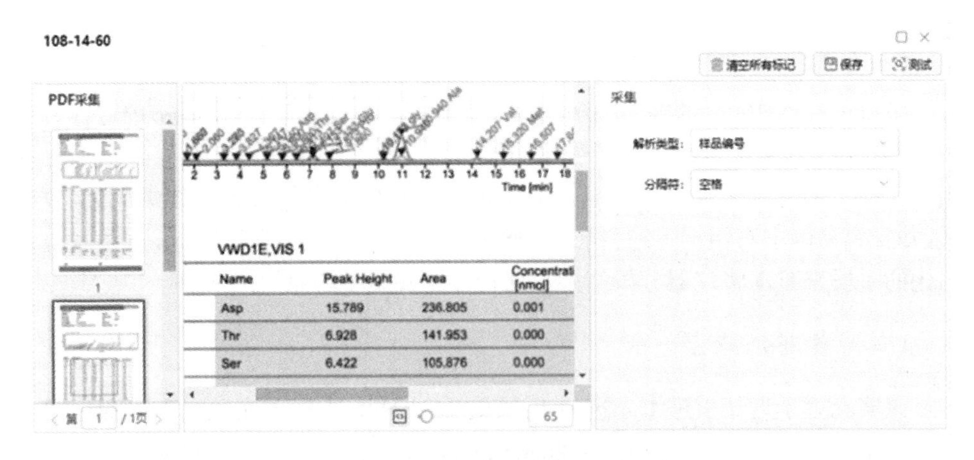

图3.4　LIMS中的仪器数据采集配置

（三）应用成果

该实验室应用了 LIMS 中的仪器集成数据采集之后，实验室约 90%以上的检测结果都不需要再手工抄录。

相比原有的手工抄录分析结果的模式，LIMS 中的仪器集成数据采集减少了分析人员抄录数据的工作量，同时也避免因人工抄写而产生的错误、偏差。

系统能采集上传的检测结果以及仪器分析图谱文件，保证了检测结果来源的可追溯性。

数据审核人员可以在审核数据的同时查看仪器的原始图谱和相关数据，审核数据更为高效。同时大幅减少了打印原始图谱所需的纸张量，帮助实验室节省了打印纸、打印墨盒等耗材消耗。

原始图谱数据通过输出成 PDF 的方式保存在系统中，杜绝了人为恶意修改的可能。

简化了检测人员的操作，检测人员只要把结果打印成 PDF 文件并保存在特定的目录中就可以了，降低了检测人员的差错率。

二、LIMS 中的检测数据处理应用

（一）案例背景

实验室通过仪器分析和器具测量产生的原始分析数据，需要经过单位换算、数值修约、公式计算、结果判定等多个处理步骤，才能转换成符合数据报出要求的、可在检测报告上显示的最终报告结果。在传统手工处理检测数据的模式下，分析员需要将这些原始数据手工输入计算器或者 Excel 等工具，进行多次计算后才能得出最终的报告结果。

某海关技术中心实验室每年承担 20 多万批次的检测任务，实验室每天都会产生数百万个原始分析结果数据，其中所有检出阳性的数据都需要经过以上多步处理。这带来了大量的手工输入数据、中间结果抄录的工作量，也带来了连续修约的不合规风险及手工计算错误的质量风险。该中心共有 10 多个检测领域、数千余项检测方法的检测能力，每个检测方法及每个分析项目的修约规则、计算公式、计量单位、结果判定依据都不尽相同。一个分析员往往承担多个检测方法的分析和数据处理任务，在传统手工处理检测数据的模式下，他们需要熟记大量检测方法的修约规则、计算公式、计量单位、结果判定等数据处理规则，才能更有效率地进行检测数据处理工作，分析人员的记忆负担较为沉重。

（二）案例介绍

该实验室引进了先进的 LIMS，提供了多种自动化的手段对检测原始数据进

行快速准确的处理。

1. 单位自动换算

LIMS中可配置结果计量单位,并可为不同单位间设定单位转换系数。当测量结果计量单位与报告结果计量单位不一致时,LIMS可自动进行单位换算,以符合各种标准的报告结果计量单位要求。

2. 数值自动修约

LIMS支持数值自动修约。手动录入或者通过仪器采集的原始数值,可按照预先给分析项设定的修约规则进行自动修约,进而得出符合数据报出要求的检测结果。

LIMS可支持多种修约规则,如四舍五入、四舍六入五成双、按照有效位数修约、按照小数位数修约、按照检测限修约、分段修约,同时也支持自定义特殊修约规则(图3.5)。

修约规则

＋添加　删除　测试修约规则　恢复　注销

☐	序号	修约编码	是否锁定	修约规则名称	修约描述
☐	1	EPA	未锁定	EPA	保留N位有效数字。如果大于或等于5，则有效数字最后一位+1，其余非有效数字将被删除（如果是在小数点右边）或是被换成0（如果在小数点左边）。如果被修约数字为科学计数法，则修约结果用科学计数法表示；如果被修约数字为普通计数，则修约结果可以用普通计数表示的会用普通计数表示，否则用修约结果用科学计数法表示。例如：如果设置有效数字为3位，那么1=1.00；1.2E2=1.20E2；0.0000001=1.00E-7
☐	2	ISO	未锁定	ISO	四舍五入保留N位小数。如果大于5，则最后的有效数字+1；如果小于5，则舍去；例如：设 小数为3位，则150.2637=150.264和174.2834=174.283
☐	3	FDA	未锁定	FDA	四舍六入五留双，保留N位小数。当尾数小于或等于4时，直接将尾数舍去；当尾数大于或等于6时，将尾数 舍去并向前一位进位；当尾数为5，而尾数后面的数字均为0时，应看尾数“5”的前一位：若前一位数字此时为奇数，就向前进一位；若前一位数字 此时为偶数，则将尾数舍去，数字“0”在此时被视为偶数；当尾数为5，而 尾数“5”的后面还有任何不是0的数字时，无论前一位在此时为奇数还是偶数，也无论“5”后面不为0的数字在哪一位上，都向前进一位

图3.5　LIMS中的修约规则

3. 数据自动计算

LIMS中内置计算公式引擎,可以预先设定检测方法的计算公式,在公式所依赖的计算参数数据全部录入系统后,自动执行公式运算,进而得出最终检测报告结果。

LIMS中的计算公式引擎支持:数学运算(如四则、比较、求幂、开方等)、逻辑运算(如是、非、或、与或、与非等)、数值聚合运算(如求总和、求最大值、求最小值、求平均、求标准偏差等)、字符串运算(如截取、拼接、格式化、转换等)、日期运算(如求时间差、取年份、取月份等)、数据转换运算(如数值转换、日期转换等)等公式,可满足各种从简单到复杂的数据运算需求。

4. 数据自动判定

LIMS可根据预设的判定指标,对检测结果的数值范围进行自动判定和颜色提醒。可通过数据背景颜色来快速区分不同数值范围的数据,如超过判定指标的数据背景为红色，接近判定指标的数据背景为黄色，远低于判定指标或未检出的数据背景为绿色，并可计算出偏差、准确度、精确度、灵敏度及其他预设的参数。对于首次检测结果超过任一判定指标的样品，LIMS 会自动触发重测复核数据的流程。

LIMS 中的数据自动修约、自动计算和自动判定如图 3.6 所示。

原始记录　附件

历史趋势图　强制完成　天平采集　文件采集　字符结果　手动计算　快速录入

序号	分析项目名称	重复项	原始结果	修约后结果	单位	修约后结果...	报出结果	结果录入类型
1	m-称取样品的质量	1	1.0234	1.0234	g	Done	1.0234	手工录入
2	本底	1	0.2	0.2	mg/kg	Done	0.2	手工录入
3	加标量	1	0.1	0.1	mg/kg	Done	0.1	手工录入
4	m-称取样品的质量	2	0.3420	0.3420	g	Done	0.3420	手工录入
5	V-试样定容总体积	1	10.00	10.00	mL	Done	10.00	手工录入
6	c-由标准曲线查...	1	1	1	mg/L	Done	1	手工录入
7	c-由标准曲线查...	2	2	2	mg/L	Done	2	手工录入
8	X-样品中硫氰酸...	1	9.771350400	9.771	mg/kg	Done	9.771	计算公式
9	X-样品中硫氰酸...	2	58.47953216	58.480	mg/kg	Done	58.480	计算公式
10	硫氰酸盐	1	13.234	13.23	mg/kg	Done	13.23	手工录入

图 3.6　LIMS 中的数据自动修约、自动计算和自动判定

（三）应用成果

该实验室的样品种类多、检测方法多、判定指标多。通过 LIMS 提供的上述自动数据处理功能，有效降低了实验室数据处理人员的数据处理规则记忆负担。

所有原始结果处理过程交由系统来执行，减少人工干预数据判定，提升了检测结果判定的准确度、效率和规范性。

该实验室应用 LIMS 自动采集仪器数据，结合了 LIMS 的检测数据自动处理功能之后，实现了从仪器分析原始结果到最终报告结果的自动转换，大幅减少了分析员岗位的数据处理工作。

三、LIMS 中的电子原始记录应用

（一）案例背景

某海关技术中心实验室每年承接 20 多万批次的检测任务，分析员需要为每一个批次的样品填写原始记录，记录的内容包括仪器设备信息、标准溶液信息、检测方法信息、样品信息、分析原始结果、计算结果、分析员签名、审核员签名等，手工书写的工作量大。在传统手工填写的模式下，实验室会为每类检测方法用 Excel 或

者 Word 设计原始记录表模板，做实验时再打印出空白记录模板手工填写以上内容。填写纸质原始记录每年要耗费大量人工、纸张及打印墨盒。海量纸质原始记录的整理、归档、存储、查找也要消耗大量人工以及仓库存储面积等资源。

（二）案例介绍

该实验室引进了先进的 LIMS，并集成了电子实验记事本（ELN），取代了实验室原有的各类纸质的记录表格。

实验室采用 ELN 将实验过程中相关的仪器设备信息、标准溶液信息、检测方法信息、样品信息、分析原始结果、计算结果、分析员签名、审核员签名等信息自动关联，通过类似于传统 Excel 版原始记录模板的布局形式呈现。

ELN 支持手动填写检测数据，也可设置单元格公式自动计算结果，内置了 Excel 中的大量通用计算公式。ELN 支持与仪器自动采集数据的无缝集成功能，仪器数据可以直接进入 ELN 中，并且可以自动触发预先设定好的计算公式、修约规则、判定规则等。ELN 包含 Excel 的大多数基础功能，如自定义单元格格式、公式计算、单元格保护。

ELN 支持原始记录数据的结构化存储，支持原始记录中数据和数据库中数据的双向绑定，达到原始记录中所见的数据与数据存储中的数据完全一致。通过 ELN 录入的数据是以结构化的形式存储在数据库中的，而不是存储在文件中，所以可在后续环节快速地查询、审核、统计、分析。

对每个单元格的每次数据修改都会被 LIMS 自动记录，以备后期审计追溯，可以追溯到数据修改人、修改时间、修改前后的值。ELN 支持方便地设计多种类型的记录模板，可通过类似 Excel 软件的设计界面，轻松将现有 Excel 版本的原始记录模板快速转换成 ELN 模板。实验室的 LIMS 管理员可按实验室需求为各类检测方法设计自定义的 ELN 模板，无需 LIMS 开发人员介入。LIMS 中的 ELN 如图 3.7 所示。

（三）应用成果

该实验室采用了 LIMS 中的 ELN 取代了传统的纸质原始记录之后，所有的原始记录以结构化的电子形式存储在系统中，在不大幅度改变用户记录填写习惯的前提下，实现了原始记录电子化。

ELN 结合 LIMS 的仪器数据采集、图谱采集、受控文档电子存储、电子签名、附件文件存储等无纸化技术手段，实现了检测全流程中最大限度的无纸化，整个实验室每月的用纸量大幅减少，进而带来了打印耗材、仓库存储等成本的显著下降，每年可帮助实验室节省一大笔运营成本。

并且 LIMS 可通过系统自动记录电子版原始数据的操作记录和报告编号快速查找所有的相关原始记录，提升了报告审核和溯源的工作效率，保证了检测数据来源的可靠性、真实性及数据处理的准确性。

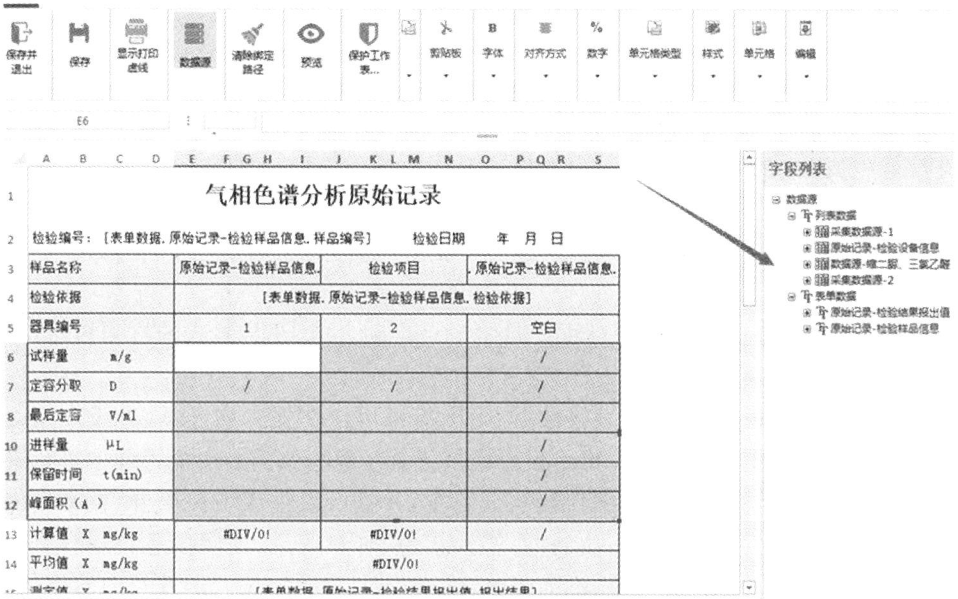

图 3.7　LIMS 中的 ELN

四、LIMS 中的电子报告合成应用

（一）案例背景

某海关技术中心，原采用手工编辑 Word 模板的模式出具检测报告，需要将委托方信息、评价指标信息、检测方法信息、样品信息、最终报告结果、样品照片等信息手动录入到 Word 版报告模板中，再进行排版校对，经审核批准后，再转换成 PDF 正本电子报告，或打印纸质报告书。上述信息的格式和来源多种多样，而且最终报告结果数据量往往较大，编制一份简单的检测报告往往需要数十分钟，多个样品、多个检测项目的复杂报告编制往往需花费数小时。检测结果需要手动录入到 Word 中，也容易因为打字错误、排版错误、串行等原因导致报告上的检测结果错误。

该中心共有 10 多个检测领域，具有数百余项检测项目的检测能力，每个检测领域及每个检测项目的报告格式和数据格式都不尽相同。为了满足快速编制检测报告的需求，该中心编制并维护了大量的 Word 版报告模板。由于 Word 文件的不可控性及 Word 模板的数量太多，报告模板的管理难度较大，导致报告排版格式难以保证统一，报告模板易过时，甚至会出现报告出错等情况。

（二）案例介绍

该中心引进的 LIMS 采用了动态报表技术，用于自动合成检测报告：先根据实验室对各个检测领域报告格式的要求，通过报表设计引擎来构建适用于多个领域的报告内容布局模板。当业务受理时，可自动或手动制定检测项目的报告模板。在实验完成及数据审核完成后，可将检测流程中各环节产生的委托方信息、评价指标信息、检验结论、检测方法信息、样品信息、最终报告结果、样品照片等大量信息一键自动关联汇集并填充进报告模板，并根据上述信息自动动态排版，进而自动生成各种样式的电子检测报告。

LIMS 可以根据样品检验过程及原始记录自动合成 PDF 格式的检测报告，并与样品信息进行匹配。

在 LIMS 中录入的数据、表格数据、附图等都可以在报告中展示，生成表格时支持单元格合并生成不规则表格。报告模板统一在静态数据的模板管理中进行管理维护，不同的模板对应不同的代码实现脚本，并且可以生成中文报告、英文报告及中英文混排报告。报告模板由封面、样品信息、客户信息、检测信息、检测结论、检测结果（包括项目名称、单位、标准要求、检测数值、单项结论）、照片等内容组成。其中封面报告包含资质标识区、标题、客户信息等。具体信息项也可根据实际情况进行扩展，每一个信息模块需要展示哪些信息根据需求可进行差异化配置。不同的报告模板可以关联不同的产品类别和判定标准以及多种报告结论。生成报告时受理单中已有的信息及实验数据可以直接从受理单中提取，无需重复录入。生成报告时可以选择具体的检测项目进行生成，选择时可以批量选择、按照是否满足 CNAS、CMA、CAL 等资质的项目选择、按照项目结果是否合格进行选择。生成报告时可以按照所有测试是否全部合格，或者是否全部在某认证认可或检测值的高低限范围内进行自动评价、自动判定。报告根据给定的编号规则进行自动编号。生成后还未提交的报告可以二次编辑，编辑后仍可保留之前的版本进行追溯。

对于复杂的报告，系统可通过多种方式，实现报告的电子签名。模板中每个有字数、行高限制的地方，都提供提醒功能。

报告可以按照用户要求转换成 PDF 或 Word 形式。除自动生成报告外，系统还支持手工编制报告，手工编制报告的模板必须从系统中下载，在填写完成后上传到系统中。LIMS 中自动合成的电子报告如图 3.8 所示。

对于需要在报告中显示资质认证认可标识的，可根据在系统中设定的认证认可标识设置，在生成报告时可自动在报告相应位置显示或不显示。

LIMS 中的检测报告合成支持图文混排、在线编辑。LIMS 可自动在电子报告中自动插入电子签名、各种检验检测印章、认可资质标识、水印、数字证书（CA）防伪等内容。支持从简单格式到非常复杂格式的电子报告的自动合成。

CMA　CNAS

卫生部认定

涉及饮用水卫生安全产品机构

（认定日期：2003 年 5 月 27 日）

检 验 报 告

样品编号：(2013) 0006

样品名称：

委托单位：产品有限公司

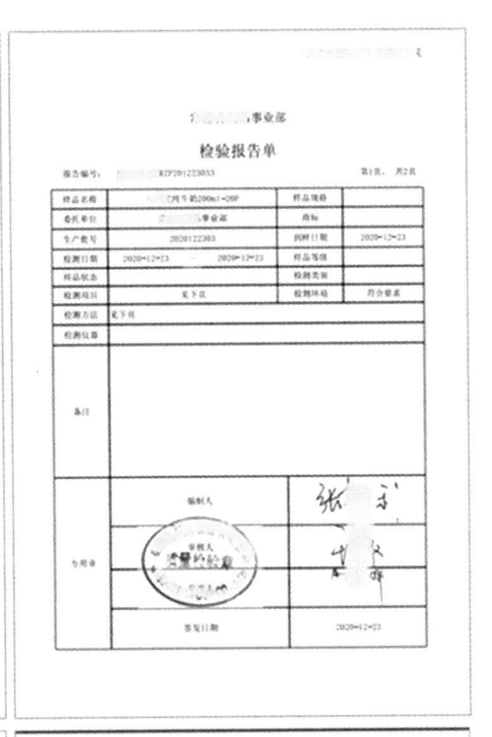
事业部

检验报告单

报告编号：　RZP201223033　　第1页，共2页

样品名称	牛奶200ml-20P	样品规格	
委托单位	事业部	商标	
生产批号	2020122303	到样日期	2020-12-23
检测日期	2020-12-23 — 2020-12-23	样品等级	
样品状态		检测类别	
检测项目	见下页	检测环境	符合要求
检测方法	见下页		
检测仪器			
备注			
专用章	编制人		
	审核人		
	签发日期	2020-12-23	

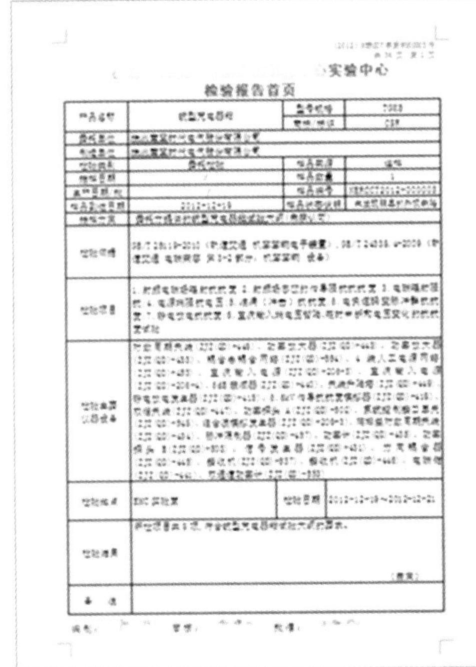
实验中心

检验报告首页

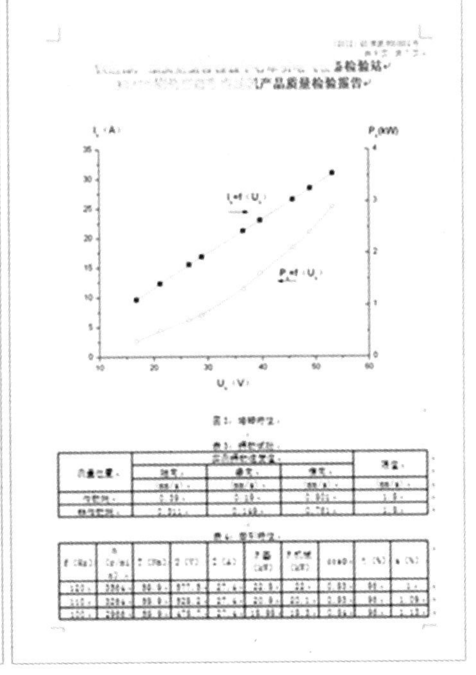
产品质量检验报告

图 3.8　LIMS 中自动合成的电子报告

（三）应用成果

该中心部署了LIMS之后，使用报告自动合成功能，只需预先设置好报告模板，便可在检测数据审核完成后，一键生成电子报告。并在系统中执行报告的合成、编制、审核、批准、发布全流程管理，成功地将报告编制环节的平均流转时间缩短到了原来的十分之一。

检测结果可未经人工干预呈现在检测报告上，报告编制环节的打字排版错误可完全杜绝，有效地提升了检测报告上数据的准确性和可靠性。

电子检验检测章、电子骑缝章、电子签名、CA防伪、防伪水印等技术手段，大幅降低了电子报告被篡改或伪造的可能性，大大提升了电子报告的合法性。

报告上显示的内容与系统内存储的数据一致，确保通过检测报告可反向追溯整个检测过程中涉及的人、机、料、法、环等要素，充分满足合规性要求。

五、LIMS中的数据统计分析应用

（一）案例背景

某海关技术中心实验室除了检测委托方送检的样品外，也会在样品批次中添加并检测各种质控样品来监控检测过程的异常。质控样品包括空白、过程控制、加标、平行、连续校准、曲线校准等类型。其中过程控制样品一般由标准物质配置而成。在实验过程中添加过程控制样，与送检样品同批次进行实验处理和仪器分析。将各次过程控制样品检测结果的回收率汇总，并建立统计过程控制（SPC）图，通过SPC图上数据点的趋势可判断检测过程是否存在异常情况，可帮助实验室识别质量风险。

该实验室以往采用Excel版的SPC图模板来建立SPC图。分析员需要手动在Excel中录入各次的过程控制样品检测结果，然后通过Excel中的图表功能自动绘制SPC图。该实验室有10多个检测领域，具有数千余个检测方法的检测能力，每个方法的每个分析项都需要建立单独的SPC图，如此将在Excel中产生大量的SPC图，并需要手动录入大量的过程控制样品检测结果。大量Excel中的SPC图难以管理，难以控制修改和查看权限。非完全结构化的SPC图数据难以快速查找。过程控制样品的检测结果来源也无法追溯。在实验过程出现异常时，无法及时地让实验室相关人员及时获知并跟进，从而使引起异常的因素持续产生影响，扩大异常的影响范围，引起更严重的质量事故。

（二）案例介绍

该实验室应用了LIMS中的实验质控和SPC图功能。支持在实验过程中添加空白、过程控制、加标、平行、连续校准、曲线校准等质控类型。这些质控样分析结果录入系统后，可以与送检样品进行正向反向关联。例如，可以通过已超出回收率范围的质控样品编号，来查询同批次的送检样品检测结果。也可以通过送检样品编号，来反查同批次的质控样的回收率，也可以在质控样数据异常时自动触发提醒和异常调查过程。LIMS 可自动汇总质控样的历史检测结果并自动绘制成 SPC 图。从 SPC 图上可识别检测流程中是否存在异常。通过 LIMS 内置的 8 种 SPC 异常数据判定算法，可自动识别和标记异常的质控样数据点，并自动发出异常报警，通知相关人员进行异常调查处置。

（三）应用成果

通过 LIMS 的 SPC 查询统计功能，该实验室减少了质量统计人员的工作量，实现了实验室质量数据统计的自动化。

通过 LIMS 自动绘制的 SPC 图（图 3.9），可自动判定和标识出异常数据点，可高效准确地识别和预警检测过程中的质量风险，进而降低实验室的质量风险，提高实验室出具的数据质量。

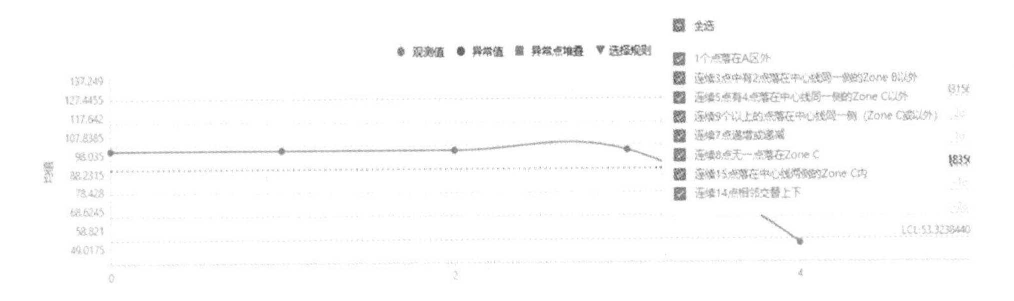

图 3.9　LIMS 自动绘制的 SPC 图

通过 SPC 图的功能，可按检测项目、检测方法、分析项快速查询历史 SPC 质控数据，可通过 SPC 的自动异常判定算法准确快速地识别异常数据点。为实验室管理层提供了及时、客观、精准的异常数据识别支持，有效地提升了过程异常处置决策效率，帮助实验室尽可能地降低实验过程异常的影响范围。

第四章　数字化实验室仪器设备接口集成技术

第一节　仪器设备接口集成概述

数字化实验室的一个重要特点是使用仪器设备进行大量的检测，以往这些数据都是通过人工的方式录入到实验室信息管理系统中的，再经过多级审核形成检测报告。同时，实验室的仪器设备类别繁杂、数量庞大、新增迅猛，不同的仪器设备有着不同的数据处理及保存方式。数字化实验室仪器设备接口集成技术的应用，实现了对不同类型仪器设备数据的自动采集，提高了实验室检测数据采集的准确性、自动化和溯源性，减少了检测人员人工录入，并对仪器设备数据进行全生命周期管理。

仪器与 LIMS 的集成是提高实验室生产力和数据质量，为 LIMS 实施提供强劲投资回报的关键因素。集成的典型好处包括通过消除转录错误来提高数据质量，通过消除或减少耗时的人工数据转录、第二人验证和对转录错误的纠正来提高实验室效率。在典型场景下，对仪器进行实验室测试，测试数据和元数据通过接口传输到 LIMS 进行进一步处理。在许多情况下，需要实时完成从数据系统到实验室信息管理系统的结果传输，以便在测量完成后立即进行进一步的结果处理(如交叉技术计算、批准、报告等)。LIMS 与实验室仪器(如天平、酸碱度计、分光光度计和 CDS 等)之间的接口通常涉及将系统直接连接到仪器或控制仪器硬件的其他数据系统，如独立的仪器计算机系统或 CDS。由于其固有的复杂性，CDS 通常被称为特定类别。由于在 LIMS 和实验室仪器数据系统中管理仪器样品测试序列(在某些情况下为自动取样器)的固有复杂性，实验室信息管理系统发送一个测试序列(包括来自实验室信息管理系统的样品识别人员)是非常可取的。通过接口连接实验室仪器数据系统，确保信息的准确交换。

仪器接口数据交换过程和格式在过去几年中，已经从直接连接到计算机端口或通过网络手动传输的文本文件的简单 RS-232 数据线传输演变为更安全和更可靠的通信方法和数据交换格式。早期开发的一些标准或格式，如 ANDI、JCAMP

和其他标准或格式，通常是为特定分析技术开发的，因此不适用于所有仪器类型与实验室信息管理系统的集成。正因如此，仪器和实验室信息化供应商普遍没有广泛采用仪器数据交换标准。尽管仪器集成还没有被广泛采用，但是更新的、应用更广泛的基于 XML 的用于存储和交换实验室和仪器数据标准的数据形式，如 AnIML 和 ASTM 的色谱标准（规范 E1947 和指南 E1948）和质谱标准（规范 E2077 和指南 E2078），在基本无需或者无需架构和编程的情况下，为与仪器标准链接提供了更大的可能。XML 数据语言格式是一种广泛支持的行业标准，用于在两个系统之间交换结构化数据。尽管基于 XML 的格式可以永久存储为文档，但它们可以成为两个连接的应用程序（通常通过 Web 服务）之间数据交换的基础。去除文档交换过程大大提高了安全性，降低了仪器接口过程的复杂性。由于其被广泛接受，有许多行业标准工具可轻松地将数据表示从一种供应商格式转换为另一种供应商格式，从而增加了基于 XML 的接口的价值。

仪器与 LIMS 的技术接口可通过实验室信息管理系统本身的可用功能或使用专门设计和实施的中间应用程序，将实验室仪器、控制系统或两者连接到实验室的核心应用程序来实现。这些中间应用程序通常通过数据流、文件交换或 Web 服务在仪器和 LIMS 之间执行双向通信。这些集成应用程序通常作为企业基础设施中的内部部署应用程序提供；但是，随着广泛应用的云服务的出现，位于云中的仪器集成服务正变得可用。数字化实验室根据每个系统（LIMS 与仪器数据或仪器集成系统）提供的功能来选择将执行自动计算的系统。例如，CDS 通常包括系统适用性、峰值积分和校准曲线的计算，而 LIMS 则执行交叉技术计算和其他因素的校正，以及跨多个时间段的趋势结果。

仪器设备集成是数字化实验室的必备物质基础，是数字化实验室平台建设的关键环节。仪器接口的使用可减少人为原因导致的数据出错，减小实验室工作人员的负担，实现检测数据获取自动化。通过应用数字化实验室集成的仪器设备接口，对检测数据进行直接采集，将有效提高实验室仪器设备的自动化程度和规范化管理水平。仪器设备集成不仅为管理实验室仪器设备提供了一种便于实现和操作的技术手段，更建立了完整的数据库，实现了高效便捷的数据查询和反馈，完成了由手工作业向信息化、智能化管理的转变。

仪器设备集成的应用，使设备数据采集准确性高，节省了运营成本，提高了工作效率，提高了上级部门的办公效益，提升了数字化实验室平台的稳定性和安全性。仪器设备集成的应用在帮助实时提取产品、设备、环境、业务等各项数据的同时，还能够帮助工作人员进行动态监控，能够及时发出报警和预警，方便用户管理，及时处理运营问题，提升企业的效率、效益和效能。

仪器设备集成在数字化实验室中的应用主要为实验室提供了以下三点效益。

1. 实现实验室自动化，降低运营成本

数字化实验室仪器设备集成的应用，可通过仪器接口程序，在实验室检测业务中自动从仪器中获取数据，获取的数据自动载入原始记录，保证仪器检测数据的真实性和准确性，并且仪器采集即上传，还可保证数据的溯源性，实现数字化实验室的自动化。相较于传统的手工记录检测数据，一方面，可以减少由于人工记录产生的错误，降低人为因素导致的出错成本；另一方面，可以减少实验室工作人员的工作量，手工记录的方式不仅容易出错，还会大量浪费工作人员的时间，时间就是成本，应用仪器设备接口集成技术，可有效降低实验室运营的人工成本，提高实验室检测业务办理的效率，提高实验室的经济效益。

2. 实现对实验室仪器设备的实时监控，准确定位报警和预警

数字化实验室仪器设备集成的应用，可实现对实验室环境条件的监控和分析。并且通过数字化实验室平台将环境条件与仪器、测试项目进行关联，当监测到环境条件不符合测试项目或仪器使用时，及时对工作人员进行准确定位报警和预警，保证实验室的正常运行和检测数据的准确性和有效性，保证实验室检测的质量，避免由于检测环境造成损失的问题出现。

3. 统计仪器设备的使用情况，改善实验室的资源配置

数字化实验室仪器设备集成的应用，可实现对实验室仪器设备的使用情况进行统计。通过仪器设备接口的使用，可以得到检测业务中的每个数据具体来源于哪台仪器设备，可获取仪器设备当时的使用情况以及仪器设备的使用时长，并且通过平台分析，可以得到仪器设备的使用频率等统计信息，还可以统计每台仪器设备每日、每月或每年的使用时长，使工作人员对仪器设备的使用情况一目了然。并且，通过数字化实验室平台的建设，仪器设备集成的应用，还可以长期采集和积累实验室仪器设备的运行信息，对大量的仪器设备数据进行分析整理，通过平台的分析整理找出实验室运行的规律。通过对实验室运行规律的运用，实验室管理层可以预先对实验室仪器设备购置、使用、保养与管理提出切合实际的要求。实验室管理层还可根据规律性数据制定实验室计划、实验室资源调整计划、不同实验室跨界使用仪器等，可以最大程度地提高实验室仪器设备的使用率，改善实验室的资源配置问题。

第二节　仪器设备数据采集方案

仪器设备数据采集系统涉及多个学科范畴，包括互联网、物联网和数据分析。当该系统应用于检测类实验室的业务时，有许多成功的经验可供参考。其中，仪器设备集成的技术难点主要在于四个方面：第一个方面在于怎样将这些技术应用于实验室独特的应用场景和业务模式中。第二个方面是在接口设计和实现时，如何集成和兼容目前市场上主要的成果，如智能化仪器设备已有公共的硬件通信协议

(如RS232/485、USB、TCP/IP等)以及常用的文件格式规范(如TXT、Excel、DB类等),各厂商也有各自的规范和行业规范。第三个方面是随着技术的进步,在定义各个系统间接口后,如果定义的接口不能在未来的发展过程中向下兼容,则在过程中积累的设备特征库等成果将面临灾难性破坏。第四个方面是在接口定义后,定义的接口应易于被其他厂商调用和集成。从整个平台的系统布局来看,这些接口包括多个方面:仪器设备及设备特征库与数据采集客户端之间、数据采集客户端与服务器端之间、数据采集服务器与第三方应用系统之间。

一、LIMS与单机工作站软件集成

目前实验室的大多数仪器设备均带有与其连接的计算机,并在计算机上安装了可以对仪器进行操作和进行数据处理的工作站软件,如原子吸收光谱仪(AAS)、电感耦合等离子体发射光谱仪(ICP-OES)、电感耦合等离子质谱仪(ICP-MS)等。这些带有数据处理工作站的仪器,通过工作站软件的“报告”或“导出数据”功能,同时将图谱和其中的数据按设定的格式输出到同一个图谱文件中,LIMS读取此文件的内容,按照既定的规则从文件中抽取所需的样品编号、方法、检测项目、峰值、单位、检测结果等数据,并与LIMS中的样品编号、方法、检测项目等对照,成功后写入LIMS数据库中的检测结果中。

当样品到达实验室后,经实验室人员确认后,由检测人员将检测任务下达给仪器的电脑工作站中。仪器接到任务,按要求进行测试分析,分析完毕后,数据传送给工作站。由检测人员通过仪器工作站将检测数据传送到数据目录,由接口程序发送到LIMS中,发送成功之后数据将会归档。在仪器工作站上,数据必须共享,并赋予接口程序可读写的权限,这样接口程序可以通过此目录与仪器操作软件进行数据交换。对于此种接口,系统直接读取其结果文件,将数据的结果传输到LIMS中。

要实现对仪器工作站文件的数据采集,需要经过以下步骤。

1. 规范仪器工作站的报告文件格式

仪器图谱文件的数据抽取程序需要针对特定的图谱文件模板,而在我们进行LIMS的开发和实施过程中发现,很多实验室的同一台仪器设备,不同的人有不同的导出模板,这种仪器导出图谱文件模板的不一致给LIMS数据采集带来了很大的困难。因此,在进行仪器设备数据采集之前很重要的一步就是要对仪器工作站的图谱文件格式进行规范。要保证仪器工作站导出的图谱文件中必须包含样品编号、分析项目名称、检测结果等。例如,在使用Waters Empower的高效液相色谱仪中,将分析项目名称录入到色谱峰的“名字”项,将作为LIMS检测结果数据的色谱峰结果放在“面积”项上。

2. 通过LIMS的图形化数据采集工具建立识别模板

在完成对仪器工作站软件对外导出图谱文件的模板后,可以针对这些模板在

LIMS中使用专门的数据采集工具为每一种文件模板建立图谱文件识别模板。部分成熟的LIMS带有图形化的ETL[①]工具，可以抽取仪器工作站文件中的相应信息，通过图形化可拖拽的ETL工具界面，帮助实验室快速生成新的仪器型号的数据文件识别模板。图形化的ETL界面如图4.1所示。

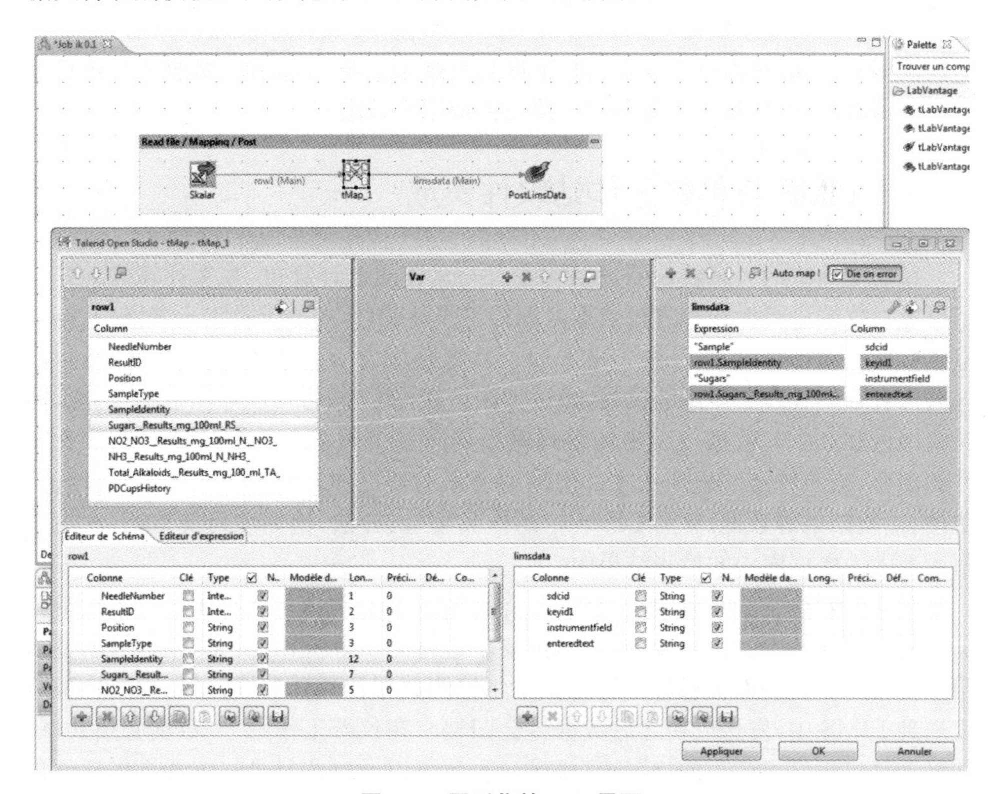

图4.1　图形化的ETL界面

3. 自动采集图谱和数据到样品和分析项目

建立图谱文件的识别模板后，还无法直接将识别的数据采集到LIMS中。由于仪器中的分析项目名称可能并不一定与LIMS中维护的分析项目一致，因此需要在LIMS中设置从仪器分析项目到LIMS中分析项目的转换，也就是说要在LIMS中建立仪器与LIMS数据的对照(图4.2)。建立对照后最终经过系统中定义的计算、修约、限值判定等将结果最终填写到LIMS的检测结果中，并可在LIMS中查看数据采集结果(图4.3)。

4. 将采集记录和图谱文件在LIMS中存储

为了保证仪器数据采集的可追溯性，需要在LIMS中对数据采集的结果和仪器文件的分析结果等进行展示，在进行数据审核、报告审核和批准等环节能够直接

---

① ETL(Extract-Transform-Load)指抽取转化加载。

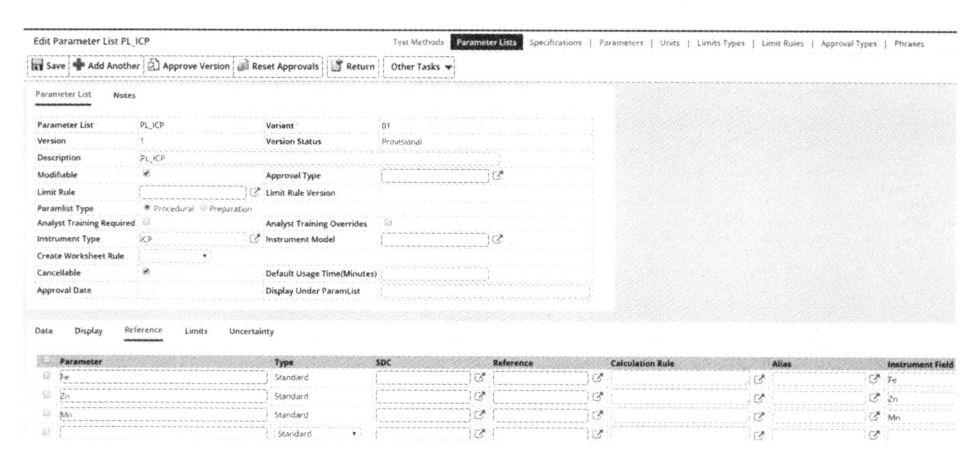

图 4.2　仪器与 LIMS 数据对照示例图

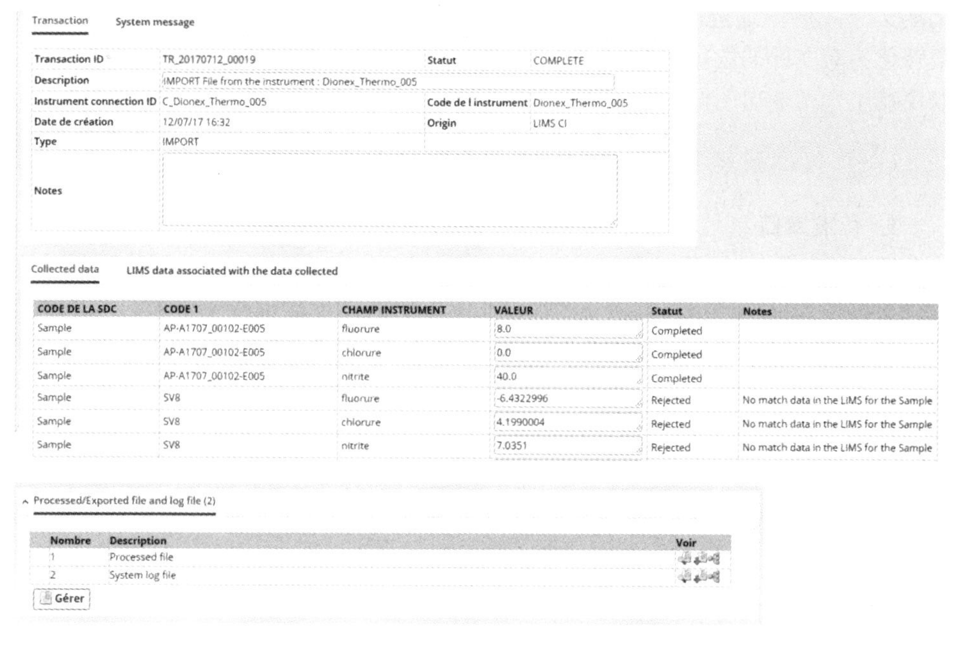

图 4.3　LIMS 中查看数据采集结果

链接采集的文件。并可在 LIMS 中的专门模块中对数据采集进行监控，数据采集结果监控示例如图 4.4 所示。如果监控界面中的数据采集状态为错误，则可在系统中查找错误原因，并重新进行数据采集。

二、LIMS 与仪器设备通信接口集成

实验室中部分仪器设备并不带有工作站软件，因此无法通过将结果导出成图

Transaction ID	Description	Instrument connection ID	Code de l instrument	Date de création	Statut	Type
Date de création 12/07/17						
TR_20170712_00019	IMPORT File from the instrument : Dionex_Thermo_005	C_Dionex_Thermo_005	Dionex_Thermo_005	12/07/17 16:32	COMPLETE	IMPORT
TR_20170712_00018	IMPORT File from the instrument : Dionex_Thermo_005	C_Dionex_Thermo_005	Dionex_Thermo_005	12/07/17 16:11	ERROR	IMPORT
TR_20170712_00017	IMPORT File from the instrument : Dionex_Thermo_005	C_Dionex_Thermo_005	Dionex_Thermo_005	12/07/17 16:00	ERROR	IMPORT
TR_20170712_00016	IMPORT File from the instrument : Dionex_Thermo_005	C_Dionex_Thermo_005	Dionex_Thermo_005	12/07/17 15:56	ERROR	IMPORT
TR_20170712_00015	IMPORT File from the instrument : Dionex_Thermo_005	C_Dionex_Thermo_005	Dionex_Thermo_005	12/07/17 15:54	ERROR	IMPORT
Date de création 25/07/17						
TR_20170725_00027	IMPORT File from the instrument : Dionex_Thermo_005	C_Dionex_Thermo_005	Dionex_Thermo_005	25/07/17 11:52	COMPLETE	IMPORT
TR_20170725_00026	IMPORT File from the instrument : Dionex_Thermo_005	C_Dionex_Thermo_005	Dionex_Thermo_005	25/07/17 11:51	ERROR	IMPORT
Date de création 26/07/17						
TR_20170726_00039	IMPORT File from the instrument : Dionex_Thermo_005	C_Dionex_Thermo_005	Dionex_Thermo_005	26/07/17 16:47	COMPLETE	IMPORT
TR_20170726_00035	IMPORT File from the instrument : Dionex_Thermo_005	C_Dionex_Thermo_005	Dionex_Thermo_005	26/07/17 11:54	COMPLETE	IMPORT

图 4.4 数据采集结果监控示例图

谱文件的方式进行数据采集。但是这部分仪器可能具有 RS232 串口、并口或 RJ45 网口等接口，因此可以通过统一的接口转换，将这一部分接口的数据统一转化为网口，从而实现仪器数据的采集。

以 RS232 串口数据采集为例，对于此部分仪器设备的数据采集技术和数据采集过程，LIMS 的接口有两种做法：一种是使用第三方软件采集串口数据并保存为文本文件，LIMS 通过读取文件的方式进行数据采集，此种采集方式将串口数据采集转化为对文件的数据采集，LIMS 读取第三方软件保存的文本文件的原理与读取仪器工作站输出图谱文件相同；另一种是 LIMS 直接从仪器读取串口数据。

（一）仪器设备通信接口类别

1. 标准串口

1969 年，美国电子工业协会（Electronic Industry Association，EIA）公布了 RS-232C 作为串行通信接口的电气标准，该标准定义了数据终端设备（DTE）和数据通信设备（DCE）间按位串行传输的接口信息，合理安排了接口的电气信号和机械要求，在世界范围内得到了广泛的应用。但它采用单端驱动非差分接收电路，因而存在着传输距离不太远（最大传输距离为 15 m）和传送速率不太高（最大位速率为 20 kb/s）的问题。远距离串行通信必须使用 Modem，增加了成本。在分布式控制系统和工业局部网络中，传输距离常介于近距离（＜20 m）和远距离（＞2 km）之间，这时 RS-232C（25 脚连接器）不能采用，用 Modem 又不经济，因而需要制定新的串行通信接口标准。

1977 年，EIA 制定了 RS-449，它除了保留与 RS-232C 兼容的特点外，还在提高传输速率、增加传输距离及改进电气特性等方面作出了很大的努力，并增加了 10 个控制信号。与 RS-449 同时推出的还有 RS-422 和 RS-423，它们是 RS-449 的标准子集。另外，EIA 又于 1983 年在 RS-422 的基础上制定了 RS-485 标准，增加了多点、双向通信能力，即允许多个发送器连接到同一条总线上，同时增加了发送器的驱动能力和冲突保护特性，扩展了总线共模范围，它是 RS-422 的变形。RS-422、RS-423 是全双工的，而 RS-485 是半双工的。

RS-422 标准规定采用平衡驱动差分接收电路，提高了数据传输速率（最大位速率为 10 Mb/s），增加了传输距离（最大传输距离为 1200 m）。

RS-423 标准规定采用单端驱动差分接收电路，其电气性能与 RS-232C 几乎相同，并可连接 RS-232C 和 RS-422。它一端可与 RS-422 连接，另一端则可与 RS-232C 连接，提供了一种从旧技术到新技术过渡的手段。同时又提高了位速率（最大为 300 kb/s）和传输距离（最大为 600 m）。

因 RS-485 为半双工的，当用于多站互联时可节省信号线，便于高速、远距离传送。许多智能仪器设备均配有 RS-485 总线接口，将它们联网也十分方便。串行通信由于接线少、成本低，在数据采集和控制系统中得到了广泛的应用，产品也多种多样。串行通信接口标准经过多年的使用和发展已出现多种，但它们都是在 RS-232 标准的基础上经过改进而形成的。

2. USB 接口

USB（Universal Serial Bus）即通用串行总线，作为常用的接口，USB 只有 4 根线（2 根电源线和 2 根信号线）。信号是串行传输的，因此 USB 接口也称为串行口，接口的输出电压和电流分别是 5 V 和 500 mA（实际上有误差），最大不能超过 5±0.2 V，也就是 4.8～5.2 V。USB 接口的 4 根线一般是这样分配的，黑线：gnd；红线：cc；绿线：data＋；白线：data－。USB 的主要作用是对设备内的数据进行存储或者设备通过 USB 接口对外部信息进行读取识别。除此以外，USB 也是进行二次开发的有效接口。虽然 USB 3.0 的技术已经在笔记本电脑等领域应用得非常成熟，但是在仪器领域，受处理速度和架构的影响，多见的还是 USB 2.0 的技术。

3. 以太网接口

目前大多数设备都配有 LAN 网络接口，该接口的特点是可灵活组网、多点通信、传输距离不限、高速率等，目前它已成为主流的通信方式。

该接口主要是用路由器与局域网进行连接。但是，局域网的类型是多种多样的，所以这也就决定了路由器的局域网接口类型也可能是多样的。不同的网络有不同的接口类型，常见的以太网接口主要有 AUI、BNC 和 RJ-45 接口，还有 FDDI、ATM、光纤接口，这些网络都有相应的网络接口。在仪器行业或者系统集成行业，大多数工程师也会选择通过网口写入命令对仪器进行控制。

4. 无线接口

除了常见的通信接口外，无线连接也是一种非常重要的通信方式，它的特点是：采用无实体线连接、传输速率快，有很多仪器设备的内部都直接内置了 802.11 无线接口。可以将仪器与无线路由相连接，或连接到手机的无线网热点形成组网。

（二）LIMS 与串口仪器设备集成

由于串口的采集涉及串口的通信协议，因此要实现 RS232 串口采集，LIMS 的主要工作如下。

1. LIMS 中设置串口通信参数

LIMS 中需要设置的参数包括：端口号、波特率、奇偶校验位、数据位、停止位等,串口参数配置如图 4.5 所示。在配置完成后可以使用专门的串口测试工具对设置的参数和串口进行测试,确保设置没有问题。

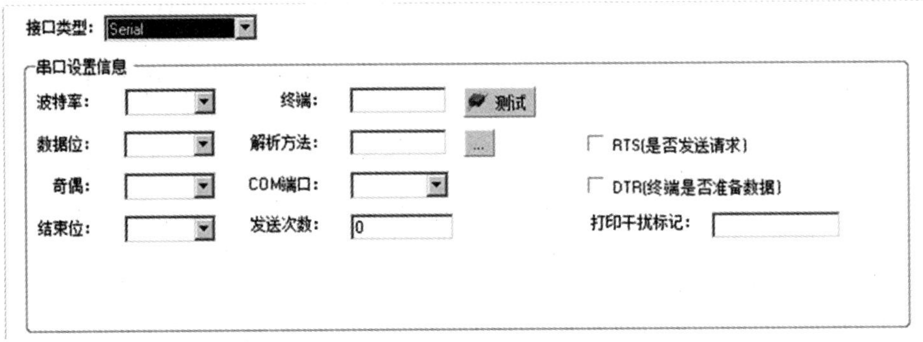

图 4.5　串口参数配置示例图

2. LIMS 中开发读取串口数据的程序

串口作为一种通信协议,尽管不同的 LIMS 使用的开发平台不同,命令与参数也不相同,但是所有 LIMS 读取串口数据的步骤基本相同。串口采集大致分为以下五个步骤:

(1) 打开串口。

(2) 读取数据。

(3) 必要时进行数据整理,如去除无用的字符。

(4) 将当前分析项目的检测结果字段写入 LIMS 数据库。

(5) 关闭串口。

3. 串口采集的扩展

由于串口采集需要直接控制仪器的串口,因此必须将串口通过串口连接线与电脑进行连接,如果在一个房间内有多台串口设备,则需要配置多台 PC。而大多数实验室一般将天平等串口设备放置在同一个房间中,因此就需要在一个房间中放置多台电脑,这样不仅造成了费用的浪费,也造成了信息管理人员工作量的增加,因此大多数 LIMS 会采用多台串口仪器配备一台电脑,如每个仪器房间仅需一台电脑,则要与多个串口设备进行连接,不再通过电脑主机的方式连接,而是通过一个云终端的设备与串口仪器(如天平)进行连接,云终端再连接显示器、监控仪器设备的采集结果,具体的连接方案如图 4.6 所示。

三、LIMS 与网络化仪器工作站集成

无论是采用仪器工作站文件采集的方式,还是采用串口及其扩展方式进行仪器接口,其数据的传输方向均为从仪器设备到 LIMS,但是在实验室中有许多设备可以进行数据的双向传输,即不仅能将数据从仪器采集到 LIMS,还可以将样品、

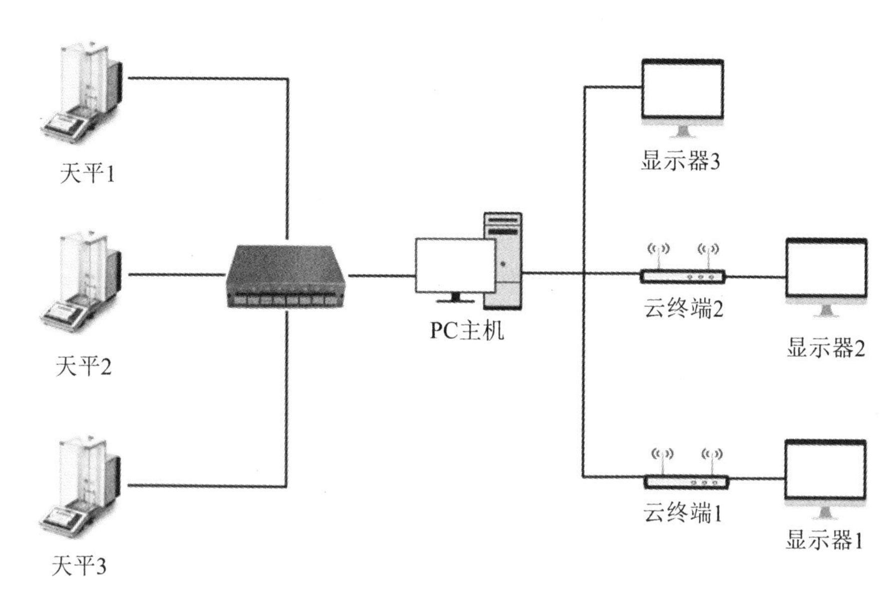

图4.6　多台串口配一台主机方案图

检测项目、方法、质控等信息从LIMS传输到仪器中，通过这种反向的数据传输，可以快速在仪器工作站中建立测试序列，并能够减少因人工输入的错误而导致的质量事故，同时这种从LIMS到仪器的数据传输的技术，也是后续实验室实现智能化的重要一环。

要实现数据从LIMS到仪器的传输，一般的过程包括使用友好的图形化界面工具构建导出的驱动程序，通过LIMS仪器数据采集模块，设置的属性自动与"导出"驱动程序通信集成到LIMS组件中，并与数据库进行交互。

当样品到达实验室，经实验室人员确认后，系统会判断当前样品中是否含有此类仪器的任务。如果存在此类仪器的任务，系统会根据接口配置信息，找到任务对应的仪器，将任务下达到对应仪器的工作站。任务中除了样品的信息，还包括测试的条件，如温度、时间等信息。工作站将任务经过转换，传达给仪器。仪器接到任务，按要求进行分析，分析完毕后，将结果传送给工作站。仪器工作站会将测试结果传送到数据目录，由接口程序发送到系统中。

（一）LIMS与CDS集成

CDS设计用于收集、处理和分析运行在色谱仪器上的样品，如高效液相色谱法（HPLC）、离子色谱法（IC）、气相色谱法（GC）、粒度排除色谱法（SEC）和亲和层析法。CDS通常由连接仪器和系统的硬件和软件组合而成，经过大量计算，在实验室环境中快速生成大型数据集。复杂的算法和数据的数学转换可以在CDS中执行，CDS通过双向控制，直接支持对各类色谱仪器进行设置（即温度、压力和检测器波长）。CDS通常具有样品处理（自动取样器）、自动注入、移动相位控制（温度/压力)、检测器控制(波长)、数据收集(来自一个或多个检测器的数据点)、数据分析(如校准曲线、峰值检测和集成)、报告和审计跟踪支持等功能。CDS可以作为一个独立的系统部署,也可以在支持多个仪器、站点和地理区域上的更大配置中部署。CDS通常与其他实验室信息工具(如LIMS、ELN和SDMS)连接,其中LIMS和CDS之间可传递样品信息,CDS测试结果(即峰值区域)会返回LIMS进行最终报告。CDS还可以集成多种分析技术,其中数据在不同的仪器之间传递(如液相色谱-质谱LC-MS仪器)。该软件通常被视为具有自己的IT基础设施的独立实验室信息化要素,包括数据采集模块(附加到色谱仪器)和管理、配置以及安全访问控制。

数据从LIMS传送到仪器通过在LIMS中导出检测序列或工作序列文件的方式进行,这些文件中必须包含样品的唯一ID。但是,根据不同的仪器设备,可以采取不同的甚至更加自动化的工具来实现这一技术,如在LIMS中通过使用专门的数据导出引擎将数据导入到不同的仪器设备工作站中,这些数据导出引擎可以是在LIMS外编制的专门程序代码,也可以是仪器设备提供的接口程序,图4.7为典型的LIMS数据导出引擎配置图,从图中可以看出,不仅可以设置导出的文件,甚至可以使用LIMS外的程序代码进行数据导出。

Sequence export options	
Export folder name *	EXPORT
Use a driver ?	✔
Language *	Talend ▾
Main Jar File *	\\192.168.35.186\limscihome\drivers\Interface_A\Interface_A\Interface_a_0_1.jar
Main class name (Fully qualified name of the class) *	prj.interface_a_0_1.Interface_A
Sequence file name *	[yyMMddHHmmss]_Sequence.csv
Remote export folder flag	✔
Remote export folder path *	\\PC_ICP_0001\sequences

图4.7 典型的LIMS数据导出引擎配置图

(二) LIMS与PLC在线仪器集成

LIMS支持通过OPC协议直接与厂家PLC进行通信,并将数据上传到数据分析系统,实现自动质量检测、自动化采集与控制。

OPC的全称是OLE for Process Control,它的出现为基于Windows的应用程序和现场过程控制应用建立了桥梁。在过去,为了存取现场设备的数据信息,每一个应用软件开发商都需要编写专用的接口函数。由于现场设备的种类繁多,且产品不断升级,往往给用户和软件开发商带来了巨大的工作负担。通常这样也不能满足工作的实际需要,系统集成商和开发商急切需要一种具有高效性、可靠性、开放性、可互操作性的即插即用的设备驱动程序。在这种情况下,OPC标准应运而生。OPC标准以微软公司的OLE技术为基础,它的制定是通过提供一套标准的OLE/COM接口完成的,在OPC技术中使用的是OLE2技术,OLE标准允许多台微机质检交换文档、图形等对象。通过 OPC 协议，将在线仪表数据进行实时更新，LIMS 通过 OPC Client 读取并形成趋势图，并进行异常判定、趋势分析等。还可以将 LIMS 中点位抽检数据通过 OPC Server 进行发布更新，在线仪表通过 OPC Client 进行读取，并在现场工艺流程图中展示。

1. LIMS 建立 OPC 客户端，定期读取在线仪表数据

在线仪表管控系统一般会将在线数据通过 OPC Server 的形式进行数据发布，通过位号、检测、时间戳的形式对监控点位的检测参数数据进行实时刷新展示，LIMS 通过建立 OPC Client 配置 OPC Server 中的位号，并且读取在线仪表数据，并将在线数据存入 LIMS 数据库中；在线仪表数据为实时数据，数据量级为毫秒级，LIMS 一般为关系型数据库，因此无法将所有在线仪表数据接入 LIMS 中进行管控，所以一般采用设定频次（每 5 分钟读取一次）的形式进行在线数据读取。

（1）配置 OPC Server 端

配置在线监控点位，配置监控地址、监控位号名称、数据类型、初始数据等参数。配置完成后，通过 OPC 调试工具测试 OPC Server 的可用性，预计数据是否实时刷新。

（2）建立 OPC Client 中转服务器与 OPC Server 服务器局域网

为了保证 OPC Server 端生产管控机的安全性，引入 OPC Client 中间服务器，作为数据中转，在保证数据安全的前提下，打通 OPC Server 服务器与 LIMS 服务器之间的数据交互。

（3）配置 OPC Client 测试数据读取

通过 OPC Client 搜寻服务器端地址，并配置 OPC Client 服务获取 OPC Server 中的位号，选择要监控的位号信息，在 OPC Client 中获取实时刷新数据，并插入 LIMS 关系型数据库中。

2. LIMS 获取在线仪表数据的用途和效果

通过 OPC 将在线仪表数据获取并存储到 LIMS 关系数据库的同时，LIMS 通过图形化、信息化的形式，对在线数据进行趋势分析、异常提醒、数据比对，提高质量监管效率及质量数据利用价值。

（1）在线检测项目趋势展示

在 LIMS 中可以提前设定在线检测数据的控制限值，在获取在线数据后，系统通过趋势图的形式，对在线数据情况进行可视化展示，当某个时间点的在线检测数据超出限值时，在趋势图中会进行突出显示，质量负责人可以通过图形化形式，对生产现场的情况进行实时监控。

（2）在线趋势异常提醒

质量管理人员根据生产工艺特性，设定质量趋势异常规则，系统获取最新在线仪表数据后，会对不受控、趋势异常的数据进行提醒，并会发起质量趋势异常处置流程，从而保证质量不受控情况的响应效率。

（3）集团化多工厂产线比对

针对集团性企业，存在多工厂、多产线的情况，在将在线数据存入 LIMS 后，可以从集团层面对各工厂、产线数据进行比对分析，从而对集团整体生产质量的稳定性、受控程度进行全面把控。

（4）在线数据、手工检测数据比对

在线仪表可获取 LIMS 中监控点位的最新检测数据，并在生产工艺流程图位号中进行展示，将在线仪表数据与手工检测数据进行比对，以保证在线仪表数据的准确性。在手工检测数据审核发布后，在在线仪表中实时展示，提高了数据流转效率，使得中控人员在生产车间就可以第一时间获取质控计划抽样数据；当手工检测数据与在线仪表数据出现较大偏差时，中控质量人员也可以第一时间获取异常情况，从而对异常原因进行分析、处置，降低事故发生概率。通过周期性在线数据与手工检测数据相互比对的过程，保证了在线仪表数据的准确性和稳定性，从而可以有计划地降低手工检测的频次，在保证质量有效监管的前提下，减少检测部门的工作量，提升人力资源的利用效率。

（三）LIMS 与温湿度仪器设备集成

LIMS 将实验室多台设备不同模块的温湿度数据采集到系统中，可形成温湿度监控记录，实现通过系统实时了解实验室温湿度的现状。

1. 温湿度仪器设备数据采集

LIMS 通过调用标准协议接口实现温湿度数据采集。实验室温湿度测量仪可无线连接到路由器，将采集到的温湿度信息传送至温湿度服务器，系统从温湿度服务器上读取到相关信息后，用户能够通过系统查看相关的温湿度信息。

2. LIMS 中温湿度数据应用

建立温湿度基础数据表和温湿度台账，实时记录各个仪器设备的温湿度数据，对实验室温湿度进行监控。生成温湿度趋势图，通过图形化的界面对整个实验室的温湿度数据进行展示。还可以提前设置数据控制限值，超过限值时系统会自动进行在线异常预警推送。

第三节　仪器设备数据生命周期

一、数据采集

随着数字化实验室的不断发展，人们对分析测试的要求在样品数量、分析周期、分析项目和数据准确性等方面都提出了更高的标准。同时实验室的仪器设备类别繁杂、数量庞大、新增迅猛，不同的仪器设备有着不同的数据处理及保存方式。在 LIMS 的建设过程中，主要目标是实现从 LIMS 中将样品编号、检验检测项目、方法等发送到仪器设备工作站，并从仪器设备工作站中将样品编号、检验检测项目、方法、检验检测结果、质控结果等信息发送到 LIMS 中，从而实现双向的数据自动传输。实验室仪器数据的自动采集是实验室自动化、智能化的关键内容，也是实施 LIMS 的关键环节，将所有具备输出条件的分析仪器连接到 LIMS 中，完成数据的自动采集、传输。

根据仪器是否具备双向传输条件，将仪器数据采集划分为双向传输仪器数据采集和单向传输仪器数据采集。而要实现双向传输，主要有两种方式：一种是通过与网络化色谱工作站（如 Empower、CDS 等）集成进行双向传输；另一种是直接通过仪器设备提供的接口协议进行数据传输。

在 LIMS 的实施过程中，仪器数据的自动采集是 LIMS 中十分重要的模块，也是用户衡量 LIMS 实施成功与否的一个重要指标。但是由于仪器种类众多，通信协议纷繁复杂，仪器数据采集也成为 LIMS 实施的一个瓶颈，主要体现在以下两个方面：

(1) 仪器数量及种类多，难以集中管理。目前，采用 RS232/RS485 接口的仪器众多，而一台计算机通常只有一个 RS232/RS485 接口，如果用一台计算机控制一台仪器，那么会导致仪器控制成本太高。

(2) 接口程序操作复杂。接口程序与 LIMS 之间没有无缝连接，增加了重复操作，造成人工成本的浪费，如在电子万能实验机设备上需要将样品号进行重复输入。

二、数据传输

在进行仪器设备数据传输时，不可避免地需要对设备进行组网，由于仪器设备的特殊性，甚至有的仪器对网络安全有特别严格的要求，因此在建设 LIMS 的过程中需要单独组建仪器设备专网，避免因与内部网络及外部网络的互联导致工作站感染病毒及原始数据丢失等。具体的 LIMS 与仪器网络架构如图 4.8 所示。通过对仪器设备单独组网，仪器设备数据通过单向传输模块连接到疾控内部局域网中，数据只允许从仪器设备网向内部局域网方向传输，从而避免仪器设备工作站因病毒感染而被破坏。

LIMS 数据采集接口根据仪器接口和数据传输方向分为三类：第一类是带有计算机作为工作站的仪器；第二类是没有数据工作站但是可以通过其他接口方式（如 RS232、并口、蓝牙、网口等）传输数据的仪器；第三类是 LIMS 与仪器的双向数据传输。

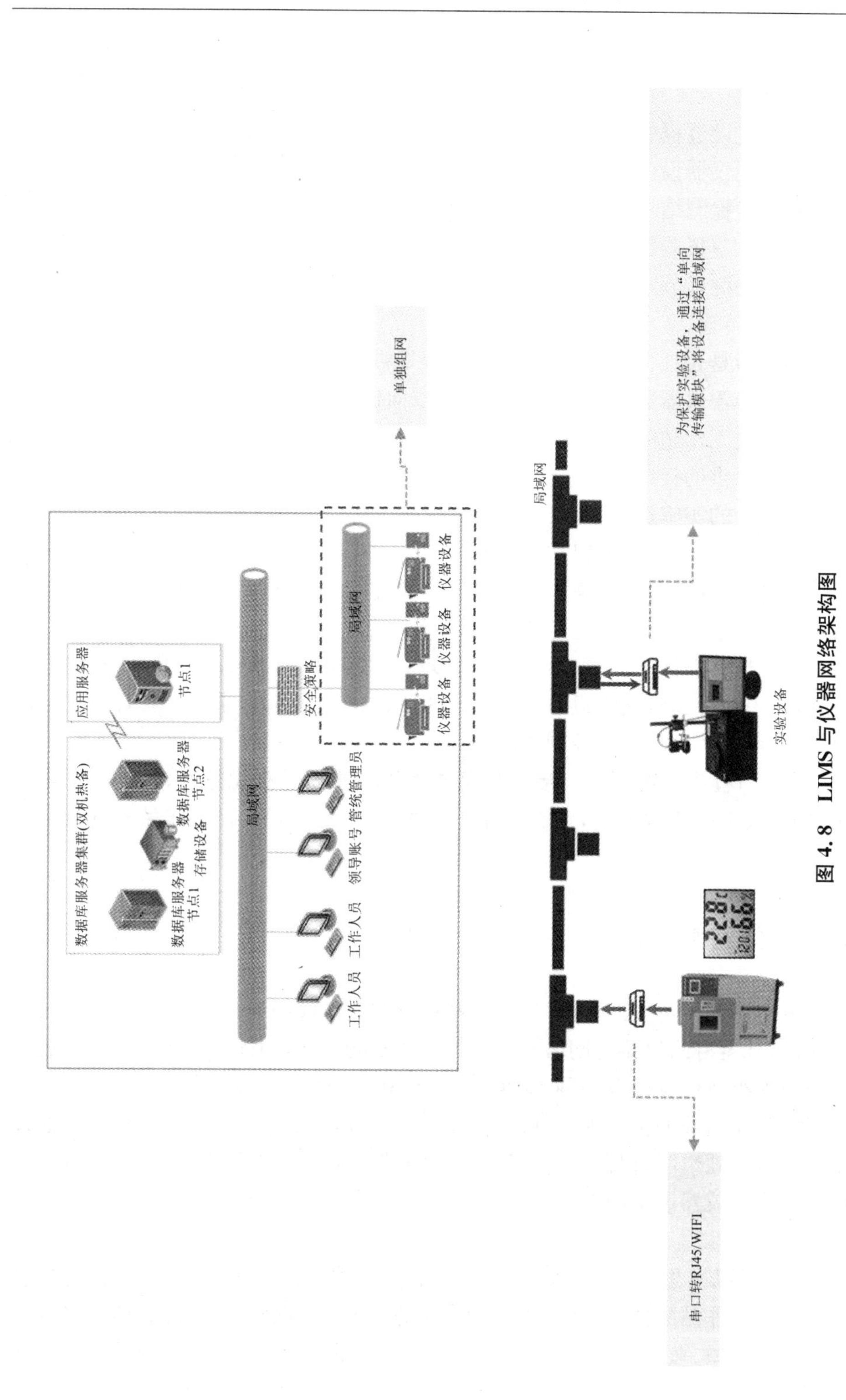

图 4.8　LIMS与仪器网络架构图

三、数据存储

自20世纪60年代大型主机被发明出来以后，凭借其超强的计算和I/O处理能力及其在稳定性和安全性方面的卓越表现，在很长一段时间内，大型主机引领了计算机行业以及商业计算领域的发展。在大型主机的研发上最知名的当属IBM，其主导研发的革命性产品System/360系列大型主机，是计算机发展史上的一个里程碑，被誉为20世纪最重要的三大商业成就，IT界从此进入了大型主机时代。

伴随着大型主机时代的到来，集中式的计算机系统架构也成了主流。在那个时候，由于大型主机卓越的性能和良好的稳定性，其在单机处理能力方面的优势已非常明显，使得IT系统快速进入集中式处理阶段，其对应的计算机系统称为集中式系统。但从20世纪80年代以来，计算机系统向网络化和微型化发展的趋势日趋明显，传统的集中式处理模型越来越不能适应人们的需求，具体表现在以下几个方面：

（1）大型主机的人才培养成本非常高。通常一台大型主机汇集了大量精密的计算机组件，操作非常复杂，技术细节的掌握对一个运维人员提出了非常高的要求。

（2）大型主机非常昂贵。通常一台配置较好的IBM大型主机，其售价达到了上百万美元甚至更高，因此也只有像政府、金融和电信等企业才有能力采购大型主机。

（3）集中式有非常明显的单点问题。大型主机虽然在性能和稳定性方面表现卓越，但并不代表其永远不会出故障，一旦一台大型主机出现了故障，那么整个系统都将处于不可用的状态，后果相当严重。最后，随着业务的不断发展，用户访问量迅速提高，计算机系统的规模也在不断扩大，在单一大型主机上进行扩容往往比较困难。

（4）随着PC性能的不断提升和网络技术的快速普及，大型主机的市场份额变得越来越小，很多企业开始放弃原来的大型主机，而改用小型机和普通PC服务器来搭建分布式计算机。阿里巴巴在2009年发起了一项“去IOE①”运动，因为阿里巴巴从2008年开始，各项业务都进入了井喷式的发展阶段，这对后台IT系统的计算与存储能力提出了非常高的要求，一味地针对小型机和高端存储进行不断扩容，无疑会产生巨大的成本。同时，集中式的系统架构体系也存在着诸多单点问题，完全无法满足互联网应用爆炸式的发展需求。因此，为了解决业务快速发展给IT系统带来的巨大挑战，从2009年开始，阿里巴巴启动了“去IOE”计划，其电商系统开

① “去IOE”是阿里巴巴创造出的概念。其本意是，在阿里巴巴的IT架构中，去掉IBM小型机、Oracle数据库、EMC存储设备，代之以自己在开源软件基础上开发的系统。

始正式迈入了分布式系统时代。

计算机系统规模变得越来越大，将所有业务单元集中部署在一个或者若干个大型机上的体系结构已经越来越不能满足当今的计算机系统，尤其是当时大型互联网系统快速发展，各种灵活多变的系统架构模型层出不穷。同时，随着微型计算机的出现，越来越多廉价的 PC 成为了各大型企业和机构架构的首选，分布式的处理方式越来越受到业界的青睐，计算机系统正在经历一场前所未有的从集中式到分布式架构的变革。

LIMS 主要对实验室产生的大量数据进行流转、存储和使用管理，实验室产生的数据中包括了结构化数据和非结构化数据，这些数据的存储方式对 LIMS 的容量、运行效率、备份策略、安全性等具有重要作用。并且随着 LIMS 从单一的检测机构应用，逐渐发展为与检验检测电商、大数据分析以及云计算相关的应用，越来越多的 LIMS 抛弃了传统的集中式存储系统，转而使用分布式存储结构对产生和使用的各类数据进行存储。同时与信息化系统存储相关的非常重要的一点便是数据库的存储，因此在本节中除了对通用存储系统的集中式存储系统和分布式存储系统进行说明外，还将对存储信息系统结构化数据的数据库存储方案作出说明。

（一）集中式存储系统

所谓集中式存储系统就是指由一台或多台主机组成中心节点，数据集中存储在这个中心节点中，并且整个系统的所有业务单元都集中部署在这个中心节点上，系统所有的功能均由其集中处理。也就是说，在集中式存储系统中，每个终端或客户端仅仅负责数据的录入和输出，而数据的存储与控制处理完全交由主机来完成。集中式存储系统最大的特点就是部署结构简单，由于集中式存储系统往往基于底层性能卓越的大型主机，因此无需考虑如何对服务进行多个节点的部署，也就不用考虑多个节点之间的分布式协作问题。

建立高效、可靠、安全的计算机系统是集中式存储系统在考虑建设方案时的首选目标。数据存储的建设主要体现在数据集中、备份集中、管理集中等几个方面。但是，集中模式的设计同时也为存储系统的可靠性、处理能力、吞吐能力及扩充扩展能力提出了较高的要求，存储系统的构成和选型将直接影响系统整体性能的发挥和相关业务的正常运行。

鉴于存储系统在整个系统中的重要地位和关键作用，在集中式存储系统的硬件系统分析设计过程中，需要制定并遵循如下基本原则。

1. 实用性和先进性

采用先进成熟的存储技术满足当前的业务需求，兼顾其他相关的业务需求，采用先进的网络技术以适应更高的数据和多媒体信息的传输需要，使整个系统在一段时期内保持技术的先进性，并具有良好的发展潜力，以适应未来的业务发展和技术升级的需要。

2. 安全可靠性

为保证业务应用，必须具有高可靠性。采用相关的软件技术提供较强的管理机制、控制手段、事故监控和网络安全保密等技术措施，提高系统的安全可靠性。用户买存储设备除了为存储数据外，最主要的是保障内部数据安全可靠，保证业务应用不中断，如果发生系统宕机、磁盘损坏或其他异常错误情况，应确保数据不丢失，系统恢复正常运行，这就要求必须有硬件 RAID5 独立于系统本身的数据保护机制。

3. 灵活性与可扩展性

一个不断发展的系统，必须具有良好的可扩展性。能够根据未来业务的不断深入满足发展的需要，方便其扩展并提高使用灵活性。

4. 开放性/跨平台互连性

具备与多种协议计算机通信网络互联互通的特性，确保网络系统基础设施的作用可以充分发挥。在结构上真正实现开放，基于国际开放式标准，包括各种广域网、局域网、计算机及数据库协议。

5. 经济性/投资保护

以较高的性能价格比构建系统，使资金的产出投入比达到最大值。能以较低的成本、较少的人员投入来维持系统运转，提供高效能与高效益。尽可能保留并延长已有系统的投资，充分利用以往在资金与技术方面的投入。任何一个企业投资购买产品都希望能够长期使用，所以用户要考虑产品能否在未来在线升级，保证产品使用的连续性。在线升级一般分为两种：一种是容量、控制芯片扩充等硬件升级；另一种是软件升级。其中软件升级非常重要，升级是否简单易行、升级后是否要重新对系统进行配置都是需重点考虑的问题。

6. 可管理性、可运营

由于所有相关设备分布于不同的地域，所以对系统设备的远程集中管理便非常重要。由于系统本身具有一定的复杂性，随着业务的不断发展，网络管理的任务必定会日益繁重，所以在设计时，必须建立一个全面的存储管理解决方案，必须采用智能化、可管理的设备，同时实现先进的分布式管理。最终能够实现监控、监测运行状况，合理分配资源、动态配置，迅速确定故障等。

与集中式存储相关的内容包括存储设备类型、存储系统网络架构两个方面。

存储设备类型是指通过采用 SCSI、FC、TCP/IP、ISCSI 等接口类型、数据传输协议以及不同的数据存储介质的存储设备。常见的存储设备类型包括 SCSI 存储、NAS 存储、FC 存储、ISCSI 存储和磁带存储。存储设备类型这个概念的核心是设备，指的是由存储介质、驱动器、控制器、供电系统、冷却系统等组成的一个整体。它独立于网络层设备和主机层设备，因此当提到存储设备类型的时候，不涉及与存储设备连接的网络设备和主机。

存储设备对外提供的接口是 FC 光纤通道，按照 FC 光纤通道协议传输数据的存储设备就是 FC 存储。存储介质为 FC 磁盘的存储被称为 FC-FC 存储。存储介质为 SATA 磁盘的存储被称为 FC-SATA 存储。

NAS 是一种特殊的存储设备，虽然 NAS 对外提供 IP 接口，按照 IP 协议进行数据传输，但 NAS 最终提供给主机的是一个文件系统，而 SCSI 存储、FC 存储和 ISCSI 存储等提供给主机的是一个空的、没有文件系统的逻辑卷，且 NAS 本身是一个服务器＋存储的结构，因此严格来说，NAS 应该能算一种存储系统结构，而不是一种存储类型。不过很多时候我们都把 NAS 的服务器＋存储的结构看成一个整体，这个整体又通过标准的 IP 传输协议来进行访问和数据传输。因此 NAS 一般都被认为是一种存储设备类型，NAS 既是一种存储设备类型，又是一种存储系统网络结构。

存储设备类型指的是存储设备这一个单体的分类，存储系统的网络结构自然是指存储设备、主机以及存储设备与主机之间的连接系统所形成的整体拓扑结构。

存储系统网络架构是指存储设备与服务器、工作站等需要进行数据读写操作的主机之间的连接方式、网络拓扑结构、数据读写方式、存储共享方式和数据共享方式。存储系统的网络结构不同，存储设备的工作方式、流程和性能就会不同。主流的存储系统网络架构有 DAS、NAS、SAN 三种，三者间的区别见表 4.1，三者的存储方案如图 4.9 所示。

表 4.1 DAS、NAS、SAN 三种存储系统网络结构的区别

NAS	SAN	DAS
基于 IP 网络	基于光纤通道	基于 IP 网络
传输文件	传输块	传输文件
可利用带宽低	可利用带宽高	可利用带宽低
具有用户权限、容量配额管理等多种网络功能	无网络功能	网络功能依靠存储服务器的情况来定
系统应用与存储功能分开，两者互不影响	系统应用与存储功能分开，两者互不影响	系统应用与存储功能由同一台服务器负责，两者相互影响
NAS 存储自带共享功能，可在多个应用服务器间自动实现共享访问	必须安装共享软件才能在多台应用服务器之间实现存储设备的共享访问	依靠 DAS 存储服务器的网络共享功能实现多台应用服务器间的共享访问
适用于各种规模的系统，应用服务器数量越多，其简单、方便，性相比越高	适用于各种规模的系统，应用服务器数量越多，网络设备的成本所占比例越高	一般只适用于单台或两台服务器的系统中

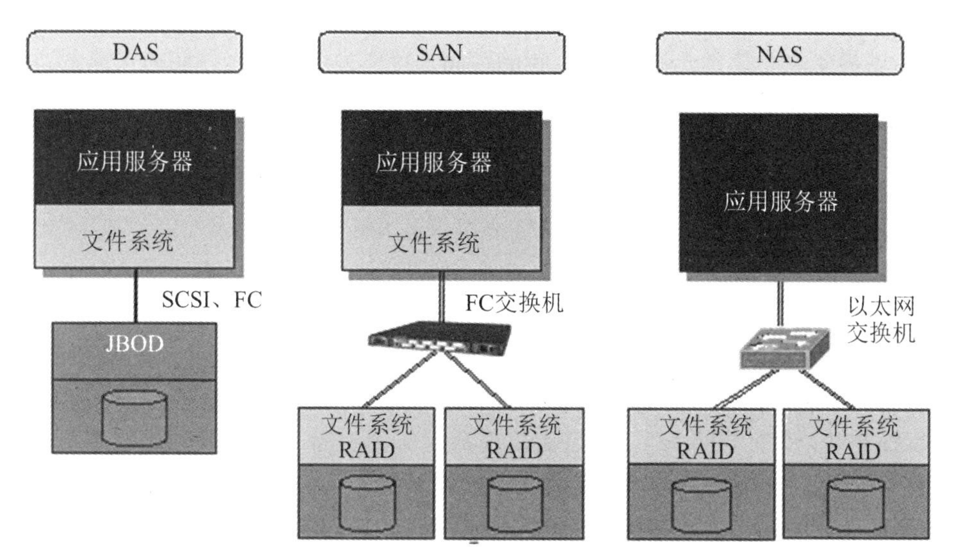

图 4.9　DAS、NAS、SAN 存储方案

目前应用最多的是 SAN 存储系统，在 SAN 网络环境中，因采用存储设备类型的不同又可以分为 FC-SAN（采用光纤通道存储产品）和 IP-SAN（采用 ISCSI 存储设备），在存储系统设计中可优先考虑。

（二）分布式存储系统

当前时代的 IT 系统架构伴随着软件定义的发展，正发生着巨大的变化，作为 IT 架构核心数据保险箱的存储单元正面临着前所未有的挑战。前端业务应用规模从数据量、性能、安全性及应用类型上都有了成倍的增长，传统的存储设备和解决方案很难满足这种大规模应用场景的需求。不同的应用场景（如高性能计算应用场景、大数据视频云应用场景、大数据分析应用场景等）产生的数据类型及访问数据的 IO 模型各不相同，采用软件定义的分布式存储解决方案可以更好地应对目前的挑战。

1. 高性能计算场景

在气象气候、地质勘探、航空航天、工程计算、材料工程等领域，基于集群的高性能计算，已成为必需的辅助工具。集群系统具有极强的伸缩性，可通过在集群中增加或删减节点的方式，在不影响原有应用与计算任务的情况下，随时增强和降低系统的处理能力。根据不同的计算模式与规模，构成集群系统的节点数可以从几个到成千上万个。这些业务对后端的存储系统提出了新的需求，包括统一的存储空间、高效率的文件检索、高带宽的吞吐性能和高可靠的数据安全保障等。

2. 大数据视频云应用场景

随着视频高清技术及超高清技术的普及，视频大数据应用场景，如雪亮工程、平安城市、广电媒资、影视制作、视频网站等领域，对存储设备提出了大容量、高读写性能、高可靠性、低延时性及可扩展性等需求。针对这样大规模的视频数据应用场景，就需要一个技术先进、性能优越的存储系统作为后端数据存储的支撑者。

3. 大数据分析应用场景

随着互联网技术及人工智能的发展，各种基于海量用户/数据/终端的大数据分析及人工智能业务模式不断涌现，同样需要充分考虑存储功能集成度、数据安全性、数据稳定性、系统可扩展性、性能及成本等各方面的因素。

（三）分布式存储系统的关键技术

分布式存储系统，是将数据分散存储在多台独立的设备上。传统的网络存储系统采用集中的存储服务器存放所有数据，存储服务器成为系统性能的瓶颈，也是可靠性和安全性的焦点，不能满足大规模存储应用的需要。分布式存储系统采用可扩展的系统结构，利用多台存储服务器分担存储负荷，利用位置服务器定位存储信息，它不但提高了系统的可靠性、可用性和存取效率，还易于扩展。分布式存储系统的主要特征为：所管理的数据存储在分散的物理设备或节点上、存储资源通过网络连接。对于分布式文件系统的研究主要涉及以下几个关键技术。

1. 元数据管理

在大数据环境下，元数据的体量也非常大，元数据的存取性能是整个分布式文件系统性能的关键。常见的元数据管理可以分为集中式和分布式元数据管理架构。集中式元数据管理架构采用单一的元数据服务器，实现简单，但是存在单点故障等问题。分布式元数据管理架构则将元数据分散在多个结点上，进而解决了元数据服务器的性能瓶颈等问题，提高了元数据管理架构的可扩展性，但实现较为复杂，并引入了元数据一致性的问题。另外，还有一种无元数据服务器的分布式架构，通过在线算法组织数据，不需要专用的元数据服务器。但是该架构对数据一致性的保障很困难，实现较为复杂，文件目录遍历操作效率低下，并且缺乏文件系统全局监控管理功能。

2. 系统弹性扩展技术

在大数据环境下，数据规模和复杂度的增加往往非常迅速，对系统的扩展性能要求较高。实现存储系统的高可扩展性首先要解决两个方面的重要问题：元数据的分配和数据的透明迁移。元数据的分配主要通过静态子树划分技术实现，后者则侧重数据迁移算法的优化。此外，大数据存储体系规模庞大，结点失效率高，因此还需要完成一定的自适应管理功能。系统必须能够根据数据量和计算的工作量估算所需要的结点个数，并动态地将数据在结点间迁移，以实现负载均衡；同时，当结点失效时，数据必须可以通过副本等机制进行恢复，不能对上层应用产生影响。

3. 存储层级内的优化技术

构建存储系统时，需要基于成本和性能来考虑，因此存储系统通常采用多层不同性价比的存储器件组成存储层次结构。大数据的规模大，因此构建高效合理的存储层次结构，可以在保证系统性能的前提下，降低系统能耗和构建成本，利用数据访问局部性原理，可以从两个方面对存储层次结构进行优化。从提高性能的角度来看，可以通过分析应用特征，识别热点数据并对其进行缓存或预取，通过高效的缓存预取算法和合理的缓存容量配比提高访问性能。从降低成本的角度来看，采用信息生命周期管理方法，将访问频率低的冷数据迁移到低速廉价的存储设备上，可以在小幅牺牲系统整体性能的基础上，大幅降低系统的构建成本和能耗。

4. 针对应用和负载的存储优化技术

传统数据存储模型需要支持尽可能多的应用，因此需要具备较好的通用性。大数据具有大规模、高动态及快速处理等特性，通用的数据存储模型通常并不是最能提高应用性能的模型，而大数据存储系统对上层应用性能的关注远远超过对通用性的追求。针对应用和负载来优化存储，就是将数据存储与应用耦合，简化或扩展分布式文件系统的功能，根据特定的应用、特定的负载、特定的计算模型对文件系统进行定制和深度优化，使应用达到最佳性能。这类优化技术在谷歌、Facebook等互联网公司的内部存储系统上，管理超过千万亿字节级别的大数据，能够达到非常高的性能。

5. 分布式存储相关因素

同时，由于分布式存储需要协调网络中每一台机器上的磁盘空间，将这些分散的存储资源构成一个虚拟的存储设备，这极大地增加了存储管理的复杂性，因此在进行分布式存储系统的构建和管理的过程需要重点考虑以下几个因素。

（1）一致性

分布式存储系统需要使用多台服务器共同存储数据，而随着服务器数量的增加，服务器出现故障的概率也在不断增加。为了保证在有服务器出现故障的情况下系统仍然可用，一般做法是把一个数据分成多份存储在不同的服务器中。但是由于故障和并行存储等情况的存在，同一个数据的多个副本之间可能存在不一致的情况。这里称保证多个副本的数据完全一致的性质为一致性。

（2）可用性

分布式存储系统需要多台服务器同时工作。当服务器数量增多时，其中的一些服务器出现故障是在所难免的。在系统中的一部分节点出现故障之后，系统的整体不影响客服端的读/写请求称为可用性。

（3）分区容错性

分布式存储系统中的多台服务器通过网络进行连接。但是网络并不总是一直通畅的，分布式系统需要具有一定的容错性来处理网络故障带来的问题。一个令人满意的情况是，当网络因为故障而分解为多个部分的时候，分布式存储系统仍然能够工作。

（四）数据库存储系统

1. 数据库系统的分类

在大数据时代，行业特性对数据的管理、查询以及分析的性能需求变化促生了一些新的技术出现。需求的变化主要集中在数据规模的增长、吞吐量的上升、数据类型以及应用多样性的变化上。数据规模和吞吐量的增长需求对传统的关系型数据库管理系统在并行处理、资源管理、容错以及互联协议实现等方面带来了很多挑战，而数据类型以及应用的多样性带来了支持不同应用的数据库管理系统。

（1）关系型数据库

大数据的建设包括大量传统的数字化系统的建设，关系型数据库是传统数字化系统的数据基础。通过异构数据交换平台，从各业务系统中获取数据并存储。当前主流的关系型数据库有Oracle、DB2、MicrosoftSQL Server、MySQL等。

（2）非关系型（NoSQL）数据库

在检测业务中，需要面对大量不适合传统关系数据库存储的业务数据，在信息融合分析的过程中，也会产生大量的中间数据需要高效的顺序存储，这些数据如果使用传统关系数据库管理，效率会十分低，同样不能满足数据量平行扩展的需求，所以性价比不高。

（3）实时数据库

在海关检测大数据应用中，主要应用场景中所面对的数据实时性要求通常是在秒级别上对数据进行处理分析，并提供给业务系统使用。在现有的实时数据库解决方案中，内存数据库是最佳的实时存储实施者。通过将内存作为数据的存储媒介，从而获得极快的存储速度和极高的CPU交换效率，解决了传统数据库的外存速度和读取时间无法控制等技术瓶颈。

（4）列式数据库

列式数据库是以列相关存储架构进行数据存储的数据库，主要适合于批量数据处理和即席查询。面向列的数据存储架构更适用于联机分析处理（On Line Analysis Process，OLAP），这样可在海量数据（可能达到万亿字节规模）中进行复杂的查询。

2. 不同数据库存储方案的选择

著名的CAP理论是NoSQL数据库的基石，由埃里克·布鲁尔（Eric Brewer）教授提出：在设计和部署分布式应用时，存在三个核心的系统需求：一致性（consistency）、可用性（availability）、分区容错性（partition tolerance）。一个分布式系统不可能同时很好地满足一致性、可用性和分区容错性这三个需求，最多只能同时较好地满足两个。

本节总结了目前主流的大数据存储方案，并对其CAP特性进行了分析，如图4.10所示。

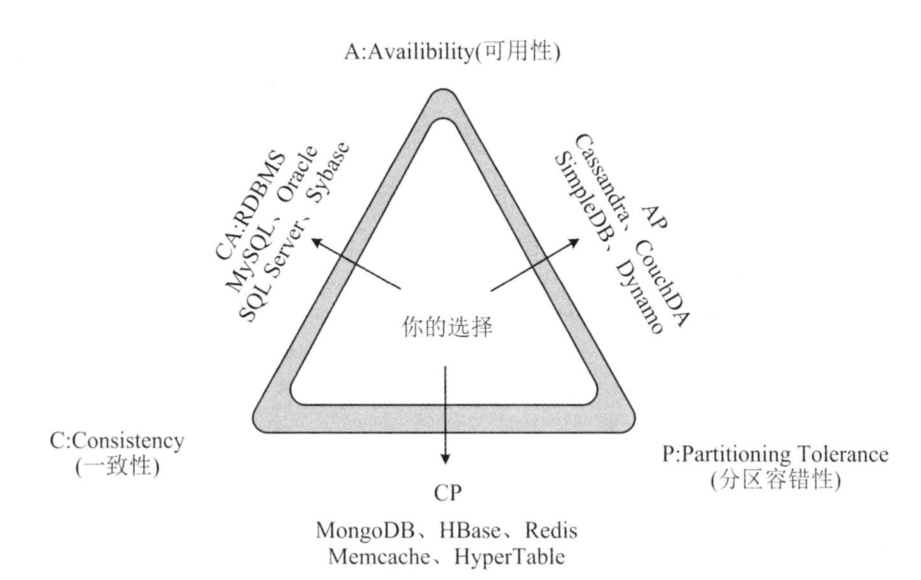

图 4.10　目前主流大数据存储方案的 CAP 特性

下面对图 4.10 中的三个最有代表性的数据存储方案 Apache HBase、Cassandra 及 MongoDB 进行简单的说明。

Apache HBase 分布式存储系统具有高可靠性、高性能、面向列以及可伸缩等特点，同时利用 HBase 可以在大规模廉价 PC 上搭建高效的结构化存储集群。Apache HBase 是 Google BigTable 的开源实现项目，以 Hadoop HDFS 为文件存储系统，以 Hadoop MapReduce 为处理架构，同时利用 Zookeeper 作为协同服务。HBase 是标准的列式数据库，由于列式数据库查询数据只有三种方式：单个行键访问、给定行键的范围访问及全表扫描。所以 HBase 实现了一致性和分区容错性两个特性，它适合吞吐量大、数据量大的场合。

Cassandra 是一个典型的键值数据库，由著名互联网公司 Facebook 设计研发。其主要特点为数据存储体系由众多数据库节点构成的分布式网络构建，每一个对 Cassandra 的写操作都会被复制到其他节点，读操作也会被路由到某个节点上去。另外，分布式集群的存储特性也决定了系统的可扩展性较好。但是 Cassandra 只能支持最终一致性，因而不太适用于订单管理等对一致性要求较高的业务后场景，却能较好地完成大数据量和精确查询定位数据等业务。

MongoDB 是基于分布式文件存储的，介于关系型和非关系型数据库之间的数据库产品。由于其被设计为支持多种数据结构类型的存储系统，因此可以存储比较复杂的数据类型。它主要解决的是海量数据的访问效率问题，作为一个关系型数据库的可替代方案，其具备强一致性能力。针对市场上的主流数据存储方案的特性和适用场景见表 4.2。

表 4.2 市场上主流数据存储方案的特性和适用场景

存储方案	特 性	适用场景
CouchDB	基于 Erlang 开发，支持双向数据复制，采用的是 Master-Master 架构，可保存文件之前的版本。支持嵌入式视图，可列表显示。支持服务器端文档验证，支持认证，支持附件处理	适用于数据变化较少，执行预定义查询，进行数据统计的应用程序。适用于需要提供数据版本支持的应用程序
Redis	基于 C/C ++ 开发，运行速度快。采用 Maste-Slave 架构。虽然采用简单数据或以键值索引的哈希表，但也支持复杂的操作，支持列表，支持哈希表，支持排序 Sets，支持事务(强一致性)。支持将数据设置成过期数据(类似于快速缓冲区设计)，Pub/Sub 允许用户实现消息机制	适用于数据变化快且数据库大小可预见(适合内存容量)的应用程序
Cassandra	基于 Java 开发，对大型表格和 Dynamo 支持得最好。可调节地分发及复制，支持以某个范围的键值通过列查询。写操作比读操作更快	当使用写操作多过读操作(记录日志)等，Java API 最为友好
HBase	基于 Java 编写，支持数十亿行乘以上百万列的数据容量。采用分布式架构，对实时查询(基于 MapReduce)进行优化，拥有高性能 Thrift 网关，通过在服务器(server)端扫描及过滤实现对查询操作预判，对配置改变和较小的升级都会重新回滚。不会出现单点故障	适用于偏好 BigTable 且需要对大数据进行随机、大吞吐量实时访问的场合
MongoDB	基于 C++开发，保留了 SQL 的一些友好的特性(查询、索引)。基于 Master-Slave 架构(支持自动错误恢复)，内建分片机制。在数据存储时采用内存到文件映射，对性能的要求超过对功能的要求。支持 JavaScript 表达式查询	适用于需要动态查询支持；需要对大数据库有性能要求；需要使用索引而不是 MapReduce 功能
MemBase	基于 Erlang 和 C 编写，兼容 MemCache，但同时兼具持久化和支持集群。通过键值索引数据，性能优异。可持久化存储到硬盘。在内存中同样支持类似分布式缓存的缓存单元。所有节点都是唯一的，基于 Master-Master 架构。写数据时通过去除重复数据来减少 IO，更新软件时无需停止数据库服务，支持连接池和多路复用的连接代理。	适用于需要低延迟数据访问，高并发支持以及高可用性的应用程序。配合 MemCache 使用可作为应用极好的缓存方案

续表

存储方案	特 性	适用场景
Neo4j	基于Java语言开发，是基于关系的图形数据库。图形的节点和边可以带有元数据，使用多种算法支持路径搜索。使用键值和关系索引，为读操作进行优化，支持事务。使用Gremlin图形遍历语言，支持Groovy脚本，支持在线备份	适用于图形一类数据。这是Neo4j与其他数据存储的最显著区别

检测仪器产生的数据种类多样，使用方式也不尽相同。因此，检测仪器相关数据并不能采用单一的存储方式，而需要综合运用关系数据库、NoSQL数据库、实时数据库、列式数据库、分布式文件存储等多种技术。同时，对于经常访问的热点数据，需要采用缓存机制进一步保证数据访问的及时性。

四、数据分析

许多实验室的信息化解决方案包括能够生成简单的报告和图表，这些报告和图表可以以各种格式打印或导出，以供分发或支持从COA到研究报告的正式报告过程。当所包含的报告工具功能不足时，实验室信息化应用系统与其他报告应用程序的集成可以提供其他功能，如更复杂的质量控制图表或数据可视化、数据挖掘、业务绩效管理、统计计算、统计分析或其他复杂的数据分析。报告和商业智能还可能包括数据导出的配置或外部报告系统、数据仓库/集市、信息仪表盘和门户的链接，以提供商业智能或实验室数据和性能的可视性。

大数据需要经过相关处理后才能突显其潜在价值。纵观当前我国大数据的研究状况，目前在大数据分析上数据挖掘与传统统计分析两大类方法共存，两者相互补充。此外，人工智能如自然语言处理、模式识别、机器学习等新方法也逐渐用于大数据分析中。

数据挖掘以关系、事务和数据仓库中的结构数据为研究目标，即大多数都是结构化的数据。文本挖掘研究的是文本数据库，由来自各种数据源的大量文档组成。这些文档可能包含标题、作者、出版日期、长度等结构化数据，也可能包含摘要和内容等非结构化的文本成分，而且这些文档的内容是人类所使用的自然语言，计算机很难处理其语义，所以不能简单地处理，而自然语言处理[①]（NLP）就是专门处理这类数据的。

---

① 自然语言处理（Natural Language Processing，NLP）是计算机科学领域与人工智能领域中的一个重要方向。它研究能实现人与计算机之间用自然语言进行有效通信的各种理论和方法。

（一）数据挖掘技术

数据挖掘是指从大量、不完全、有噪声、模糊、随机的数据中提取蕴含其中的、事先不得知但又包含有用的信息和知识的过程，其在解决数据处理难题方面表现出了强大的生命力，成为大数据分析的有效武器。数据挖掘包括预测性和描述性算法，前者产生用于预测和分类的模型，后者用于发现数据中的关联、聚集和亚组等关系。公共卫生领域常用的数据挖掘方法有关联分析、分类与预测、聚类分析、可视化分析、联机分析处理等。

1. 关联规则

关联规则是通过关联分析找出数据中隐藏的关联，利用关联根据已知情况对未知问题进行预测，它主要反映事件之间的依赖性或关联性，描述数据之间的密切程度。有研究者将关联规则运用于细菌性痢疾和甲型肝炎的疾病风险预测中，通过对疾病和气象数据的分析，得到易理解的疾病与季节气象等影响因素之间的关联关系。

2. 神经网络

模拟大脑的神经组织结构和工作机制，由节点和相互连接的输入输出结构构成自适应非线性预测模型，能够自身适应环境、总结规律、完成运算识别，有良好的预测效果。有研究利用遗传神经网络模型模拟了登革热的时空扩散，基于登革热和环境、气象、人口等数据，分析与登革热相关的影响因子，将所有因子代入模型，通过数据训练、机器学习、模型优化，最终构建一个基于复杂地理因素驱动的遗传神经网络模型，模拟效果较好。

3. 决策树

决策树是一种分类方法，利用信息增益寻找最大信息量的属性建立节点，自顶向下根据节点属性的不同取值建立分支，构建树的模型，使分类规则可视化。例如，将气象因素用于疾病预警，把每日发病信息及相关气象资料存入数据仓库中，利用决策树挖掘算法建立实时预警预报模型，实现突发公共卫生事件的早期预警。

4. 贝叶斯分类算法

这是一类利用概率统计知识进行分类的算法，用来预测一个未知类别的样本属于各个类别的可能性，从而发现数据间的潜在关系。贝叶斯分类算法可以用于手术结果预测、医疗服务质量评价等。在转化医学中，贝叶斯分类算法被用来筛选生物标记物，从而对人群进行分类，实现个性化医疗和健康管理。在药物和器械研发中，也可以使用贝叶斯算法修正设计方案和预测结果，加速研发过程。

5. 聚类分析

聚类分析是根据特征的相似性将对象进行分类，主要用于模式识别。有研究利用聚类分析对流行病学调查资料中的混杂因素进行分层，提高了分层分析的效率，解决了混杂因素分层界限不清时分层困难的问题。

6. 异常检测分析

异常检测是数据挖掘中的一个重要方面，用来发现“小的模式”（相对于聚类），即数据集中间显著不同于其他数据的对象。

7. 数据可视化分析

数据可视化分析是以图形、图像、虚拟现实等易为人们理解的方式展现原始数据间的复杂关系、潜在信息及发展趋势。有研究根据1973～2010年的食源性疾病暴发和弧菌监测数据，利用可视化分析软件研究食源性疾病暴发情况、传染源、传播途径等，从而指导暴发调查。

8. 联机分析处理(OLAP)

这是一种基于多维方法的数据探索和分析工具，它可根据不同人群的需求按照不同的维度汇总和呈现历史数据。有研究将GIS与OLAP相结合提出了一种新的分析工具SOLAP，将其用于环境卫生研究，增强了GIS的分析能力，更好地分析了危险因素、聚集、干预和结局的相互关系，从而用于决策。

9. 地理信息系统(GIS)

由于公共卫生数据大多具有空间属性，进行大数据分析时也常结合地理信息系统（GIS）来分析研究其空间特征和规律。有研究探讨了将GIS空间信息与电子健康档案（EHR）进行对接，充分挖掘EHR的数据价值，多维动态地展现疾病及健康危险因素等的空间分布情况。

虽然数据挖掘是大数据分析的主体，但经典的统计分析方法在大数据研究中仍占有重要地位，某些数据挖掘方法本身就建立在统计分析的基础上。在进行数据挖掘前，需要对数据分布进行描述性分析，对所分析的数据有总体把握。利用大数据也可进行假设检验，只要明确大数据的特点，设定合理的科学假说，通过适宜的统计学分析可解决相应的问题。此外，一些统计模型如生存分析、logistic回归等也可用于分析大数据。

（二）文本挖掘技术

文本挖掘有时也被称为文字探勘、文本数据挖掘等，大致相当于文字分析，一般指在文本处理过程中产生高质量的信息。高质量的信息通常通过分类和预测而产生，如模式识别。文本挖掘通常涉及输入文本的处理过程（通常进行分析，同时加上一些衍生语言特征，随后插入数据库中），产生结构化数据，并最终评价和解释输出。

实验室数据包括各种结构化、非结构化和半结构化的数据。要想对这些海量数据进行有效的处理，必须对非结构化和半结构化的数据进行处理，使其能够被系统快速地识别、应用。

非结构化和半结构化数据现在主要包括照片、图谱、各种描述性质的分析报告等。针对这些数据，首先需要进行分词，之后再利用对应领域的知识库对分词结果进行概念的识别，最终形成一个机器可读的数据。这个流程中，系统对数据的处理并不是完全自动化的过程。一些不能自动识别的文本将由人工进行识别处理，之后作为一个用户字典规则，加入到系统标准识别过程中。在这个过程中，用到的工具如下。

1. 文本分词

文本分词其实是中文分词问题，指的是将一个汉字序列按照一定的规范切分成一个一个单独的词的过程。而在英文的组织过程中，单词之间以空格作为自然分界符，而中文只有字、句和段能通过明显的分界符来简单划分界限，唯独词没有一个规范的、通用的分界符。虽然英文也同样存在短语的划分问题，不过在词这一层上，中文比英文要复杂得多。在分词功能上，很多数据分析工具基本上能满足这一功能。但在领域知识上，由于部分领域的特殊性，通用的分词引擎往往不能直接满足需求。如在医疗卫生领域，需要结合医疗卫生领域的本体知识库的建模，建立业务词典，提高分词的准确率。

2. 文本挖掘

文本挖掘是抽取有效、新颖、可用的散布在文本文件中的有价值的知识，并利用这些知识更好地组织信息的过程，是信息挖掘技术的一个重要分支。可以利用神经网络等智能算法，结合文字处理技术，分析大量的非结构化文本源，抽取和标记关键字概念、文字间的关系，并按照内容对文档进行分类，获取有用的知识和信息。典型的文本挖掘方法包括文本分类，文本聚类，概念、实体挖掘，观点分析，文档摘要和实体关系模型。

3. 语义分析

在处理文本、识别文本的含义时，并不能只对文本字符进行数据化的处理，还需要理解含义。例如，在医疗领域，医生的一些口语化词汇如“乙肝”“大三阳”等和一些书面化的词汇如“乙型肝炎”“HBeAg 阳性”等，虽然字符串完全不同，但表达的意思是相同的。需要对这种文本的语义进行识别，以方便地处理非结构化数据。进行语义识别的一个常用算法是主题模型。顾名思义，主题模型就是对文字中隐含主题的一种建模方法。主题就是一个概念、一个方面，它表现为一系列相关的词语。很容易看出，传统的主题模型所依赖的主题概念正是本体描述知识库的一部分内容，本体知识库可以让传统的通用语义分析更好地在对应领域中使用。

（三）计算技术

为了满足数据的大规模处理需求，一般还需要应用非关系数据库、云计算、云存储等技术对健康大数据进行挖掘、处理和利用，在很多情况下是多种技术在一起使用，如人工智能与并行计算平台的联合使用，或与一些大数据挖掘技术的联合使用。

并行计算是用于处理大数据的基础架构之一，该技术使计算机集群能够同时执行并行的算法任务。并行计算模型需要分布式数据管理系统。Hadoop 是使用 Hadoop 分布式文件系统的数据存储系统，支持集群计算机同时访问数据。在公共卫生领域，Hadoop 软件以可靠、高效和可伸缩的分布式处理机能，应用最为普遍。MapReduce 能够实现对大数据编程模型的并行处理，在 Hadoop 的框架背景下，可以应用多种语言方式，按照 MapReduce 的编程模型，实现同一程序的编写和运行。

云计算技术是一种利用互联网实现随时随地、按需、便捷地访问共享资源的计算模式。其主要对数据进行并行和分布式处理，进而为数据提供存储、访问和计算空间。云计算技术对传统的数据分析技术进行了彻底的变革，运用 MapReduce 编程模型对计算分析任务进行分割，对计算资源、服务资源和信息资源进行最优化的配置与利用。云计算平台的分布式文件系统、分布式运算模式和分布式数据库管理技术都为解决大数据问题提供了思路和平台。

五、数据安全

LIMS 数据安全包括数据完整性、网络安全和个人可识别信息的保护。

（一）数据完整性

实验室数据应准确、可靠和受保护。因此，实验室信息管理系统中的数据应受到保护，以防数据丢失、使用不当或不一致。

1. 一般要求

LIMS 确保数据完整性的能力是基础。因此，一个完整的数据管理程序应该从彻底理解数据完整性开始，其严格性应该由业务需求驱动。这些要求应考虑数据对系统预期用途的重要性、对主题或环境安全的影响、对产品或服务质量的影响、管理和认证机构的规定以及由此产生的决策的有效性。尽管对计算机系统数据完整性的重视程度很高，但所有系统（人员、机器和方法）都应完全符合实验室业务部门制定的数据完整性标准。由于许多组织已经发布了有关数据完整性的标准和指南，更多详细信息请参考以下内容：

（1）FDA 数据完整性和符合 CGMP 的行业指南。

（2）MHRA GxP 数据完整性定义和行业指南。

（3）GAMP 指南，记录数据完整性。

（4）PIC/S 规范的 GMP/GDP 环境下的数据管理和完整的优良实践。

（5）世界卫生组织技术报告丛书中有关良好数据和记录管理的做法指南。

2. 评估系统是否符合数据完整性

评估系统是否符合数据完整性应考虑以下几点。

（1）数据是为参考或分析而收集的事实和统计数据。数据来源于生成数据的人员或系统，数据需要具备清晰、永久、同时记录原件或真实副本的性质和准确性。

这些原则(被称为 ALCOA)确保了数据的完整性、一致性、准确性,保证了数据的内容和含义在其生命周期中持续存在,并确保其不受有意和无意的更改的控制。LIMS 通过支持数据完整性原则来强调数据的重要性:数据应是可追溯的、清晰的、同步的、原始的、准确的、完整的、一致的、长久的和可获得的(ALCO+5;来自 PIC/S DI 标准,其包含的内容略多于 ALCOA 标准)。

(2) 原始数据(源数据)表示在活动期间生成或记录的数据、元数据、转换和数据报告的原始记录(或真实副本)。原始数据以任何格式(如文本、音频、视频等)作为永久性记录存储在持久性存储器中,并可用于在需要时对活动进行全面重建和评估。虽然可以在以后创建手动捕获数据的真实副本(如精确复制、扫描成 PDF),但并不构成原始数据(以电子方式捕获和存储原始数据,然后打印到纸上)。

(3) 没有元数据,原始数据就没有意义。因此,LIMS 应采用与原始数据相同的数据完整性标准,防止元数据丢失和误用。此外,数据和元数据之间的关系应以安全和可追踪的方式保存,以便在数据审查和报告活动期间永久可用。

(4) 控制数据完整性的需要,如 GxP 记录,通常由政府、行业或市场法规驱动。当参考 GxP 记录时,为满足手册(纸质)和电子法规而生成的所有数据应以符合本要求的方式进行维护。只有当数据异常或不具有代表性时,才可以排除数据。排除的理由应记录在案,并在数据审查期间供考虑。

(5) 作为一种元数据,保留审计跟踪和日志至关重要。实验室信息管理系统应提供重建制造过程或分析活动所需项目的详细信息。这些详细信息将数据的创建、添加、删除或修改归因于个人(或自动生成的原始数据源),它们包括操作的日期和时间以及操作发生的原因。当自动审计跟踪功能不可用时,可以以审计日志或账簿的形式实施同等的控制,该日志或账簿描述了变更的性质和合理性。与所有元数据一样,审计跟踪应在数据审查活动期间可用。复杂的信息系统包括 LIMS、ELN、SDMS 和 CDS,应包括强大的审计跟踪报告,在审查和检查活动期间,该报告已得到了验证并随时可用。

(6) 电子签名应由复杂的 LIMS 支持和控制。这些符号可以由任何符号或一系列符号组成,可被个人执行和采用,并宣布在法律上等同于完整的手写签名、首字母或其他签名。有关电子签名的具体要求,如何将其作为电子记录进行控制,由个人执行和维护,并声明用于提交记录,请参考监管机构的相关法律和指南。

(7) 监管机构更加重视对放置在临时存储器中的电子数据的保护,在创建永久性记录之前,可以在其中进行修改或删除,并且修改不属于审计跟踪功能。LIMS 应尽可能缩短数据存储在临时存储器中的时间,从而最大限度地减少操作数据以获得预期结果的机会。

(8) 常规数据审查应是 LIMS 的支持特征。数据审查应能够以清晰和准确的方式进行,包括原始数据、元数据、审计日志和电子签名。常规数据审查适用于单个数据集,并应反映组织的基于风险的策略。该审查并非详尽或用于法庭的,应考虑简化审查的方法，如在例外情况下进行审查。

(9) 定期数据审查用于验证数据治理控制是否足以维持系统的数据完整性，并考虑未经授权活动的可能性。该审查应包括整个生命周期中数据的完整性、系统配置的更改、安全性和用户角色、操作权限、存档和恢复数据的能力，以及系统的培训和程序。审查应包括对某些关键数据集的详尽分析，以验证现有数据完整性的控制方法的有效性。

(10) LIMS 的设计应包括对本节讨论的数据完整性主题的基本考虑。复杂的信息化系统应专门设计和交付，以提供详细的审计跟踪、可配置和兼容的电子签名、可靠的数据和审计审查选项，以及对临时存储器中可能发生的数据操作的自动处理。

(11) 在 LIMS 中设计数据完整性控制方法时，应采用良好的基于风险的策略。这些策略应完整记录，并包括所有支持的理由。控制措施应反映出与数据的关键性、决策的质量、安全和有效性相关的风险以及系统的复杂性同等的严格性。

(12) LIMS 中的数据完整性控制措施的文档编制和培训应作为整体数据治理计划的一部分。操作和支持系统的人员应接受这些控制措施的培训，并应能够在出现数据完整性问题时进行检测。培训应包括数据完整性控制如何减少错误和遗漏，以及如何使用这些错误和遗漏来提高产品或服务的安全性和质量。

(二) 网络安全

与质量管理非常相似，网络安全是一个影响组织许多方面的话题。

1. 一般要求

组织应制定综合安全计划，分析、评估和缓解 LIMS 以及其他相连系统端在数据传输和接收时的脆弱性。有关的进一步信息，可参考以下标准和资源：

(1) 国家机构标准与技术(NIST)网络安全框架的 UTE。

(2) ISO/IEC 27000 系列标准。

(3) 开放式 Web 应用程序安全项目(OWASP)。

2. 关键要素

以下是评估和验证 LIMS 安全性的关键考虑因素，这些要素可以应用于任何系统，无论是由内部托管还是由第三方(如云中)提供，这些均是最低要求，可以扩展到风险容忍度较低的系统和数据。

(1) 组织的信息安全管理系统(ISMS)应包括与 LIMS 相关的网络安全。ISMS 应包括定义组织的特征、风险评估方法、组织特有的风险以及识别、控制和管理这些风险的适当方法。

(2) 组织的 ISMS 应包括一套全面的策略和程序，以及针对 IT 人员、开发人员、管理员和最终用户的适当培训计划，培训记录应保持准确和更新。

(3) LIMS 及其连接系统和客户机应受到保护，以防损坏硬件、软件、数据和服务。这包括控制对物理资源和财产的访问,并保护它们免受来自电子连接[如以太网、无线网、串行端口(RS-232)、能源基础设施、电磁辐射等]的伤害。组织的ISMS同样应警告通过人类交互而产生的网络漏洞,如欺骗、社会工程攻击和故意或无意的误用。虽然策略和培训足以应对许多物理和人为漏洞,但应采取电子措施保护服务器,包括网络防火墙、恶意软件保护和主动扫描,以进行网络渗透测试。

(4) 网络应用安全的范围不断变化。各组织应定期接收适用于LIMS的网络安全漏洞更新。OWASP维护了10个最关键的网络应用程序安全风险,这是一个很好的风险指标,因为这些风险可以影响任何可以接入网络的应用程序,尤其是需要在网络上运行的应用程序。这十大风险包括SQL、OS和LDAP注入;中断的身份验证和会话管理;敏感数据暴露(如医疗保健、PII);XML外部实体(XXE);中断的访问控制;安全配置错误;跨站点脚本(XSS);不安全的反序列化(恶意序列化对象);使用具有已知漏洞的组件;日志记录和监控不足。组织的ISMS应定期对所有连接入网的应用程序进行扫描,并使用基于风险的策略进行评估和缓解发现的风险。

(5) 连接到LIMS的移动设备的安全性是一个经常被忽视的问题。关键的网络安全注意事项包括使用连接加密(如VPN)、保护存储数据(如加密)、使用安全软件和设置以及实施恶意软件保护(针对病毒、蠕虫、特洛伊木马等)。

(6) 某些实验室资源,如设备和仪器,可以作为物联网(IOT)设备连接到LIMS中。其中一些可能是初级的,而另一些可能是复杂的嵌入式软件。这些物联网设备可以作为LIMS的输入,有时可能导致LIMS内的操作。因此,应根据组织的安全策略对物联网设备进行控制,就像它们是一台计算设备一样。此类安全策略应考虑到控制授权访问(如唯一授权账户、安全API)、使用防火墙或代理、更新设备固件和嵌入式软件、限制对所需功能的访问以及实施基于风险的验证测试。

(三) 个人可识别信息的保护

全球化的日益加快和电子通信平台的使用推动了重新确定个人数据隐私和安全要求的需求,有许多国家和国际组织制定了与隐私相关的法律用以规范个人数据的收集和使用,有些应用于特定类型的数据,如财务或健康信息,其他适用于某些数据的相关活动,如电话营销和商业电子邮件。此外,还有一些广泛的消费者保护法本身不是隐私法,但已被用来禁止涉及个人信息披露,并禁止涉及个人信息安全的不公平或欺骗行为。尽管各国的法律法规和要求可能有所不同,但一些基本概念均适用于个人信息的保护、个人可识别信息的收集和交换。虽然本书无意为个人数据隐私提供定义,但LIMS实施应考虑数据隐私的某些基本要素。

1. 制定数据隐私计划

数据隐私计划应以明确的质量和法律指示为基础,重点关注客户许可和保护,并在发现数据泄露时确定上报流程。所有人都应能阅读和理解数据隐私计划,且要足够详细，以便为安全处理数据提供具体指导，并考虑到隐私。培训、角色和职责的分配以及可能接触数据的人员的确定都很重要。此外，公司的数据隐私计划还应考虑保护公司以外的个人（可能包括供应商、顾问和第三方数据机构，包括数据管理员以及云和备份服务提供商）接触的数据。数据隐私计划应包括以下八项指导原则：

（1）个人可识别数据的收集和使用应以合法理由为基础，并对如何收集、使用和分发数据具有透明度。在收集个人可识别信息时，应向个人发出适当的隐私通知。

（2）个人识别信息只能用于特定和合法的目的，不得进一步处理，使其不再符合这些目的。

（3）要保留的个人可识别信息应仅包括最少的数据，而不能收集更多需求之外的数据。

（4）个人识别信息应准确，并根据需要保持更新。合理的步骤应该确保收集的数据清晰、准确，并考虑何时以及是否有必要更新数据。

（5）个人可识别信息的保存时间不得超过必要的时间。应采取适当的做法，通过确保数据过期时安全删除的策略来确定保留时间和存档需求。

（6）个人有权获得其个人可识别信息的副本。一旦同意提供数据，个人有权反对使用可能造成伤害或困扰的数据。此外，个人有权禁止直接营销其数据以及使用涉及其数据的自动决策。个人有权纠正、阻止、删除或销毁与其数据或其组合相关的任何不准确之处。这种不准确可能导致因滥用、缺乏安全性或违反个人数据安全性而造成的任何损害的个人赔偿。

（7）收集或存储个人可识别信息的组织必须具有适当的安全性，以防止数据泄露。因此，策略、程序和电子系统的设计和实施要适应收集、处理和存储的个人数据类型。策略和程序应明确指出谁负责数据的安全，并要求定期审查审计跟踪、安全日志和入侵。策略、过程和系统应具有适当的安全性和备份，这需要可靠且训练有素的人员来减小和适当地最小化任何类型的个人数据安全漏洞的影响。

（8）鉴于各国的法律法规不同，个人可识别信息的传输非常复杂，对于国际数据传输，应采取并保持平等措施，以确保个人对个人数据保护的权利，根据相关法律，可能需要通知个人转让的目的，可能需要通过具体的协议来确定如何使用、处理和存储传输的数据。

2. 总结

一般来说，LIMS 中个人可识别信息的保护应是一个关键考虑因素，从早期系统规划开始，一直到实施和正常运行，直到数据被破坏为止。制定明确和有重点的策略和程序，对于适应国内和国际上复杂的监管环境至关重要。

第五章　实验室仪器设备相关标准

第一节　关于国标、行标、地标、团标和国际标准

一、标准和标准化的定义

（一）标准

标准是指农业、工业、服务业以及社会事业等领域需要统一的技术要求。标准是质量的基础，只有做好标准化工作才能满足保证产品质量的需要。

（二）标准化

标准化是指在经济、技术、科学和管理等社会实践中，对重复性的事物和概念，通过制定、发布和实施标准达到统一，以获得最佳秩序和社会效益。因此，标准化工作的任务是制定标准、组织实施标准以及对标准的制定、实施进行监督。标准化在保障产品质量安全、促进产业转型升级和经济提质增效、服务外交外贸等方面起着越来越重要的作用。

标准和标准化从来都是人类文明和社会进步的组成部分。一项技术发展成熟之后，若想最大程度地为社会大众服务并且保证服务质量，同时可以带来巨大的经济效益，制定标准并进行标准化推广是其必选的途径，而标准化水平的高低，也在一定程度上反映了一个国家科学技术和社会发展水平的高低。

二、标准化发展进程

（一）国际标准化发展进程

1. 国际标准化历史

自工业革命之后，全球贸易日益昌盛，世界各国商品交易量不断攀升、技术交

流愈加频繁，极大地促进了社会进步和科技创新，在此期间的标准化进程为世界经济的繁荣发展起到了巨大的推动作用。

为了在全球范围内保证商品和服务质量，早在19世纪，主要贸易国之间就曾探索和提出制定统一的标准并对商品和服务进行标准化，后期经过不断发展和演变，至20世纪中期，各种国际组织相继成立，进一步加快了国家标准化进程，越来越多的国家加入到此类国际组织或机构中，国际标准的数量也越来越多、覆盖的行业越来越全面、标准的制定与修订更加与时俱进。

国际标准化组织(International Organization for Standardization，ISO)、国际电工委员会(International Electrotechnical Commission，IEC)、国际电信联盟(International Telecommunication Union，ITU)是全球公认的三大国际标准化组织，截至2021年，ISO和IEC制定了约85%的国际标准，其余约15%则由ITU、WHO(世界卫生组织)、ICAO(国际民航组织)、WIPO(世界知识产权组织)等几十个国际机构制定，除ISO和IEC之外，其余机构一般由联合国控制。

ISO是一个全球性的非政府组织，成立于1947年2月23日，成员国最初有25个，截至2022年已发展到167个。ISO致力于在全世界范围内促进标准化工作的开展，以便于国际物资交流和服务，并扩大在知识、科学、技术和经济方面的合作，其主要活动是制定国际标准，协调世界范围内的标准化工作，组织各成员和技术委员会进行情报交流，与其他国际组织进行合作，共同研究有关标准化的问题。

IEC成立于1906年，是世界上成立最早的国际性电工标准化机构，负责有关电气工程和电子工程领域中的国际标准化工作，成员国最初有13个，截至2022年成员已覆盖173个国家，其中正式国家成员86个、联络国家成员87个。IEC致力于促进电工、电子和相关技术领域有关电工标准化等所有问题上(如标准的合格评定)的国际合作，其主要目标是：有效满足全球市场的需求；保证在全球范围内优先并最大程度地使用其标准和合格评定计划；评定并提高其标准所涉及的产品质量和服务质量；为共同使用复杂系统创造条件；提高工业化进程的有效性；提高人类的健康和安全；保护环境。

ITU的历史可以追溯到1865年，后几经变革，于1934年1月1日起正式改称为“国际电信联盟”，1947年10月15日，经联合国同意，国际电信联盟成为联合国的一个专门机构。ITU是联合国机构中历史最长的一个国际组织，是主管信息通信技术事务的联合国机构，负责分配和管理全球无线电频谱与卫星轨道资源，制定全球电信标准，向发展中国家提供电信援助，促进全球电信发展。

在国际范围内，各大国际标准化组织均依托成员国平等合作运行，原则上没有特权国，但一国在国际标准化组织中的参与度、影响力是其综合实力和国际话语权的重要体现。因此，积极参与国际标准的制定，一方面可以促进本国的科技进步；另一方面还会为本国的行业发展奠定良好的基础，是保障国家全球贸易地位及保护国家利益的重要措施。

2. 我国参与国际标准化的情况

虽然我国的标准化相比欧美国家较晚，但也一直高度重视标准化工作。2001年，我国成立国家标准化管理委员会，对标准化工作进行统筹管理。在各级政府、行业、企业的努力下，我国标准化工作也取得了快速发展，尤其在国际标准化工作中，取得了重大的突破。1957年我国加入IEC，2011年在第75届IEC理事大会上，通过一项决议，我国当选成为IEC的6个常任理事国之一，其他5个国家分别为法国、德国、日本、英国和美国。截至2021年，IEC共有203个技术委员会（TC）和分技术委员会（SC），我国担任了10个TC/SC的秘书处工作，约占总数的5%，并在180个TC/SC中作为成员参与标准化工作。参与度最高的是德国，其次是日本，美国、法国、英国则紧随其后。IEC数据显示，仅德国、日本、美国、法国、英国5个国家就担任了128个TC/SC秘书处工作，占总数的63%。由此可见，发达国家在IEC国际标准化工作中仍然占主导地位。

我国于1978年加入ISO，在2008年第31届ISO大会上，我国正式成为ISO常任理事国。截至2016年底，ISO共有247个TC、508个SC，我国担任72个TC/SC的秘书处工作，占总数的9.5%，并在733个TC/SC中作为成员参与标准化活动。此外，我国共有142名专家担任工作组召集人。而处于领先地位的仍然是美国、德国、法国、英国和日本。此外，ISO共有国际标准20000多项，我国主导参与制定的标准不足1%，在国际标准工作上的地位与我国大国地位完全不对等。

由此可见，我国参与了绝大多数标准化技术委员会和分委员会活动，但是在标准化工作的主导上，相比美国、德国、英国、法国和日本等发达国家，仍然处于劣势。这其中的原因主要是我国参与国际标准化工作起步较晚，某些领域技术水平仍落后于发达国家。但是，我国正在一步步缩小这些差距，尤其是在自己的优势领域，如高铁、通信、核能等高端制造业。截至2016年，我国已有189项标准提案为国际标准，在国际标准化活动中的地位也开始从跟随型向引领型发展。我国政府大力鼓励各方积极参与国际标准化工作，并促进国家标准转化为国际标准，这也意味着我国在国际标准制定中将拥有更高的话语权。

（二）发达国家标准化概况

近代标准化发展的历史主要以欧美发达国家为起源，主要是在工业革命之后，世界进入机械化发展进程，经济、科技发展不断加速，人们意识到标准化进程在质量控制、批量生产、持续创新等方面的重要性，各种标准制定组织、机构不断成立，各类标准不断出台。

1789年，美国艾利·惠特尼在武器制造中运用互换性原理批量制造具有互换性的零部件，制定了相应的公差与配合标准，为工业化大批量生产开辟了一条新途径。

1834年，英国约瑟夫·惠特沃思提出了惠氏螺纹牙型标准，并于1904年以英国标准 BS84 颁布。

1897 年，英国钢铁商人斯开尔顿在《泰晤士报》上发表公开信，建议在钢梁生产中对规格和图纸进行系列化、标准化，并促成建立了英国工程标准委员会，1901 年英国标准化学会正式成立。

1902 年，英国纽瓦尔公司制定了公差和配合方面的公司标准——极限表，这是最早出现的公差制，后正式成为英国标准 BS27。

1906 年，在各国电器工业迅速发展的基础上，成立了世界上最早的国际标准化团体——国际电工委员会(IEC)。

1911 年，美国泰勒发表了《科学管理原理》，应用标准化方法制定了“标准时间”和“作业规范”，在生产过程中实现了标准化管理，提高了生产率，创立了科学管理理论。

1914 年，美国福特汽车公司运用标准化原理把生产过程的时空统一起来，创造了连续生产流水线。

1926 年，国家标准化协会国际联合会(International Federation of the National Standardizing Associations，ISA)成立，承担国际电工委员会(IEC)以外的标准化工作，重点领域在机械工程方面。至 1932 年，先后有荷兰(1916 年)、菲律宾(1916 年)、德国(1917 年)、美国(1918 年)、瑞士(1918 年)、法国(1918 年)、瑞典(1919 年)、比利时(1919 年)、奥地利(1920 年)、日本(1921 年)等 25 个国家相继成立了国家标准化组织，标准化活动由企业行为步入国家管理，进而成为全球的事业，活动范围从机电行业扩展到各行各业。

1934 年 1 月 1 日，国际电信联盟(ITU)正式成立。

1946 年，来自 25 个国家的代表在伦敦召开会议，决定成立一个新的国际组织，其目的是促进国际间的合作和工业标准的统一。于是，国际标准化组织(ISO；来源于希腊语“ISOS”，有平等之意)于 1947 年 2 月 23 日正式成立，总部设在瑞士的日内瓦。

直至 21 世纪初，欧美发达国家不仅较早地完成了自身国内的标准化建设，其中很多欧美国家的国家标准都成为了国际标准，如德国、法国、美国、英国、日本等，这些发达国家还大量参与了国际标准的制定和修订工作，有大量的人员在国际标准化组织中工作，形成了较完善的标准化体系。

三、我国标准化发展史

我国拥有悠久的文明发展史，有关标准化发展可追溯到古代。

公元前 1000 年以前，我国商代出现了象牙尺，商周时期出现了有关长度、容积、重量的标准器。计量标准器的运用既包含了法制性，又包含了多次重复使用的标准化特征。据《史记》记载，在公元前 2000 多年的夏朝禹王治水时就有“左准绳，右规矩”的要求，以规、矩、准和绳为基本绘图和测绘工具来兴修水利，才取得了治理洪荒的成功。

春秋战国时期的《考工记》载有青铜冶炼配方和30项生产设计规范及制造工艺要求，如用规校准轮子的圆周；用平整的圆盘基面检验轮子的平直性；用垂线校验辐条的直线性；用水的浮力观察轮子的平衡；同时对用材、轴的坚固灵活以及结构的坚固性和适用性等都作出了规定，不失为严密而科学的车辆质量标准。

公元前221年，秦始皇统一中国建立了封建王朝以后，采用标准化方式构建其管理基础，以实现政治、经济、军事、文化的统一，采取了“车同轨，书同文，行同伦，统一货币，统一度量衡，统一法律”等一系列措施，用诏书这一最高法律形式对计量器具、文字、货币、道路、车辆、兵器等进行了全国性的统一，推行实施标准化，由此，促进了秦王朝生产的发展和社会文明，对人类标准化的发展作出了突出贡献。

到了民国时期，我国标准化进程逐步与世界接轨，1920年加入ITU，1947年首次被选入行政理事会。中国作为ISO的发起国之一，早在1931年12月就成立了工业标准化委员会。1940年，由全国度量衡局兼办标准事宜，正式推行工业标准化。国民党政府于1946年9月公布了《标准法》，规定国家标准必须“全国共同遵守”，实行合格产品的标志制度。1946年10月派代表参加ISO成立大会并成为理事国。1947年全国度量衡局与工业标准委员会合并成立中央标准局。

新中国成立之后，我国标准化建设翻开了新的篇章，随着经济发展和国力的不断强盛，我国的标准化建设从起初的跟随、陪跑，到目前已走在了世界前列且依然在快速发展。

从1949年起，我国就建立了标准化管理机构。1950年我国停止了ISO会籍。

1952年，我国颁布了第一批钢铁标准。

1957年，我国在国家科学技术委员会内设立标准局，主管全国的标准化工作。同年，我国参加了IEC，成为了正式成员。

1958年，国家技术委员会颁发了第一号国家标准，GB 1—58《标准幅面与格式 首页、续页与封面要求》。同年，我国颁布了第一批国家标准。

1962年11月10日，国务院通过了《工农业产品和工程建设技术标准管理办法》(下文简称《办法》)，规定中国技术标准体制分为国家标准、部标准和企业标准三级，《办法》指出“各级生产、建设管理部门和各企业单位，都必须贯彻执行有关国家标准、部标准”。

1972年5月，我国恢复在ITU的合法地位。

1978年，我国重返ISO国际标准化组织。同年，国务院批准成立了国家标准总局，对标准化工作提出了明确要求。

1979年7月，国务院颁布了《中华人民共和国标准化管理条例》(下文简称《条例》)，规定了标准化的方针、政策、任务、机构和工作方法。《条例》还明确“标准一经批准发布，就是技术法规”，国家对标准实行强制性管理，排除企业对标准的自主管理。

1982 年,国家机关进行机构改革,国家标准总局改为国家标准局,国务院有关部、委、局都设立了标准处,各部、局建立了 20 多个专业标准化研究所。全国还建立了国家级产品质量监督检验测试中心,各省、市、自治区建立了产品质量监督检验站,在工业较集中的城市建立了产品质量监督检验所,初步形成了全国产品质量监督检验网。同年,在 ISO 第 12 届全体会议上,我国被选为 ISO 理事会成员国。

1988 年 7 月,全国人大常委会第五次会议通过了《中华人民共和国标准化法》,把原来统一由国家强制实行的标准划分为强制性和推荐性两类,同时引入了认证方式加以推广,这是打破原有的计划经济旧体制,逐步引入市场机制的一个不小的进步。

据 1989 年底统计,我国国家标准已达 16192 个,行业标准达 4296 个,地方标准达 13 万多个。此外,我国在标准化理论研究、标准化国际交流、积极采用国际标准和国外先进标准、标准化管理、标准情报、出版发行、宣传教育与培训等方面也做了大量的工作,取得了不少成果。

1990 年 10 月 15 日,第 54 届国际电工委员会(IEC)年会在北京举行,来自 38 个国家和地区的 1000 多位标准化官员和专家出席了开幕式,我国标准化领域自此走向了更大的国际舞台。

1999 年 10 月 20 日,国际标准化组织(ISO)第 22 届大会在北京召开。这是我国第一次举办标准化全球性会议,也是 ISO 首次在发展中国家举行大会,我国标准化的视角开始与国际对接,打开国门,带动全国标准化工作走上新台阶。

2001 年 9 月,中国国家标准化管理委员会(SAC)正式成立。同年 12 月,我国成为 WTO 成员,我国政府和企业按照 WTO/TBT 和 WTO/SPS 的规则,实行《标准良好行为规范》,使标准和标准化工作有了新的进步和发展。

2002 年 10 月 22 日,IEC 第 66 届年会在北京召开,我国标准化建设工作继续稳步推进和发展。

2003 年 11 月,全国农业标准化工作会议在北京召开,国务院发布了《关于加强农业标准化工作的指导意见》,农业标准化成为促进农业增效、农民增收、农村经济发展的重要手段,在农业和农村经济工作中发挥了重要作用。

2006 年 7 月,中国标准化专家委员会成立,其中包括院士在内的各领域专家,人才队伍不断壮大,结构也不断优化,在标准化重大问题的决策和咨询等方面发挥了不可替代的作用。

2008 年 10 月,我国成功当选 ISO 常任理事国。

2011 年 10 月,我国成功当选 IEC 常任理事国。

2013 年 4 月 25 日,中法标准化合作委员会设立。同年 12 月 2 日,中英标准互认协议正式签署。

2015 年 3 月 11 日,国务院印发了《深化标准化工作改革方案》(以下简称《方案》),部署改革标准体系和标准化管理体制。《方案》要求改进标准制定工作机制,强化标准的实施与监督,更好地发挥标准化在推进国家治理体系和治理能力现代化中的基础性、战略性作用,促进经济持续健康发展和社会全面进步。《方案》提出改革的总体目标是:建立以政府为主导制定的标准与市场自主制定的标准协同发展、协调配套的新型标准体系,健全统一协调、运行高效、政府与市场共治的标准化管理体制,形成政府引导、市场驱动、社会参与、协同推进的标准化工作格局,有效支撑统一市场体系建设,让标准成为对质量的"硬约束",推动中国经济迈向中高端水平。

2015年12月,国务院办公厅印发《国家标准化体系建设发展规划(2016～2020年)》,对未来5年的标准化工作作了详细规划。随后,国务院陆续印发了《消费品标准和质量提升规划(2016～2020年)》《关于加强节能标准化工作的意见》《装备制造业标准化和质量提升规划(2016～2020年)》等文件,全面推进各领域标准体系建设。

2016年,国务院办公厅印发《国家标准化体系建设发展规划(2016～2020年)》,计划在之后3年内将中国标准的国际影响力在世界范围内大幅提升。同年9月,第39届ISO大会在北京召开。

2017年11月4日,十二届全国人大常委会第三十次会议表决通过了新修订的标准化法,并于2018年1月1日起实施。新标准化法对于提升产品和服务质量,促进科学技术进步,提高经济社会发展水平意义重大。

2018年3月,国务院机构改革方案公布,国家标准化管理委员会的职责划入新成立的国家市场监督管理总局,标准化事业发展迎来了新的战略机遇期。

2020年,国家标准化战略实施专家咨询委员会成立,旨在推动标准国际化。

2021年10月,党中央、国务院印发的《国家标准化发展纲要》是指导中国标准化中长期发展的纲领性文件,目标是:到2025年,实现标准供给由政府主导向政府与市场并重转变,标准运用由以产业与贸易为主向经济社会全域转变,标准化工作由国内驱动向国内国际相互促进转变,标准化发展由数量规模型向质量效益型转变;标准化更加有效地推动国家综合竞争力的提升,促进经济社会高质量发展,在构建新发展格局中发挥更大作用。

四、标准体系构建

自新中国成立以来,经过70多年的发展,我国的标准化建设已取得了长足的进步,在标准化过程中,各行业、各项标准被制定颁布,为经济发展提供了重要的支撑。然而,标准化到了一定程度,需要通过构建标准体系来进一步明确标准之间的关系,避免出现交叉执行、条款重复、覆盖不全、针对性不足、时效性不强等问题,进而阻碍经济高质量和持续性发展。

（一）标准体系定义

标准体系是指一定范围内的标准按其内在联系形成的科学的有机整体。

（二）标准体系的重要性

1. 标准体系是提高国家竞争力的重要技术支撑

随着经济全球化、贸易自由化进程的加快以及国际标准在国际贸易中的地位的加强，技术标准以其具有的“高透明度、开放性、公平性、协商一致性和适应性”等特征成为推动产业技术和专利技术在全球范围内应用的重要工具，因此致使技术标准的竞争成为国际经济和科技竞争的焦点。据统计，在德国工业领域，通过专利技术和技术标准的协调和整合，使技术标准所产生的增加值约占整个 GDP 增长率的 26%，仅次于通过资本投入所产生的增加值，而专利所产生的增加值仅为 3%。所以，在欧美发达国家和地区的标准化战略中都尽可能地将与本国产业相关的技术规范和要求转化为“国际标准”作为其重要内容。而且，在国际标准化组织中获得关键技术标准制定的主导权也是欧美发达国家的关注焦点。因此，技术标准在某种程度上正在成为技术垄断，并为本国带来丰厚的经济效益。标准体系作为标准的总体架构，将标准的作用推上新的台阶，已逐渐成为国家核心竞争力的关键因素。

2. 标准体系是促进科技进步以及社会发展的重要保障

首先，标准体系是促进科技成果迅速转化的纽带和催化剂。科技创新要发挥社会的贡献作用，需要将科技成果以标准化的方式进行应用，促使科技成果迅速和大范围转化，进而形成产业，最终加速产业结构优化升级，带动信息化、工业化的良性循环发展。对于拥有自主知识产权的科研成果，企业可以将之形成专利并将其纳入企业标准，使产品生产标准化，提高产品的科技含量、创新性并提升企业效益。在国家层面，也可通过将本国的核心技术，以标准与专利相结合的方式，通过国家、国际标准的制定，达到创新性产品或技术迅速占领市场的效果，从而实现技术垄断和产业垄断，维护和提升国家利益。

其次，标准体系的发展是科技进步的驱动力。随着市场准入条件的不断提高，可以组织和引导行业、人才集中力量突破技术难关，加快生产技术的更新迭代，缩短新产品试制周期和生产准备周期，促进产品快速推向市场和应用，从而大力推动科技进步。

最后，标准体系是促进社会可持续发展的重要保障。实现自然资源的永续利用和保护自然生态环境是保证社会经济可持续发展的物质基础，而与资源和环境有关的技术标准体系的建立为可持续发展提供了技术保障。鉴于在市场经济环境下，经营者为追求利益最大化，往往对自然资源进行掠夺性开采并对环境造成污染，国家必须采取行政强制性手段来保护资源、促进资源的可持续利用，并发布相应的技术标准。另外通过制定国家生态环境保护、环境污染防治等方面的技术标准,可以为国家保护生态环境、防止环境污染相关政策法规的实施提供技术支撑。

3. 标准体系是优化升级国家产业结构的有效手段

先进的标准和标准体系会对社会产生良性的技术导向,包括资金流向和市场取向等,有助于经济结构的调整和产业结构的升级。例如,通过提高标准的部分或全部技术指标来提高市场准入门槛,使落后的产品无法满足市场要求,进而促使落后的技术和装备淘汰改造。因此,建立健全国家标准体系,运用标准的门槛和调整作用,促进落后的产品、设备、技术和工艺淘汰,压缩过剩的生产能力,加快先进技术的推广普及,有利于国家产业规划突出重点、合理布局,最终实现国家产业结构的优化升级。

4. 标准体系是促进国际贸易与交流的有效措施

技术标准在全球各个国家和国际范围内的作用都在日益凸显,其在现代国际贸易、技术合作与交流中的主要作用包括协调、推动、保护和仲裁。标准体系因其自身所具有的特性,最终促进了国际贸易的发展。标准应用随着国际交流和贸易活动的产生而产生,也随着应用领域和范围的扩大而扩大。国家的标准体系促进了国家内容生产、经营、推广、创新的循环发展,国际范围内的标准体系则极大程度地促进了全球的社会化生产、跨国经营、贸易全球化。我国在加入 WTO 后的前期,在出口贸易中面对由欧美发达国家制定和设置的以技术标准、技术法规、合格评定程序为基本内容的技术性贸易壁垒,易受到各方面的限制,这就要求我国须在 WTO 框架内充分借用技术标准手段,积极采用国际标准,积极参与和主导国际标准的制定工作,不断提升我国在国际标准化活动中的话语权,进而促进我国进出口贸易的发展。

5. 标准体系是规范市场经济秩序的重要技术依据

制定技术标准,其目的是规定产品质量及其性能、实验方法等的基本要求和具体指标,是产品合格与否的重要判据,也是产品能否进入市场的关键门槛。依据技术标准可以鉴别以次充好的产品及假冒伪劣产品,保护消费者的利益、整顿和规范市场经济秩序、营造公平竞争的市场环境。因此,系统完善、科学合理的国家标准体系是国家质量监督与管理部门评定产品质量、规范市场行为的重要依据,为建立和完善市场规则体系、法律法规体系和市场管理体系奠定基础并提供技术依据和支撑。

(三)标准体系构成

1. 国外标准体系的特征

美国的市场经济类型是“消费者导向型市场经济”,又可称为“自由主义”市场经济。因强调市场力量对经济发展的作用,美国标准体系较为分散。美国国家标准协会是代表美国参加活动的组织,但因美国有多个标准化团体,均为非盈利性民间团体,彼此互相联系很少,所以易造成标准“多而重复”的情况,使美国标准总数较多,经过近些年的发展演变有所改善。

欧洲标准化委员会(CEN)制定的欧洲标准是代表其“市场经济”体系的标准,它也体现了德、英、法等成员国的标准体系。欧共体理事会于 1992 年 6 月 18 日作出的有关欧洲经济中欧洲标准化作用的决定中指出:构成一种相关的欧洲标准化体系是非常重要的,这种体系应具有“高透明度、公开性、一致性、有效性”等特点,还能根据“各国代表的意见作出决定”,各国可在“自愿的基础上加以调整”,既反对经济上的“自由放任”,也反对把经济“统紧管死”。这为欧洲标准体系制定了总体框架。

日本的市场经济可称为“行政导向型”或“社团型”市场经济,把标准化工作作为行政管理的一部分。日本标准有五个层次:一是国际标准(ISO 或 IEC 等);二是地区标准,即地理位置相连的一些国家或地区性标准团体制定的标准;三是国家标准;四是团体标准,即学会、协会制定的标准;五是企业内部标准,取得有关方面的同意,制定出在企业内部适用的标准。另外,日本的标准按其标准的内容性质又可分为产品标准、方法标准和基础标准三种类别。

2. 我国标准体系架构

我国的标准体系中包括国家标准、行业标准、地方标准和团体标准、企业标准。国家标准分为强制性标准、推荐性标准,行业标准、地方标准是推荐性标准。强制性标准必须执行。国家鼓励采用推荐性标准。另外,在符合我国法律法规及国情的情况下,可采用国际标准。

截至 2022 年,我国国家标准体系中收录的标准共有强制性国家标准 2008 项(非采标 1408 项,采标 600 项)、推荐性国家标准 39376 项(非采标 25636 项,采标 13740 项)和其他指导性技术文件 494 项(非采标 231 项,采标 263 项)。

(1) 国家标准

国家标准(简称国标)是指由国家标准化行政主管部门批准通过并公开发布的标准。国家标准是对我国经济技术发展有重大意义、必须在全国范围内统一的标准。对需要在全国范围内统一的技术要求,应当制定国家标准。国家标准在全国范围内适用,其他各级标准不得与国家标准相抵触。国家标准一经发布,与其重复的行业标准、地方标准均应废止,国家标准是标准体系中的主体。国家标准分为强制性国家标准(标准代号 GB)和推荐性国家标准(标准代号 GB/T)。

(2) 行业标准

行业标准(简称行标)是指对没有国家标准,需要在全国某个行业范围内统一的技术要求所制定的标准。行业标准是对国家标准的补充,是在全国范围的某一行业内统一的标准。行业标准在相应国家标准实施后,应自行废止。行业标准由行业标准归口部门统一管理。行业标准的归口部门及其所管理的行业标准范围,由国务院有关行政主管部门提出申请报告,国务院标准化行政主管部门审查确定,并公布该行业的行业标准代号。各个行业的行业标准代号都有所不同，如通信行业的行业标准代号为YD，电子行业的行业标准代号为SJ。

(3) 地方标准

地方标准(简称地标)是指由省级标准化行政主管部门批准通过并公开发布的标准。如果没有国家标准和行业标准，而又需要满足地方自然条件、风俗习惯等特殊的技术要求，可以制定地方标准。地方标准的技术要求不得低于强制性国家标准的相关技术要求，并要做到与相关标准件的协调配套。地方标准由省级标准化行政主管部门编制计划，组织草拟，统一审批、编号、发布，并报国务院标准化行政主管部门和国务院有关行政主管部门备案。地方标准在本行政区域内适用。在相应的国家标准或行业标准实施后，地方标准应自行废止。地方标准代号为DB加上省、自治区、直辖市的行政区划代码。

(4) 团体标准

团体标准(简称团标)是由依法成立的社会团体为满足市场和创新需要，协调相关市场主体共同制定的标准，由本团体成员约定采用或者按照本团体的规定供社会自愿采用。社会团体可在没有国家标准、行业标准和地方标准的情况下，制定团体标准，以快速响应创新和市场对标准的需求，并填补现有的标准空白。国家鼓励社会团体制定高于国家标准和行业标准的相关技术要求的团体标准，引领产业和企业的发展，提升产品和服务的市场竞争力。团体标准代号依次由团体标准代号(T)、社会团体号、团体标准顺序号和年代号组成。

(5) 国际标准

国际标准一般是指三大国际组织：国际标准化组织(ISO)、国际电工委员会(IEC)和国际电信联盟(ITU)制定的标准，以及国际标准化组织确认并公布的其他国际组织制定的标准。国际标准在世界范围内统一使用。积极采用国际标准有利于消除国际贸易中的技术壁垒，促进贸易自由化，有利于促进技术进步，提高产品质量和效益，有利于促进世界各国的经济技术交流与合作。

(6) 强制性国家标准

强制性国家标准是必须执行的标准，由国务院批准发布或者授权批准发布。法律、行政法规和国务院决定对强制性标准的制定另有规定的，从其规定。对保障人身健康和生命财产安全、国家安全、生态环境安全以及满足经济社会管理基本需要的技术要求，应当制定强制性国家标准。

(7) 推荐性国家标准

推荐性国家标准是国家鼓励执行的标准，由国务院标准化行政主管部门制定。对满足基础通用、与强制性国家标准配套、对各有关行业起引领作用等需要的技术要求，可以制定推荐性国家标准。

3. 标准体系建设规划

为推动实施标准化战略，加快完善标准化体系，提升我国标准化水平，保证标准化工作的前瞻性、时效性，需对标准化体系建设进行合理的规划。

我国标准化建设的规划一般以五年规划的形式制定发布，近些年根据国际形势的变化和社会发展的情况出台了标准化方面的战略规划、规划纲要等，此类规划的制定实施，将会为规划期内国家的标准化做好顶层设计，为未来标准化的发展指引方向，为国家经济、社会、环境的可持续发展提供保障。

第二节　实验室仪器设备相关标准

实验室仪器设备是指预期应用为实验室分析、测试、计量、检定、观测、检查、诊断、操作和控制等的仪器级设备。为了确保测量使用的仪器设备能够提供准确可靠的数据，以及衡量检测数据是否可靠，必须对检测实验室的仪器设备进行计量。计量是实现测量结果单位统一、量值准确以及量值可靠的活动。加强和改进检测实验室对仪器设备计量的管理，不仅仅是维护检测质量的问题，更是保证产品安全、有效、可控的必要手段。但是，检测实验室的仪器设备数量多、品种杂，给计量管理工作带来了诸多困难，漏检、错检的现象时有发生。如何规范、科学、合理地对设备进行计量，是仪器设备管理人员一直以来关注的重要问题。

一、标准设立的目的和意义

实验室仪器设备种类繁杂、用途广泛、功能多样，再加上市场环境的复杂性，若没有统一的规范要求，其计量检测数据将没有可靠的参考依据。因此，为了保证实验室仪器设备的质量统一、计量检测数据准确性、便于市场监管，有必要对实验室仪器设备制定相关的标准。

实验室仪器设备的标准化将会极大地促进仪器设备市场的规范统一，保障计量检测数据的安全可靠性，稳定市场秩序，促进公平竞争和优胜劣汰，提高全社会仪器设备的技术水平，不断挖掘创新潜力，实现研发、生产、使用、反馈、创新的良性循环和可持续发展。

二、国内外标准化现状

实验室仪器设备标准最早起源于欧美发达国家，我国此方面的发展时间较晚。在20世纪早期，西方主要发达国家就已经开始关注实验室仪器设备的标准化，至20世纪90年代初，主要发达国家更是把技术标准作为战略性竞争手段。美国在“先进民用技术战略”中，把国家标准与相关技术研究列为美国商务部应起领导作用的国家关键技术领域。美国技术标准局在向议会提交的进一步强化工业产品标准制度工作的报告中指出:美国在技术标准方面能否领先其他国家,将左右美国工业的目标竞争力。欧盟在框架计划中除了支持“以标准化为目标的研究开发”外,还支持在研究开发的早期阶段就推进新技术的标准化。日本通产省 1997 年提出了“标准化政策与产业政策、技术政策整体推进”的思路和“建立支持标准化的研究开发框架”。技术标准成为发达国家高技术竞争的主要前沿。

经过多年的发展,国际上以及国内外的实验室仪器和设备标准化有不同的特点,发展的层次也不尽相同。

(一) 国际方面

国际上实验室仪器设备的标准化以国际组织为主,主要是 ISO、IEC,还有联合国旗下的其他组织机构,这里主要介绍 ISO 和 IEC。

1. 国际标准化组织实验室设备技术委员会(ISO/TC48 Laboratory Equipment)

该技术委员会秘书处承担机构与欧洲标准化委员会实验室设备标委会相同,均由德国标准化协会实验室设备和装置标准委员会(FNLa)承担。该标委会原名为“实验室玻璃器皿和相关仪器标委会(Laboratory Glassware and Related Apparatus)”,后因近年来化学分析仪器越来越多地在实验室中使用,于 2005 年正式更名为实验室设备标委会。

该标委会的专业领域包括:实验室玻璃和塑料制品、实验室计量和其他电气和非电气设备以及实验室家具、配件和固定装置。其制定的标准主要包括:实验室玻璃器皿、塑料器皿、陶瓷仪器、容量与密度测量仪器、温度计等实验室仪器设备产品标准,以及其原理、结构材料、性能、尺寸、试验方法和术语、定义标准。

2. 国际电工委员会测量、控制和实验室设备安全技术委员会(IEC/TC66 Safety of Measuring,Control and Laboratory Equipment)

该标委会的专业领域包括:电气试验和测量设备、电气工业过程控制设备和电气实验室设备的安全要求。标委会也制定了多项标准规范,主要包括:通用安全要求、各类测量测试、实验室设备等的特殊安全要求。

标委会归口的 IEC 61010-1 中对实验室设备可能产生安全影响的各种因素进行了系统的规定,在 IEC 61010-2 的系列标准中,有针对性地对各类实验室设备的安全性进一步提出了特殊要求。其中实验室设备可按照如下方式进行分类:

(1) 环境试验类实验室设备

材料加热用实验室设备、制冷设备、气候和环境试验及其他温度调节设备。

(2) 分析仪器

分析和其他用途的自动和半自动实验室设备、具有热原子化和电离作用的实验室原子分光计。

(3) 电气测量实验室设备

电气试验和测量用手持和手动探头组件、绝缘电阻测量设备、电气强度试验设备、家用和专业用可测量电源电压、电气试验和测量用手持和手动电流传感器、测量电路的设备。

（4）医疗实验室设备

体外诊断（TVD）医疗设备、机柜 X 射线系统、医用材料处理用消毒器和清洗消毒器。

（5）其他实验室设备

混合和搅拌用实验室设备、实验室离心机。

3. 国际电工委员会环境条件、分类和试验方法技术委员会（IEC/TC104 Environmental Conditions,Classification and Methods of Test）

该标委会的专业领域包括：环境条件等级和环境试验方法。该标委会制定的标准规范主要包括：各类环境试验方法、条件参数、分级以及相关环境试验条件的性能确认方法。

环境试验要求中包括了对温湿度环境、力学环境、溶液环境以及其他环境的要求。同时，为确保上述试验环境能够真实模拟，在试验条件确认系列标准中，制定了有关验证方法，上述内容为设备的生产制造、验证提供了目标及依据。

4. 国际电工委员会测量和控制设备分委员会（IEC/SC65B Measurement and Control Devices）

该分委员会（以下简称分委会）专业领域为环境条件等级和环境试验方法。分委会制定的标准规范主要包括：分析仪器、工业过程控制、其他相关组件及评价方法。

分委会涉及分析仪器部分的标准主要包括：电化学分析仪器的性能表示，气体分析仪器的性能表示，其他分析仪器的性能表示，分析仪器的设计、安装和维护的有关要求。

在该分委会制定的分析仪器的标准中，对各类分析仪器的相关性能表示进行了规定，还基于分析仪器的特殊性，制定了设备设计、安装和维护的相关基础标准。

（二）区域方面

本节的区域实验室仪器设备标准化主要是指欧洲实验室仪器设备的标准化情况，主要是欧洲标准化委员会实验室设备技术委员会（CEN/TC332 Laboratory Equipment）。该标委会与 ISO/TC48、FNLa 的秘书处承担机构相同，其专业领域为化学、物理和生物实验室的仪器设备。

标委会制定的标准规范主要包括：实验室玻璃、塑料器皿和容量装置、通风柜和相关通风装置、紧急淋浴装置、安全柜和隔离装置、配件和固定装置、密度计、微加工工程。

根据 CEN 与 ISO 签订的维也纳协议的相关规定，要尽可能确保国际标准和欧洲标准一致。因此,该标委会除对 ISO/TC48 已有标准进行全部等同转化,还根据自身需求与关注方向,对部分安全性要求较高的实验室设备制定了产品标准,如通风柜、紧急淋浴装置、安全柜等。

(三)发达国家

1. 美国材料试验学会实验室仪器委员会(ASTM Committee E41 on Laboratory Apparatus)

该标委会作为美国材料试验学会中的实验室仪器委员会,负责制定一般实验室仪器的规范、测试方法和定义标准,主要包含以下领域:

(1) 实验室器皿和用品

玻璃容器、实验室吸管、气体测量、蒸馏水装置等。

(2) 实验室仪器和设备

天平、环境试验设备、显微镜物镜螺纹等。

2. 美国材料试验学会分子光谱学和分离科学委员会(ASTM Committee E13 on Molecular Spectroscopy and Separation Science)

该标委会专业领域包括:红外和近红外光谱、分子发光、核磁共振、拉曼、化学计量学、光纤以及气相和液相色谱等领域的产品、测试方法及其定义。

此外,该标委会分析数据小组还编写了实验室信息化领域中最常用到的几项基础标准,包括 E1578 实验室信息学标准指南、E2066 实验室信息管理系统验证标准指南、色谱数据分析数据交换协议和质谱数据分析数据交换协议等。

3. 德国标准化协会实验室设备和装置委员会(DIN Standards Committee Laboratory Devices and Installations)

该标委会与 ISO/TC48、CEN/TC332 的秘书处承担机构相同,其专业领域包括:仪器的准确性要求,实验室设备和家具的兼容性,实验室设备的功能、安全和测试方法和上述相关术语等。该标委会制定的标准主要包含以下领域:

(1) 实验室玻璃器皿

玻璃装置和设备、玻璃器皿的测试、温度计和湿度计、容量仪器。

(2) 实验室家具和配套设施

通风柜、实验室家具、阀门和配件、安全柜和隔离装置。

(3) 实验室设备

瓷器、硅胶设备和器皿、机械物理和电气设备、循环器和恒温槽、振荡式密度计。

(4) 实验室信息化

该标委会在 ISO/TC48 和 CEN/TC332 工作的基础上,还制定了陶瓷、硅胶制仪器设备以及部分带电类环境试验设备的标准,并提出了实验室设备互联互通的发展方向,制定了实验室信息类标准。

（四）国内情况

1. 全国实验室仪器及设备标准化技术委员会(SAC/TC526)

该标委会前身为机械工业实验室仪器及设备标委会，后经国家标准化管理委员会批准，于2011年正式成为国家级标委会，并更名为“全国实验室仪器及设备标准化技术委员会”，主要负责带电实验室仪器设备的标准化工作。此外，为保障实验室仪器设备间相互匹配、合理布局，该标委会从系统工程的角度出发，制定了实验室建设设计类基础标准，以及为保障实验室高效、节能运行，制定了实验室及仪器设备信息化系列基础标准与仪器设备能耗测试类方法标准。

该标委会制定的标准包括国家标准和行业标准等，主要包含以下领域：

（1）实验室仪器设备：环境试验设备、实验室离心机、天平、噪声仪器、测量仪器、其他设备。

（2）实验室建设技术规范。

（3）实验室及设备信息化。

2. 全国电工电子产品环境条件与环境试验标准化技术委员会(SAC/TC8)

该标委会的专业领域包括：电工电子产品环境条件与环境试验是IEC/TC104的国内对口单位之一，其制定的标准主要是与环境试验产品相关的性能检验方法，其余为环境试验的相关参数规定与条件分类标准。

该标委会除了等同转化IEC 60068-3系列电工电子产品环境试验温度、温湿度试验箱等性能确认标准外，还组织国内相关企业对环境试验设备的检验方法开展相关标准化研究工作，并制定了GB/T 5170系列标准，为生产企业与用户提供了检验设备性能的依据。

3. 全国工业过程测量控制和自动化标准化技术委员会分析仪器分技术委员会(SAC/TC124/SC 6)

该分委会标准化领域包括：物质成分、化学结构和物理特性的分析测量仪器及仪器的测量技术，是IEC/SC65B/WG14分析设备的国内对口技术机构。

该标委会制定的标准主要包括：气体分析仪器、电化学分析仪器、光谱分析仪器及上述设备相关配件的产品标准和对应产品的性能试验方法。

4. 其他有关标委会

除上述标委会外，部分标委会也对实验室仪器设备进行了规定：

（1）全国测量、控制和实验室电气安全标准化技术委员会(SAC/TC338)作为IEC/TC66的国内对口单位之一，转化了IEC 61010系列标准，规定了实验室电气设备的有关要求。

（2）全国家具标准化中心制定了GB 24820实验室家具通用技术条件，该标准参考了CEN/TC332制定的EN 13150:2001(《实验台尺寸、安全要求和试验方法》)、EN 14056:2003(《实验室家具　设计和安装建议》)、EN 14727:2005(《实验

室家具　实验室存储设备　要求和试验方法》),对实验室中的各式实验台、操作台、储物柜等实验室家具设施进行了规定。

(3) 全国玻璃仪器标准化技术委员会(SAC/TC178)负责玻璃仪器的标准化工作,其中既包括实验室玻璃仪器设备的标准化工作,又包括其他类型的玻璃仪器的标准化工作,如微波炉用玻璃盘等。

(4) 全国移动实验室标准化技术委员会(SAC/TC509)负责移动实验室及其相关设备设施的标准化工作,即箱货式车辆改装实验室及其设备设施。

(5) 全国教育装备标准化技术委员会(SAC/TC125)负责教育装备中教学实验室的实验室仪器设备标准化工作。

三、实验室仪器设备标准体系

虽然目前国际上尚未对实验室仪器设备标准体系形成统一的定义,但通过对国内外相关标委会工作情况的梳理,可归纳出当今实验室仪器设备领域标准可分为两大类,主要包括:

(1) 实验室仪器和设备标准

不带电实验室仪器设备、带电实验室仪器设备。

(2) 实验室设施和装置标准

实验室家具和配件、实验室安全装置、实验室建筑设施、实验室环境设计。

实验室仪器设备的标准体系如图 5.1 所示。

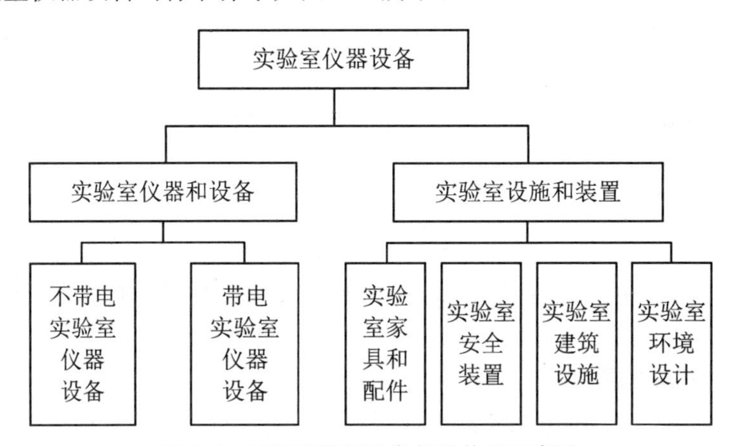

图 5.1　实验室仪器设备标准体系示意图

四、各类标准的重点内容、简介、适用范围和目的

1. GB/T 40024—2021(《实验室仪器及设备　分类方法》)

该标准由全国实验室仪器及设备标准化技术委员会(SAC/TC526)提出和归

口，于 2021 年 11 月实施。

该标准规定了实验室仪器及设备分类的术语和定义、分类原理和方法、实验室仪器及设备的详细分类。该标准通过对实验室仪器设备核心要素的标准化，以期提供通用的思维方法，并为从事实验室工作及管理的组织或个人提供帮助。

该标准参考实验室仪器设备的应用领域，将其进行了细分：分析仪器与设备、光学仪器与设备、光学测量仪器、加热制冷及空气净化与调节设备、热学测量仪器、力学试验仪器与设备、力学测量仪器、物理性质测量仪器与设备、样品处理仪器与设备、声学测量仪器、几何学测量仪器、时间频率测量仪器、无线电测量仪器、电磁学测量仪器、电离辐射测量仪器、生物技术仪器与设备、其他应用领域的专用测量仪器。该标准的制定有利于确认实验室仪器及设备的类别和类别之间的关系。

在实验室仪器设备集成技术领域，参考此标准有助于准确地对实验室仪器设备进行分类，并按照仪器类别及不同类别仪器设备的技术原理、硬件结构、数据结构等有针对性地设计更为合理的通用或专用接口集成方案。

2. GB/T 39556—2020(《智能实验室　仪器设备　通信要求》)

该标准由全国实验室仪器及设备标准化技术委员会(SAC/TC526)提出和归口，于 2021 年 7 月实施。

本标准规定了智能实验室仪器设备与上层系统通信的总体要求、网络通信模型和命令格式等，并适用于实验室中具有通信功能的仪器设备。

在总体要求方面，该标准从完整性、通信方式、可扩展性、符合性测试四个方面进行了阐述。在网络通信模型方面，该标准从网络通信架构、通信传输模式、命令格式三个方面进行了详细的技术说明。该标准还以高低温试验箱、温度变化试验箱、离心机、电动振动台、电子天平这五个典型的实验室仪器设备为例，对智能实验室仪器设备与上层系统通信的命令格式、读写方式进行了详细说明。

该标准为实验室设备集成方案的通信方面提供了基本示例和参考规范。在实验室设备集成方案设计工作的通信协议设计方面，该标准具有极大的参考价值。

3. GB/T 39555—2020(《智能实验室　仪器设备　气候、环境实验设备的数据接口》)

该标准由全国实验室仪器及设备标准化技术委员会(SAC/TC526)提出和归口，于 2021 年 7 月实施。

该标准规定了智能实验室用气候、环境试验设备与系统通信的数据接口的术语和定义、数据定义、数据类型和数据结构等。该标准适用于智能实验室领域具有数据接口功能的气候、环境试验设备。其他智能实验室仪器设备可参照使用。

该标准以气候和环境试验设备为例，详细说明了实验室仪器设备与其他外部系统的数据接口的数据规范，包括数据类型，通用类数据结构，定时器类数据结构，状态数据结构，电压、电流、温湿度等度量值的数据结构。该标准虽然只对气候和环境试验设备的数据接口作了阐述，但这些接口数据格式同样适用于其他类型的仪器设备，通过举一反三，亦可据此设计其他类型实验室仪器设备的接口数据格式。

该标准是首个仪器设备集成技术领域的技术应用国家标准，具有重要的指导意义和示范意义，对于我国仪器仪表行业发展意义重大。

4. ASTM E1947-98(《色谱分析数据交换协议规范》)

该标准由美国材料与试验学会(ASTM)于1998年首次发布。

该标准涵盖了用于表示色谱数据的分析数据交换协议和影响色谱仪器数据系统之间数据传输的软件工具。色谱分析数据交换协议旨在使分析仪器的用户受益，并提高实验室的生产力和效率，为创建以“. cdf”为扩展名的原始数据文件或结果文件提供了标准化格式。cdf文件的内容包括标题信息(如仪器信息、色谱柱信息、检测器信息和操作员信息)，后跟原始色谱数据或处理后的色谱数据，或两者都有。一旦数据被写入或转换为该协议，它们就可以由支持该协议的软件读取和处理。

该协议规定了一个一致的、独立于仪器设备或软件供应商的、有利于色谱分析数据交换的数据格式。它的色谱数据交换开发方案易于被仪器设备终端用户和仪器软件开发人员使用；数据结构易于人类读取；开放、扩展性高、易于维护；适用于多维度数据，包括二维数据(如色谱图)；独立于任何特定的通信技术，如RS-232、IEEE-488、LAN等；独立于任何特定的操作系统，如DOS、OS/2、UNIX、VMS、MVS等；独立于任何特定的仪器设备供应商或软件供应商，可被所有仪器设备供应商或软件供应商接受和使用；与其他数据交换标准共存，但并不否定其他标准；为长期使用而设计，但可以在短期内实现；适用于色谱分析，但不排除会扩展到其他分析技术领域。

该协议也需要保证数据交换时的数据完整性，确保数据交换时不改变色谱分析数据的数据精度。允许将原始分析数据、最终结果、色谱图等数据传输到LIMS。以实现在各种供应商的仪器系统之间传输数据；提供与LIMS集成时的通信数据规范；将数据链接到文档处理应用程序；将数据链接到电子表格应用程序；存档分析数据。

同时，该协议基于色谱分析仪器的技术原理，对色谱分析仪器产生的数据信息进行了分类：① 原始数据；② 最终结果；③ 完整的数据处理方法；④ 化学方法；⑤ 实验室相关信息。

与该标准紧密相关的标准为ASTM E1948-98(《色谱分析数据交换协议指南》)，该指南在软件应用层面详细阐述了ASTM E1947-98所述的色谱数据交换协议的具体实现方式，通过具体的实例阐述了如何利用软件来传输和读取数据，实现了ASTM E1947-98所述协议的色谱分析数据。ASTM E1947-98及其相关标准ASTM E1948-98从数据结构层和软件应用层对实验室色谱类的仪器设备集成技术进行了标准化。

从历史上来看，这两个标准是基于全球最大的分析仪器行业协会 AIA（Analytical Instrument Association）的 ANDI 协议标准转化而来的，因此该系列协议又被称为 AIA 协议或 ANDI 协议。从 20 世纪 90 年代起，该协议逐步被全球主要的仪器生产厂商采纳并实施，包括赛默飞世尔、安捷伦、岛津、沃特世等品牌的仪器设备均支持 AIA 协议的数据传输格式。在全球范围内，AIA 协议标准是仪器设备集成技术领域影响力较大的标准。

在仪器设备集成技术标准化工作方面，ANDI 协议标准应被我国充分吸纳，并针对我国的仪器仪表行业特点进行本地化改造。结合 ANDI 协议的巨大影响力以及我国仪器仪表行业的特色，以打造具有国际影响力和较高技术先进性的仪器设备集成技术标准体系。

5. ASTM E2077-00（《质谱分析数据交换协议规范》）

该标准由美国材料与试验学会（ASTM）于 2000 年首次发布。与上文所述的 ASTM E1947-98（《色谱分析数据交换协议规范》）同属于 ANDI（AIA）协议标准，是 ASTM E1947-98 所述的数据交换协议在质谱分析技术领域的扩展。

该协议标准的设计目标与 ASTM E1947-98 一致。在核心内容方面，该协议基于质谱分析仪器的技术原理，对质谱分析仪器产生的数据分类和数据要素进行了说明。除了仅仅与质谱分析技术相关的内容外，该标准的其他内容与 ASTM E1947-98 大体一致。

与该标准紧密相关的标准为 ASTM E2078-00（《质谱分析数据交换协议指南》），该指南在软件应用层面详细阐述了 ASTM E2077-00 所述的质谱分析数据交换协议的具体实现方式，通过具体的实例阐述了如何利用软件来传输和读取数据，实现了 ASTM E2077-00 所述协议的色谱分析数据。

6. ASTM E1381-95（LIS01-A2）（《临床实验室仪器与计算机系统间的低级别消息传输协议规范》）

该标准由美国材料与试验学会（ASTM）于 1995 年首次发布。

该规范性协议描述了临床实验室仪器与计算机系统之间的数字信息传输。该协议所考虑的临床实验室仪器是指用于分析从一个或多个患者采集的样本的仪器设备。该协议所述的计算机系统通常是指临床实验室信息管理系统（CLIMS），用于接收仪器结果并进行进一步处理、存储、报告、计算的计算机系统。该协议所述的仪器通常输出的是患者的临床检验结果、临床实验室质控结果或者其他相关信息。

该协议阐明了二进制串口交换和 TCP/IP 数据交换两种数据传输模式都会使用到的低级别协议。该协议在物理硬件层和连接层对临床实验室仪器与计算机系统之间消息传输的格式进行了规范。该协议属于较低级别的通信协议。

在实验室设备集成方案设计工作的通信协议设计方面，该标准具有较大的参考价值。

7. ASTM E1394-97(《临床实验室仪器与计算机系统间的信息传输规范》)

该标准由美国材料与试验学会(ASTM)于1997年首次发布。

该规范性标准涵盖了临床实验室仪器与计算机系统之间的双向远程请求和结果传输。其目的是记录临床实验室仪器与实验室仪器之间进行临床结果和患者数据转换的通用方式。该标准规定了临床实验室仪器与实验室仪器之间进行数据传输的消息内容。

在实验室设备集成方案设计工作的接口数据设计方面,该标准具有较大的参考价值。

第三节 实验室信息管理相关标准

一、实验室信息管理系统发展进程

一般认为LIMS的雏形出现于20世纪60年代末,美国一些高等院校、研究院以及化学公司开始研究和使用大型计算机和局域网络系统处理分析化学数据。当时基本在小范围内部使用,一直到20世纪70年代末,LIMS更多地还是停留在初级应用阶段,很少有相关的深入研究工作。

到了20世纪80年代,出现了商品化的LIMS产品,这标志着LIMS研究走出了理论和小范围应用的狭窄区域,有了更广泛的空间和商业价值。1983年,雷蒙德E. 德西(Raymond E. Dessy)在论文中对此前的LIMS发展进行了研究和总结,首次提出了LIMS术语,并对其原理、功能、用途作了说明,为今后LIMS的研究走向专业化和系统化奠定了基础。

此后,LIMS由封闭的商品化软件转向强调用户灵活配置的开放性系统,从最初仅仅完成数据存储,提供有限的网络功能,发展到现在可以处理海量数据,具备较为完善的管理功能,使实验室信息能够在更广泛的范围内共享和使用。

国内对于LIMS的研究工作相对于发达国家是滞后的,这也与国内LIMS应用的相对滞后有关。

自20世纪80年代以来,国家大力倡导信息化高速公路建设,计算机与网络的使用陆续进入各个行业。20世纪90年代,计算机网络和实验室业务管理软件在我国第三方实验室开始得到应用。

自20世纪90年代中后期以来,国内出现了比较成熟的LIMS产品,并成功地应用于石化等多个领域。

此后,尤其是进入21世纪,我国的LIMS渐渐进入成长和成熟期,同国外先进系统的差距也日益缩小。

2002 年，首届中国 LIMS 学术研讨会与展示会在北京成功召开。这次会议对此前十余年来国内 LIMS 的发展作了系统的总结，并对以后的发展趋势作了展望，可以说是国内 LIMS 发展史上的一个重要事件和标志。

近年来，随着 LIMS 产品在国内越来越多地应用，LIMS 也逐渐引起开发商和用户的关注，关于 LIMS 的研究也逐渐增多。目前，国内的 LIMS 研究已经从最初的学习和借鉴国外产品和技术，发展到了结合国内实验室的实际情况和具体需求的专门研究，涉及 LIMS 标准规范、质量控制、开发技术和商业价值等多个方面，并取得了一些不错的成绩。

二、我国信息技术标准体系构建

要保证实验室信息管理系统的长远可持续发展，需要对其进行标准化，以满足市场的批量需求，同时可以保障实验室管理水平和服务质量。实验室信息管理系统标准属于信息技术标准体系中的一部分，而我国信息技术的相关标准体系也正处于高速发展时期，其内容丰富、覆盖广泛，是我国信息化发展的重要组成部分。

（一）我国信息技术标准体系建设工作

我国信息技术标准体系的建设工作，是在工业和信息化部的统一领导下，由以全国信息技术标准化技术委员会（简称信标委）为代表的标准化技术委员会等机构进行。信标委成立于 1983 年，是在国家标准化管理委员会和工业和信息化部的共同领导下，从事全国信息技术领域标准化工作的技术组织。信标委下设 22 个分技术委员会和 18 个直属工作组，截至 2021 年已制定国家标准、电子行业标准 800 余项，覆盖中文信息处理、软件、IT 服务、通信与网络、IC 卡、射频识别（RFID）、设备互连、计算机与外围设备、移动智能终端、电子政务、电子文件、生物特征识别、教育信息化、物联网、云计算、信息技术设备能效、数据中心、大数据等领域。

我国信息技术标准体系的建设，还需要围绕国民经济和社会信息化的迫切需求，重点推动电子政务、大数据、智慧城市、电子书包、全球对象标识符（OID）、物联网、信息无障碍等领域的标准化工作，以及标准的推广应用工作。

信息技术标准体系的构建，不仅需要考虑信息技术的发展与应用，推进我国信息化建设的进程，还需要满足维护国家信息安全工作的要求。因此信息技术标准体系的构建，需要围绕信息采集、表示、处理、传输、交换、管理、组织、存储、检索、服务等方面，按照“技术创新、标准制定、实验验证、知识产权处置、产业推动和应用”五个环节推进标准化工作。我国信息技术标准体系如图 5.2 所示。

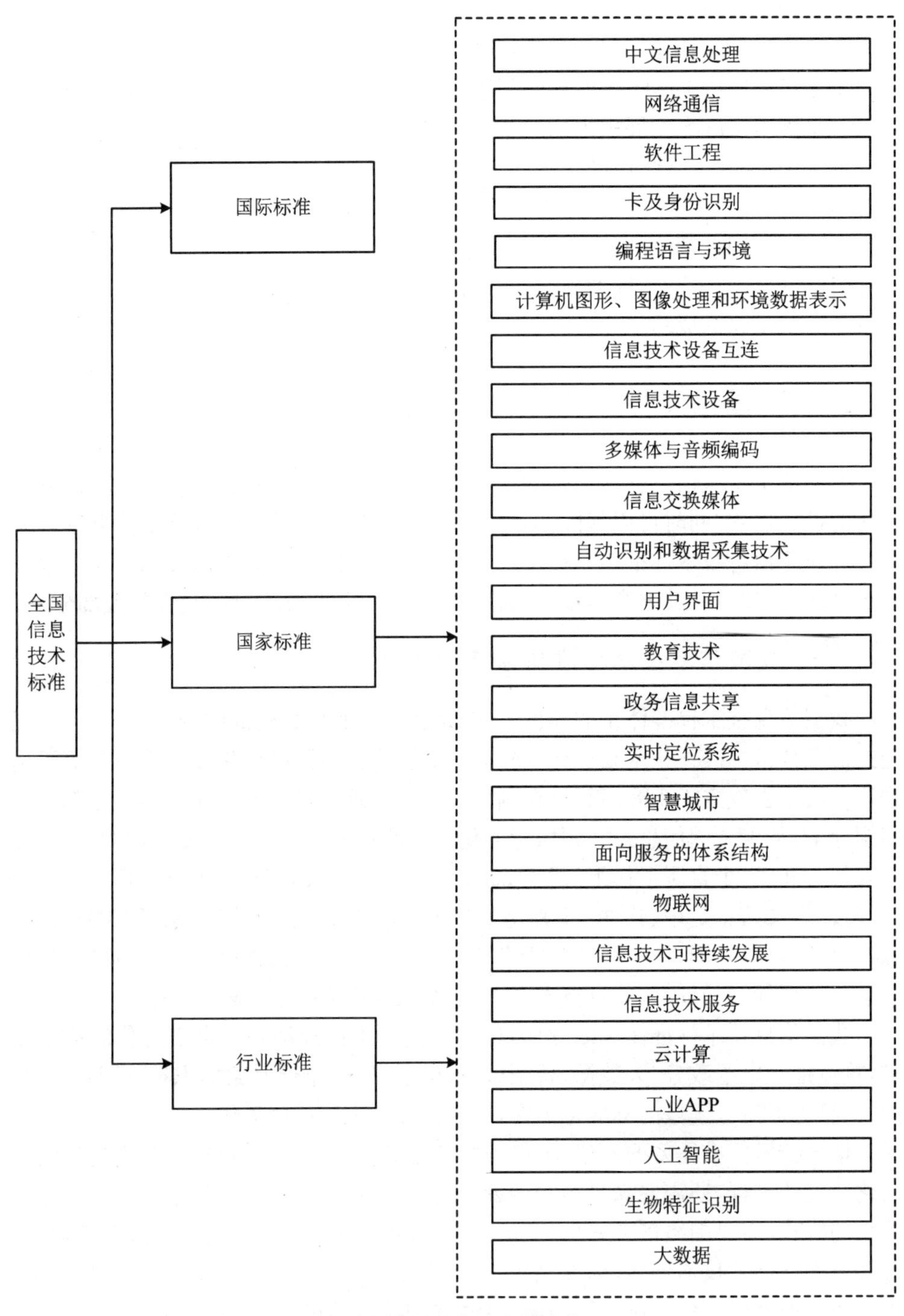

图 5.2　我国信息技术标准体系

(二) LIMS 行业主要法规一览

LIMS 作为实验室信息化管理的重要工具,大大推进了实验室研究发展的进程,提高了实验室工作的效率,因此也在一定程度上促进了实验室成果的创新。为使 LIMS 在实验室信息管理方面的作用最大化、运行顺畅化、创新持续化、数据传输快速化、数据应用智能化,其相应的法规标准的制定必不可少。LIMS 行业的主要法规汇总见表 5.1。

表 5.1　LIMS 系统行业主要法规汇总

序号	类别	法律法规	发布单位	施行时间
1	综合类	《计算机软件保护条例》(2013 年修订版)	国务院	2013 年 3 月
2		《国家规划布局内的重点软件企业和集成电路设计企业认定管理试行办法》	工信部、发改委、商务部、财政部、国税总局	2012 年 8 月
3		《计算机信息系统集成企业资质等级评定条件》(2012 年修订版)	工信部	2012 年 5 月
4		《中华人民共和国著作权法》	全国人大常委会	2021 年 6 月
5		《中华人民共和国产品质量法》	全国人大常委会	2018 年 12 月
6		《中华人民共和国安全生产法》	全国人大常委会	2021 年 9 月
7		《中华人民共和国传染病防治法》	全国人大常委会	2013 年 6 月
8		《中华人民共和国标准化法》	全国人大常委会	2018 年 1 月
9	实验室用品/设备管理	《危险化学品安全管理条例》	国务院	2013 年 12 月
10		《易制毒化学品管理条例》	国务院	2018 年 9 月
11		《中华人民共和国监控化学品管理条例》	国务院	2011 年 1 月
12		《机电产品进口自动许可实施办法》	商务部、海关总署	2008 年 5 月
13		《中华人民共和国特种设备安全法》	全国人大常委会	2014 年 1 月
14		《特种设备安全监察条例》	国务院	2009 年 1 月
15		《科研院所等科研机构免税进口科学研究、科技开发和教学用品管理细则》	科技部、财政部、海关总署、税务总局	2021 年 1 月至 2025 年 12 月
16		《实验动物管理条例》	国务院	2017 年 3 月

续表

序号	类别	法律法规	发布单位	施行时间
17	实验室安全管理	《中华人民共和国安全生产法》	全国人大常委会	2021年9月
18		《中华人民共和国突发事件应对法》	全国人大常委会	2007年11月
19		《生产安全事故应急预案管理办法》	国家安全生产监督管理总局	2019年9月
20		《生产安全事故信息报告和处置办法》	国家安全生产监督管理总局	2009年7月
21		《病原微生物实验室生物安全环境管理办法》	原国家环境保护总局	2006年5月
22		《病原微生物实验室生物安全管理条例》	国务院	2018年3月
23		《高致病性动物病原微生物实验室生物安全管理审批办法》	原农业部	2005年5月
24		《关键信息基础设施安全保护条例》	国务院	2021年9月
25		《中华人民共和国计算机信息系统安全保护条例》	国务院	2011年1月
26	实验室资质管理	《中华人民共和国认证认可条例》	国务院	2020年11月
27		《国家产品质量监督检验中心授权管理办法》	原国家认监委	2007年12月
28		《国家认定企业技术中心管理办法》	国家发展和改革委员会、财政部、海关总署、国家税务总局	2005年5月
29		《计量标准考核办法》	国家市场监督管理总局	2020年10月
30		《法定计量检定机构监督管理办法》	国家质量技术监督局	2001年1月
31		《强制性产品认证机构、检查机构和实验室管理办法》	原国家质量监督检验检疫总局	2004年8月
32		《认证机构、检查机构、实验室取得境外认可机构认可备案管理办法》	原国家认监委	2004年2月

续表

序号	类别	法律法规	发布单位	施行时间
33	其他	《国家重点实验室建设与运行管理办法》	科学技术部、财政部	2008年8月
34		《国家工程实验室管理办法(试行)》	发改委	2007年9月
35		《国家工程研究中心管理办法》	发改委	2020年9月至2025年9月
36		《国家市场监管重点实验室管理暂行办法》	国家市场监督管理总局	2020年1月
37		《中华人民共和国固体废物污染环境防治法》	全国人大常委会	2020年9月

三、实验室管理规范化

(一) 实验室分类

实验室的类型繁多,不同类型的实验室,有着不同的建设要求,不同的用途,适用的管理规范不同,对实验室信息化管理的要求也不同。

实验室的分类方式也有很多种,下面简单地介绍几种实验室分类方式。

1. 按学科划分

按学科划分可分为化学实验室、生物实验室、物理实验室。

化学实验室主要进行无机化学、有机化学、高分子化学等领域的研究、分析。生物实验室根据生物对象的类别不同,可以进一步细分为动物学实验室、植物学实验室和微生物实验室。生物实验室按生物安全防护要求的不同可进一步细分为:一级生物安全防护实验室、二级生物安全防护实验室、三级生物安全防护实验室和四级生物安全防护实验室。物理实验室包括电学实验室、热学实验室、力学实验室、光学实验室、综合物理实验室等。

2. 按行业划分

按行业划分可分为疾病预防控制中心实验室、出入境检验检疫系统实验室、产品质量检验机构实验室、农产品检验机构实验室、药品检验机构实验室、医学检验机构实验室、分析测试中心实验室、科研孵化器实验室、公安系统实验室、水质检验实验室、环境检测实验室、核电系统实验室、教学系统实验室、工厂实验室等。

虽然行业实验室根据其行业特性有不同的名称,但都离不开干性实验室或湿性实验室范畴,属于化学实验室、生物实验室或物理实验室。

3. 按业务类型划分

按业务类型可分为检测实验室、校准实验室、科研实验室。检测实验室检测的对象是产品,对产品的特性进行检测并出具检测结果。校准实验室检测的对象是测量设备,对测量设备的特性进行检测并出具检测结果。科研实验室是为科学研究和产品开发提供实验数据。

4. 按所检测样品的来源划分

按所检测样品的来源可分为第一方实验室、第二方实验室、第三方实验室。第一方实验室是检测/校准本单位生产的产品,数据仅供本单位使用,目的是提高和控制本单期生产的产品质量。第二方实验室是检测/校准本单位供应商提供给本单位的产品,数据仅供本单位使用,目的是了解供应商提供给本单位的产品的质量,为本单位接收、使用这些产品提供所需的数据。第三方实验室是受社会上某单位或个人委托,检测/校准其指定的产品,数据供社会、该单位或个人使用。

5. 其他分类方法

实验室也可按其他许多分类方法进行分类,如按归属划分、按实验室特性划分等等。

(二) 实验室规范化管理标准的发展

实验室的类别不同,用途不同,所适用的规范化管理标准不同,对实验室信息化管理的需求也存在巨大差异。随着时代的发展,越来越多的实验室选择将信息化技术作为其内部规范化管理的工具之一,实验室规范化管理标准也逐渐开始涵盖了对实验室信息化管理的部分要求。

最常见的实验室规范化管理标准是与认证认可相关的标准。为表明实验室具备按相应认证认可准则开展检测和校准服务的技术能力;增强市场竞争力,赢得政府部门、社会各界的信任;在认证认可的范围内使用对应标志;获得签署互认协议方国家和地区认可机构的承认等,大部分实验室都会选择进行相应的认证认可工作,并按照相应的规范化管理要求进行实验室日常管理。下面对常见的几种认证认可规范化管理标准的发展概况进行介绍。

1. GLP(Good Laboratory Practice)

为统一化学品的安全性评价标准,避免化学品的非关税壁垒,经济合作与发展组织(Organization for Economic Co-operation and Development,OECD)从20世纪80年代起着力推动安全性评价数据的相互认可,制定了GLP准则,要求各成员严格遵循。

GLP意为“良好实验室规范”或“标准实验室规范”,是就实验室实验研究从计划、实验、监督、记录到实验报告等一系列管理而制定的法规性文件,涉及实验室工作的所有方面。它主要是针对医药、农药、食品添加剂、化妆品、兽药等进行的安全性评价实验而制定的规范。制定GLP的主要目的是严格控制化学品安全性评价实验的各个环节,即严格控制可能影响实验结果准确性的各种主客观因素,减小实验误差,确保实验结果的准确性、真实性和可靠性,促进实验质量的提高,提高登记、许可评审的科学性、正确性和公正性，更好地保护人类健康和环境安全。

自2007年起，欧盟实施REACH法规，要求进口欧盟国家的石油和化工产品必须拥有通过其认证的GLP实验室出具的安全性评价数据。

2.《药品非临床研究质量管理规范》

我国的GLP是1991年起草的，于1994年生效。1998年国务院机构改革后，国家食品药品监督管理局(那时候叫"SFDA")根据国际GLP的发展和我国的实际情况，颁布了《药品非临床研究质量管理规范》，并于1999年施行。

2007年，我国规定未在国内上市销售的化学原料药及其制剂、生物制品，未在国内上市销售的从植物、动物、矿物等物质中提取的有效成分、有效部位及其制剂和从中药、天然药物中提取的有效成分及其制剂，以及中药注射剂等的新药非临床安全性评价研究必须在经过GLP认证、符合GLP要求的实验室进行，这标志着我国从开始的GLP试行到目前的强制性实施。

《药品非临床研究质量管理规范》也经历了多次修订，目前实施的是2021年7月的版本。

目前，我国GLP管理规范还仅限于国内，暂未与经济合作与发展组织(OECD)认证认可互通，部分实验室为满足出口化学品的安全性评价需求，会在满足我国GLP要求的同时，去通过OECD成员的GLP国际认证，其出具的相关评价数据将获得OECD成员的多边认可。

3. CMA计量认证

CMA(China Inspection Body and Laboratory Mandatory Approval)是中国计量认证的简称，是根据《中华人民共和国计量法》的规定，由省级以上人民政府计量行政部门对检测机构的检测能力及可靠性进行的一种全面的认证及评价。

根据《中华人民共和国计量法》(2015年修正)第二十一条规定："为社会提供公证数据的产品质量检验机构，必须经省级以上人民政府计量行政部门对其计量检定、测试的能力和可靠性考核合格。"因此，所有对社会出具公正数据的产品质量监督检验机构及其他各类实验室必须取得中国计量认证，即CMA认证。只有取得计量认证合格证书的检测机构，才能够从事检验检测工作，并允许其在检验检测报告上使用CMA标记。有CMA标记的检验检测报告可用于产品质量评价、成果及司法鉴定，具有法律效力。

CMA认证所遵循的评价体系是《检验检测机构资质认定评审准则》。CMA的认证对象是所有对社会出具公正数据的产品质量监督检验机构及其他各类实验室，如各种产品质量监督检验站、环境检测站、疾病预防控制中心等。取得实验室资质认定(计量认证)合格证书的检测机构，可按证书上批准列明的项目，在检测(检测、测试)证书及报告上使用CMA标志。未经计量认证的技术机构为社会提供公证数据属于违法行为，违法必究。

实验室资质认定(计量认证)分为两级实施。一个为国家级，由国家认证认可监督管理委员会组织实施;另一个为省级,由省级质量技术监督局负责组织实施,具体工作由计量认证办公室(计量处)承办。不论是国家级还是省级,实施的效力均是完全一致的,不论是国家级还是省级认证,对通过认证的检测机构在全国均同样法定有效,不存在办理部门不同效力不同的差异。

4. 实验室认可

实验室认可主要是指CNAS(中国合格评定国家认可委员会)认可。首先来了解一下CMA认证、CNAS认可之间的主要区别。实验室资质认定(计量认证)是法制计量管理的重要工作内容之一。对检测机构来说,这是检测机构进入检测服务市场的强制性核准制度,即具备计量认证资质、取得计量认证法定地位的机构,才能为社会提供检测服务。CNAS认可是自愿申请的能力认可活动。通过CNAS认可的检测机构,可证明其符合国际上通行的校准和/或检测实验室能力的要求。

我国的认证机构、实验室和检查机构等相关机构的认可工作,是由CNAS统一负责的。它是根据《中华人民共和国认证认可条例》的规定,由国家认证认可监督管理委员会批准设立并授权的国家机构。CNAS通过评价、监督合格评定机构(如认证机构、实验室、检查机构等)的管理和活动,确认其是否有能力开展相应的合格评定活动(如认证、检测和校准、检查等),确认其合格评定活动的权威性,发挥认可约束作用。

中国合格评定国家认可制度已经融入国际认可互认体系,并在国际认可互认体系中有着重要的地位,发挥着重要的作用。目前我国已与其他国家和地区的35个质量管理体系和环境管理体系认证认可机构签署了互认协议,已与其他国家和地区的54个实验室认证认可机构签署了互认协议。我国实验室认证认可的国家标准也等同采用了国际标准,如GB 27025等同采用了ISO 17025。

四、实验室信息管理标准规范

随着实验室管理规范化的提高,实验室信息管理系统成为建设标准化实验室的必要组成部分。实验室信息管理系统利用计算机网络把实验室中数据的采集和分析以及相关仪器设备有机结合起来,利用科学的手段对实验室进行信息化管理。因此,实验室信息管理系统必须遵循当前的管理规范,并符合严格的实验室信息化建设标准。

下面来看看实验室信息管理的规范要求。

1. ISO/IEC 17025(《检测和校准实验室能力的通用要求》)

ISO/IEC 17025标准吸纳了ISO 9001质量管理体系标准的管理理论和最佳实践,并通过严密的逻辑、面面俱到的细节,对检测和校准实验室的所有活动进行了规范。这使之成为了检测和校准实验室领域影响力最大、采纳范围最广的标准,成为了全球范围内的检测和校准实验室从事各项活动的最主要的参考规范。该标准是由国际标准化组织 ISO/CASCO（国际标准化组织/合格评定委员会）制定的实验室管理标准，该标准的前身是 ISO/IEC 导则 25：1990《校准和检测实验室能力的要求》）。该标准要求实验室策划并采取措施应对风险和机遇，包含实验室能够证明其运作能力，并出具有效结果的要求。主要包括五大方面：

（1）通用要求

对实验室的公正性和保密性的要求。

（2）结构要求

对实验室的法律地位及组织架构的要求。

（3）资源要求

对实验室开展管理和实施实验室活动所需的人员、设施、设备、信息系统及支持服务的要求。

（4）过程要求

对实验室的核心业务流程的管理要求。

（5）管理体系要求

对实验室建立、编制、实施和保持管理体系，并使其持续有效运转的要求。

在实验室信息管理系统方面，该标准的 7.11 部分对实验室信息管理系统作了要求。标准 7.11 部分中原文的译文如下：

7.11　数据控制和信息管理

7.11.1　实验室应获得开展实验室活动所需的数据和信息。

7.11.2　用于收集、处理、记录、报告、存储或检索数据的实验室信息管理系统，在投入使用前应进行功能确认，包括实验室信息管理系统中界面的适当运行。当对管理系统进行任何变更，包括修改实验室软件配置或现成的商业化软件，在实施前应被批准、形成文件并确认。

注 1：本文件中的“实验室信息管理系统”包括计算机化和非计算机化系统中的数据和信息管理。相比非计算机化的系统，有些要求更适用于计算机化的系统。

注 2：常用的商业化软件在其设计的应用范围内使用可视为已经过充分地确认。

7.11.3　实验室信息管理系统应：

a. 防止未经授权的访问。

b. 安全保护以防止篡改和丢失。

c. 在符合系统供应商或实验室规定的环境中运行，对于非计算机化的系统，提供保护人工记录和保证转录准确性的条件。

d. 以确保数据和信息完整性的方式进行维护。

e. 包括记录系统失效和适当的紧急措施及纠正措施。

> 7.11.4 当实验室信息管理系统在异地或由外部供应商进行管理和维护时，实验室应确保系统的供应商或运营商符合本准则的所有适用要求。
>
> 7.11.5 实验室应确保员工易于获取与实验室信息管理系统相关的说明书、手册和参考数据。
>
> 7.11.6 应对计算和数据传送进行适当和系统的检查。

作为服务于检测和校准实验室活动的信息化系统，LIMS在进行功能设计时，也应能满足ISO/IEC 17025的五大要求，其中包括7.11部分的要求。事实上，ISO/IEC 17025已经成为了现代化LIMS在功能设计方面最主要的参考标准。

在我国，经全国认证认可标准化技术委员会(SCA/TC261)通过等同采用的方式，吸收了ISO/IEC 17025标准，制定并发布了国家标准GB/T 27025(《检测和校准实验室能力的通用要求》)。

在将实验室仪器设备与LIMS进行集成时，应当参照ISO/IEC 17025或GB/T 27025的要求，对通过集成接口传输的数据进行充分的完整性验证。在仪器设备的集成方案正式实施前，应进行充分的功能确认和验证，并保留相关记录。对集成接口进行任何变更都应该被批准后再进行，形成变更记录文件并确认。

2. RB/T 029—2020(《检测实验室信息管理系统建设指南》)

该标准属于认证认可行业标准，提出了检测实验室信息管理系统建设中的项目启动、需求分析、系统设计、系统构建、系统实施、系统运维和系统更新等方面的指南，由国家认证认可监督管理委员会提出和归口，于2020年12月实施。该标准的发布填补了我国在实验室信息化建设领域标准的空白，对我国实验室的信息化建设提供了极具实操参考价值的方法论和建设路径。

该标准的制定吸纳了软件开发和实验室管理两个技术领域的最佳实践，按照软件开发项目管理的行文逻辑，详细说明了LIMS建设项目在立项、设计、实施、验收、运维等环节的重要事项，囊括了LIMS建设项目的整个项目生命周期。同时，该标准为实验室建设符合自身管理需要以及符合GB/T 27025等标准规范的LIMS，提供了详细的建设方法指南和可参考的LIMS主要功能清单。对我国实验室信息化建设起到了积极的推动作用，并为后续国家标准的制定奠定了基础。该标准可作为所有检测实验室在建设LIMS时的参考标准。

在实验室仪器设备集成方面，该标准的6.6.1部分“仪器集成”对仪器设备与LIMS的集成方式作了简要说明，并对通过集成接口传输的数据内容及数据处理要求作了规范性说明。

3. RB/T 028—2020(《实验室信息管理系统管理规范》)

该标准规定了LIMS的管理策划、建设、运行、维护、退役等管理要求，由国家认证认可监督管理委员会提出和归口，于2020年12月实施。

该标准主要从软件项目全生命周期管理的角度出发，规范了LIMS项目的策划管理、建设管理、运行管理、维护管理和退役管理，以帮助 LIMS 建设方和使用方提升 LIMS 项目管理水平，从而确保新建 LIMS 项目能在实验室顺利实施上线，并在项目实施上线后在实验室内持续稳定地运行，以持续在实验室运营效率和质量提升方面发挥最大作用，从而持续满足相关法律法规、客户和管理机构的要求。

该标准对 LIMS 项目全生命周期管理要求的摘要如下：

(1) 确定 LIMS 建设功能范围，以契合实验室自身管理需求。

(2) 选择合适的 LIMS 产品和服务，确保 LIMS 产品的适宜性和运转有效性。

(3) 实验室管理层建立起信息化管理体系，包括组织架构及文件体系，以支撑 LIMS 的完整生命周期。

(4) LIMS 建设的可行性分析。

(5) 根据招投标等法律法规和实验室管理要求，确定 LIMS 软件服务商。

(6) 实验室建立 LIMS 用户培训和用户授权体系，以确保实验室人员有能力正确合理使用 LIMS。

(7) LIMS 使用前的测试和试运行，LIMS 使用中的认证、授权、备份、安全保障。

(8) 建立 LIMS 运行管理文件体系，明确 LIMS 的每个操作步骤；受控管理 LIMS 产生的实验记录、报告。

(9) 建立 LIMS 维护体系，包括维护人员、维护程序、配套设备维护、备份维护、应急预案等方面。持续对 LIMS 进行维护，以保证数据和信息完整。

(10) 退役系统及数据的处置全过程管理。

(11) 该标准对于在 LIMS 项目管理方面经验不足的机构极具参考价值，能够帮助 LIMS 建设方和使用方明确为了达成 LIMS 项目建设目标所需的关键要素。

4. GB/T 40343—2021(《智能实验室　信息管理系统　功能要求》)

该标准由全国实验室仪器及设备标准化技术委员会(SAC/TC526)提出和归口，于 2022 年 3 月实施。

该标准规定了 LIMS 的功能模型、核心功能要求、通信功能要求和系统管理功能要求，介绍了智能实验室信息管理系统的扩展功能，适用于不同领域智能实验室的信息管理系统，也可作为其他实验室信息管理系统、实验室信息化改造、智能实验室建设的参照指导。

在 LIMS 核心功能要求方面，该标准参考了 GB/T 27025(ISO/IEC 17025)，对满足实验室信息化运行所需的实验过程管理功能、样品管理功能、资源管理功能、质量管理体系管理功能等作出了具体要求。除此之外，该标准还结合数字化、智能化技术的发展趋势，对 LIMS 在客户交互管理、实验室运营趋势预测、智能实验室资源调配、实验室能效管理等方面的功能作出了要求。

该标准是我国针对实验室信息管理系统的首个国家标准。该标准对我国实验室信息化改造和智能实验室建设起到了重要的指导作用，为我国实验室信息化建设和数字化转型提供了明确的 LIMS 功能参考标准，将对我国实验室信息化建设和数字化转型起到积极的推动作用。

在实验室仪器设备与 LIMS 的接口集成应用方面，该标准的第 9 部分“通信功能要求”对 LIMS 与仪器设备的接口功能作出了简要要求，可供实验室参考。

5. ASTM E1578-18(《实验室信息化指南》)

ASTM E1578 标准由美国材料与试验学会(ASTM)于 1993 年首次发布。经过三次更新，最新版本于 2018 年发布。该标准是全球范围内最早发布的关于实验室信息化建设的标准。ASTM E1578-18 指南描绘了实验室信息化的蓝图，解释了当今实验室中使用的实验室信息化工具的演变历史，涵盖了实验室信息化工具与给定组织中的外部系统之间的关系(交互)，讨论了支持实验室信息化的工具以及实验室信息管理系统从开始到退役整个阶段通常会遇到的各种问题。

ASTM E1578-18 指南介绍了实验室信息管理系统设计的思路，即通过静态/主数据和动态数据的配置和调用，定义正确的工作流程模型或定义样品/产品模型，实现实验室业务流程和样本检测的全生命周期活动，样品的全生命周期包括样品(样品登记、样品标识、样品采集、样品接收、样品分发、工作分配)、分析(样品制备、样品分析、数据采集)、分析数据审核审批(检测结果评审和解释、检测结果分析)、样品处置和留样以及最后报告管理。在检测过程中产生的状态信息用于跟踪检测进度或自动触发/手动系统动作，并对操作过程进行筛选作出判断，收集全部检测过程数据，反映整个样品/产品的变化规律。同时该指南讲述了应用信息化系统后要对数据的迁移、保存和归档保存进行管理。

ASTM E1578-18 指出随着时间的推移，实验室信息化越来越发达，实验室信息化系统越来越多，功能范围越来越广，如实验室信息管理系统(LIMS)、实验室执行系统(LES)、实验室信息系统(LIS)、电子实验室笔记本(ELN)、科学数据管理系统(SDMS)和色谱数据系统(CDS)。下面将详细描述实验室信息化系统所涵盖的这些系统的功能：

(1) LES 主要用于规范化和程序化程度比较高的制造行业，如制药行业，在该软件环境中，需要实现样品的检测过程受控、实验记录受控、实验步骤受控、仪器自动采集数据的数据完整性受控等。

(2) ELN 用于保障科研记录电子化和灵活性的科研电子实验记录。

(3) SDMS 用于备份和保存仪器生成的 Word、PDF、Excel、TXT、XML 等文件类非结构化数据的科学数据管理系统。

(4) CDS 通过网络工作站来控制色谱仪器的色谱数据系统。

(5) 实验室支持管理系统可实现对实验室运行所涉及的人员、仪器设备、试剂、标准品、检测方法、评价标准等进行管理，如人工智能(机器学习工具、语言识别等)和软件配置平台管理(主数据管理、配置管理、系统验证和调试、系统管理、用户安全等)等。

（6）实验室信息化的核心系统是 LIMS，它实现了检验检测实验室检验检测业务的全生命周期管理，从检测样品的信息登记、样品接收管理、检验检测结果录入、仪器数据的自动采集，到检验检测结果的复核、审核、报告签发等，实验室支持系统实现了检验检测计划调度、人员管理、仪器设备管理、试剂和标准品管理、材料库存领用归还、库存管理、查询统计和趋势分析。

ASTM E1578-18 指南同时对云计算、人工智能、物联网等新兴信息技术在实验室信息化领域的应用进行了详细说明。

ASTM E1578-18 指南站在实验室管理方、信息化系统研发方、信息化系统实施方、信息化系统运维方等多个角度，对实验室信息化领域的几乎所有的要素进行了阐述，描绘了实验室信息化领域的完整蓝图，是实验室信息化领域较为权威、技术较为先进的标准。截至目前，ASTM E1578-18 仍是全球范围内实验室信息管理系统建设相关的最主要标准。

在仪器设备接口集成方面，该指南在 7.9 部分对仪器设备与 LIMS 集成的必要性、技术要点、功能要点、接口数据交换技术标准化现状等方面进行了阐述，具有一定的参考价值。

第四节　标准在实验室仪器设备接口集成技术中的作用

一、促进实验室信息资源集成

信息是人们利用计算机获取的最重要的资源，也是目的性资源。在现代信息技术、网络技术极速发展的今天，人们希望更大程度地共享信息，以更高的效率获取和利用信息这一资源。人们对信息的使用早已从单个用户、单个信息来源发展为多用户、多渠道的信息共享，“信息集成”一直是信息领域研究的热点。实验室仪器设备数据自动采集的实现，既是对实验室信息资源汇集方式的创新，也为实验室信息资源的利用打下基础。

实验室检验检测数据自动提取是 LIMS 要考虑的重要问题，也是实验室使用 LIMS 维护自身公正性和公信力的重要手段之一。LIMS 首先要解决的是数据自动采集问题。由于不同的仪器使用的软硬件不相同，数据输出格式不通用，且检测仪器未能对 LIMS 提供统一的接口，嵌入软件对数据输出有限制，实验室实现数据自动提取和加工利用是非常困难的。目前国内第三方实验室使用的 LIMS 数据获取方式不一，但都难以实现 LIMS 灵活适应实验室所有分析设备的数据采集。

实验室仪器设备接口集成技术的构建，可以促进 LIMS 对全部仪器设备数据采集的实现，进而促进实验室信息资源的集成和利用。它的实现亟待政府出台有关数据输入协议规范，要求仪器设备生产商把开放接口和支持数据自动输出作为应尽的义务。有相应的规范和协议支持，LIMS 可满足设备的数据自动采集要求。

美国环境保护局颁布的 GALP(Good Automated Laboratory Practices)是成功案例之一。美国环境保护局认为由于提供数据的实验室相对独立，所以他们可能有不同的方法和政策，大多数提交给环境保护局的数据都已经经过实验室信息管理系统的加工，由于安全措施不够、确认过程不足以及文档有欠缺，会对数据完整性产生威胁。基于这些考虑，他们颁布了优良自动化实验室规范 GALP，给为美国环境保护局提供数据的实验室进行自动数据管理提供指导，促进实验室由人工采集数据向自动化采集数据转变，将潜在的不安全因素减小到最低程度。该规范也成为后来美国各 LIMS 开发商开发系统遵循的标准之一。

二、促进仪器设备国产化发展

(一) 实验室仪器设备产业竞争态势

实验室仪器设备，尤其是实验室高端仪器设备不仅是科学研究的基础条件，也是科技创新成果的重要形式，更是国民经济发展的重要支撑。近年来，国产科学仪器技术研究与产品开发已见成效，部分高端科学仪器也已实现国产化，并走向海外。

但由于仪器研发基础较为薄弱、技术积累相对不足、自主研发高端新产品能力不强、关键器部件“空心化”等原因，国产科学仪器研发制造与国际先进水平相比依然存在一定差距，高端科学仪器进口依存度高的难题仍未得到有效解决。在需求方面我国拥有较大的市场。国内企业生产的产品在市场上所占份额很少，尤其在高端产品上，大多数依赖于进口。然而，随着国际贸易关系不确定因素的增多，如果对进口仪器依赖性过强，不仅会花大量资金购买高价产品，相关研究工作也会受制于人，增加许多不确定因素。因此，我们不能总指望依赖他人的科技成果来提升自己的科技水平，促进仪器设备国产化发展进程，研发制造具有自主知识产权的高端科学仪器是一件亟须要做的事情。

现阶段企业的竞争在一定程度上已转化为标准的竞争。产品标准作为衡量产品质量的重要依据，对提升产品质量、引领行业方向发挥着重要的作用。近年来，习近平总书记在不同场合多次提出要强化标准引领，提升产业基础能力和产业链现代化水平，从长远战略角度为我国产业高质量发展指明了方向。标准已从传统意义上的产品互换和质量评判的依据上升为产业整体发展战略的重要组成部分，成为事关产业发展的基础性、先导性和战略性工作。

而在标准制定方面，我国存在着“重采用、轻制定”的现象，在国内标准体系构建上，以及在国际标准制定参与度方面，都与大国地位不符。尤其在仪器设备等高新技术领域，被动采用国际标准的情况较为普遍。被动采用国际标准也带来了一系列问题。部分发达国家极力参与、主导的国际标准，已成为其控制产业、垄断市场的工具，它未结合我国企业、产业实际，造成了标准的“水土不服”、市场适应性差；我国企业被动地适应国际标准要求，在产品、工艺、技术上缺乏领先优势，影响了技术创新能力和国际竞争力；而在仪器设备等高新技术领域，技术发展速度高于标准更新速度，一味地采用国际标准，不注重消化、吸收、再创新，很可能产品尚未出厂就已落后，失去了竞争优势，导致我国实验室仪器设备产业缺乏国际竞争力。

对于实验室仪器设备企业而言，企业产品质量、研发新技术、提高企业综合效益、增强企业核心竞争力等各方面发挥着非常重要的作用。为了促进企业的长期稳定发展，应充分意识到标准化对实验室仪器设备发展的重要作用，积极建设并完善我国自主的实验室仪器设备接口集成技术标准体系，将引导我国仪器设备产业发展，从而促进全国实验室仪器设备产业向标准体系综合化、国际化、现代化方向发展。

（二）标准引领企业战略性竞争发展趋势

长期以来，我国技术标准从立项、起草到批准、发布、实施多由政府决定和推动，技术标准市场化程度较低。企业作为生产与贸易的主体，参与标准制定的能力、动力和意愿不足，导致技术标准不能满足企业的需求，甚至脱离市场的需求，造成技术标准与产业创新的脱节。

随着全球经济一体化和贸易自由化进程的加快，国际贸易竞争不断加剧，竞争的核心很大程度上已经从产品领域向技术领域扩展和集中。标准尤其是技术标准已演变为产业竞争的重要手段。核心技术专利主导权与国际标准的掌控，也决定着我国在全球市场中的竞争优势。

越来越多的企业发现，技术创新与技术标准结合往往决定了产业的发展方向和产业价值链的分配比。虽然一项技术创新会为整个产业的发展带来利益，但是技术标准的主导者和标准的追随执行者获得的利益是不一样的，标准的主导者往往通过将品牌与标准捆绑，形成以标准化为基础的产业链分工，获得持续稳定的垄断利润。为了应对市场竞争，保持并进一步提高自身的国际竞争力，越来越多的企业选择参与或主导技术标准。标准制定的参与者也从“政府主导”向“企业主导”转变。“一流企业卖标准、二流企业卖品牌、三流企业卖产品”的说法形象地阐释了这一趋势。

这一现象在高科技产品领域更为明显，随着网络经济的快速发展，高科技领域产品生命周期不断缩短，单靠产品技术控制市场的可能性越来越小，越来越多的高新技术企业在技术研发的同时，开始制定技术标准，一旦企业的技术标准成为行业技术标准，标准制定者将会遏制竞争对手的发展，并攫取标准垄断带来的大部分利润，甚至可能会对其他企业的兴衰存亡产生影响。

对实验室仪器设备接口集成技术标准的建设，可以成为企业的战略性竞争手段之一，从仪器设备接口集成的要求上，给国内仪器设备生产企业以指引，为企业创造一定的竞争优势。

（三）标准引领产业高质量发展方向

当前我国存在着“重研发、轻标准”的现象，技术创新与技术标准缺乏有效衔接，这和多方面因素有关。一方面，由于我国技术标准制定机制跟不上技术更新的步伐，缺乏对国外相关技术发展有效跟踪的机制及标准更新机制；另一方面，专利和知识产权保护不健全，科研院所和企业等不熟悉、不善于甚至不愿意利用技术标准的手段推动创新成果的产业化发展。而在没有标准发挥引领作用的时候，部分企业只注重眼前利益，研发投入只为了更新自己的产品，并与同行竞争对手之间建立壁垒，未能站在行业发展、消费者权益、国际竞争等角度进行规划或考虑。下面将以大家熟悉的手机快充技术为例，来看一下建立统一协议或标准在行业高质量发展上发挥的作用。

快速充电功能目前已经成为国产手机和数码产品的标配，有些产品已经实现半小时内充满80%电量的快充水平。然而，许多厂家的快充技术不能互相兼容，接口、协议、线缆不互通，不仅影响用户体验，也存在安全隐患。

厂商并非没有统一快充技术的能力，而是将独特、更快的快充技术作为自家新产品的卖点进行研发投入不断升级。目前国内最快的快充技术可以达到200 W充电功率，10分钟可以充满一个新手机。但各大厂商快充协议的不统一，甚至有些手机品牌自家的充电器和手机都可能出现不完全兼容协议的情况，导致不同品牌/型号的手机要充电时，充电器要换来换去，且用非原装充电器充电时，可能只有十几瓦的充电功率，非常影响消费者的使用。然而，在购买手机时配套的充电器/数据线一旦损坏，再次购买时除非定点售后，否则很难买到一样的充电器。如果能统一标准，那么厂家就无法人为设置障碍，购买充电器也方便很多，任意商店只要是快充正品充电器，就没有什么区别。

这些多余的充电器也存在严重的资源浪费现象，不仅影响用户体验，也存在安全隐患。数据显示，全球智能手机和物联网设备的年出货量已经超过了20亿，每年仅多余的充电器就产生超过1.1万吨电子垃圾和60万吨碳排放。

推动建立兼容统一的快充技术标准实际上是势在必行的。这对使用者来说，一方面可提升资源的效率，节省资源，降低碳排放；另一方面，可降低消费者的成本，方便用户，将接口、协议、线缆都统一了，以后消费者出门只需带一根数据线、一个充电器，就能解决所有的充电问题。

中国通信标准化协会于2022年7月22日在北京发起成立“终端快速充电技

术与标准推进委员会”，工信部负责人表示，将尽快构筑统一的以自主技术为主的快充标准体系。不断健全以自有技术为核心的快充标准体系，逐步实现我国智能终端设备充电标准的统一，减少电子垃圾，助力产业实现绿色发展。消费者以后出门只带一根数据线、一个充电器，就能解决所有的充电问题。

因此，需要在政府的参与和引领下，鼓励更多的企业参与到标准制定工作中，不断建立和完善我国实验室仪器设备接口集成技术等标准化体系，把握行业需求，抓住行业痛点，为实验室仪器设备行业的转型升级、提质增效、创新发展、绿色制造以及产业走出去，提供坚强有力的支撑和保障，还要积极带动产品、技术、装备和服务“走出去”，让标准成为质量的“硬约束”，在标准的引领下推动我国实验室仪器设备行业高质量发展。

（四）集中优势力量，提升产业国际竞争力

我们先从秦始皇的“车同轨”来看标准对竞争力提升的重要性。

秦国在统一之后陆续颁布了多条法律，以稳固国家的统治，其中就有我们熟悉的“书同文”“车同轨”等。在秦统一六国前，各诸侯国都使用自己的文字，这严重阻碍了政令的推行和各地之间的文化交流，因此“书同文”的意义无疑是非常深远的。那么，统一车轮之间的距离这一看上去琐碎的交通工具技术细节，“车同轨”是因何能与“书同文”并列的呢？

“车同轨”的本质是秦朝交通道路一体化，是重要的中央管控政策。秦和先秦时代的马车，既是军事上重要的武器，也是国民经济运转的重要工具，在秦始皇统一中原之前，各地的马车大小不一，因此车道也有宽有窄，到不同的地方还需要换乘不同的马车以适应当地的车道。秦朝制定“车同轨”法令，能够使全国各地的道路在几年之内压成宽度一样的硬地车道，不仅能够减少商品和旅客运输过程的成本，而且有利于帝国军队有能力带着物资快速到全国任何郡县。“车同轨”的实施，约等于统一了秦国铁路网的建设基础。统一车轮距离就是统一了秦国驰道和普通道路的标准，进而构建了以咸阳为中心，驰道、直道纵横交错，四通八达的道路网络，进而构建了全国的军事直道。而军用直道在帝国政治军事上具有重要意义，条条大路通罗马不只是民生福祉，更是军事力量投送的关键。所以，“车同轨”是秦国集中优势力量提升竞争力，完成实质上的统一大业的重要战略举措。

当今世界竞争日趋激烈，制定标准也成了引导国内各企业集中优势力量，进而提高国际竞争力的方式之一。如生态环境部等曾通过出台多项标准，规范再生黄铜原料、再生铜原料和再生铸造铝合金原料的进口管理，规定符合标准的原料，可自由进口；不符合标准规定的，禁止进口。这有效禁止了进口“洋垃圾”，确保了行业对高品质战略资源的有效利用，提高了我国再生行业的水平，解决了行业发展难题，推动形成绿色环保新业态。

统一标准的执行手册，将促进行业共识的形成，摒弃眼前内耗式的区域竞争，

跟随标准的指引，把精力用在核心技术突破上，在提升消费者满意度的同时，提升整个行业的核心竞争力，集中优势力量，提升产业国际竞争力。可以从以下几个方面做起：

第一，应积极主导参与国际标准化工作，充分发挥我国担任国际标准化组织常任理事国、技术管理机构常任成员等作用，全面谋划和参与国际标准化战略、政策和规则的制定与修改，提升我国对国际标准化活动的贡献度和影响力。培育、发展和推动我国优势、特色技术标准成为国际标准，服务我国企业和产业走出去。加大国际标准跟踪、评估力度，加快转化适合我国国情的国际标准。

第二，深化标准化国际合作。深化与欧盟国家、美国、俄罗斯等在经贸、科技合作框架内的标准化合作机制。推进太平洋地区、东盟、东北亚等区域标准化合作，服务亚太经济一体化。探索建立金砖国家标准化合作新机制。加大与非洲、拉美等地区的标准化合作力度。

第三，推进中国标准国际化。积极发挥标准化对"一带一路"倡议的服务支撑作用，促进沿线国家在政策沟通、设施联通、贸易畅通等方面的互联互通。以非洲、亚洲、南美洲、东盟等发展中国家(地区)为重点进行突破，恰当利用融资支持，带动中国标准国际化。

三、其他行业参考(物联网智能传感器领域的标准应用)

我国实验室仪器设备接口集成技术的相关标准体系建设与应用尚不完善，期待其未来继续发展并能引领产业高质量发展，为我国企业在国际竞争上创造一定的竞争优势。在物联网等行业，我国的标准建设工作已初显成效，下面将简单介绍一下我国在物联网智能传感器领域的标准建设与应用情况，以供参考。

(一) 物联网智能传感器

物联网的概念是在2005年国际电信联盟(ITU)发布的《ITU互联网报告2005：物联网》中正式提出的。随后，这一新兴的技术革命在工业发展和民生改善等领域的优势迅速突显，导致产学研各界为创造一个充满活力的物联网发展环境，在理论储备、科研立项、技术创新、标准制定等方面开展了集中探索，并在工农业生产、交通运输等众多方面被广泛应用。

物联网的本质是对物品进行有效连接的网络，其最终目标是实现物与人、物与物通过网络进行有效连接，并进行信息交换，进而实现有效的识别、管理与控制。传感器技术作为物联网的重要基础与核心技术，能够对需要被测量的信息进行准确感知，并将相关信息有效转化为电信号或其他形式的信息来进行有效传播。智能传感器是传感技术与大规模集成电路技术有机结合的全新产物，是物联网系统对外界信息有效获取的感知层，能够对相关外界信息进行准确、可靠与实时的采集,最终会对物联网系统对于信息的传输与处理起到关键性影响。对智能传感器的有效运用能够实现物联网系统效率与准确率的全面提升。

传感器的类型十分多,其特点也不同,智能化、微型化、系统化、数字化与网络化等都是其主要特点。随着科技的不断进步,物联网系统的飞速发展有效推动了智能传感器的优化升级。现阶段,由我国自主研发的智能传感器已经跻身世界先进水平,还能够依据用途的不同进行合理的改进与调整,从而使其拥有更加广泛的应用范围,在石油、矿山与航天等多个领域得到有效推广。但我国目前拥有的智能传感器种类相对较少,智能传感器技术落后于发达国家,智能传感器的稳定性与可靠性仍与世界先进水平存在差距。但这也使得智能传感器技术仍存在着巨大的发展空间,为此需要不断加强对于智能传感器的深入研究与开发。而标准的建立对于物联网的发展至关重要。

（二）物联网智能传感器标准应用

标准的建立对于物联网的发展至关重要。随着物联网技术的不断进步,各国的企业和机构为了获得竞争优势,都在研发并建设自身的技术方案,彼此间缺乏协同,缺少统一的规划和接口,难以共享资源。只有统一标准,不同的网络系统才能互联互通,从而惠利产业发展。目前,发达国家争相布局物联网,而对物联网核心技术专利主导权与国际标准的掌控,也决定着在全球市场的竞争优势,世界各主要国家、国际和地区合作机构及各国际标准组织等已在物联网等领域开展了大量的研究工作,形成了相应的标准体系或标准系列。我国的物联网标准体系也在积极建设中。

1. 国内物联网系列标准发展

2017 年 7 月,我国发布了《物联网总体技术　智能传感器》系列标准,它们是《物联网总体技术　智能传感器接口规范》(GB/T 34068—2017)、《物联网总体技术　智能传感器特性与分类》(GB/T 34069—2017)以及《智能记录仪表 通用技术条件》(GB/T 34071—2017)。这三项国家标准的出台,结束了长期以来在物联网智能传感器及智能仪器仪表领域无国家技术规范可依的局面,对促进国内智能传感器、智能记录仪表的发展,以及相关产业标准化及规范化具有积极的意义。

2018 年 7 月,我国主导的《物联网参考架构标准》(ISO/IEC 30141)被国际标准化组织(ISO)采纳,成为全球物联网发展的重要指针。为物联网应用示范工程的顺利实施和物联网产业的健康发展提供了有力的保障。

2019 年 1 月,《物联网　系统评价指标体系编制通则》(GB/T 36468—2018)、《物联网　信息交换和共享》(GB/T 36478)等物联网基础共性国家标准开始实施。进一步完善了我国物联网标准体系,对于指导和促进我国物联网技术、产业、应用的发展具有重要意义。

2. 国际物联网系列标准现状

在国际方面,电气与电子工程师协会(IEEE)于 2019 年 5 月出台了《物联网结构体系标准草案》(IEEE Std 2413-2019),定义了物联网组成要素的概念基础和不同网域间的纵向关系,还对关于物联网主体结构的共性观点进行了详细的阐述,促进了技术的跨域交互,提升了系统的相互操作性和功能兼容性。2020 年 12 月,IEEE 发布了《基于区块链的物联网可信数据管理标准》,对基于区块链技术的物联网可信数据管理进行了定义和阐述。为探讨如何利用区块链分布式数据存储、对等传输、共识、加密等一系列技术优势,为物联网提供多方互信、信息透明、数据真实的基础性底层技术和标准支撑。

第六章　仪器设备数据安全管理

第一节　数据安全概述

随着各类数据在互联网中不断增加，大型数据泄露事件层出不穷，就数据泄露事件的起因分析结果来看，既有黑客的攻击，又有内部工作人员的信息贩卖、离职员工的信息泄露、第三方外包人员的交易行为、数据共享第三方的泄露、开发测试人员的违规操作等。

这些复杂的泄露途径表明：传统的网络安全以抵御攻击为中心、以黑客为防御对象的策略和安全体系的构建，在大数据时代的数据安全保护领域，依然存在较大的安全缺陷，在大数据视角下，以传统网络安全为中心的安全建设，需要向以数据为中心的安全策略转变，而传统的数据治理框架和方法也应与时俱进，在原有基础上增加数据安全治理的相关策略。

一、数据安全概念

数据安全治理可以简单理解为利用数据治理所拥有的管理制度、框架体系和技术工具，针对数据安全能力提升而做的加强框架。针对数据安全治理，国内外各研究机构的思路不一而足。

1. Gartner：DSG

数据安全治理的理念最早由Gartner（高德纳）正式提出，在Gartner 2017安全与风险管理峰会上，分析师马克-安托万·默尼耶（Marc-Antoine Meunier）在名为“2017年数据安全态势”的演讲中提及了“数据安全治理”（Data Security Governance，DSG）的概念，Marc将其比喻为“风暴之眼”，以此来形容数据安全治理在数据安全领域的重要地位及作用。

Gartner认为，数据安全治理绝不仅仅是一套用工具组合而成的产品级解决方案，而是从决策层到技术层，从管理制度到工具支撑，自上而下贯穿整个组织架构的完整链条。组织内的各个层级之间需要对数据安全治理的目标和宗旨取得共识，从而确保采取合理、适当的措施，以最有效的方式保护信息资源，同时，数据安全治理还应具备以下流程。

流程一：确保业务需求与安全（风险/威胁/合规性）之间的平衡。

这里需要考虑以下五个维度的平衡：经营策略、治理、合规、IT 策略和风险容忍度，这也是治理队伍开展工作前需要达成统一的五个关键要素。

流程二：划分数据优先级。

对数据进行分级分类，以此对不同级别的数据采取合理的安全措施。

流程三：制定策略，降低安全风险。

可以从如下两个方向考虑如何实施数据安全治理：一是明确数据的访问者（指应用用户或数据管理人员）、访问对象和访问行为；二是基于这些信息制定不同的、有针对性的数据安全策略。

流程四：使用安全工具。

数据是流动的，数据结构和形态会在整个生命周期中不断变化，因此需要采用多种安全工具支撑安全策略的实施。Gartner 在 DSG 体系中提出了实现安全和风险控制的五个工具：Crypto、DCAP、DLP、CASB 和 IAM，这五个工具分别对应于五个安全领域，其中可能包含多个具体的技术措施。

流程五：同步策略配置。

同步策略配置主要针对 DCAP 的实施而言，集中管理数据安全策略是 DCAP 的核心功能，而无论使用访问控制、脱敏、加密、令牌化中的哪种措施，都必须注意应让数据访问和使用的安全策略保持同步下发，策略执行对象应包括关系型数据库、大数据类型、文档文件、云端数据等数据类型。

2. 微软：DGPC

针对数据安全治理，微软提出了专门强调隐私、保密和合规的数据安全治理框架（DGPC），希望企业和组织能够以统一的跨学科方式来实现以下三个目标，而非组织内不同部门独立实现。

① 传统的 IT 安全方法侧重于 IT 基础设施，即通过边界安全与终端安全进行保护。这种方法存在很大的问题，因此，微软 DGPC 的第一个目标就是重点加强对存储数据的保护，并随基础设施移动，让保护更到位。

② 传统安全软件往往仅具备有限的隐私保护功能和措施，因此微软认为在建设隐私相关保护措施时，应在现有措施上构建更多的安全保护功能和措施，而非对现有功能和措施进行重复建设。微软 DGPC 认为，传统安全软件不具备的安全保护功能和措施包括能实时获取客户对第三方共享信息的收集、处理等行为，并能够实时地对客户行为流程进行保护，同时，当流程中出现已知风险行为时能够进行处理。数据安全和数据隐私合规责任可通过一套统一的控制目标和控制行为进行合理化处理，以满足合规原则。

③ 数据安全治理框架与企业现有的 IT 管理和控制框架（如 COBIT），以及

ISO/IEC27001/27002 和支付卡行业数据安全标准(PCI DSS)等协同工作。数据安全治理框架围绕三个核心能力领域进行组织,涵盖了人员、流程和技术这三大部分。

3. 国内数据安全治理委员会

国内数据安全治理委员会认为,数据安全治理是以“让数据使用更安全”为目的,通过组织构建、规范制定、技术支撑等要素共同完成的数据安全建设的方法论。其核心内容包括如下四点:

① 满足数据安全保护、合规性、敏感数据管理这三个需求目标。

② 核心理念包括分级分类、角色授权、场景化安全等。

③ 数据安全治理的建设步骤包括组织构建、资产梳理、策略制定、过程控制、行为稽核和持续改善等。

④ 核心实现框架包括数据安全人员组织、数据安全使用的策略和流程、数据安全技术支撑这三大部分。

4. 国家标准:数据安全能力成熟度模型(DSMM)

2019 年 8 月 30 日,《信息安全技术　数据安全能力成熟度模型》(GB/T 37988—2019)正式成为国标对外发布,并于 2020 年 3 月正式实施。

如图 6.1 所示,DSMM 将数据按照其生命周期分阶段采用不同的能力评估等级,生命周期分为数据采集安全、数据传输安全、数据存储安全、数据处理安全、数

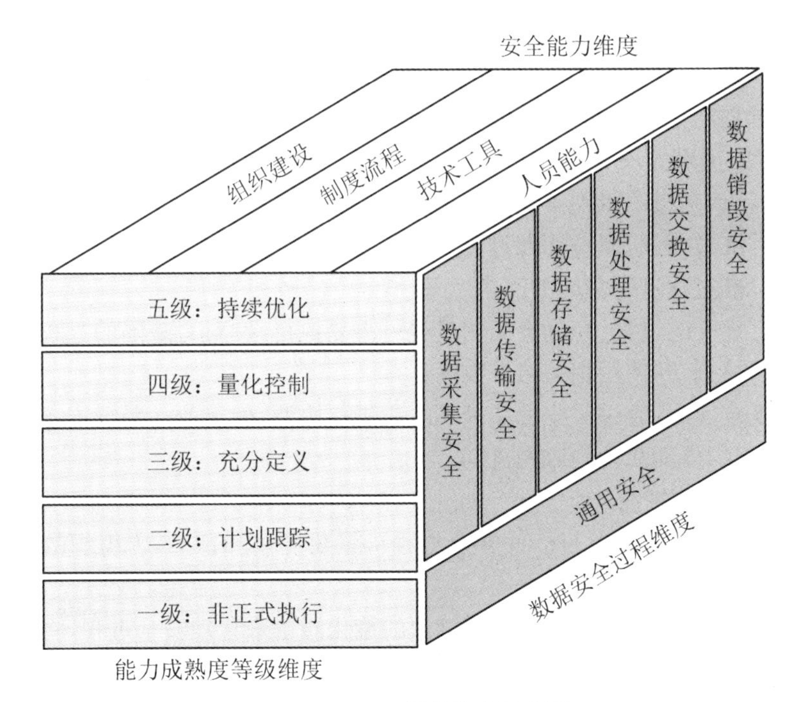

图 6.1　DSMM 评估维度示意图

据交换安全、数据销毁安全这六个阶段。**DSMM** 从组织建设、制度流程、技术工具、人员能力这四个安全能力维度的建设进行综合考量，将数据安全成熟度划分成五个等级，依次为非正式执行、计划跟踪、充分定义、量化控制和持续优化，形成一个三维立体模型，全方位地对数据安全进行能力建设。

(1) 能力成熟度等级维度

在能力成熟度等级维度上，DSMM 共分为五个等级，具体说明如下。

① 一级(非正式执行)

主要特点：数据安全工作是随机、无序、被动执行的，主要依赖于个人，经验无法复制。

组织在数据安全领域未执行相关的有效工作，仅在部分场景或项目的临时需求上执行，未形成成熟的机制来保障数据安全相关工作的持续开展。

② 二级(计划跟踪)

主要特点：在项目级别上主动实现了安全过程的计划并执行，但没有形成体系。

规划执行：对数据安全过程进行规划，提前分配资源和责任。

规范化执行：对数据安全过程进行控制，使用安全执行计划，执行相关标准和程序，对数据安全过程实施配置管理。

验证执行：确认数据安全过程是按照预定的方式执行的。验证执行过程与可应用的计划是一致的，对数据安全过程进行审计。

跟踪执行：控制数据安全项目的进展，通过可测量的计划跟踪执行过程，当过程实践与计划产生重大偏差时采取修正行动。

③ 三级(充分定义)

主要特点：在组织级别实现安全过程的规范定义并执行。

定义标准过程：组织对标准过程实现制度化，形成标准化过程文档，以满足特定用途对标准过程进行裁减的需求。

执行已定义的过程：充分定义的过程可重复执行，针对有缺陷的过程结果和安全实践进行核查，并使用相关结果数据。

协调安全实践：通过对业务系统和组织进行协调，确定业务系统内各业务系统之间，以及组织外部活动的协调机制。

④ 四级(量化控制)

主要特点：建立量化目标，使安全过程可量化度量和预测，为组织数据安全建立可测量的目标。

客观地管理执行，通过确定过程能力的量化测量来管理安全过程，将量化测量作为对行动进行修正的基础。

⑤ 五级(持续优化)

主要特点：根据组织的整体战略和目标，不断改进和优化数据安全过程。

改进组织能力，对整个组织范围内的标准过程使用情况进行比较，寻找改进标准过程的机会，分析标准过程中可能存在的变更和修正。

提升改进过程的有效性，制定处于连续受控改进状态下的标准过程，提出消除标准过程产生缺陷的原因和持续改进标准过程的措施。

其中三级（充分定义）是各个企业的基础目标，等级越高，代表被测评的组织机构的数据安全能力越强。

(2) 数据安全能力维度

在数据安全能力维度上，DSMM 模型共涉及组织建设、制度流程、技术工具和人员能力这四个方面的评价标准，具体说明如下。

① 组织建设

数据安全组织架构对组织业务的适应性。

数据安全组织架构所承担工作职责的明确性。

数据安全组织架构运作、协调和沟通的有效性。

② 制度流程

数据生命周期的关键控制节点授权审批流程的明确性。

相关流程、制度的制定、发布、修订的规范性。

安全要求及实际执行的一致性和有效性。

③ 技术工具

评估数据安全技术在数据全生命周期的使用情况，并考察相关技术针对数据安全风险的检测能力。

评价技术工具在数据安全工作上自动化和持续支持能力的实现情况，并考察相关工具对数据安全制度流程的固化执行能力。

④ 人员能力

数据安全人员所具备的安全技能是否满足复合型能力要求。

数据安全人员的数据安全意识、关键数据安全岗位员工的数据安全能力的培养。

(3) 数据安全过程维度

在数据安全过程维度上，DSMM 模型将数据生命周期分为数据采集、数据传输、数据存储、数据处理、数据交换和数据销毁这六个阶段，里面涉及三十个过程域(PA)，具体如图 6.2 所示。

DSMM 标准旨在助力提升全社会、全行业的数据安全水准。同时，DSMM 标准的发布也填补了行业在数据安全能力成熟度评估标准方面的空白，为组织机构评估自身数据安全能力提供了科学依据和参考。

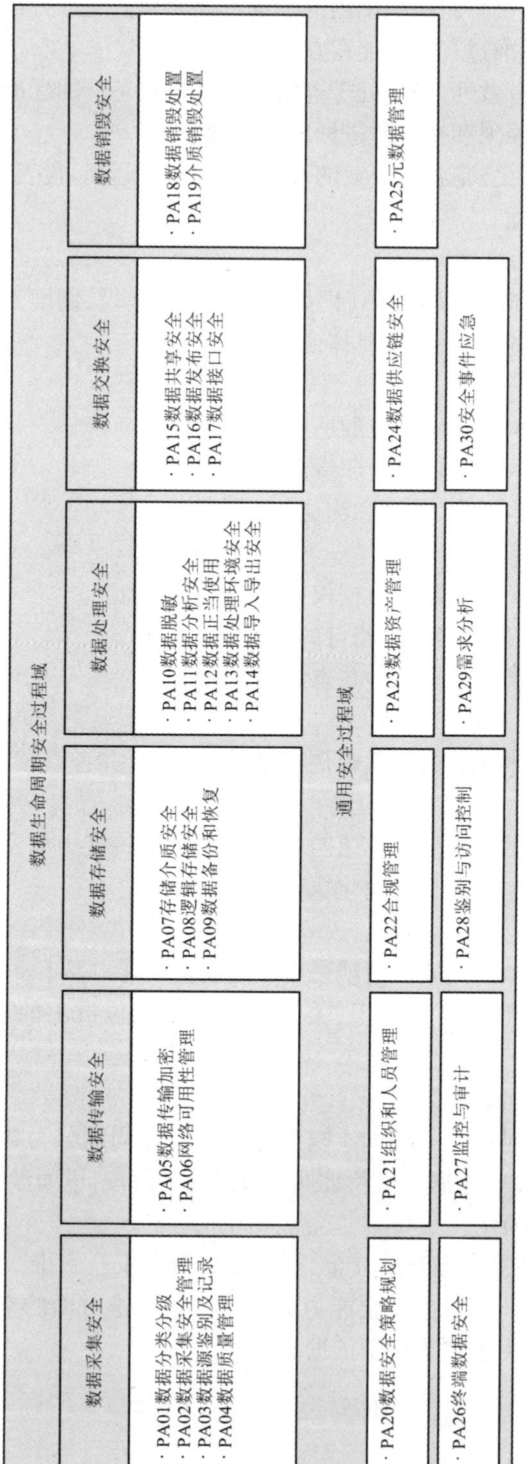

数据生命周期安全过程域

数据采集安全	数据传输安全	数据存储安全	数据处理安全	数据交换安全	数据销毁安全
· PA01数据分类分级 · PA02数据采集安全管理 · PA03数据源鉴别及记录 · PA04数据质量管理	· PA05数据传输加密 · PA06网络可用性管理	· PA07存储介质安全 · PA08逻辑存储安全 · PA09数据备份和恢复	· PA10数据脱敏 · PA11数据分析安全 · PA12数据正当使用 · PA13数据处理环境安全 · PA14数据导入导出安全	· PA15数据共享安全 · PA16数据发布安全 · PA17数据接口安全	· PA18数据销毁处置 · PA19介质销毁处置

通用安全过程域

· PA20数据安全策略规划	· PA21组织和人员管理	· PA22合规管理	· PA23数据资产管理	· PA24数据供应链安全	· PA25元数据管理
· PA26终端数据安全	· PA27监控与审计	· PA28鉴别与访问控制	· PA29需求分析	· PA30安全事件应急	

图 6.2 DSMM 过程域划分示意图

二、数据安全与信息安全、网络安全的关系

本节将对信息安全、网络安全等其他常见安全概念的区别及对应的内容进行梳理。

在这几个概念里，信息安全的概念范围最为庞大，网络安全、数据安全等都是信息安全概念的分支。如果将信息安全概念进行简单的细分，那么它实际包含了如图 6.3 所示的内容。

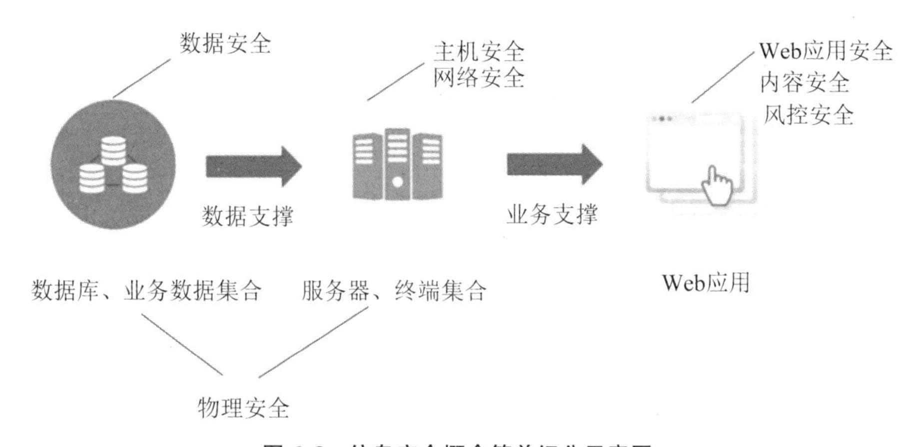

图 6.3　信息安全概念简单细分示意图

图 6.3 虽然不能完全代表信息安全各项内容在业务中的分布，但可以粗略地表示各项安全内容的组成及其所在的主要业务环节。如果将信息安全粗略地拆分于业务流程中，则可分为物理安全、主机安全、网络安全、数据安全、应用安全、内容安全、风控安全等。

1. 物理安全

物理安全是指对网络与信息系统中物理装备的保护，主要包括以下内容。

(1) 计算机系统的环境条件

计算机系统的环境条件包括温度、湿度、空气洁净度、腐蚀度、虫害、振动和冲击、电气干扰等，各方面都要有具体的要求和严格的标准。

(2) 机房场地环境的选择

为计算机系统选择一个合适的安装场所十分重要，安装场所将直接影响系统的安全性和可靠性。机房的场地选择要注意其外部环境安全性、地质可靠性、场地抗电磁干扰性等，应避开强振动源和强噪声源，且应避免设在建筑物高层和用水设备的下层或隔壁，还要注意出入口的管理。

(3) 机房的安全防护

机房的安全防护是针对环境的物理灾害而言的，是防止未授权的个人或团体

破坏、篡改或盗窃网络设施与重要数据而采取的安全措施和对策。为做到区域安全，首先应考虑通过物理访问控制来识别访问用户的身份，并对其合法性进行验证；其次，对来访者必须限定其活动范围；再次，要在计算机系统中心设备外设多层安全防护圈，以防止非法暴力入侵；最后，设备所在的建筑物应具有抵御各种自然灾害的设施。

物理安全涉及的主要保护方式有干扰处理、电磁屏蔽、数据校验、冗余和系统备份等。

2. 主机安全

主机安全是指保证主机在数据存储和处理时的保密性、完整性和可用性，包括硬件、固件、系统软件的自身安全，以及一系列附加的安全技术和安全管理措施，从而建立一个完整的主机安全保护环境。主机安全的主要保护方式有防火墙与物理隔离、风险分析与漏洞扫描、应急响应、病毒防治、访问控制、安全审计、入侵检测、源路由过滤、降级使用和数据备份等。

3. 网络安全

广义的网络安全概念在不断演化。最早的网络安全基于“安全体系以网络为中心”的立场，主要涉及网络安全域、防火墙、网络访问控制、抗 DDOS(分布式拒绝服务攻击)等场景，特别是以防火墙为代表的网络访问控制设备的大量使用，使网络安全域、边界、隔离、防火墙策略等概念深入人心。

后来，网络安全概念的范围越来越大，不断向云端、网络、终端等各个环节延伸，现在已发展为网络空间安全，甚至已覆盖海、陆、空等领域，但这个词太长，读起来没有网络安全方便，之后就简化为网络安全了。

在实际应用中，网络安全往往是指网络传输安全。计算机通信网络是将若干台具有独立功能的计算机通过通信设备及传输介质互连起来，在通信软件的支持下，实现计算机之间的信息传输与交换的系统。而计算机网络则是指以共享资源为目的，利用通信手段把地域上相对比较分散的若干个独立的计算机系统、终端设备和数据设备连接起来，并在协议的控制下进行数据交换的系统。从中可以看出，计算机网络的根本目的在于资源共享，通信网络是实现网络资源共享的途径，因此计算机网络是安全的。相应地，计算机通信网络也必须是安全的，应该能帮助网络用户实现信息交换与资源共享，而狭义的网络安全指的是计算机通信网络信息交换、共享过程中的传输安全等，包括网络通信信息的保密性、真实性和完整性。

4. 数据安全

最初，人们认为数据安全是指数据层的安全，也就是通常所说的数据库安全，但实际上数据安全的概念应是“以数据为中心的全生命周期的数据安全”，它所基于的立场是“安全体系以数据为中心”，泛指整个安全体系，侧重于数据分级及敏感数据全生命周期的保护。它以数据的安全收集(或生成)、安全使用、安全传输、安全存储、安全披露、安全转移与跟踪、安全销毁为目标，涵盖整个安全体系。

5. 应用安全

应用安全实际上也是一种泛称，广义指代应用级别的安全措施，旨在保护应用内的数据或代码免遭窃取和劫持。它涵盖了在应用开发和设计期间的安全注意事项，还涉及在应用部署后对其加以保护的系统和方法。

Web应用安全里的Web应用指的是用户利用互联网(Internet)通过浏览器界面访问的应用或服务。由于Web应用位于远程服务器，而不是本地用户设备上，因此，用户必须通过互联网传输和接收信息。对于托管Web应用或提供Web服务的企业而言，Web应用安全是需要特别关注的问题。这些企业通常会选择借助Web应用防火墙来保护网络免遭入侵。Web应用防火墙会检查是否存在有害的数据包，并在必要时进行拦截，以此来保证应用安全。

6. 内容安全

内容安全是信息安全的一个分支，属于应用安全或风控安全维度，其目的是识别并阻断不良信息的传播，例如，滥发电子消息(Spamming)、色情内容、犯罪内容、恐怖主义内容、政治敏感内容等。内容安全涉及的技术包括自然语言处理、计算机视觉等，涉及的内容包括文字、图片、音频、视频等。

7. 风控安全

风控安全实际上隶属于应用安全中的业务损失防范，主要用于防范用户通过业务作弊导致的资损、法规等风险，这里的风险通常包含通过渠道推广、账号、支付、营销活动、爬虫流量等方式作弊，常见的技术方法主要基于IP画像、设备指纹、黑卡检测、威胁情报等。

如果将人员相关的安全问题也纳入信息安全范畴，则风控安全还会包含人员安全意识、政策管理安全等。

(1) 人员安全意识

尽管科技创新在很大程度上修补了技术上的一些安全漏洞，但信息安全中最大的安全漏洞还属员工薄弱的安全意识。很多时候，安全事故的发生并不是由员工的技术原因造成的，而是员工根本没有充分认识到信息安全的重要性，他们要么忽视安全流程，要么躲避技术控制措施。根据《2017中国网民网络安全意识调研报告》统计数据，约90%的网民认为当前的网络环境是安全的，但实际上，82.6%的网民都没有接受过任何形式的网络安全培训。通过对网络安全事故进行分析，我们发现，超过70%的事故是由于内部人员疏忽或无意泄露造成的。

而解决员工安全意识的问题，最常用的手段便是定期进行安全培训，通过课程学习、工具检测、题目测验、效果评估、现场培训、宣传物料等多种方式宣传网络安全知识，提升员工的网络安全意识，实现企业内员工的安全生态建设。

(2) 政策管理安全

政策管理安全更多强调的是对人员身份、权限管理的合理化甚至最小化，防止由于某些员工被赋予过多无关的权限或过高的权限导致权限蔓延等问题，从而引发安全失控风险，同时还要强调职责分离与多人控制，防止两个及两个以上的员工共谋进行安全犯罪活动。

通过以上简要介绍，希望读者能够对信息安全、网络安全、数据安全等常见安全术语对应的描述范围和定义有一定了解。实际上，上述内容依然不能完全代表信息安全各项内容在业务中的分布，仅可粗略地表示各项安全内容的组成及其所在的主要业务环节，故上述内容仅供参考。

三、以数据生命周期为要素的数据安全

基于数据安全能力成熟度模型（DSMM）框架，数据安全治理可以遵循以下三个原则。

以数据为中心，而非系统；以组织为单位，而非个人；以数据生命周期为要素，而非定点。本节以数据生命周期为要素进行重点介绍。

关于数据生命周期，DSMM 将其总结为六个阶段，分别是数据采集、数据存储、数据传输、数据处理、数据交换和数据销毁，现简要说明如下。

（1）数据采集

指新的数据产生，是现有数据内容发生显著改变或更新的阶段。对于组织机构而言，数据采集既包含在组织内部系统中生成的数据，也包含组织从外部采集的数据。

（2）数据存储

指非动态数据以任何数字格式进行物理存储的阶段。

（3）数据处理

指组织在内部针对动态数据进行的一系列活动的组合。

（4）数据传输

指数据在组织内部从一个实体通过网络流动到另一个实体的过程。

（5）数据交换

指数据经由组织与外部组织及个人产生交互的阶段。

（6）数据销毁

指通过对数据及数据的存储介质实施相应的操作，使数据彻底灭失且无法通过任何手段恢复的过程。

在此基础上，DSMM 将上述生命周期的六个阶段进行了进一步细分，划分出三十个过程域。这三十个过程域分别分布在这六个阶段中，部分过程域贯穿于整个数据生命周期，本章第二节将重点对基于 DSMM 数据生命周期及对应的六个过程域展开论述，这六个过程域与仪器设备数据安全有着密切的关系，分别是数据采集安全管理、数据源鉴别记录、逻辑存储安全、数据备份和恢复、数据的正当使用、数据接口安全，以描述在数据生命周期中这几个过程域的数据安全保护思路。

第二节　仪器设备数据安全管理

仪器设备数据安全管理与DSMM数据生命周期六个阶段的过程域密切相关，针对数据安全的不同生命周期，DSMM提出了不同的安全要求，这同样适用于仪器设备数据安全管理。根据数据生命周期的划分，数据安全可分为采集安全、传输安全、存储安全、处理安全、交换安全和销毁安全。本节重点对数据采集安全管理、数据源鉴别记录、逻辑存储安全、数据备份和恢复、数据的正当使用、数据接口安全进行介绍。

一、数据采集安全管理

DSMM官方将数据采集安全管理定义为在采集外部客户、合作伙伴等相关方数据的过程中，组织应明确采集数据的目的和用途，并确保满足数据源的真实性、有效性和最小够用等原则，同时明确数据采集渠道、数据格式规范、相关的流程和方式，从而保证数据采集的合规性、正当性和一致性。

DSMM在充分定义级对数据采集安全管理的要求具体如下。

1. 组织建设

组织应设立负责数据采集安全的管理岗位，由相关工作人员负责制定数据采集安全管理制度，推动相关要求和流程的落实，并对具体业务或项目的风险评估提供咨询和支持。

2. 制度流程

(1) 应明确组织的数据采集原则，定义业务的数据采集流程和方法。

(2) 应明确数据采集的渠道及外部数据源，并对外部数据源的合法性进行确认。

(3) 应明确数据采集的范围、数量和频度，确保不收集、提供与服务无关的个人信息和重要数据。

(4) 应明确组织数据采集的风险评估流程，针对采集的数据源、频度、渠道、方式、数据范围和类型进行风险评估。

(5) 应明确在数据采集过程中，个人信息和重要数据的知悉范围和需要采取的控制措施，确保采集过程中的个人信息和重要数据不泄露。

(6) 应明确自动化数据采集的范围。

3. 技术工具

(1) 依据统一的数据采集流程建设与数据采集相关的工具，以保证组织实现数据采集流程的一致性,同时相关系统应具备详细的日志记录功能,确保在数据采集和授权过程中记录的完整性。

(2) 应采取技术手段保证数据采集过程中个人信息和重要数据不被泄露。

4. 人员能力

负责该项工作的人员应充分理解数据采集的法律要求、安全和业务需求,并能够根据组织的业务提出有针对性的解决方案。

二、数据源鉴别记录

DSMM 官方将数据源鉴别及记录定义为对产生数据的数据源进行身份鉴别和记录,以防止数据仿冒和数据伪造。

DSMM 在充分定义级对数据源鉴别及记录的要求具体如下。

1. 组织建设

应由业务团队相关人员负责对数据源进行鉴别和记录。

2. 制度流程

应明确数据源管理的制度,对组织采集的数据源进行鉴别和记录。

3. 技术工具

(1) 组织应采取技术手段对外部收集的数据和数据源进行识别和记录。

(2) 应对关键追溯数据进行备份,并采取技术手段对追溯数据进行安全保护。

4. 人员能力

负责该项工作的人员应理解数据源鉴别标准和组织内部数据采集的业务,且能够结合实际情况执行相关操作。

三、逻辑存储安全

DSMM 官方将逻辑存储安全定义为基于组织内部的业务特性和数据存储安全要求,建立针对数据逻辑存储及存储容器等的有效安全控制机制。

DSMM 标准在充分定义级对逻辑存储安全的要求具体如下。

1. 组织建设

(1) 组织应设立负责数据逻辑存储安全的管理岗位,由相关工作人员负责明确整体的数据逻辑存储系统安全管理要求,并推进相关要求的实施。

(2) 应明确各数据逻辑存储系统的安全管理员,由其负责执行数据逻辑存储系统、存储设备的安全管理和运维工作。

2. 制度流程

(1) 应明确数据逻辑存储管理安全规范和配置规则,明确各类数据存储系统的账号权限管理、访问控制、日志管理、加密管理、版本升级等方面的要求。

（2）内部的数据存储系统应在上线前遵循统一的配置要求，以进行有效的安全配置，对所使用的外部数据存储系统也应进行有效的安全配置。

（3）应明确数据逻辑存储隔离授权与操作要求，确保数据存储系统具备多用户数据存储安全隔离能力。

3. 技术工具

（1）应为数据存储系统配置扫描工具，定期对主要数据存储系统的安全配置进行扫描，以保证其符合安全基线要求。

（2）应利用技术工具监测逻辑存储系统的数据使用规范性，确保数据存储符合组织的相关安全要求。

（3）应具备对个人信息、重要数据等敏感数据的加密存储能力。

4. 人员能力

负责该项工作的人员应熟悉数据存储系统架构，并能够分析出数据存储面临的安全风险，从而保证能够对各类存储系统进行有效的安全防护。

四、数据备份和恢复

DSMM 官方将数据备份和恢复定义为通过定期执行的数据备份和恢复，实现对存储数据的冗余管理，保护数据的可用性。

DSMM 在充分定义级对数据备份和恢复的要求具体如下。

1. 组织建设

组织应明确负责数据备份和恢复的管理岗位和工作人员，由其负责建立相应的制度流程并部署相关的安全措施。

2. 制度流程

（1）应明确数据备份和恢复的管理制度，以满足数据服务的可靠性和可用性等安全目标。

（2）应明确数据备份和恢复的操作规程，明确定义数据备份和恢复的范围、频率、工具、过程、日志记录、数据保存时长等。

（3）应明确数据备份和恢复的定期检查和更新工作程序，包括数据副本的更新频率和保存期限等。

（4）应依据数据生命周期的流程和业务规范，建立数据生命周期各阶段数据归档的操作流程，应明确归档数据的压缩或加密要求。

（5）应明确归档数据的安全管控措施，非授权用户不能访问归档数据。

（6）应识别组织适用的合规要求，按监管部门的要求对相关数据予以记录和保存。

（7）应明确数据存储时效性管理规程，明确数据分享、存储、使用和删除的有效期，明确有效期到期时对数据的处理流程，以及过期存储数据的安全管理要求。

(8) 应明确过期存储数据的安全保护机制,对于超出有效期的存储数据,应具备再次获取数据控制者授权的能力。

3. 技术工具

(1) 应建立数据备份和恢复的统一技术工具,保证相关工作的自动执行。

(2) 应建立保证备份和归档数据安全的技术手段,包括但不限于对备份和归档数据的访问控制、压缩或加密管理、完整性和可用性管理,确保备份和归档数据的安全性,确保存储空间能够被归档和备份数据有效利用,同时这些数据能够被安全存储和安全访问。

(3) 应采取必要的技术措施定期查验备份和归档数据的完整性和可用性。

(4) 应建立过期存储数据及其备份数据被彻底删除或匿名化的方法和机制,且能够验证数据已被完全删除、无法恢复或无法识别到个人,并告知数据控制者和数据使用者。

(5) 应通过风险提示和技术手段避免出现非过期数据的误删除,确保在一定时间窗口内误删除的数据可以手动恢复。

(6) 应确保存储架构具备数据存储跨机柜或跨机房容错部署的能力。

4. 人员能力

(1) 负责该项工作的人员应了解数据备份介质的性能和相关数据的业务特性,能够确定有效的数据备份和恢复机制。

(2) 负责该项工作的人员应了解与数据存储时效性相关的合规性要求,并具备基于业务对合规性要求的解读能力和实施能力。

五、数据的正当使用

DSMM 官方将数据的正当使用定义为基于国家相关法律法规对数据分析和利用的要求,建立数据使用过程的责任机制和评估机制,以保护国家机密、商业机密和个人隐私,防止数据资源被用于不正当目的。

DSMM 在充分定义级对数据正当使用的要求具体如下。

1. 组织建设

组织应设立负责数据的正当使用的管理岗位,由相关工作人员负责对数据的正当使用工作进行管理、评估和风险控制。

2. 制度流程

(1) 应明确数据使用的评估制度,在使用所有个人信息和重要数据之前,应先进行安全影响评估,只有在满足国家合规要求后,才允许使用。数据的使用应避免精准定位到特定个人,避免评价信用、资产和健康等敏感数据,不得超出收集数据时所声明的目的和范围。

(2) 应明确数据使用正当性的制度,保证数据的使用在声明的目的和范围之内。

3. 技术工具

(1) 应依据合规要求建立相应强度或粒度的访问控制机制,限定用户的可访问数据范围。

(2) 应完整记录数据使用过程的操作日志,以便识别和追究潜在违约使用者的相关责任。

4. 人员能力

负责该项工作的人员应能够按"最小够用"等原则管理权限,并具备对正当使用数据相关风险进行分析和跟进的能力。

六、数据接口安全

DSMM 官方将数据接口安全定义为组织通过建立对外数据接口的安全管理机制,降低组织数据在接口调用过程中的安全风险。

DSMM 在充分定义级对数据接口安全的要求具体如下。

1. 组织建设

组织应设立负责数据接口安全的管理岗位,由该岗位人员负责制定整体的规则,并推动相关流程的执行。

2. 制度流程

(1) 应明确数据接口安全控制策略,明确规定使用数据接口的安全限制和安全控制措施,如可采用身份鉴别、访问控制、授权策略、签名、时间戳、安全协议等方式。

(2) 应明确数据接口安全要求,包括接口名称、接口参数等。

(3) 应与数据接口调用方签署合作协议,明确数据的使用目的、供应方式、保密约定、数据安全责任等。

3. 技术工具

(1) 应具备对接口不安全输入参数进行限制或过滤的能力,为接口提供处理异常问题的能力。

(2) 应具备数据接口访问的审计能力,并能为数据安全审计提供可配置的数据服务接口。

(3) 应对跨安全域间的数据接口调用采用安全通道、加密传输、时间戳等安全措施。

4. 人员能力

负责数据接口安全工作的人员应充分理解数据接口调用业务的使用场景,具备充分的数据接口调用安全意识,以及良好的技术能力和风险控制能力。

第三节 仪器设备数据安全技术

大数据应用在不断发展创新的同时,数据违规收集、数据开放与隐私保护的矛盾,以及粗放式"一刀切"的管理方式等,都对大数据应用的发展带来了严峻的安全挑战。大数据资源的过度保护不利于大数据应用的健康发展,数据分类分级的安全管控方式能够避免"一刀切"带来的问题,对数据进行分类分级,可以实现数据资源的精细化管理和保护,确保大数据应用和数据保护的有效平衡。

大型综合实验室的专业仪器设备数据,经过多年的积累和网络化数据集成应用,已经逐步呈现出大数据的部分特点,仪器设备数据安全技术可借鉴信息化领域的成熟技术。本节将重点从数据采集安全管理、数据源鉴别记录、逻辑存储安全、数据备份和恢复、数据的正当使用和数据安全接口这六个方面来介绍数据安全技术。

一、数据采集安全管理

数据采集过程涉及包括个人信息和商业数据在内的海量数据,现今社会对于个人隐私和商业秘密的保护提出了更高的要求,需要防止个人信息和商业数据的滥用,采集过程需要获得信息主体的授权,并应当依照国家法律、行政法规的规定和与用户的约定,处理相关数据。另外,还应在满足相关法定规则的前提下,在数据应用和数据安全保护之间寻找适度的平衡。

数据采集活动的主要操作包括但不限于:发现数据源、传输数据、生成数据、缓存数据、创建数据源、数据转换、数据完整性验证等。

(一) 使用技术工具

数据采集涉及很多方面,包括外部数据和内部数据的采集,这里的外部数据是指除了组织内部之外的所有数据提供方,包括第三方、合作伙伴和子公司等。在采集过程中,组织和数据提供方应提前约定好数据采集相关的工作流程和制度,数据采集的技术工具需要按照这些流程制度来进行数据采集的工作。技术工具除了需要达到基本的数据采集目标之外,还需要保证数据采集过程中的数据传输和存储安全,并提供全过程审计的能力。针对数据采集和数据防泄露,目前均有多种解决方案可供选择。数据采集根据采集的数据类型和数据源不同,也可以选择不同的技术工具。目前主要有三种类型的数据:数据库数据、网络数据和系统日志数据。根据不同的数据类型,数据采集系统也分为了三个主要类型。目前,数据防泄露技术主要有数据加密技术、权限管控技术和基于内容深度识别的通道防护技术。

（二）确立数据采集的基本原则

数据采集活动，应遵循合法、正当、必要的原则，具体包括以下内容。

（1）权责一致

采取必要的技术和措施保障个人数据和重要数据的安全，若对数据主体的合法权益造成损害则应承担相应的责任。

（2）目的明确

具有明确、清晰、具体的信息处理目的。

（3）选择同意

向数据主体明示信息处理的目的、方式和范围等规则，征求获得其授权和同意。

（4）最少必要

只处理已获得数据主体授权和同意的、所需的最少数据类型和数量。目的达成后，应及时删除所采集的数据。

（5）公开透明

以明确、易懂且合理的方式公开处理数据的范围、目的和规则等，并接受外部监督。

（6）确保安全

具备与应对安全风险相匹配的安全能力，并采取足够的管理措施和技术手段，保护数据的保密性、完整性和可用性。

（7）主体参与

向数据主体提供能够查询、更正和删除其信息，以及撤回授权同意、注销账户和投诉等方法。

（三）确定数据采集周期

数据的采集周期可根据数据的状态分为如下两种情况。

（1）对于实时检测数据的采集，应按照实际工作条件制定数据采集周期。例如，系统连续进行十次采集，可将十次采集时间的平均值作为系统的数据采集周期。

（2）对于系统生产基础数据的采集，可采用固定期限加动态调整的方式制定采集周期。例如，对于变化不大的数据信息，采集周期可设置为六个月，涉及数据信息变动与调整的，则可根据需要动态调整其采集周期。

（四）制定数据采集的安全策略

组织在开展数据采集活动的过程中应遵循如下基本要求，确保采集过程中的个人信息和重要数据不会泄露。

(1) 定义采集数据的目的和用途,明确数据的采集来源、采集方式、采集范围等内容,并制定标准的采集模板、采集方法、策略和规范。

(2) 遵循合规原则,确保数据采集的合法性、正当性和必要性。

(3) 设置专人负责信息生产或提供者的数据审核和采集工作。

(4) 对于初次采集的数据,需要采用人工与技术相结合的方式进行数据采集,并根据数据的来源、类型或重要程度进行分类。

(5) 最小化采集数据,仅需要完成必需的采集工作即可,确保不要采集与提供的服务无关的个人信息和重要数据。

(6) 对采集的数据进行合理化存储,依据数据的使用状态进行及时销毁处理。

(7) 对采集的数据进行分类分级标识,并对不同类和不同级别的数据实施相应的安全管理策略和保障措施,对数据采集环境、设施和技术采取必要的安全管理措施。

(五) 制定数据采集的风险评估流程

在对数据进行采集的过程中,应组织风险评估小组对采集过程进行风险评估,评估内容包括但不限于以下内容。

(1) 采集过程是否合规

是否有采集负责人对相关的采集操作进行审核、采集的数据是否最少化、采集过程是否足够公开透明并接受外部监督。

(2) 采集过程中的安全要求

是否采用了加密、完整性校验、匿名、日志和断网等保护措施,以保护被采集数据的安全。

(六) 基于数据库的采集技术

目前,在政府、企业和高校中,绝大部分与业务相关的数据都采用结构化的方式保存在后端的数据库系统中,数据库系统主要分为两大类:一类是关系型数据库,如 Oracle、SQL Server 和 MySQL;另一类是非关系型数据库,如 MongoDB 和 Redis。基于数据库采集源数据,主要可采用以下三种实现方式。

(1) 直接数据源同步

直接数据源同步是指直接连接业务数据库,通过规范的接口(如 JDBC)读取目标数据库中的数据,这种方式比较容易实现,但是针对业务量较大的数据源采集工作,可能会存在性能问题。

(2) 生成数据文件同步

生成数据文件同步是指从数据源系统现场生成数据文件,通过文件系统同步到目标数据库中,这种方式适用于数据源比较分散的场景,在数据文件传输前后需要进行校验，同时对文件进行适当的压缩和加密，提高传输效率，并保证传输过程的安全性。

(3) 数据库日志同步

数据库日志同步是指基于源数据库的日志文件进行同步。目前，绝大多数数据库都支持生成数据日志文件，并且支持通过数据日志文件进行数据恢复，因此可以通过数据日志文件来实现增量数据的同步。由于数据日志文件相比数据文件小很多，因此同步的效率比较高，对性能的影响也比较小。

(七) 基于网络数据的采集技术

基于网络数据的采集技术是指通过网络爬虫或网站公开 API 等方式，从网站上获取数据信息的过程。网络爬虫会从一个或若干个初始网页的 URL 开始，获得各个网页上的内容，并且在抓取网页的过程中，不断从当前页面上抽取新的 URL 放入队列，直到满足系统设置的停止条件为止，这样即可将非结构化数据和半结构化数据从网页中提取出来，存储在本地的存储系统中。网络数据采集方法支持图片、音频、视频等文件或附件的采集，附件与正文可以自动关联。

网络数据采集的目的是把目标网站上网页中的某块文字或图片等资源下载到指定的位置。这个过程需要完成如下配置工作：下载网页配置、解析网页配置、修正结果配置、数据输出配置。如果采集的数据符合工作的要求，则修正结果这一步可以省略。配置完毕后，再以 XML 的格式描述配置行程任务，采集系统将按照任务的描述开始工作，最后把采集到的结果存储到指定位置。

整个数据采集过程的基本步骤如下，流程图如图 6.4 所示。

(1) 将需要抓取数据网站的 URL 信息写入 URL 队列。

(2) 爬虫从 URL 队列中获取需要抓取数据网站的 URL 信息。

(3) 获取某个具体网站的网页内容。

(4) 从网页内容中抽取出该网站正文页内容的链接地址。

(5) 从数据库中读取已经抓取过的内容的网页地址。

(6) 过滤 URL，对当前的 URL 和已经抓取过的 URL 进行比较，如果该网页地址没有被抓取过，则将该网页地址写入数据库，如果该网页地址已经被抓取过，则放弃对这个网址的抓取操作。

(7) 获取该地址的网页内容，并抽取出所需属性的内容值。

(8) 将抽取的网页内容写入数据库。

(八) 基于系统日志的采集技术

不管是业务系统、操作系统还是数据库系统，每天都会产生大量的日志数据，针对此类日志，目前有多款开源工具可实现数据采集的功能，如 Hadoop 的 Chukwa、Cloudera 的 Flume、Facebook 的 Scribe 等。

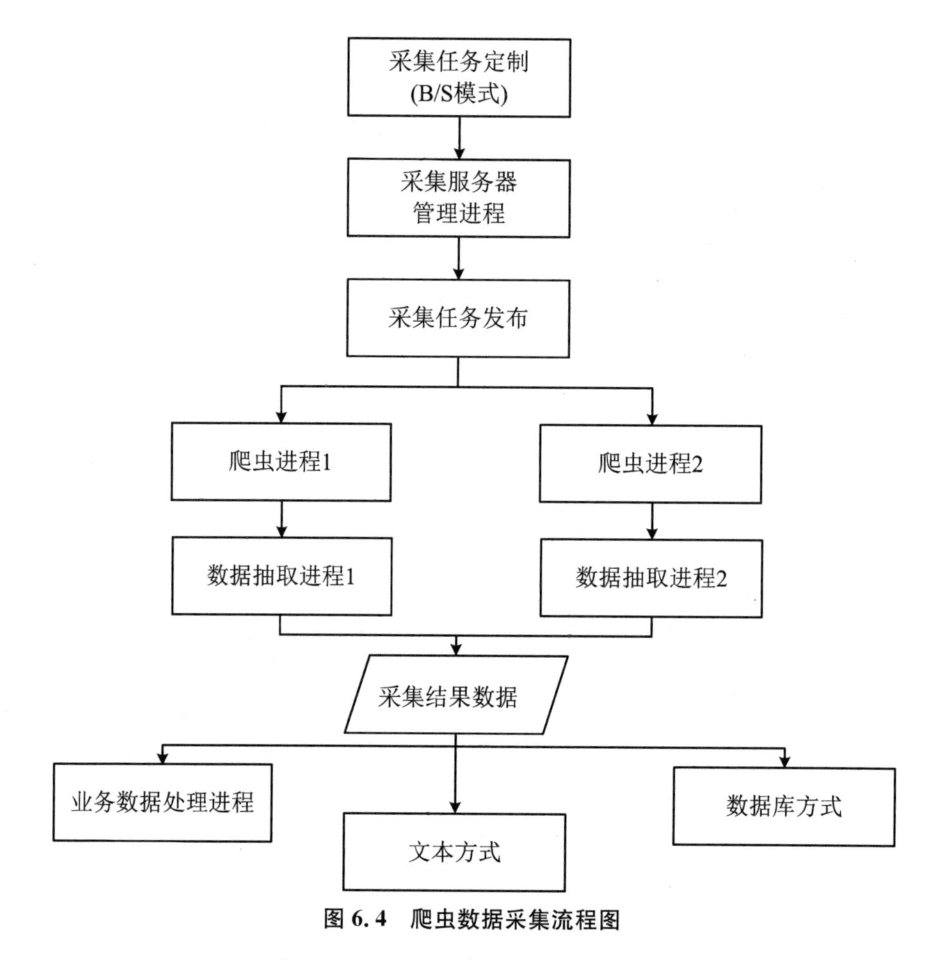

图 6.4 爬虫数据采集流程图

这里以 Flume 为例介绍系统日志采集的大致流程。Flume 是一个可用于收集日志、事件等数据资源，并将这些数量庞大的数据从各项数据资源中集中起来进行存储的工具或服务。Flume 是一款具有高可用性和分布式特点的配置工具，其设计原理是将数据流（如日志数据）从各种网站服务器上汇集起来存储到 HDFS、HBase 等集中存储器中。其内部结构如图 6.5 所示。

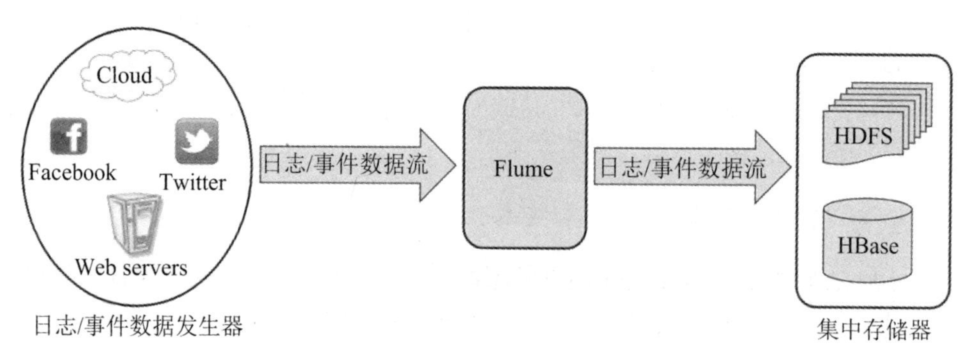

图 6.5 Flume 工作结构示意图

Flume 内部包含 Flume 探针(Agent)和数据收容器(Data Collector)。如图 6.6 所示,运行在数据发生器所在服务器上的单个探针负责收集数据发生器(如 Facebook)所产生的数据,之后数据收容器从各个探针上汇集数据并将采集到的数据存到 HDFS 或 HBase 中。

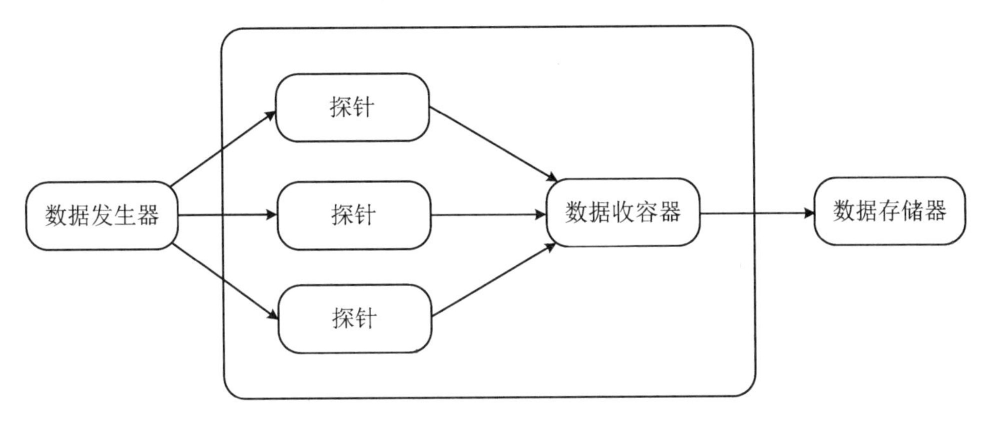

图 6.6 Flume 内部结构示意图

其中,Flume 内部数据传输的单位称为事件(即 Flume Event),其由一个转载数据的字节数组(该数据组从数据源接入点开始,传输给传输器,也就是 HDFS 和 HBase)和一个可选头部构成,以上就是 Flume 的内部结构。其中,Flume 探针的内部结构如图 6.7 所示,主要由数据源(Source)、管道(Channel)和节点(Sink)三个组件组成。

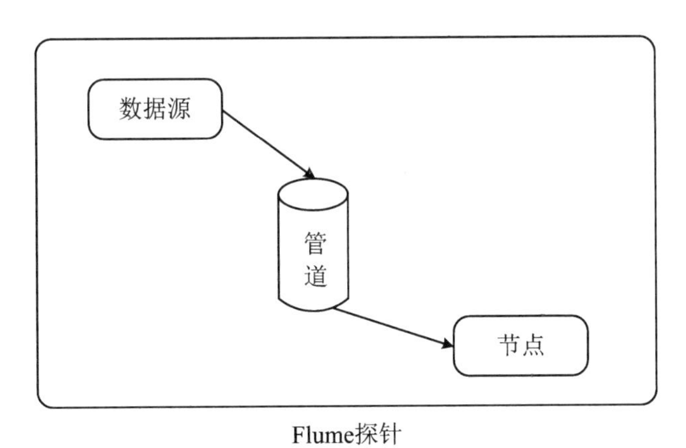

Flume探针

图 6.7 Flume 探针内部结构示意图

(1) 数据源

负责从数据发生器接收数据,并将接收到的数据以 Flume 的事件(Events)格式传递给一个或多个管道,Flume 提供了多种数据接收方式,如 Avro、Thrift 等。

(2) 管道

一种短暂的存储容器，它将从数据源处接收到的事件格式的数据缓存起来，直到它们被节点消费掉，它在数据源和节点间起着一种桥梁的作用。管道是一个完整的事物，这一点可用于保证数据在收发时的一致性。而且，管道可以与任意数量的数据源和节点链接。管道支持的类型包括 JDBC Channel、File System Channel、Memort Channel 等。

（3）节点

负责将数据存储到集中存储器中，如 HBase 和 HDFS，它从管道消费数据（事件格式）并将其传递到目的地。目的地可能是另一个节点，也可能 HDFS、HBase 等存储器。

Flume 探针的端到端组合示意图如图 6.8 所示。

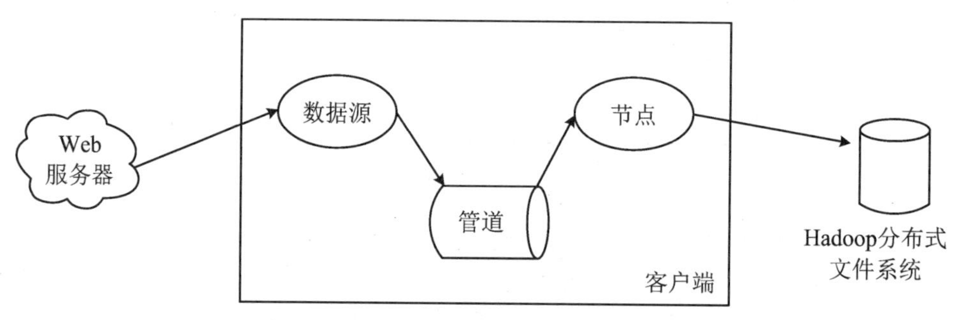

图 6.8　Flume 探针的端到端组合示意图

（九）数据防泄露技术

目前，数据防泄露技术主要包含数据加密技术、权限管控技术以及基于内容深度识别的通道防护技术等，具体说明如下。

（1）数据加密技术

数据加密技术包含磁盘加密、文件加密、透明文档加解密等技术路线，目前以透明文档加解密技术最为常见。透明文档加解密技术通过过滤驱动对受保护的敏感数据内容设置相应的参数，从而有选择性地保护特定进程产生的特定文件，写入时进行加密存储，读取文件时进行自动解密，整个过程不会影响其他受保护的内容。

加密技术需要从数据泄露的源头开始对数据进行保护，即使数据离开企业内部的保护，也能防止数据泄露。但加密技术的密钥管理十分复杂，一旦密钥丢失或加密后的数据遭到损坏，就会造成原始数据无法恢复的后果。对于透明文档加解密来说，如果数据不是以文档的形式出现，那么就无法对数据进行管控。

（2）权限管控技术

数字权限管理（Digital Right Management，DRM）是指通过设置特定的安全策略，在敏感数据文件生成、存储和传输的同时实现自动化保护，以及通过条件访问控制策略防止对敏感数据进行非法复制、泄露和扩散等操作。

数字权限管理技术通常不会对数据进行加解密操作，而是通过细粒度的操作控制和身份控制策略来实现数据的权限控制。权限管控策略与业务结合比较紧密，因此会对用户现有的业务流程产生影响。

(3) 基于内容深度识别的通道防护技术

基于内容的数据防泄露(Data Loss Prevention，DLP)的概念最早源自国外，是一种以不影响用户正常业务为目的，对企业内部敏感数据外发进行综合防护的技术手段。数据防泄露以深层内容识别为核心，基于敏感数据内容策略定义，监控数据的外传通道，对敏感数据的外传进行审计或控制。数据防泄露不会改变正常的业务流程，具备丰富的审计功能，可用于对数据泄露事件进行事后定位和追责溯源。

(十) 技术工具的使用目标和工作流程

数据采集安全管理技术工具应能实现以下目标。

(1) 工具需要能够设置统一的采集策略，统一下发设置的采集策略，并能对采集策略进行调整。采集策略应遵循“最小够用”原则，既要确保采集数据的一致性，又要确保采集数据不会被滥用。

(2) 工具需要支持与被采集数据源之间的全过程加密通信。从发起数据采集请求、数据采集授权到采集数据传输的通信过程应该采取双向加密传输方式，防止在双方通信的过程中因故障或恶意截获窃取导致的信息泄露。加密包括但不限于数据采集工具自身使用的加密算法、传输层采取的加密方式(如 SSL)、使用专用隧道进行传输、数据在传输前进行数据加密等。

(3) 当数据采集涉及敏感信息时，工具需要具备在数据传输前对数据进行脱敏的能力。当通信链路存在风险时，在传输前对数据进行脱敏作业能够最大限度地降低数据传输过程中的风险。工具需要依照规定的敏感信息定义，对采集到的敏感信息进行脱敏处理后再进行传输。

(4) 工具应能对采集前后的数据进行完整性校验。为了防止采集前后的数据被篡改，工具需要对数据进行完整性校验，可以使用数字签名、数字证书等手段来识别所采集的数据是否已遭到篡改。

(5) 在存储采集到的数据时，在保证敏感数据都经过了脱敏处理的前提下，工具需要对采集到的数据进行加密作业后再存储。同时，工具需要能够对所存储的数据定期进行备份，以保证存储数据的安全性，防止所存储的数据遭到窃取和破坏。

基于数据采集安全管理的技术工具进行数据采集作业的基本流程图如图 6.9 所示。

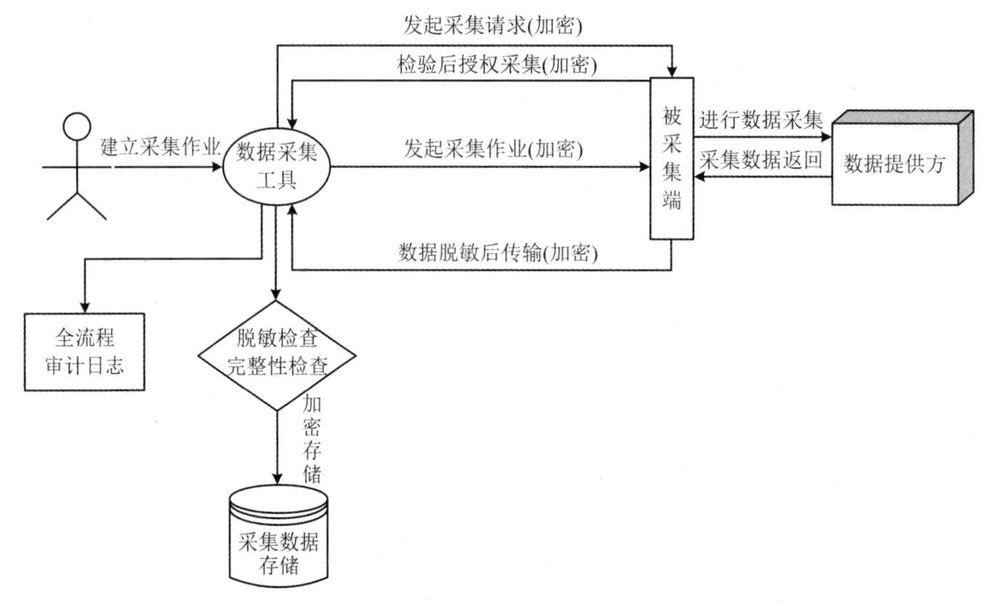

图 6.9 数据采集作业基本流程图

二、数据源鉴别记录

数据源鉴别是指对收集或产生数据的来源进行身份识别的一种安全机制，防止采集到其他不被认可的或非法数据源（如机器人注册信息等）产生的数据，避免采集到错误的或失真的数据。数据源记录是指对采集的数据标识其数据来源，以便在必要时能够对数据源进行追踪和溯源。

（一）使用技术工具

在数据安全能力成熟度模型中，对数据源鉴别记录的定义如下：对产生数据的数据源进行身份鉴别和记录，防止数据仿冒和数据伪造。这个定义的核心是溯源，具体来说就是保证数据可以被安全地溯源。所以数据源鉴别记录的技术工具需要具备两个方面的能力：一方面是数据溯源的能力；另一方面是保证数据安全的能力。安全能力是指在对数据进行溯源操作时，保证其在传输、执行和存储等过程中的安全性。

（二）制定数据采集来源的管理办法

对数据采集来源进行管理的目的是确保采集数据的数据源是安全可信的，确保采集对象是可靠的，没有假冒对象。采集来源管理可通过数据源可信验证技术来实现，包括可信认证（PKI 数字证书体系，针对数据传输进行的认证）和身份认证技术（指纹等生物识别技术，针对关键业务数据修改进行的认证）等。

1. PKI数字证书

公钥基础设施（Public Key Infrastructure，PKI）是通过使用公钥技术和数字证书来提供系统信息安全服务，并负责验证数字证书持有者身份的一种体系。PKI技术是信息安全技术的核心。PKI保证了通信数据的私密性、完整性、不可否认性和源认证性。

PKI实现的基本原理为：由一个密钥进行加密的信息内容，只有由与之配对的另一个密钥才能进行解密。公钥可以广泛地发给与自己有关的通信者，私钥则需要被安全地存放起来。使用中，甲方可以用乙方的公钥对数据进行加密并传送给乙方，乙方可以使用自己的私钥完成解密。公钥通过电子证书与其拥有者的姓名、工作单位、邮箱地址等捆绑在一起，由权威机构（Certificate Authority，CA）进行认证、发放和管理。当把证书交给对方时，就意味着把自己的公钥传送给了对方。证书也可以存放在一个公开的地方，让别人能够方便地找到和下载。

一个完整的PKI系统必须包括权威认证机构、数字证书库、密钥备份及恢复系统、证书作废系统和应用接口等基本组成部分。

(1) 权威认证机构

权威认证机构简称CA，是PKI的核心组成部分，是权威、公正、可信任的第三方数字证书的签发机构。

(2) 数字证书库

数字证书是由认证机构（认证权威）数字签名的数字文件，其中包含公开密钥拥有者的信息、公开密钥、签发者信息、有效期及一些扩展信息等。数字证书将PKI中的公钥信息与用户身份信息绑定在了一起，由证书即可确定用户的身份。数字证书库则是证书的集中存放地，是网上的一种公共信息库，可供公众进行开放式查询。到数字证书库访问查询，可以得到你想要与之通信者的公钥。数字证书库是扩展PKI系统的一个组成部分，证书中的数字签名保证了证书的合法性和权威性。

(3) 密钥备份及恢复系统

如果用户丢失了密钥，则会造成已经加密的文件无法解密，从而导致数据丢失，为了避免这种情况，PKI提供了密钥备份及恢复机制。

(4) 证书作废系统

有时因为用户身份变更或密钥遗失，需要停止证书的使用，所以PKI系统提供了证书作废系统。

(5) 应用接口

其作用是为各种各样的应用提供安全、一致、可信任的方式与PKI进行交互，确保所建立的网络环境安全可信，并降低管理成本。没有PKI应用接口系统，PKI就无法有效地提供服务。

2. 身份认证技术

身份认证技术是指在计算机及计算机网络系统中确认操作者身份的过程，从而确定该操作者是否具有对某种资源的访问和使用权限，进而使计算机和网络系统的访问策略能够可靠、有效地执行，防止攻击者假冒合法用户获得该资源的访问权限，保证系统和数据的安全，以及授权访问者的合法利益。

目前，身份认证的主要手段具体包含如下几个方面。

(1) 静态密码

用户的密码是由用户自己设定的。在网络登录时只要输入的密码正确，计算机就会认为操作者是合法的用户。静态密码机制无论是使用还是部署都非常简单，但从安全性上讲，用户名加密码的方式却是一种不安全的身份认证方式。

(2) 智能卡

智能卡认证是通过智能卡硬件的不可复制性来保证用户身份不会被仿冒的一种认证方式。

(3) 短信密码

身份认证系统以短信的形式向用户的手机发送随机的 6 位动态密码信息，用户在登录或交易认证时输入此动态密码，从而确保系统身份认证的安全性。

(4) 动态口令

动态口令是应用最广的一种身份识别方式，一般是长度为 5～8 的字符串，由数字、字母、特殊字符、控制字符等组成。

(5) USB Key

USB Key 是一种 USB 接口的硬件设备。USB Key 内置单片机或智能卡芯片，有一定的存储空间，可以存储用户的私钥和数字证书，其利用 USB Key 内置的公钥算法来实现对用户身份的认证。由于用户私钥保存在密码锁中，理论上使用任何方式都无法读取，因此可以保证用户认证的安全性。

(6) 生物特征识别

生物特征识别技术是指计算机利用人类自身的生理或行为特征进行身份认定的一种技术。生物特征的特点是人各有异、终生(几乎)不变、随身携带，这些身体特征包括指纹、虹膜、掌纹、面相、声音、视网膜和 DNA 等人体的生理特征，以及签名的动作、行走的步态、击打键盘的力度等行为特征。指纹识别技术相对比较成熟，是一种较为理想的生物认证技术。

(7) 双因素

所谓双因素就是将两种认证方法结合起来，进一步加强认证的安全性。

(三) 数据溯源方法

目前，数据溯源的主要方法有标注法和反向查询法，具体说明如下。

(1) 标注法

标注法是一种简单且有效的数据溯源方法，应用非常广泛，该方法通过记录处理相关的信息来追溯数据的历史状态，即用标注的方式来记录原始数据的一些重要信息，并让标注信息和数据一起传播，通过查看目标数据的标注来获得数据的溯源。采用标注法来进行数据溯源，相对来说实现起来比较简单且容易管理。但该方法只适用于小型系统，对于大型系统而言，很难为细颗粒度的数据提供详细的数据溯源信息，因为很可能会出现元数据比原始数据还多的情况，需要额外的存储空间，从而对存储造成很大的压力，而且效率也会很低。

（2）反向查询法

反向查询法也称逆置函数法，适用于颗粒度较细的数据。该方法通过逆向查询或构造逆向函数对查询操作求逆，或者说是根据转换过程反向推导，由结果追溯到原始数据。反向查询法的关键是要构造出逆向函数，逆向函数的构造结果将直接影响查询的效果和算法的性能。与标注法相比，该方法的追踪比较简单，只需要存储少量的元数据即可实现对数据的追踪溯源，而不需要存储中间处理信息、全过程注释信息等。但该方法需要用户提供逆置函数（并不是所有的函数都具有可逆性）和相对应的验证函数，构造逆置函数具有一定的局限性，实现过程相对来说比较复杂。

（四）技术工具的使用目标和工作流程

数据源鉴别及记录技术工具应能实现以下目标。

（1）工具需要具备完整且详细的数据溯源功能，不仅要能对结构化的数据进行鉴别和记录，而且要能对非结构化的数据进行鉴别和记录。

（2）工具需要具有良好的操作逻辑，能够较为方便地对溯源关键信息进行管理。

（3）工具在进行数据溯源作业时，需要能够保证作业过程是安全的，作业结果是可靠的。

（4）工具需要具备针对溯源关键信息的自动备份功能，可以通过自定义策略对数据进行自动定期备份。工具需要具备数据加密功能，对管理的元数据在存储之前就应进行加密处理。

基于数据源鉴别及记录的技术工具进行数据源鉴别及记录作业的基本流程如图 6.10 所示。

三、逻辑存储安全

逻辑存储系统是指存储数据的容器，一般为服务器。组织机构应通过认证鉴权、访问控制、日志管理、通信举证、文件防病毒等安全配置，以及对应的安全配置策略，保证数据存储的安全。

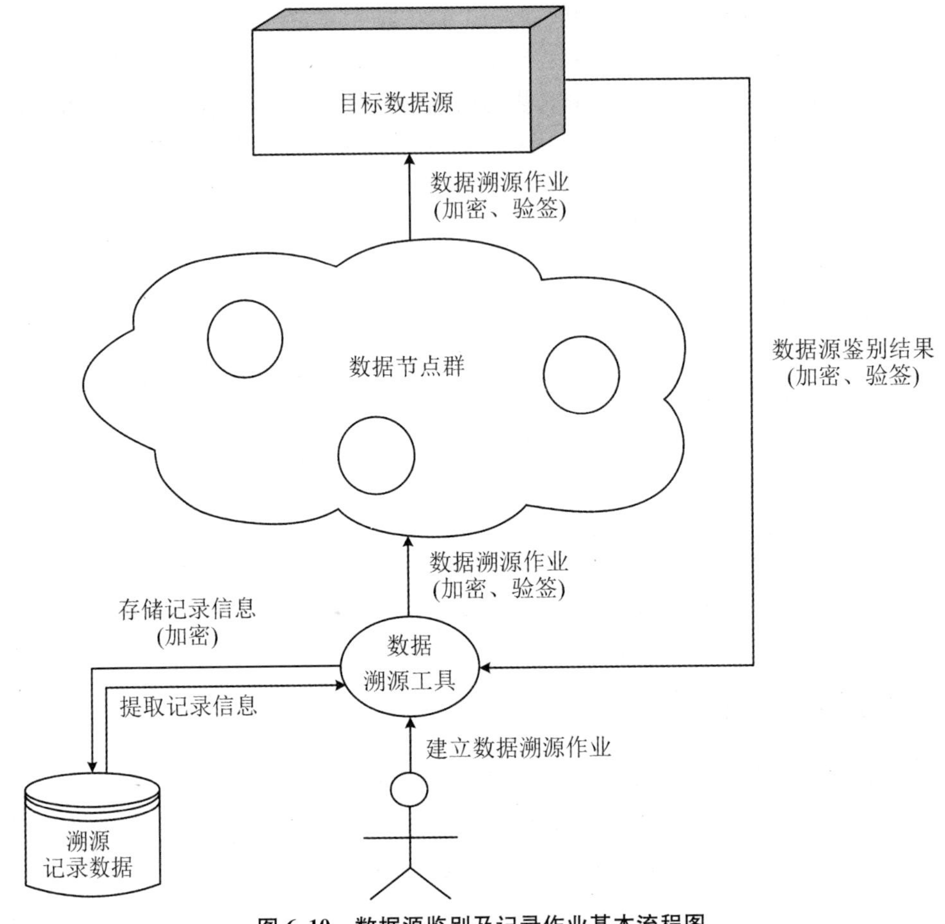

图 6.10 数据源鉴别及记录作业基本流程图

(一) 使用技术工具

数据在存储过程中,除了要解决常见的物理介质问题所导致的数据安全问题之外,还要对存储容器和存储架构提出更高的要求。一般来说,存储数据的容器主要是服务器,所以数据存储安全需要加强服务器本身的安全措施。对于服务器来说,一方面需要加强常规的安全配置,这方面可以通过相关的安全基线或安全配置检测工具进行定期排查,检查项包括认证鉴权和访问控制等;另一方面需要加强存储系统的日志审计,采集存储系统的操作日志,识别访问账号和鉴别权限,检测数据使用的规范性和合理性,实时监测以尽快发现相关问题,从而建立起针对数据逻辑存储和存储容器的有效安全控制系统。

(二) 实施系统账号管理

1. 普通账号的管理

(1) 申请人需要使用统一而规范的申请表,提出用户账号创建、修改、删除和禁用等各项申请。

(2) 在受理申请时，逻辑存储管理部门应根据申请配置权限，在系统条件具备的情况下，为用户分配独有的用户账号和权限。一旦分配好了账号，用户就不得再使用他人账号，或者允许他人使用自己的账号。

(3) 当用户岗位和权限发生变化时，应主动向逻辑存储管理部门申请逻辑存储系统所需的账号和权限。

2. 特权账号和超级用户账号的管理

(1) 特权账号是指在系统中拥有专用权限的账号，如备份账号、权限管理账号、系统维护账号等。超级用户账号是指系统中拥有最高权限的账号，如 administrator、root 等管理员账号。

(2) 只有经过逻辑存储安全管理部门授权的用户才可以使用特权账号和超级用户账号，严禁共享账号。

(3) 逻辑存储安全管理部门须监督特权账号和超级用户账号的使用情况并做好记录以备后查。

(4) 尽量避免出现临时使用特权账号和超级用户账号的情况，确实需要临时使用时，必须提交申请并通过审批流程；临时使用超级用户账号必须要有逻辑存储安全管理部门的相关人员在场监督，并记录其工作内容；超级用户账号临时使用完毕后，逻辑存储安全管理部门需要立即更改账号密码。

3. 账号权限的审阅

(1) 逻辑存储管理部门需要建立逻辑存储系统账号及权限的文档记录，记录用户账号和相关信息，并在账号发生变动时及时更新记录。

(2) 用户离职后，逻辑存储管理部门需要及时禁用或删除离职人员所使用的账号；如果离职人员是系统管理员，则应及时更改特权账号或超级用户口令。

4. 账号口令的管理

(1) 用户账号口令的发放要严格保密，用户必须及时更改初始口令。

(2) 账号口令的最小长度为 8 位，要求具有一定的复杂度，账号口令需要定期更改，账号口令的更新周期不得超过 90 天。

(3) 严禁共享个人用户账号口令。

(4) 超级用户账号需要通过保密形式由逻辑存储安全管理部门留存一份。

（三）实行认证鉴权

逻辑存储系统需要通过管理平面和业务平面的认证来限制可访问逻辑存储系统的维护终端及应用服务器。当用户使用存储系统时，只有通过认证的用户才能对存储系统执行管理操作，并对存储系统上的业务数据进行读写操作。

（四）采取访问控制措施

组织机构需要采取有效的访问控制措施，以保证逻辑存储系统的安全性。

(1) 逻辑存储安全管理部门需要制定逻辑存储系统的访问规则,所有访问逻辑存储系统的用户都必须按规定执行,以确保逻辑存储设备和业务数据的安全性。

(2) 对逻辑存储系统进行设置,保证用户在进入系统之前必须先通过登录操作,并且记录登录成功或失败的日志。逻辑存储系统的管理员必须确保用户的权限被限定在许可的范围内,同时还要能够访问有权访问的信息。

(3) 访问控制权限设置的基本规则是,除明确允许执行的情况之外,其余情况必须一律禁止。

(4) 访问控制的规则和权限应结合实际情况,并记录在案。

(五) 基于逻辑存储系统的病毒和补丁管理

组织机构需要对逻辑存储系统进行病毒查杀和病毒库管理,以保证逻辑存储系统的安全性。

(1) 逻辑存储安全管理部门应具备较强的病毒防范意识,定期对逻辑存储系统进行病毒检测,如果发现病毒应立即处理并通知上级领导部门或专职人员。

(2) 采用国家许可的正版防病毒软件进行查杀,并及时更新软件版本。

(3) 逻辑存储系统必须及时升级或安装安全补丁,修复系统漏洞;必须为逻辑存储服务器做好病毒及木马的实时监测,及时升级病毒库。

(4) 若未经逻辑安全管理部门许可,则不得在逻辑存储系统上安装新软件,若确实需要安装,则在安装之前应先进行病毒例行检查。

(5) 经远程通信传送的程序或数据,必须经过检测确认无病毒后方可使用。

(六) 制定日志管理规范

组织机构需要定期检查逻辑存储系统上的安全日志,对错误、异常、警告等日志进行分析和判断,对判断结果进行有效处理并记录存档。同时,逻辑存储系统上的日志需要定期备份,以便帮助用户了解与安全相关的事务中所涉及的操作和流程,以及事件的整体信息。

(七) 定期检查存储

逻辑存储安全管理部门应定期检查并记录逻辑存储系统的存储情况,如果发现存储容量超过70%,则应及时删除不必要的数据以腾出磁盘空间,必要时应及时申报新的存储设备。

(八) 明确故障管理方法

组织机构应明确逻辑存储系统的故障管理方法,以保证在安全事件发生时能够及时采取相应措施。

(1) 逻辑存储系统的故障包括软件故障、硬件故障、入侵与攻击,以及其他不可预料的未知故障等。

(2) 当逻辑存储系统出现故障时，应由逻辑存储安全管理部门督促和配合厂商工作人员尽快进行维修，并对故障现象及解决全过程进行详细记录。

(3) 逻辑存储系统需要送外维修时，逻辑存储安全管理部门必须删除逻辑存储系统中的敏感数据。

(4) 对于不能尽快处理的故障，逻辑存储安全管理部门应立即通知上级领导，并保护好故障现场。

(九) 制定逻辑存储安全配置规则

逻辑存储系统在上线之前应遵循统一的配置要求，进行有效的安全配置，同时采用配置扫描工具和漏洞扫描系统，对数据存储系统定期进行扫描，尽可能地消除或降低逻辑存储系统的安全隐患。关于逻辑存储的安全配置规则具体如下，各企业的逻辑存储安全管理部门可按照实际需求酌情选用。

账号管理与授权的安全配置规则具体如下：

(1) 删除或锁定可能无用的账户。

(2) 根据用户角色分配不同权限的账号。

(3) 口令策略设置应符合复杂度要求。

(4) 口令的设定不能重复。

(5) 不使用系统默认用户名。

(6) 口令生存期不得长于 90 天。

(7) 限定连续认证失败的次数。

(8) 远端系统强制关机的权限设置。

(9) 关闭系统的权限设置。

(10) 取得文件或其他对象的所有权设置。

(11) 将从本地登录设置为指定授权用户。

(12) 将从网络访问设置为指定授权用户。

日志的安全配置规则具体如下：

(1) 审核策略设置为无论成功还是失败都要审核。

(2) 设置日志查看器的大小。

IP 协议的安全配置规则具体如下：

(1) 开启 TCP/IP 筛选。

(2) 启用防火墙。

(3) 启用 SYN 攻击保护。

服务的安全配置规则具体如下：

(1) 启用 NTP 服务。

(2) 关闭不必要的服务。

(3) 关闭不必要的启动项。
(4) 审核 HOST 文件的可疑条目。
(5) 关闭默认共享。
(6) 关闭 EVERYONE 的授权共享。
(7) 正确配置 SNMP 服务 COMMUNITY STRING 设置。
(8) 删除可匿名访问共享。
(9) 关闭远程注册表。
(10) 对于远程登录的账号，设置不活动断开时间为 1 小时。
(11) 更新 IIS 服务补丁。
其他安全配置规则具体如下：
(1) 安装防病毒软件。
(2) 配置 WSUS 补丁更新服务器。
(3) 更新 SERVER PACK 补丁。
(4) 更新 HOTFIX 补丁。
(5) 设置带密码的屏幕保护。
(6) 交互式登录不显示上次登录的用户名。

四、数据备份和恢复

数据备份和恢复是为了提高信息系统的高可用性和灾难可恢复性，在数据库系统崩溃的时候，如果没有数据库备份，就无法找回数据。保证数据的可用性是数据安全工作的基础。

(一) 使用技术工具

数据的备份恢复在数据的全生命周期过程中十分重要，关系到数据在丢失或损坏后能否在最短的时间内恢复正常，以保证系统的可用性。数据备份和恢复的过程就是利用技术工具将数据以某种方式保存下来，以便在数据或整个系统遭到破坏时，能够重新使用所保留的数据。

(二) 不同网络架构下的备份技术

数据备份包括三种常用的备份方式，即全量备份、增量备份和差异备份，具体说明如下。

全量备份指的是对整个系统(包括系统和数据)进行的完全备份。在三种备份方式中，全量备份是最可靠的备份方式，其所要备份的数据量是最大的，耗费的时间和资源也是最多的，但是恢复时间是最短的。

增量备份指的是每次备份的数据是上一次备份后增加和修改过的数据。在三种备份方式中，增量备份所要备份的数据量是最小的，但相应的恢复时间是最长的。

差异备份指的是备份的数据是上一次全量备份后增加和修改过的数据，差异备份和增量备份的区别在于上一次备份是否为全量备份。

主流的数据备份技术主要包含如下三种：LAN 备份、LAN Free 备份和 SAN Server-Free 备份。LAN 备份技术适用于所有的存储类型，而 LAN Free 备份技术和 SAN Server-Free 备份技术只适用于 SAN 架构的存储类型。

SAN(Storage Area Network)即存储区域网络，SAN 采用网状通道技术，通过专用的交换机连接存储阵列和服务器主机，建立专用于数据存储的区域网络，是一种专门为存储而建立的独立于 TCP/IP 网络的专用网络。由于 SAN 是一种专用网络，所以可对数据存储提供高速传输服务，而且不会影响其他网络带宽。

1. LAN 备份技术

LAN(Local Area Network)即局域网，从名称不难看出，LAN 备份技术依赖的是网络。在 LAN 备份技术中，数据传输是以网络为基础进行的。如图 6.11 所示，LAN 备份技术的设计原理是在局域网中配置一台服务器作为中央备份服务器，该服务器与备份存储设备进行连接，由它负责整个系统的备份工作。在整套备份系统中，局域网内的其他服务器和需要备份的工作站为客户端，客户端上需要安装备份客户端程序，当对数据执行备份操作时，由客户端向中央备份服务器发起请求。LAN 备份技术在局域网内提供了一种集中化的、易于管理的备份方式，以提高备份效率。但是，由于 LAN 高度依赖于网络传输，因此会对网络传输造成较大的压力。

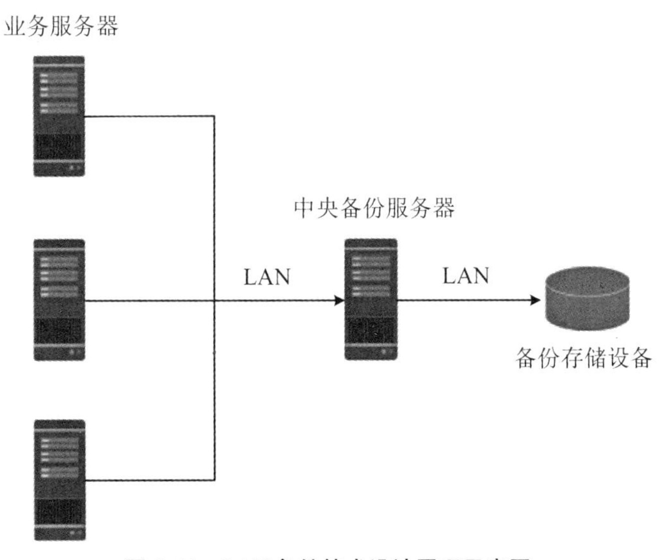

图 6.11　LAN 备份技术设计原理示意图

2. LAN Free 备份技术

LAN Free 备份技术解决了 LAN 备份技术对网络传输带宽占用大的问题。如图 6.12 所示，LAN Free 备份技术采用了 SAN 存储区域网络，将数据备份时的数据传输从传统网络转移到存储区域网络中进行，从而实现了不影响局域网传输网络带宽的目的，而且还大大提高了传输的速度。LAN Free 备份技术是指通过存储区域网络，将需要进行数据备份的服务器及其他工作站直接连接到备份存储设备上，并在这些服务器和工作站上安装 LAN Free 备份客户端程序。当程序运行时，首先读取需要备份的数据，然后通过存储区域网络传输到备份存储设备上，完成备份工作。

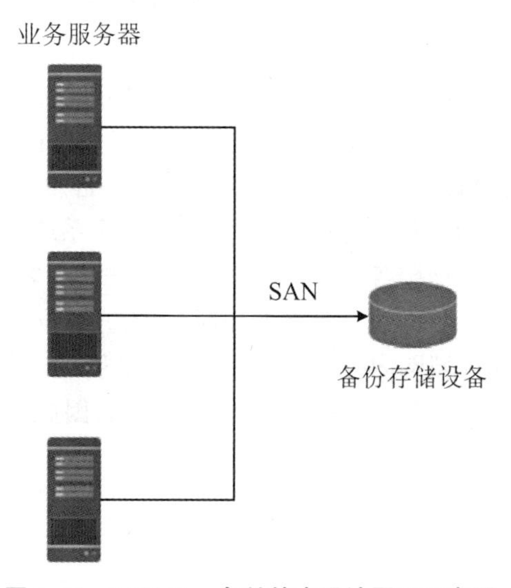

图 6.12　LAN Free 备份技术设计原理示意图

3. SAN Server-Free 备份技术

LAN 备份技术和 LAN Free 备份技术都需要在服务器上安装备份客户端程序，备份操作的指定下发和数据传输等工作都需要经过服务器的处理，这必然会带来服务器 CPU 和内存的开销，备份的数据量越大，开销就会越大。LAN Free 备份技术解决了传输网络带宽压力的问题，在此基础上，SAN Server-Free 备份技术又进一步解决了备份工作带来的服务器 CPU 和内存开销的问题。SAN Server-Free 备份技术也称为无服务器备份技术，如图 6.13 所示，它通过存储区域网络，将需要备份的服务器内的存储设备与备份存储设备直接进行连接，虽然仍然需要经过服务器的处理，但是服务器只是充当指挥(也就是指定下发)的角色，具体的传输过程并不需要经过服务器处理，从而大大减轻了服务器的资源开销。

在这三种备份技术中，LAN 备份技术使用得最为广泛，成本最低，但是它对网络带宽的占用和服务器资源的消耗是最大的；LAN Free 备份技术不会占用局域网网络传输的带宽，而且由于存储区域网络光纤本身也负责了一部分处理过程，因此它对服务器资源的消耗比 LAN 备份技术要小，但成本较高；SAN Server-Free 备份技术对服务器资源的消耗是最小的，但是其搭建难度和成本却是最高的。在现实场景中，数据备份和恢复管理人员需要根据组织机构的实际情况选择相应的备份技术。

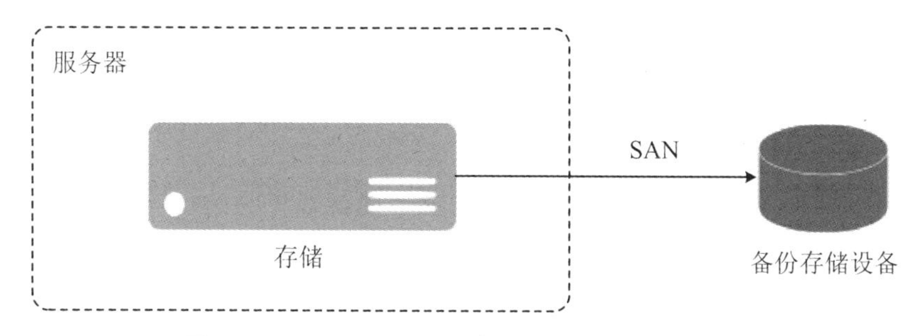

图 6.13　SAN Server-Free 备份技术设计原理示意图

（三）数据恢复技术与安全管理

如图 6.14 所示，将数据从备份中恢复，一般是先将最近一次全量备份的数据恢复到指定的存储空间，再在上面叠加增量备份和差异备份的数据，最后再重新加载应用和数据。

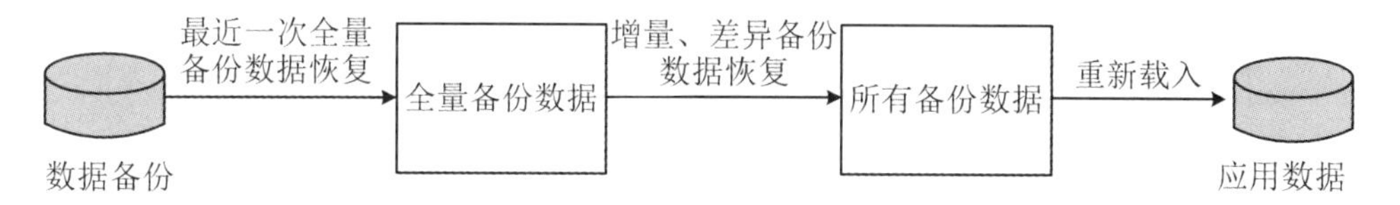

图 6.14　数据恢复技术原理示意图

备份的数据也是一种数据，其安全性同样需要重视。组织机构需要在管理制度层面规范数据备份和恢复的流程，除此之外，还需要通过技术工具来保证备份数据的安全性。

（1）访问控制

数据备份恢复工具需要具备认证措施，只有通过认证的身份才可以使用数据备份恢复工具，认证方式应采用多因素认证技术。账户权限需要严格划分，如读取、复制、粘贴、删除等权限。

（2）数据加密

对备份的数据进行加密。数据备份恢复工具内部需要提供相应的加密手段和算法，对需要备份的数据进行加密操作，从而保证备份数据的解密工作只能通过进行加密操作的数据备份恢复工具来完成。此外，我们还可以使用数据源自带的加密手段，由工具统一进行密钥的管理。以数据库为例，SQL Server 就能提供在备份时进行加密的功能。

（3）恢复测试

备份的数据需要定期校验其可用性和完整性，完整性校验可以通过在备份数据中加入数字签名和数字证书等手段来完成。可用性校验则可以通过对数据进行恢复测试来实现，即通过恢复后的数据来判断备份数据的可用性和完整性。

（四）技术工具的使用目标和工作流程

存储介质安全技术工具应能实现以下目标。

（1）数据备份恢复

工具应能提供自动化进行数据备份和数据恢复的功能，以及根据定义的策略自动进行数据备份和恢复工作。

（2）备份数据管理

工具应能对备份的数据进行安全管理，包括但不限于访问控制、加密可用性和完整性校验等，以及能够对管理日志进行记录审计。

如图 6.15 所示为基于数据备份和恢复的技术工具进行作业的基本流程图。

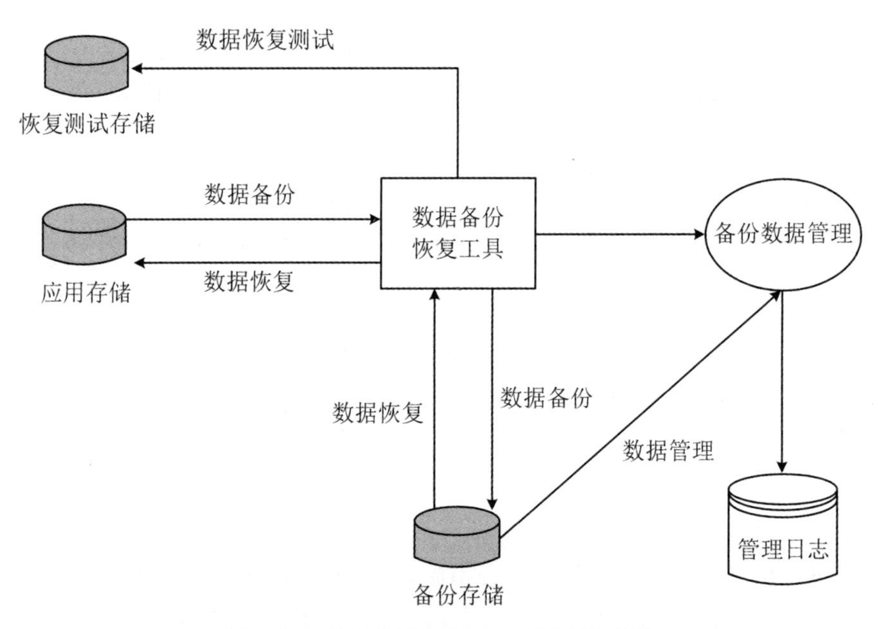

图 6.15　数据备份和恢复作业基本流程图

五、数据的正当使用

在大数据时代，数据的价值越来越高，同时也很容易导致组织内部合法人员因被数据的高价值所吸引而犯下违规或违法获取、处理和泄露数据的错误。为了防范内部人员导致的数据安全风险，建立数据使用过程中的相关责任和管控机制，可以保证数据的正当使用。

（一）使用技术工具

组织内部在使用数据时，除了在制度上需要按照国家相关法律法规和组织内部的规章制度进行正当的数据使用之外，还需要建立一套访问控制系统，对数据的访问和使用进行统一授权，对不同的权限划定对应的使用范围，确保正确的人使用正确的数据，并对所有的访问及使用记录进行审计，使数据的使用全流程可追溯。

数据正当使用的技术工具需要包含三个重要的组成部分：对使用者身份的认证、对身份相应权限的访问控制以及对数据使用过程的记录。总的来说，就是认证、授权和审计，这是确保数据正当使用的三大要素，数据正当使用监管部门需要基于这三大要素构建一个统一的身份及访问管理平台。

（二）单点登录技术

SSO 的全称为 Single Sign On，即单点登录，是指用户通过一次身份鉴别，在身份认证服务器上进行一次认证后，就可以访问所授权的与身份认证服务器相关联的系统和资源，而无需对不同的系统进行多次认证。SSO 是目前使用较为广泛的认证方式。SSO 提高了网络用户的效率，降低了网络操作的成本，增强了网络的安全性。

根据不同的登入应用类型，SSO 可以划分为三种类型：对桌面资源的统一访问管理、Web 单点登入、对 C/S 架构应用的统一访问管理。其中最为成熟的是 Web 单点登入，这是由于 Web 资源的统一访问相对于系统桌面和 C/S 架构应用来说更易于管理，单点登录可以轻松地与 Web 资源进行整合，实现完整的 Web SSO 解决方案。

SSO 系统的工作流程图如图 6.16 所示。

（三）访问控制技术

顾名思义，访问控制技术就是控制谁可以访问什么，不可以访问什么的技术。官方的解释是“系统对用户身份及其所属的预先定义的策略组限制其使用数据资源能力的手段”，访问控制技术是网络安全体系的根本技术之一。访问控制一般包含三个要素：主体、客体和控制策略。主体是指发起访问请求的发起者；客体是指被访问的资源；控制策略是指主体访问客体的相关规则，包含了主体与客体之间的授权行为。

访问控制是数据安全的一个基本组成部分，它规定了哪些人可以访问和使用公司的信息与资源。通过身份验证和授权，访问控制策略可以确保用户的真实身份，并且使其拥有访问公司数据的相应权限。访问控制还可用于限制对园区、建筑、房间和数据中心的物理访问。

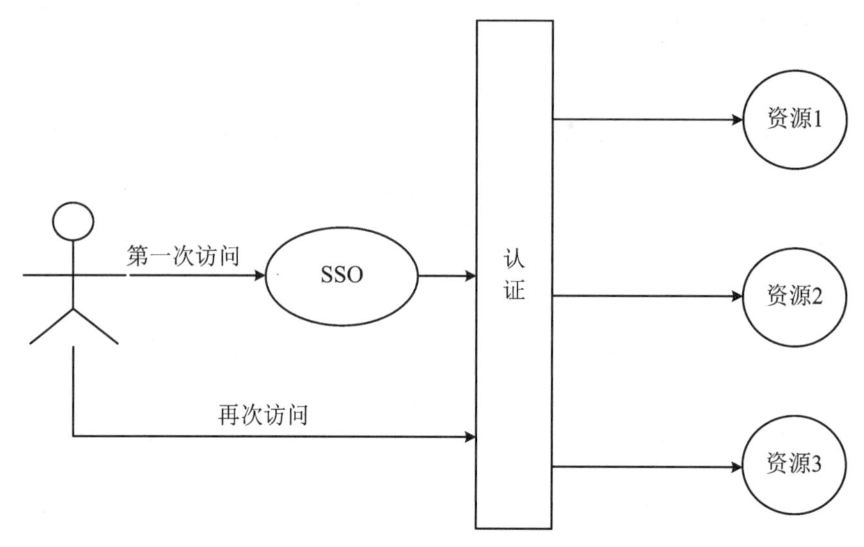

图 6.16 SSO 系统工作流程图

访问控制可以保护组织的客户数据、个人可识别信息和知识产权等机密信息，避免其落入攻击者或内部无关人员手中。如果没有一个强有力的访问控制策略，那么组织机构就会面临数据从内部向外部泄露的风险。

访问控制可以通过验证多种登录凭据来识别用户身份，这些凭据包括用户名和密码、PIN（个人身份识别码）、生物识别扫描和安全令牌。许多访问控制系统还包括多因素身份验证，多因素身份验证是一种需要使用多种身份验证方法来验证用户身份的办法。用户身份通过验证后，访问控制就会授予其相应级别的访问权限，以及与该用户凭据和 IP 地址相关的受允许的操作。

访问控制技术的类型主要有：基于授权规则的、自主管理的自主访问控制技术（DAC）；基于安全级别的、集中管理的强制访问控制技术（MAC）；访问控制列表技术（ACL）；基于授权规则的、集中管理的、基于角色的访问控制技术（RBAC）；基于授权规则的、集中管理的、基于属性的访问控制技术（ABAC）；基于授权规则的、集中管理的、基于身份的访问控制技术（IBAC）。

1. ACL

ACL（Access Control List）即访问控制列表。ACL 是以文件为中心建立的访问权限表，其主要优点在于实现方式比较简单，对系统性能的影响较小。它是目前大多数操作系统（如 Windows、Linux 等）所采用的访问控制方式。同时，它也是信息安全管理系统中经常采用的访问控制方式。

2. DAC

DAC（Discretionary Access Control）即自主访问控制。DAC 突出的是自主的形式。采用自主访问控制（DAC）方式时，受保护的系统、数据或资源的所有者或管理员可以设置相关策略，规定谁可以访问他们的数据。由客体的属主对自己的客体进行管理，由属主自主决定是否将自己的客体访问权或部分访问权授予其他主体，这种控制方式是自主的。也就是说，在自主访问控制方式中，用户可以按照自己的意愿，有选择地与其他用户共享自己的文件。自主访问控制是保护系统资源不被非法访问的一种有效手段。但是这种控制是自主的，即它是以保护用户个人资源的安全为目标，并以个人的意志为转移的。

自主访问控制是一种比较宽松的访问控制方式，一个主题的访问权限具有传递性。其强调的是自主性，即自己来决定访问策略，其安全风险也取决于自主的设定。DAC 的自主性为用户提供了灵活易用的数据访问方式，但同时也带来了安全性较低的问题。其较为致命的弱点是访问权限的授予是可以转移和传递的，而转移和传递出去的权限却是难以控制的。

3. MAC

强制访问控制（Mandatory Access Control，MAC）是一种多级访问控制策略。这种非自主模型会根据事先确定的安全策略，对用户的访问权限进行强制性控制。也就是说，系统独立于用户行为强制执行访问控制，用户不能改变它们的安全级别或对象的安全属性。强制访问控制对客体的访问进行了很强的等级划分，根据客体的敏感级别和主体的许可级别来限制主体对客体的访问，数据安全管理部门需要根据不同的安全级别来管理用户的访问权限。

强制访问控制的主要特点是系统对访问主体和受控对象实行强制访问控制，系统事先会为访问主体和受控对象分配不同的安全属性级别，即在实施访问控制时，系统会对访问主体和受控对象的安全级别进行比较，然后根据比较结果决定访问主体能否访问该受控对象。强制访问控制策略在金融、政府和军事环境中非常常见。

4. RBAC

基于角色的访问控制（Role-Based Access Control，RBAC）是指根据定义的业务功能而非个人用户的身份来授予访问权限。这种方法的目标是为用户提供适当的访问权限，使其只能访问对其在组织内的角色而言有必要的数据。这种方法主要基于角色分配、授权和权限的复杂组合，使用范围非常广泛。

5. ABAC

基于属性的访问控制（Attribute-Based Access Control，ABAC）是一种动态方法，不同于常见的将用户关联到权限的方式，ABAC 通过判断某一组属性是否满足授权条件来进行授权。一般来说，属性可以分为如下几类：用户属性如性别等、环境属性如当前操作系统类别等、操作属性如删除等、资源属性如资源属于什么类别等。从理论上看，基于属性的访问控制可以通过属性实现更灵活和更细粒度的权限控制。

6. IBAC

基于身份的访问控制（Identity-Based Access Control，IBAC）机制会过滤主体

对数据或资源的访问，只有通过认证的主体才有可能使用客体的资源。IBAC 可以针对某一特定用户进行基于身份的访问控制，以该用户为中心建立一些策略，刻画该用户对某一特定资源的访问能力。同时，IBAC 还可以针对一组用户进行控制，相应的策略将会作用在一组用户中。

等保 2.0(信息安全等级保护 2.0 制度)标准中对计算环境的访问控制作了详细要求，在等保 2.0 的设计技术要求中，强制访问控制机制的系统结构如图 6.17 所示。

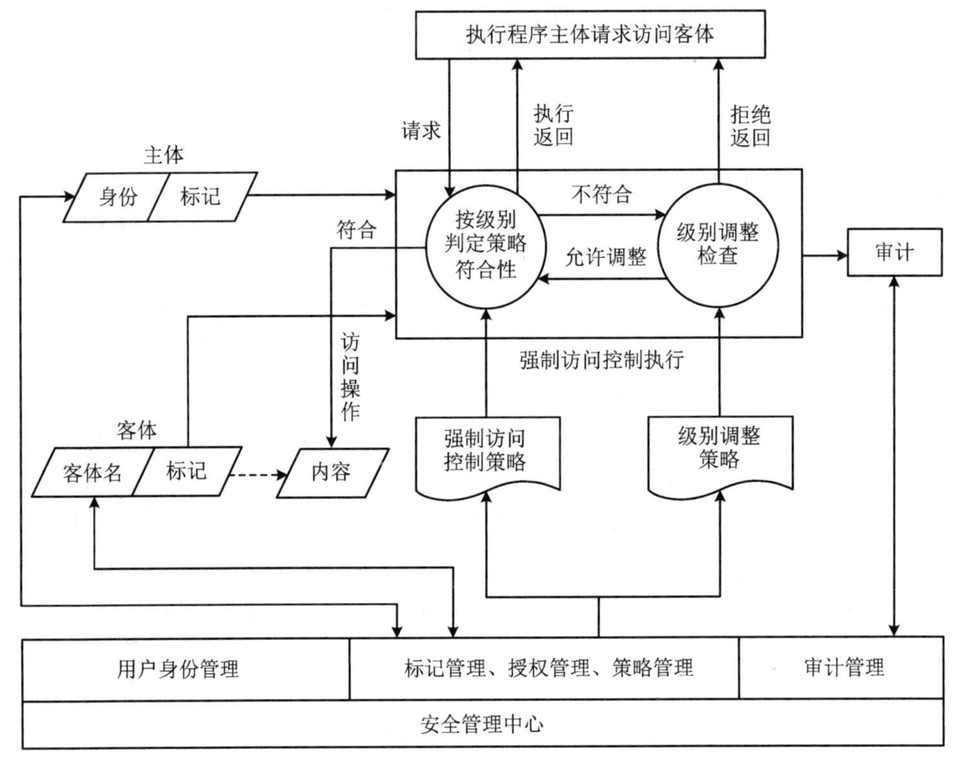

图 6.17 等保 2.0 强制访问控制机制设计要求示意图

(四) 基于统一认证授权的 IAM 技术

IAM(Identity and Access Management)指身份识别与访问管理，具有单点登录、强大的认证管理、基于策略的集中式授权和审计、动态授权、企业可管理性等功能。IAM 是一套全面地建立和维护数字身份，并提供有效的、安全的 IT 资源访问的业务流程和管理手段，从而实现组织信息资产统一的身份认证、授权和身份数据集中管理与审计。身份和访问管理是一套业务处理流程，同时也是一个用于创建、维护和使用数字身份的支持基础结构。IAM 也称为“大 4A”。4A 分别是指认证(Authentication)、授权(Authorization)、账号(Account)和审计(Audit)，是一种统一安全管理平台解决方案，融合了统一账号管理、统一认证管理、统一授权管理和统一安全审计四要素。其中，“4A”还涵盖了 SSO(单点登录)的功能。

(1) 统一账号管理

可以为组织用户提供统一集中的账号管理，管理的账号既可以是操作系统账号，也可以是 Web 应用账号、C/S 架构应用账号等。账号管理涵盖了账号的全生命周期：创建、授权、更新、停用和销毁。除了账号本身的管理之外，统一账号管理还提供了与账号口令相关的管理，如账号有效期、口令强度和口令有效期等。

(2) 统一认证管理

主要为组织用户提供可靠的认证方式，并为适应组织内的不同需求而提供不同的认证方式。认证方式除了默认的账号口令之外，还有更多不同强度的认证方式，如动态口令、数字证书、生物识别等。统一认证管理支持组织设置多种认证方式，包括双因子认证和多因子认证，从而保证组织用户的认证安全。组织采取集中式的统一认证管理方式，不仅能够轻松管理认证服务，还可以构建起组织内的统一认证系统，从而实现单点登录等功能。

(3) 统一权限管理

可以对用户的资源访问权限进行集中控制。它既可以实现对 B/S、C/S 应用系统资源的访问权限控制，也可以实现对数据库、主机及网络设备操作的权限控制，资源控制类型既包括 B/S 的 URL、C/S 的功能模块，也包括数据库的数据、记录及主机、网络设备的操作命令、IP 地址及端口。

(4) 统一审计管理

负责管理组织内所有用户对所有系统的操作记录，可以对收集到的日志进行分析，从而不断地优化组织内部的安全管理，还保证了数据及其使用记录的可追溯性。

IAM 是一个面向多系统、多用户的集中式系统，其管理着组织中网络安全的认证、账号、授权和审计四大基本要素，其自身对于安全性和保密性的要求非常高。同时，IAM 对于组织内部的网络安全建设也有着巨大的意义。

IAM 系统架构示意图如图 6.18 所示。

(五) 技术工具的使用目标和工作流程

数据正当使用的技术工具应能实现以下目标：

(1) 统一账号管理

能够管理组织内不同系统的用户账号，如操作系统、Web 系统、C/S 架构应用等。

(2) 统一身份认证

保证数据正当使用的技术工具应当具备统一身份认证的模块，如 SSO(单点登录)。

(3) 多因素认证方式

能够提供多种认证方式，如静态认证、动态认证、生物识别等，组织机构能够根据需求灵活配置认证方式。

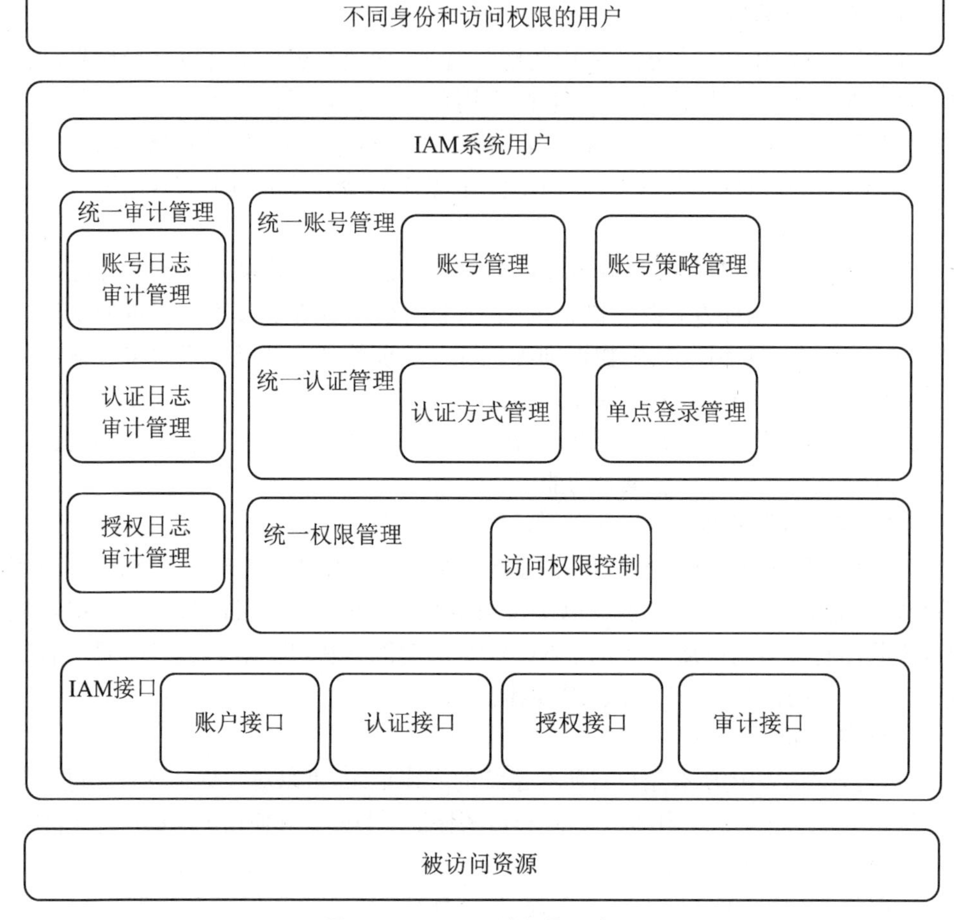

图 6.18 IAM 系统架构示意图

(4) 统一访问控制

数据脱敏系统可以针对自动发现的敏感数据,自动配置最合适的脱敏策略。访问控制的方式有很多,工具应能够根据组织中的不同场景,自动选择合适的访问控制方式,以达到最优的访问控制效果。

(5) 统一日志审计

工具应能够统一管理系统中数据使用的所有审计日志,并能对审计日志进行分析和整理。

基于数据正当使用的技术工具进行作业的基本流程图如图 6.19 所示。

六、数据接口安全

在数据交换的过程中,企业间用来获取数据最常见的方式是使用数据接口,所

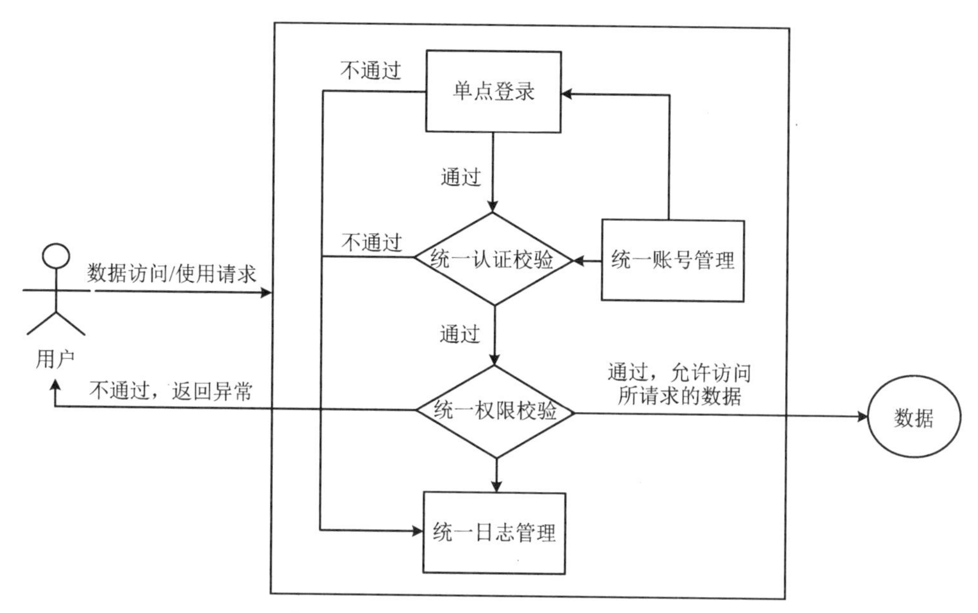

图 6.19　数据正当使用作业基本流程图

以数据接口也成了攻击者重点关注的对象，因为一旦数据接口出现问题，就会导致数据在通过数据接口时发生数据泄露等风险。为了规范组织机构的数据接口调用行为，对数据接口进行安全管理是十分有必要的。有效的数据接口安全管理需要从多个方面进行建设和提升，本节将基于 DSMM 充分定义级（三级），从组织建设、人员能力、制度流程和技术工具四个维度对数据接口安全管理的建设和提升提供实践建议。

（一）使用技术工具

通过数据接口进行数据共享是一种比较常见的方式，一旦数据接口被攻击者恶意利用，就有可能会造成敏感数据泄露。由于伪装攻击、篡改攻击、重放攻击、数据信息监听等攻击方式均有可能造成数据泄露，因此数据接口安全技术工具需要防范组织数据在接口调用过程中产生的安全风险。

一套完整的数据接口安全技术工具应具备安全访问、安全传输和安全审计的功能，具体说明如下：

（1）安全访问

所谓安全访问是指通过认证及授权的身份以合法的方式对接口数据进行请求。为实现安全访问，首先需要进行身份认证，可以通过公私钥签名或加密机制提供细粒度的身份认证和访问、权限控制，以满足数据防篡改和数据防泄露的要求。对接口不安全数据参数应进行限制或过滤，为接口提供异常处理能力，防止由于接口特殊参数注入而引发的安全问题。在访问过程中，对用户身份认证信息采用时间戳超时机制，过期失效，以满足接口防重放的要求。

(2) 安全传输

所谓安全传输是指通过接口进行的请求及数据返回都需要通过安全的通道进行传输。如通过 HTTPS 构建的可进行加密传输和身份认证的网络协议，以解决信任主机通信过程中的数据泄露和数据篡改的问题。

(3) 安全审计

在用户访问过程中或访问结束之后，数据接口安全技术工具应具备数据接口访问的审计能力，并能为数据安全审计提供可配置的数据服务接口，同时还可以通过接口调用日志的收集处理和分析操作，从接口画像、IP 画像、用户画像等维度对接口的调用行为进行分析，并且通过告警机制对产出的异常事件进行实时通知。相较于其他安全域，这个阶段需要关注如何对数据接口进行安全访问的控制，主要涉及的技术手段有不安全数据参数的限制、时间戳超时机制等。

(二) 不安全参数限制机制

不信任所有用户的输入是构建安全世界观的重要概念。绝大部分黑客攻击都会人为地构造一些奇特的参数值进行攻击探测，因此数据接口安全管理团队需要对用户的输入进行检测，以确定其是否遵守系统定义的标准。限制机制可能只是一个简单的参数类型的验证，也可能是复杂地使用正则表达式或业务逻辑去验证输入。目前主流的验证输入的方式共有两种：白名单验证和黑名单验证。

(1) 白名单验证

白名单验证是指只接受已知的不存在威胁的用户数据，即在接受输入之前先验证输入是否满足期望的类型、长度或大小、数值范围及其他格式标准。常用的实现内容验证的方式是使用正则表达式。

(2) 黑名单验证

黑名单验证是指只拒绝已知的存在威胁的用户输入，即拒绝已知的存在威胁的字符、字符串和模式。这种方法没有白名单验证的效率高，原因在于潜在的、存在威胁的字符数量庞大，因此存在威胁的输入清单也很庞大，扫描过程较慢，并且难以得到及时更新。常见的实现黑名单验证的方法也使用正则表达式。

(三) 时间戳超时机制

时间戳超时机制是指用户每次请求都带上当前时间的时间戳(Timestamp)。服务器端接收到时间戳后，会与当前时间进行比对，如果时间差大于一定的时间(如 5 分钟)，则认为该请求失效。时间戳超时机制可以有效防止请求重放攻击、DoS 攻击等。

(四) 令牌授权机制

用户使用身份认证信息通过数据接口服务器认证之后，服务器会向客户端返回一个令牌(Token,通常是 UUID),并将用户令牌标识(Token-userid)以键值对的形式存放在缓存服务器中。服务器端接收到请求后进行令牌验证,如果令牌不存在,则说明请求无效。令牌是客户端访问服务器端的凭证。

(五) 签名机制

将令牌和时间戳加上其他请求参数,再用 MD5 或 SHA-1 算法(可根据情况加验)进行加密,加密后的数据就是本次请求的签名(Sign)。服务器端接收到请求后,将以同样的算法得到签名,并将其与当前的签名进行比对,如果不一样,则说明参数已被更改过,将会直接返回错误标识。签名机制可以保证数据不会被篡改。

(六) 技术工具的使用目标和工作流程

数据接口安全技术工具应能实现以下目标:

(1) 安全访问

防止数据接口重放、未授权访问导致的数据泄露、恶意参数注入等引起的安全问题。

(2) 安全传输

数据在传输过程中需要在安全通道内对传输中的数据进行加密等。

(3) 安全审计

对用户请求的行为进行日志记录并审计,以发现相关的安全隐患。

(4) 数据接口安全

基本作业流程如图 6.20 所示。

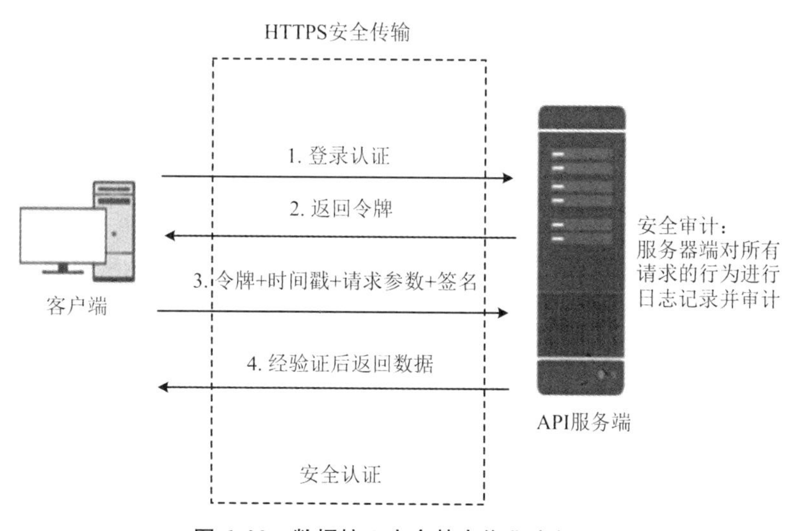

图 6.20　数据接口安全基本作业流程图

第七章　实验室仪器设备大数据技术

第一节　大数据概述

一、大数据的定义和特征

（一）大数据的定义

大数据一词，最早出现于 20 世纪 90 年代，当时的“数据仓库之父”比尔·恩门（Bill Inmon）经常提及大数据（Big Data）。

2011 年 5 月，在以“云计算相遇大数据”为主题的 EMC World 2011 会议中，EMC 抛出了大数据的概念。所以，很多人认为 2011 年是大数据元年。

目前关于大数据还没有统一的标准定义，大多数人认可的定义有三个。

百度搜索的定义为：大数据是一个体量特别大，数据类别特别大的数据集，并且这样的数据集无法用传统数据库工具对其内容进行抓取、管理和处理，大数据具有 4V 的特点。

《互联网周刊》的定义为：大数据的概念远不止大量的数据和处理大量数据的技术，或者所谓的 4V 之类的简单概念，而是涵盖了人们在大规模数据的基础上可以做的事情，而这些事情在小规模数据的基础上是无法实现的。换句话说，大数据让我们以一种前所未有的方式，通过对海量数据进行分析，获得有巨大价值的产品和服务或深刻的洞见，最终形成变革之力。

研究机构认为：大数据是需要新处理模式才能具有更强的决策力、洞察发现力和流程优化能力的海量、高增长率和多样化的信息资产。从数据的类别上看，大数据指的是无法使用传统流程或工具处理或分析的信息。它定义了那些超出正常处理范围和大小、迫使用户采用非传统处理方法的数据集。

国家信息中心专家委员会主任宁家骏表示：大数据是指无法在一定时间内使用传统数据库软件工具对其内容进行抓取、管理和处理的数据集。大数据不仅仅是大,还有它的复杂性和沙里淘金的重要性。

(二) 大数据的特征

大数据的特征包括四个:大规模(Volume)、多样性(Variety)、低价值密度(Value)和实时性(Velocity),即所谓的4V,如图7.1所示。

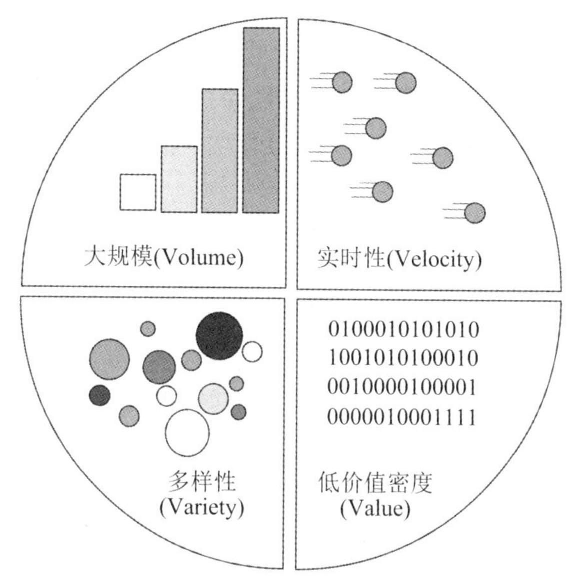

图7.1　大数据的4V特征

1. 大规模

与之前的大规模数据不同,组织的数据规模已经超越了组织本身的内部数据,延伸到了组织外部,成为了一种社会化的组织数据。在Web 2.0环境下,任何人都可能是数据的创造者,业务交易不再是组织的数据主体,消费者在互联网中创作了许多和组织相关的信息,甚至全社会的人都在与数据发生关联,而不仅仅局限于之前某些组织、某些部门的职能环节。

2. 多样性

富媒体(Rich Media)大大扩展了人们的数字化生活体验。现在的数据构成已经不再局限于以二维的、规范化的简单数据形式为主的结构化数据,而绝大部分都是视频、语音、图像等,多样性成为了大数据的显著特征。

3. 低价值密度

虽然人们处于海量数据中,但真正与组织或个人相关的数据、对组织或个人决策有价值的信息占总量的比例相对来说是很少的,是低价值密度的。因此,如何从低价值密度的数据海洋中挖掘出有用的信息,成为了组织数据分析的关键。

4. 实时性

各种移动终端、传感器源源不断地产生数据,这种流数据是时刻产生的,构成了大数据之“大”和无时不在。

大数据的以上四个特征不仅会给科学研究方法带来挑战，也会对商业和管理产生变革式的影响。例如，如何实现高效、智能的大数据存储？如何对非结构化数据进行有效的数据管理和应用？现有数据保护与文档归档机制如何适应日益增长的海量数据，以实现高效的数据安全？等。从根源上来看，这些挑战可以归纳为以下两点。

(1) 管理好大数据

管理好大数据包括从大数据产生、存储、保护、归档到安全维护各个方面。从根本上看，这是IT管理维护的范畴，只不过数据量超出常规管理尺度后，管理维护的难度出现了跳跃式上升的态势。

(2) 使用好大数据

这是组织管理的最终目标。大数据意味着大价值，数据与数据、数据与人、数据与业务具有关联性。这既有流动性、关联性、智能的应用挑战，也有基于大数据深度挖掘的挑战。

具体来看，对于传统统计理论及传统信息处理的挑战，主要体现如下。

(1) 对传统统计理论的挑战

在传统概率统计学中，因为做不到对总体进行采集，因此往往使用抽样的方法，需要用到样本的各种统计值(如均值、方差等)来推断总体的情况，而在大数据背景下，很多基础的假设都需要重新检验和审视。

(2) 对传统信息处理的挑战

由于大量的信息处理方法都只能处理结构化数据，而无法处理富媒体数据，因此传统的信息处理技术要应对大数据是极具挑战性的，包括测度、信息处理的基本方法和搜索、推荐等应用方法都需要重新审视。

在商业和管理领域，大数据带来的挑战涉及社会分析与计算技术、模式识别与语义分析技术等诸多方面。面对大数据的机遇和挑战，组织应该积极构建深度商务分析(Business Analytics, BA)的能力。以移动通信行业为例，随着通信服务规模的大幅提升，移动渗透率和覆盖率臻于饱和，电信运营商面临着单位效益下降的压力。同时，网络流量呈现指数级增长，基于互联网的语音、短信、视频通话等服务也抢占了传统电信行业的半壁江山。因此，升级和转型成为了一种必然。根据数据密集型业务的特点，升级需要更精细化的管理，更好地了解客户(如客户特征和细分、客户行为和黏性、客户喜好和新需求等)、更好地了解业务(如业务活动轨迹、产品体验与口碑、业务关联与因果分析等)、更好地了解对手和伙伴(如行业动态与趋势、对手优势特征等)。而转型需要创新性的思路，如通过内容服务和新业务平台(双边市场、LBS服务、长尾营销等)进行必要的模式创新和业务重组。其中，不管是内部运作和管理还是外向扩展和创新，BA能力发挥着关键作用。此外，银行业也是数据密集型行业，同样可以运用BA技术构建竞争优势，如通过分析客户行为和业务的关系，进行市场细分，获取新的客户群体，设计新产品和竞争策略。在电子商务和信息消费领域，BA 能力作为重要的业务要素和竞争能力，在产品推荐、消费者行为分析、创新设计、社会化媒体应用、组织舆情预警、信息搜索服务、潜在模式辨识等方面的作用更是举足轻重。

二、实验室大数据的意义

大数据的核心是对数据进行处理、分析和预测的能力。同样，数据对于实验室工作来说非常重要，它是实验室工作提供更为深刻、全面的分析处置能力的基础。以往，在工作中做某件事、做某个决定主要取决于工作经验、一些统计数据或是直觉，如感觉应该这样做。随着实验室数据的大数据特点越来越明显，采用大数据分析，相关决策将是根据大数据的分析结果而得出的。根据大数据分析得出的结果应该是客观的、科学的、可以量化的和直接执行的结果。

大数据技术是从各种各样类型的巨量数据中快速获得有价值信息的技术，解决大数据问题的核心是大数据技术。在实验室数据领域，大数据技术主要可分为：数据采集、数据存取、基础架构、数据处理、统计分析、数据挖掘、模型预测、结果呈现八种技术。从实验室类别来看，按规模可分为大型实验室、中型实验室、小型实验室；按性质可分为政府检测实验室和第三方检测实验室；从管理的数据来看，按介质可分为纸质数据、电子数据；按数据类型可分为视频、图像、文本、文字、数值等。无论何种类别的实验室都离不开数据管理工作，根据实验室性质的不同，会有不同的管理目标，开展数据分析的方式也应是个性化的、定制的。

（一）政府检测实验室

1. 数据管理目标

产品由于原材料、制作工艺、生产环境等条件不同而客观存在着风险，虽然不能完全避免和消除，但却可以合理规避和防范。实验室作为产品质量安全的、科学的、权威的鉴定者，肩负着神圣的职责，但随着检测业务量的增长，单靠监管资源的扩张来解决问题已不可能，为解决产品种类多、风险高、检测项目多、检测资源有限、检测成本高、检测周期长等问题，需要以风险管理的理念指导国家产品质量监管的实践，做到“早发现、早研判、早预警、早处置”，转变传统监管思维和模式，提供科学的决策依据和技术支持。

2. 分析开展方式

每一类产品的各种检测项目之间都存在着相互联系和影响的关系，同时又具有很强的地域性和时间序列性。分析它们之间的内在关系对于把握产品的质量状况和预测未来的质量趋势具有重要意义，同时进行产品的各种检测项目的影响因素分析，科学、合理地评价各种影响因素，找出产品中影响关键变量发展变化的主要因素，为检测人员深层次的质量分析提供依据。因此，以实验室检测的海量数据为出发点，在产品不合格情况这一基本层面上，创新性地融入危害性风险要素，以FMEA（潜在失效模式与效应分析）模型中风险优先度占比作为政府实验室检测风险的度量，运用帕累托分析方法探寻风险控制点中的关键点。

（二）第三方检测实验室

1. 数据管理目标

第三方检测实验室生存的核心竞争力就是检测能力和公信度，因此能够为公众提供权威的检测是其价值的体现。检测能力除了需要设备、技术、人才、资质等方面的支持，良好的管理能力也对实验室的发展起到至关重要的作用。实验室积累了大量的数据，这些数据既是对各个独特样品的品质特征的反映，同时也是实验室检测能力、检测方法和检测人员等综合素质的体现，通过对数据的分析能够对实验室的综合检测能力进行验证和纠偏，这就是质量控制中的内部控制。当发现结果质量控制数据异常、比对结果不稳定、趋势不稳定、将要超过预先设定的判据或出现不可接受的结果时，应及时分析原因，采取相应的纠正措施，防止报告错误的结果。

2. 分析开展方式

利用统计工具中的控制图对实验过程中的实验结果进行实时控制，将分析测试结果的误差控制在允许范围内。人们对控制图的评价是："质量管理始于控制图，亦终于控制图。"控制图主要用于分析判断实验过程的稳定性，及时发现实验过程中的异常现象，查明实验设备和工艺装备的实际精度，为评定实验数据的准确性提供依据。

控制图设计原理的统计学应用具体如下：① 正态性假设：控制图假定质量特性值在生产过程中的波动服从正态分布；② 3σ 准则：若质量特性值 X 服从正态分布 $N(\mu,\sigma^2)$，根据正态分布概率性质，有 $\{P|\mu-3\sigma<X<\mu+3\sigma\}=99.73\%$，也即 $\{\mu-3\sigma,\mu+3\sigma\}$ 是 X 的实际取值范围。据此原理，若对 X 设计控制图，则中心线 $CL=\mu$，上下控制界限分别为 $UCL=\mu-3\sigma$，$LCL=\mu+3\sigma$；③ 小概率原理：小概率原理是指小概率的事件一般不会发生。由 3σ 准则可知，数据点落在控制界限以外的概率只有 0.27%。因此，在正常生产过程下，质量特性值是不会超过控制界限的，如果超出，则认为生产过程发生了异常变化。

三、Hadoop 开发平台搭建

（一）Hadoop 简介

Hadoop 是一个分布式系统，由分布式文件存储系统（HDFS）和计算框架

(MapReduce)组成,它可为以大数据为基础的各种应用提供一个可编程的、经济的、可伸缩的平台。Hadoop 是一个开源项目,能为大量数据集提供批量数据处理服务。Hadoop 使用没有特殊硬件或特殊网络基础设施的普通服务器群来形成一个逻辑上可存储计算的集群,这个集群可以被很多团体和个人共享。Hadoop MapReduce 提供并行自动计算框架,这个框架隐藏了复杂的同步及网络通信,呈现给程序员的是简单的、抽象的接口。与其他分布式数据处理系统不一样,Hadoop 在数据存储的机器上运算用户提供的数据处理逻辑,而不是通过网络来搬动这些数据,这对性能来说是一个巨大的好处。

(二) HBase 简介

HBase 是 Apache Hadoop 中的一个子项目,HBase 依托于 Hadoop 的 HDFS,其作为最基本的存储基础单元,通过使用 Hadoop 的 HDFS 工具就可以看到这些数据存储文件夹的结构,还可以通过 MapReduce 的框架(算法)对 HBase 进行操作,具体如图 7.2 所示。

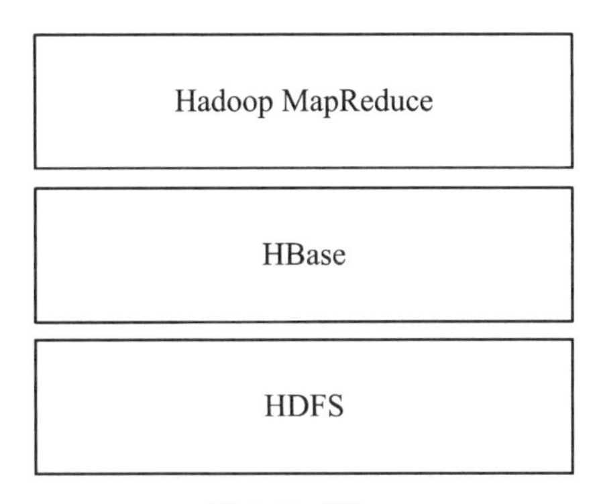

图 7.2　HBase

HBase 在产品中还包含 Jetty,在 HBase 启动时采用嵌入式的方式来启动 Jetty,因此可以通过 Web 界面对 HBase 进行管理和查看当前运行的一些状态,十分方便。

HBase 不同于一般的关系数据库,它是一个适合于非结构化数据存储的数据库。所谓非结构化数据存储就是说 HBase 是基于列的模式而不是基于行的模式,这样更方便读写大数据内容。

HBase 是介于 Map Entry(Key & Value)和 DB Row 之间的一种数据存储方式。有点类似于现在流行的 MemCache,但不仅仅是简单的一个 Key 对应一个 Value,很可能需要存储多个属性的数据结构,但没有传统数据库表中那么多的关联关系,这就是所谓的松散数据。

简单来说,在 HBase 中创建的表可以看作一张很大的表,而这个表的属性可以根据需求去动态增加,在 HBase 中没有表与表之间的关联查询。只需要指明数据存储到 HBase 的哪个 Column Families 就可以了，不需要指定它的具体类型（如 char、varchar、int、tinyint、text 等），但是需要注意 HBase 中不包含事务类的功能。

Apache HBase 和 Google BigTable 有非常相似的地方，一个数据行拥有一个可选择的键和任意数量的列。表是疏松地存储的，因此用户可以给行定义各种不同的列，对于这样的功能在大项目中非常实用，可以减少设计和升级的成本。

（三）规划一个 Hadoop 集群

由于 Hadoop 是 Apache 软件基金会（ASF）的一个项目。这意味着可以直接从 Apache 得到其源代码和二进制文件，并且很多与之相关的库、工具、语言和系统等都是开源项目，均可从 ASF 获取。将这些项目或组件集成到一起并成为一个高度内聚的系统，本来就是一件复杂的事情。因为 Hadoop 是一个分布式系统，所以访问它的工具和库必须能互联互通并与其 API 兼容，在规划和部署的时候，管理员一定要注意这些问题。

1. 挑选 Hadoop 的发行版本

Hadoop 部署的一个重要任务是根据指定的功能和稳定性要求选择最合适的发行版本。这个过程需要集群的最终使用者、开发者、分析师以及实验室智能应用系统提供相关信息。这和根据下游应用选择关系型数据库没什么不同，例如，某些关系型数据库支持用扩展的 SQL 进行高级分析，而一些关系型数据库则支持表分区等功能，从而帮助表扩展或提高查询功能。

随着这几年大数据浪潮的兴起，Hadoop 的各种版本也快速在国内流传和使用。当前主要的 Hadoop 版本有以下几种。

（1）Apache Hadoop 2.0 的模块主要有以下几个：

① Hadoop 通用模块，支持其他 Hadoop 模块的通用工具集。

② Hadoop 分布式文件系统，支持对应数据高吞吐量访问的分布式文件系统。

③ 用于作业调度和集群资源管理的 Hadoop YANRN 框架。

④ Hadoop MapReduce：基于 YARN 的大数据并行处理系统。

（2）Cloudera Hadoop：Cloudera 版本层次更加清晰，而且它提供了适用于各种操作系统的 Hadoop 安装包，可直接使用 apt-get 或者 yum 命令进行安装，更加省事。

（3）Hortonworks：Hortonworks 的主打产品是 Hortonworks Data Platform（HDP），它同样是 100%开源的产品，HDP 除了常见的项目外，还包含了 Ambari（一款开源的安装和管理系统）。HCatalog 是一个元数据管理系统，HCatalog 现已集成到 Facebook 开源的 Hive 中。Hortonworks 的 Stinger 开创性地极大地优化了 Hive 项目。Hortonworks 为入门提供了一个非常好的、易于使用的沙盒。Hortonworks 开发了很多增强特性并提交至核心主干，这使 Apache Hadoop 能够在包括 Windows Server 和 Windows Azure 在内的 Microsoft Windows 平台上本地运行。

(4) 国内做Hadoop发行版的像华为、大快搜索都有推出自己的发行版。华为在硬件上有天然的优势，华为的FusionInsight Hadoop版本基于Apache Hadoop，构建NameNode、JobTracker、HiveServer的HA功能，进程故障后系统自动进行Failover，无需人工干预，这也是对Hadoop的修补，但远不如MapR解决得彻底。

大快搜索推出的DKhaoop是目前已知的国产发行版中唯一一个纯原生态的开发，集成了整个Hadoop生态系统的全部组件，并深度优化，重新编译为一个完整的、更高性能的大数据通用计算平台，实现了各部件的有机协调。因此DKH相比开源的大数据平台，在计算性能上有了高达5倍(最大)的提升。

2. 硬件选择

当规划一个Hadoop集群的时候，选择正确的硬件是非常重要的。Hadoop和传统的数据存储和处理系统一样，根据工作需求来考虑CPU、内存和磁盘的合理比例。除了参照合理的基本配置指南之外，如果能达到预期的工作负荷，那么将大大增加硬件优化利用的可能性。

Hadoop的一个主要优点是它能在普通硬件上运行。这种设计思想并不仅仅考虑成本，尽管成本很重要。Hadoop对JBOD有很好的支持，并且它的I/O模式明显与JBOD模型匹配，但这并不意味着产品级别的Hadoop集群通常是跑在高性能的服务器上。

Hadoop硬件分为明显不同的两类：主节点和工作节点。

对于主节点而言，机器运行NameNode、JobTracker和Secondary NameNode中的一个或多个进程，冗余但至关重要。这些机器都发挥着关键功能，缺了这些功能，集群便不能工作。虽然支持者吹响了商用硬件的号角，但这是人们愿意为高端功能投入更多金钱和原动力的地方。双电源供电、绑定的网卡，甚至有时对NameNode使用RAID-1。作为存储，这些都是非常常见的。一般来说，主节点对内存要求高但磁盘消耗率低，NameNode和JobTracker擅长在活动集群上产生日志，所以应当为日志所在的磁盘或区保留大量的空间。

主节点上操作系统所在的设备应该具有高可用性，通常使用RAID-1(磁盘的镜像)。由于操作系统无需消耗大量的空间，因此如果采用RAID-1或RAID-5将矫枉过正，会导致容量不稳定。大部分实际工作是在数据设备上处理主节点任务的，而OS设备通常只需对付/var/log中的日志文件。

小集群是指少于20个工作节点的集群，从硬件上来说主节点不需要高配置。对这类集群来说，可靠的基准集群的硬件是：一个双路四核2.6 GHz CPU、24 GB DDR3内存、双千兆以太网网卡、SAS驱动器控制器、至少两个SATAII驱动的JBOD配置，另外加上主机操作系统设备。对于多于300个节点的中等规模集群来说，通常需要另外加24 GB内存使其总内存容量为48 GB。在大型集群中的主节点应该有96 GB内存。然而，这些基准数字只是让用户从此可以上手。

当规划 Hadoop 中工作节点的规模时，有几点需要考虑。考虑到集群中的每个工作节点既要负责存储也要负责计算，因此不仅要确保有足够的存储容量，还要确保有相应的 CPU 和内存来处理这些大数据。Hadoop 的核心原则之一就是可以访问所有数据，所以禁止处理的配置并没有多大意义。此外，要重点考虑集群支持的应用类型。如果集群的主要功能是长期存储非常大的数据集，并且无需频繁处理这些数据集，那么很容易就想象到相关用例。在这种情况下，系统管理员可能不会选择平衡 CPU 配置而转向偏重于内存和磁盘的配置，以对存储密度配置作优化。

从所需要的存储或处理能力和向后兼并开始着手，是对应不断扩容的好技巧。应考虑以下场景：系统处理数据的速率为每天 1 TB。Hadoop 在默认配置下复制数据 3 次（实际上是指客户端复制数据 3 次，即同一数据一共有 3 份）意味着硬件需要容纳每天 3 TB 的新数据。在运行 MapReduce 时，每一台机器还需要更多的磁盘容量来存储临时数据。粗略估计，需要为临时数据保留 20%～30%的磁盘容量，如果机器有 12×2 TB 的磁盘，那么只有 18 TB 的空间可存储 HDFS 数据，即 6 天的数据。

对 CPU 和内存也可以进行类似的计算，在这种情况下，应该关注的是可以并行处理多少数据，而不是有多少数据可以存储，假设有一个以小时为单位的数据处理作业，而且其所需数据已经被获取。如果此作业处理上述 1 TB 数据的 1/24，那么作业的每次执行需要处理大约 42 GB 数据。通常在一天内，数据并不是均匀分布的，所以在一天中产生更多数据的时刻，必须保证它有足够的能力来处理。这些仅涉及单一的作业，而集群通常支持许多并发作业。

在 Hadoop 里，控制并发任务的处理相当于在有可用的处理容量下控制吞吐量，这当然会有明显的告警。集群中的每个工作节点都同时执行预定数目的 Map 和 Reduce 任务。集群管理员配置这些任务槽的数量，并在 Hadoop 的任务调度器 JobTracker 的一个功能中为所需执行的任务分配可用的任务槽。每个任务槽可以被看作一个计算单元，这些计算单元根据所要运行的任务，需要消耗一定量的 CPU、内存和磁盘 I/O 资源。例如，集群级别的一些默认设置决定了每个任务槽可以占用多少内存。由于 Hadoop 会为每个任务分配单独的 JVM，所以需要考虑 JVM 本身的开销。这意味着每个机器必须能够容忍所有任务槽的总资源被立刻占用。

通常情况下，每个任务需要的内存大小为 2～4 GB，这取决于所要执行的任务。除去需要为主机 OS 和 Hadoop 守护进程保留的一些内存，一个拥有 48 GB 内存的机器能允许 10～20 个任务同时运行。当然，每个任务都要耗费 CPU 时间，现在的问题是每个任务需要消耗多少 CPU 与内存资源。更糟糕的是，我们还没有考虑执行每一项任务所带来的磁盘和网络 I/O 开销。集群管理员最困难的任务之一是如何平衡资源的消耗。稍后，我们将探索如何利用各种配置参数来控制作业和任务的资源消耗。

3. 集群的大小

一旦工作节点的硬件挑选好后，下一个明显的问题是需要多少机器来完成工作。规划集群大小的复杂性来自对执行工作所需的 CPU、内存、存储、磁盘 I/O 或执行频率要求的了解（通常情况下是不了解的）。更糟糕的是，经常会出现一个单一的集群需要支持许多不同类型的作业，而这些作业对资源要求是有冲突的。就像一个传统的关系数据库一样，一个集群可以为一个特定的使用模式或不同作业的组合来构建及优化，单就后者而言，可能在效率上有所牺牲。

对于 Hadoop 的部署，有一些方法可以用来决定需要多少台机器，首先，也是最常见的，根据所需的存储空间调整集群的大小。许多集群用于高数据采集率，越多的数据则需要越多的机器，当更多的机器添加到集群后，除了可得到存储容量外，还得到了计算资源。对前面每天 1 TB 新数据的例子，增长计划可与存储数据总量所需的机器数目相匹配。通常可以为几个可能的情景制定增长计划。

（四）操作系统的选择和准备

虽然 Hadoop 中的大部分是用 Java 编写的，但由于围绕 Hadoop 的基础设施一般都是基于 Linux 的，所以在操作系统方面，Linux 成为可用于生产的唯一选项。大量的集群运行在 RedHat Enterprise Linux 或者其可自由获得的姐妹产品 CentOS 中。Ubuntu、SUSE Enterprise Linux 和 Debian 的部署也存在于生产环境中并能很好地运行。选择操作系统时可能会受管理工具、硬件支持、软件或商业软件等因素的影响，最好的选择通常是挑选最合适的发行版以降低风险。

为 Hadoop 准备 OS 需要若干个步骤，在数量庞大的机器中不断重复其配置既费时也容易出错，出于这个原因，强烈建议使用某款软件配置管理系统，Puppet 和 Chef 是适合使用的两个开源工具。

第二节　仪器设备数据挖掘技术

一、数据挖掘技术

（一）数据挖掘的背景

数据挖掘信息处理思想产生于 20 世纪 80 年代后期。任何技术的产生总是有它的技术背景的。数据挖掘技术的提出和普遍接受是由于计算机及其相关技术的发展为其提供了研究和应用的技术基础。

归纳数据挖掘产生的技术背景,下面一些相关技术的发展起到了决定性的作用:

(1) 数据库、数据仓库和互联网(Internet)等信息技术的发展。

(2) 计算机性能的提高和先进的体系结构的发展。

(3) 统计学和人工智能等方法在数据分析中的研究和应用。

数据库技术从20世纪80年代开始,已经得到了广泛的普及和应用,另外,Internet的普及也为人们提供了丰富的数据源,而且Internet技术本身的发展,已经不仅仅是简单的信息浏览,以Web计算为核心的信息处理技术也可以处理Internet环境下的多种信息源。因此,人们已经具备利用多种方式存储海量数据的能力。只有这样,数据挖掘技术才有它的用武之地。这些丰富多彩的数据存储、管理以及访问技术的发展,为数据挖掘的研究和应用提供了丰富的土壤。

(二) 数据挖掘的定义

数据挖掘(Data Mining,DM),简单地讲就是从大量数据中挖掘或抽取知识,数据挖掘的定义描述有若干个版本,以下将给出一个被普遍采用的定义描述。

数据挖掘,又称数据库中知识发现(Knowledge Discovery from Database,KDD),它是一个从大量数据中抽取或挖掘出未知的、有价值的模式或规律等知识的复杂过程。

数据挖掘有一些重要的特点,这里将其归纳如下:

(1) 处理的数据规模十分巨大,否则单纯使用统计方法处理数据就足够了。查询一般是决策制定者(用户)提出的即席随机查询,往往不能形成精确的查询要求,要靠数据挖掘技术寻找可能感兴趣的东西,也就是说挖掘出来的知识不能预知。

(2) 数据挖掘既要担负发现潜在规则的任务,还要管理和维护规则。在一些应用中,由于数据变化迅速,规则只能反映当前数据库的特征,随着不断地加入新数据,规则要不断更新,要求在新数据的基础上修正原来的规则,从而迅速作出反应。

(3) 在数据挖掘中,规则的发现基于大样本的统计规律。

(三) 数据挖掘任务的分类

数据挖掘任务可分为:关联分析、分类和预测、聚类分析、孤立点分析以及演变分析。

1. 关联分析

关联分析是从数据库中发现知识的一类重要方法。若两个或多个数据项的取值之间重复出现且概率很高时,它就存在某种关联,可以建立起这些数据项的关联规则。例如,买面包的顾客有90%可能会买牛奶,这是一条关联规则。若商店将面包和牛奶放在一起销售,将会提高它们的销量。在大型的数据库中,这种关联规则是很多的,需要进行筛选,一般用支持度和可信度两个值来淘汰无用的关联规则。支持度表示该规则所代表的事例占全部事例的百分比,如买面包又买牛奶的顾客占全部顾客的百分比可信度表示该规则所代表的事例占满足前提条件事例的百分比,如买面包又买牛奶的顾客占买面包顾客中的90%,那么可信度为90%。

2. 分类和预测

分类是数据挖掘中应用得最多的任务。分类是找出一个类别的概念描述,它代表了这类数据的整体信息,即该类的内涵描述,一般用规则或决策树模式表示。一个类的内涵描述分为特征描述和辨别型描述。特征描述是对类中对象的共同特征的描述。辨别型描述是对两个或多个类之间的区别进行描述。分类是利用训练样本集通过有关算法而实现的。目前,分类方法的研究成果较多,判别方法的好坏可以从预测准确度、计算复杂度和模式的简洁度三个方面进行。预测是利用历史数据找出变化规律,建立模型,并用此模型来预测未来数据的取值、特征等;典型的方法是回归分析,即利用大量的历史数据,以时间为变量建立线性或非线性回归方程,预测时,只要输入任意的时间值,通过回归方程就可求出该时间的状态。分类也能进行预测,但分类一般用于离散数值;回归预测则用于连续数值。神经网络方法预测既可用于连续数值,也可用于离散数值。

3. 聚类分析

数据库中的数据可以划分为一系列有意义的类。同一类别中,个体之间的距离较小,而不同类别上的个体之间的距离偏大。聚类增强了人们对客观现实的认识,即通过聚类建立宏观概念。聚类方法包括统计分析方法、机器学习方法和神经网络方法等。

4. 孤立点分析

数据库可能包含一些数据对象,它们与数据的一般行为或模型不一样。这些数据对象是孤立点。大部分数据挖掘方法将孤立点视为噪声或异常而丢弃。然而在一些应用中,罕见的事件可能比正常出现的那些更有趣,孤立点可以使用统计实验检测,假定一个概率分布或概率模型,并使用距离作为判断的统计量,将那些到各类的距离很大的对象视为孤立点。

5. 演变分析

数据演变分析描述行为随时间变化的对象的规律或趋势,并对其建模。尽管这可能包括时间相关数据的特征化、区分、关联、分类或聚类,这类分析主要包括时间序列数据分析、序列或周期模式匹配和基于相似性的数据分析。

二、数据仓库的建设

（一）数据仓库简介

数据仓库的具体概念是 W. H. 印蒙（W. H. Inmon）在 1992 年出版的《建立数据仓库》一书中提出的，目前它被认为是解决信息技术在发展中一方面拥有大量数据，另一方面有用信息却很贫乏这种不正常现象的综合解决方案。

数据仓库是面向主题的、综合的、不同时间的、稳定的数据的集合，用以支持经营管理中的决策制定过程。通俗地讲，数据仓库就是企业内部一种专门的数据存储，专门用于支持分析型数据查询。专门的数据存储以多维数据模型进行存储，该模型能够反映实际的商业分析需求，并支持预先未知的具体数据的查询操作。

数据仓库是 Lotusl-2-3 和 Microsoft Excel 等工具的延伸与发展，目的在于使分析能够更准确、更快速、更灵活、更有效，支持的数据量更大。

（二）数据仓库的特征

数据仓库是面向主题的。传统数据库应用按照业务处理流程来组织数据，目的在于提高处理的速度。主题是一个在较高层次将数据进行归类的标准，满足该领域分析决策的需要。

数据仓库是集成性的。数据仓库中的数据来自多个应用系统，不仅要解决原始数据中的所有矛盾，如同名异义、异名同义等，而且要将这些数据统一到数据仓库的数据模式上来。

数据仓库是随时间而变化的，数据仓库随着时间变化要不断增加新的内容。由于数据仓库常常用作趋势预测分析，所以需要保留足够长时间的历史数据，一般为 5～10 年。

数据仓库是稳定的。数据仓库的这种稳定性指的是数据仓库中的数据主要供企业决策分析之用，决策人员所涉及的数据操作主要是数据查询，一般情况下并不进行数据修改。

数据仓库还具有以下特点：数据仓库中的数据量非常大。通常的数据仓库的数据量为 10 GB 级，相当于一般数据库 100 MB 的 100 倍，大型数据仓库的数据量可以达到 1 TB (1000 GB)。数据中索引和综合数据占 2/3，原始数据占 1/3。数据仓库是数据库技术的一种新的应用，而且到目前为止，数据仓库一般还是应用数据库管理系统来管理其中的数据的。

（三）数据仓库的相关概念

1. 粒度

粒度（Granularity）是指数据仓库中数据单元的详细程度和级别，数据越详细、粒度越小，级别就越低；数据综合度越高、粒度越大，级别就越高。在传统的操作型数据库系统中，对数据的处理和操作都是在最低级的粒度上进行的。但是在数据仓库环境中应用的主要是分析型处理，一般需要将数据划分为详细数据、轻度总结、高度总结三级或更多级粒度。

2. 维度

维度(Dimension)是指人们观察事物的特定角度，概念上类似于关系表的属性。例如，企业常常关心产品质量数据随着时间推移而变化的情况，这是从时间的角度来观察产品的质量，即时间维；企业也常常关心本企业的产品在不同地区的销售分布情况，这时是从地理分布的角度来观察产品的销售，即地区维。

3. 数据集市

数据集市(Data Mart)是完整的数据仓库的一个逻辑子集，而数据仓库正是由其所有的数据集市有机组合而成的。数据集市一般由某一个业务部门投资建设，满足其分析决策的需要，可以将其理解为“部门级数据仓库”。

4. 相关的数据存储

数据源是指数据仓库数据的原始来源；主题数据是指存储在数据仓库中的核心数据；预处理数据是指数据源和主题数据之间的中间结果；查询服务数据是指主题数据和用户最终查询结果之间的中间结果。

5. 数据服务

相关的数据服务在数据仓库的技术体系结构中，主要涉及两种数据服务：后台数据预处理和前台数据查询。

(四) 数据仓库的开发流程

1. 数据仓库规划分析阶段

该阶段的工作内容主要包括：分析数据仓库应用环境、调查数据仓库开发需求、完成数据仓库开发规划；建立包括实体关系图、星型模型、雪花模型、元数据模型以及数据源分析的主题区数据模型，并根据主题区数据模型开发数据仓库逻辑的模型。

2. 数据仓库设计实施阶段

该阶段的工作内容主要包括：按照数据仓库的逻辑模型设计数据仓库的体系结构；设计数据仓库的物理数据库；用物理数据库元数据填充面向最终用户的元数据库；对数据仓库中的每个目标字段确认其在业务系统或外部数据源中的数据来源；开发(或购买)用于抽取、清洁、交换和合并数据等中间件的程序；将数据从现有系统传送到仓库中。

3. 数据仓库的使用维护阶段

该阶段的工作内容主要包括：将数据仓库投入实际应用，并在应用中改进和维护数据仓库；对数据仓库进行效益评价，为下一个循环提供依据。

三、数据挖掘技术

作为一个应用驱动的领域，数据挖掘吸纳了如统计学、机器学习、模式识别、数据库和数据仓库、信息检索、可视化、算法、高性能计算和许多应用领域的大量技术(图7.3)。数据挖掘研究与开发的边缘学科特性极大地促进了数据挖掘的成功和广泛应用。

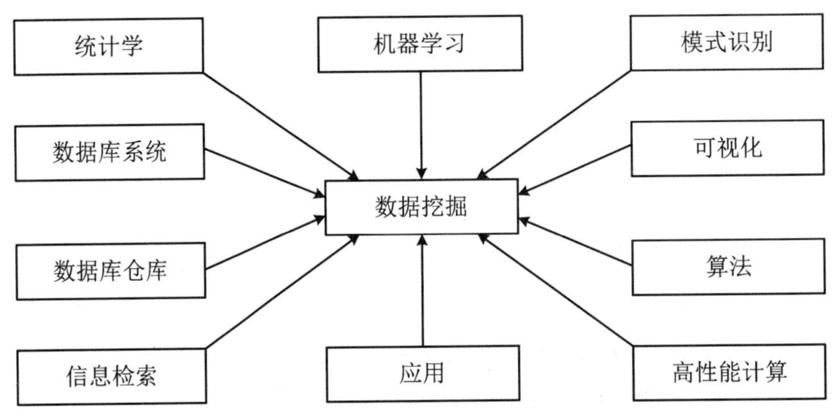

图7.3　数据挖掘从其他许多领域吸纳技术

(一) 统计学

统计学研究数据的收集、分析、解释和表示。数据挖掘与统计学具有天然联系。

统计模型是一组数学函数，它们用随机变量及其概率分布刻画目标类对象的行为。统计模型广泛用于对数据和数据类型进行建模。例如，在像数据特征化和分类这样的数据挖掘任务中，可以建立目标类的统计模型。换言之，这种统计模型可以是数据挖掘任务的结果。反之，数据挖掘任务也可以建立在统计模型之上。例如，我们可以使用统计模型对噪声和缺失的数据值建模。于是，在进行大数据集中挖掘时，数据挖掘过程可以使用该模型来帮助识别数据中的噪声和缺失值。

统计学研究开发了一些使用数据和统计模型进行预测和预报的工具。统计学方法可以用来汇总或描述数据集。对于从数据中挖掘各种模式，以及理解产生和影响这些模式的潜在机制，统计学是有用的。推理统计学(或预测统计学)用某种方式对数据建模，解释应测数据中的随机性和确定性，并用来提取关于所考察的过程或总体的结论。

统计学方法也可以用来验证数据挖掘结果。例如，建立分类或预测模型之后，应该使用统计假设检验来验证模型。统计假设检验(有时称为证实数据分析)使用实验数据进行统计判决。如果结果不大可能随机出现，则称它为统计显著的。如果分类或预测模型有效，则该模型的描述统计量将增强模型的可靠性。

在数据挖掘中使用统计学方法并不简单。通常，一个巨大的挑战是如何把统计学方法用于大型数据集。许多统计学方法都具有很高的计算复杂度。当这些方法应用于分布在多个逻辑或物理站点上的大型数据集时，应该小心地设计和调整算法，以降低计算开销。对于联机应用而言，如 Web 搜索引擎中的联机查询建议，数据挖掘必须连续处理快速、实时的数据流，这种挑战将变得更加难以应对。

（二）机器学习

机器学习考察计算机如何基于数据学习（或提高它们的性能）。其主要研究领域之一是，计算机程序基于数据自动地学习识别复杂的模式，并作出智能的决断。例如，一个典型的机器学习问题是为计算机编制程序，使之在一组实例学习之后，能够自动地识别邮件上的手写体邮政编码。

机器学习是一个快速成长的学科。这里，我们介绍一些与数据挖掘高度相关的、经典的机器学习问题。

(1) 监督学习（Supervised Learning）基本上是分类的同义词。学习中的监督来自训练数据集中标记的实例。例如，在邮政编码识别问题中，一组手写邮政编码图像与其对应的机器可读的转换物用作训练实例，以监督分类模型的学习。

(2) 无监督学习（Unsupervised Learning）本质上是聚类的同义词。学习过程是无监督的，因为输入实例没有类标记。典型地，我们可以使用聚类发现数据中的类。例如，一个无监督学习方法可以取一个手写数字图像集合作为输入。假设它找出了 10 个数据簇，这些簇可以分别对应于 0～9 这 10 个不同的数字。然而，由于训练数据并无标记，因此学习到的模型并不能告诉我们所发现的簇的语义。

(3) 半监督学习（Semi-supervised Learning）是一类机器学习技术，在学习模型时，它使用标记的和未标记的实例。在一种方法中，标记的实例用来学习类模型，而未标记的实例用来进一步改进类边界。对于两类问题，我们可以把属于一个类的实例看作正实例，而属于另一个类的实例看作负实例。在图 7.4 中，如果我们不考虑未标记的实例，则虚线是分隔正实例和负实例的最佳决策边界。使用未标记的实例，我们可以把该决策边界改进为实线边界。此外，我们能够检测出右上角的两个正实例可能是噪声或离群点，尽管它们被标记了。

(4) 主动学习（Active Learning）是一种机器学习方法，它让用户在学习过程中扮演主动角色。主动学习方法可能要求用户（如领域专家）对一个可能来自未标记的实例集或由学习程序合成的实例进行标记。给定可以要求标记的实例数量的约束，目的是通过主动地从用户处获取知识来提高模型质量。

数据挖掘与机器学习有许多相似之处。对于分类和聚类任务，机器学习研究通常关注模型的准确率。除准确率之外，数据挖掘研究非常强调挖掘方法在大型数据集上的有效性和可伸缩性，以及处理复杂数据类型的办法，开发新的、非传统的方法。

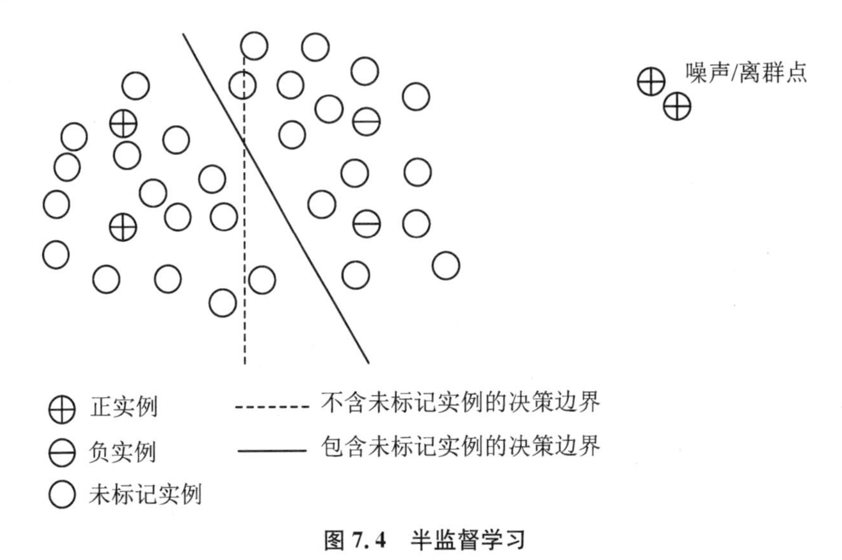

图 7.4　半监督学习

（三）数据库系统与数据仓库

数据库系统研究的关注点为单位和最终用户创建、维护和使用数据库。特别是，数据库系统研究者已经建立了数据建模、查询语言、查询处理与优化方法、数据存储以及索引和存取方法的公认原则。数据库系统因其在处理非常大的、相对结构化的数据集方面的高度可伸缩性而闻名。

许多数据挖掘任务都需要处理大型数据集，甚至是处理实时的快速流数据。因此，数据挖掘可以很好地利用可伸缩的数据库技术，以便获得在大型数据集上的高效率和可伸缩性。此外，数据挖掘任务也可以用来扩充已有数据库系统的能力，以便满足高端用户复杂的数据分析需求。

新的数据库系统使用数据仓库和数据挖掘机制，已经在数据库的数据上建立了系统的数据分析能力。数据仓库集成来自多种数据源和各个时间段的数据。它在多维空间合并数据，形成部分物化的数据立方体。数据立方体不仅有利于多维数据库的 OLAP，而且推动了多维数据挖掘。

（四）信息检索

信息检索(IR)是搜索文档或文档中信息的科学。文档可以是文本或多媒体，并且可能驻留在 Web 上。传统的信息检索与数据库系统之间的差别有两点：信息检索假定所搜索的数据是无结构的；信息检索查询主要用关键词，没有复杂的结构(不同于数据库系统中的 SQL 查询)。

信息检索的典型方法为采用概率模型。例如，文本文档可以看作词的包，即出现在文档中的词的多重集。文档的语言模型是生成文档中词的包的概率密度函数。两个文档之间的相似度可以用对应的语言模型之间的相似性度量。

此外，一个文本文档集的主题可以用词汇表上的概率分布建模，称作主题模型。一个文本文档可以涉及多个主题，可以看作多主题混合模型。通过集成信息检索模型和数据挖掘技术，我们可以找出文档集中的主要主题，对集合中的每个文档，找出所涉及的主要主题。

由于 Web 和诸如数字图书馆、数字政府、卫生保健系统等应用的快速增长，大量文本和多媒体数据日益累积且可以联机获得。它们的有效搜索和分析对数据挖掘提出了许多具有挑战性的问题。因此，文本挖掘和多媒体挖掘与信息检索方法集成，已经变得日益重要。

四、数据挖掘的应用

作为一个应用驱动的学科，数据挖掘已经在许多应用中获得巨大的成功。我们不可能一一枚举数据挖掘扮演关键角色的所有应用。在知识密集的应用领域，如生物信息学和软件工程，数据挖掘的表现更需要深入处理。应用作为数据挖掘研究与开发的主要方面，其重要性不言而喻，为了解释这一点，我们简略地讨论两个数据挖掘非常成功和流行的应用例子：商务智能和搜索引擎。

（一）商务智能

对于商务而言，较好地理解它的顾客、市场、供应和资源以及竞争对手等商务背景是至关重要的。商务智能（BI）技术提供商务运作的历史、现状和预测视图，如报告、联机分析处理、商务业绩管理、竞争情报、标杆管理和预测分析。

“商务智能有多么重要？”没有数据挖掘，许多工商企业都不能进行有效的市场分析，比较类似产品的顾客反馈，发现其竞争对手的优势和缺点，留住具有高价值的顾客，作出聪明的商务决策。

显然，数据挖掘是商务智能的核心。商务智能的联机分析处理工具依赖于数据仓库和多维数据挖掘。分类和预测技术是商务智能预测分析的核心，在分析市场、供应和销售方面存在许多应用。此外，在客户关系管理方面，聚类起主要作用，它能根据顾客的相似性把顾客分组。使用特征挖掘技术，可以更好地理解每组顾客的特征，并开发制定顾客奖励计划。

（二）Web 搜索引擎

Web 搜索引擎是一种专门的计算机服务器，可在 Web 上搜索信息。通常，用户查询的搜索结果用一张表返给用户[有时称作采样（hit）]。采样可以包含网页、图像和其他类型的文件。有些搜索引擎也搜索和返回公共数据库中的数据或开放的目录。搜索引擎不同于网络目录，因为网络目录是人工编辑管理的，而搜索引擎是按算法运行的，或者是算法和人工输入的混合。

Web 搜索引擎本质上是大型数据挖掘应用。搜索引擎全方位地使用各种数据挖掘技术，包括爬行（如决定应该爬过哪些页面和爬行频率）、索引（如选择被索引的页面和决定构建索引的范围）和搜索（如确定如何排列各个页面、加载何种广告、如何把搜索结果个性化或使之"环境敏感"）。

搜索引擎对数据挖掘提出了巨大的挑战。首先，它们必须处理大量且不断增加的数据。通常，这种数据不可能使用一台或几台机器处理。搜索引擎常常需要使用由数以千计甚至数以万计的计算机组成的计算机云，协同挖掘海量数据。把数据挖掘方法升级到计算机云和大型分布数据集上是一个需要进一步研究的领域。

其次，Web 搜索引擎通常需要处理在线数据。搜索引擎也许可以在海量数据集上离线构建模型。为了做到这一点，它可以构建一个查询分类器，基于查询主题（如搜索查询"apple"是指检索关于水果的信息，还是关于计算机品牌的信息），把搜索查询指派到预先定义的类别。无论模型是否是离线构建的，模型的在线应用都必须足够快，以便回答实时用户查询。

另一个挑战是在快速增长的数据流上维护和增量更新模型。例如，查询分类器可能需要不断地增量维护，因为新的查询不断出现，并且预先定义的类别和数据分布可能已经改变。大部分已有的模型训练方法都是离线的和静态的，因而不能用于这种环境。

Web 搜索引擎常常需要处理出现次数不多的查询。假设搜索引擎想要提供"环境敏感"的推荐。也就是说，当用户提交一个查询时，搜索引擎试图使用用户的简况和他的查询历史推断查询的环境，以便快速地返回更加个性化的回答。然而，尽管整个查询数量是巨大的，但是大部分查询都只提问一次或几次。对于数据挖掘和机器学习方法而言，这种严重倾斜的数据都是挑战。

第三节　仪器设备数据分析实例

一、实验数据综合分析系统

（一）概述

检验报告是实验室最终的产品，检测数据作为检验报告的核心，一方面直接反映了实验室的检验技术能力和管理水平，另一方面为严把质量控制关，提高实验室管理水平，挖掘潜在的、有价值的信息积累了大量素材。

如同“检测结果只对检测样品负责”，从取样、制样到检测，产生的一系列实验室数据，在出具报告后便被搁置，其剩余价值也随着数据被尘封。如此一来，实验室积累了大量的检测数据，而这些数据的价值仅限于特定的样品，这种局限性使实验室数据的潜在价值被忽视。

实验室检测机构掌握着海量的实验数据，当前实验室信息管理系统的应用虽然比较普遍，但还是停留在数据存储、业务流程和基本管理上，对积累的大量实验数据没有进一步地深入挖掘和应用，还不能为管理者提供管理决策依据和服务。

随着信息技术和数字技术的发展，各类实验室快速发展，高度专业化、智能化、系统化、自动化、空间跨距大及多学科交叉成为其发展趋势。数字化实验室除了能实现实验室检测业务的全流程信息化、电子化和设备信息的自动采集，实验室的管理、运行也都将是数字化的。信息化技术在推动实验室数字化管理的同时，也为实验室海量数据的有效管理和分析开启了大门。

近年来，数据挖掘和知识发现研究与应用都取得了不少进展，其中具有代表性的工作有：用面向属性的归纳方法在关系数据库中发现特征规则和区分规则，在事务数据库中发现关联规则，基于距离和基于密度的聚类分析的优化等。另外，决策树、神经网络、遗传算法、可视化等方法也在机器学习与知识发现中得到了研究与应用。成熟的数据挖掘软件可以帮助用户实现通过聚类、规则归纳等方法发现多种因果关系，并以可视化方式显示决策树，同时支持多种数据库。实验室数字化管理已经成为统计分析不能忽略的应用领域。

利用实验室数据之前，我们首先要对数据的特征有基本的认识，包括数据类型、数据分布的代表性指标和稳定性指标，以及数据的图形展示等方面，通过认识数据可以对数据的类型进行判别，并选择合适的方法对数据产生正确的认识，这是正确利用实验室数据、实现有效信息挖掘的基础和关键。

（二）基本统计知识

1. 统计数据

（1）数据类型的概念

统计数据是对现象进行计量的结果，广义来讲，文字、符号、图像、声音、视频等属于数据范畴。实验室是对样品中物质含量进行检测和鉴定的机构，因此实验室积累了大量的统计数据。根据所用计量尺度的不同，狭义数据可分为分类数据、顺序数据和数值型数据。

分类数据：对现象分类的结果，如人口按性别分为男和女两类；分类数据可以用数字代码来表示，如用1表示男性，0表示女性。

顺序数据：对现象进行分类的结果，但结果有顺序，如人的受教育程度可分为文盲、小学、初中、高中、中专、大专、大学、研究生；顺序数据也可用数字代码来表示，如 1 表示文盲，2 表示小学，3 表示初中等。

数值型数据：使用自然单位或度量衡单位、价值单位对现象进行计量的结果，结果表现为具体的数值。如实验室对 4 个调制马铃薯淀粉样品中的二氧化硫含量进行检测，检测结果分别为 5.6 mg/kg、5.8 mg/kg、5.5 mg/kg、5.9 mg/kg。

分类数据和顺序数据称为定性数据或品质数据，数值型数据称为定量数据或数量数据。

面对大量、繁杂的数据，如何对数据的基本情况产生一个初步认识，应首先借助于集中趋势（平均指标）和离散程度（变异指标）两类综合性指标。

（2）实验室中的数据

实验室积累了大量的检测数据，最常见的检测结果表示形式为{合格，不合格}，一次实验结果服从两点分布，即假设检出不合格的概率为 P，一次实验检出不合格的概率为 $p^k(1-p)^{1-k}(k=0,1)$。$k=0$ 表示检出不合格，$k=1$ 表示检出合格。相同的实验重复多次，n 次贝努利实验结果服从二次分布，即 n 次实验中 k 次检出不合格的概率为 $C_n^k p^k(1-p)^{n-k}$。特别在大样本情况下，近似服从正态分布。在统计学中关于精确二项分布和近似正态分布的理论支撑下，以不合格率为基础对实验室检测结果的分析得到了广泛的研究和应用。不合格率作为实验室检测结果的度量，从全局角度反映了检测结果的基本情况，数据结构规范、统一，可以在不同层次上进行不合格率的统计，因此不合格率是较为通用的反映检测结果的综合指标。不合格率注重通用性、全局性的结果就是忽略了个体之间的差异，实验室检测结果一般以数值记录，通过限量要求这一中间值，将连续的数值型检测结果转换为合格和不合格两类，从而淹没了数值数据中包含的信息。如均未超过限量要求的两次检测结果，检测结果相对临近限量的样品比检测结果相对远离限量的样品风险要高，而在计算不合格率时，上述两个结果均会被转化为合格，从而忽略了它们之间风险的差异性。

进一步挖掘海量实验室数据中蕴含的风险因素，实验室原始检测数据具有完全的信息量，是最理想的分析素材。因此在前期的数据采集和数据管理上，注重数据的统一性、规范性和完整性是数据分析有效性的关键。但对原始数据的分析也受到诸多限制，如因为设备精度的限制，许多检测结果以未检出的形式给出，完全的数值型数据就有大部分数据变为未检出，而难以得到真实的检测数据。又如对数值数据分析的有效性需要建立在一定数据量的基础上，即大样本数据要求。但对实验室数据进行初步统计管理发现，一些检测项目的检测记录量非常有限，不满足统计分析的要求。由此，我们需要对数据进行划分，并针对不同数据的特点采用不同的分析方法。

2. 平均指标

平均指标是同质总体内各个个体某一数量标志的具体表现在一定时间、地点、条件下所达到的一般水平，是反映现象总体综合数量特征的重要指标。

平均指标的特点：把总体各单位标志值的差异抽象化，是对数据集中趋势的一种度量；平均指标是一个代表值，代表总体各单位标志值的一般水平。

常见的平均指标有算术平均数、几何平均数、中位数、分位数、众数等。

(1) 常见的平均指标

① 算术平均数

算术平均数(Arithmetic Mean)是总体中各个体的某个数量标志的总和与个体总数的比值，一般用符号 $\bar{x}$ 表示。算术平均数是集中趋势中最主要的测度值。算数平均数的基本计算公式如下：

$$\bar{x}=(\sum_{i=1}^{n}x_i)/n$$

算术平均数在统计学中有着重要的地位，它是进行统计分析和统计推断的基础，其重要的数学性质如下：

各变量值与其平均数离差之和等于零，即 $\sum_{i=1}^{n}(x_i-\bar{x})=0$。

各变量值与其平均数离差平方之和等于最小值，即 $\sum_{i=1}^{n}(x_i-\bar{x})^2=\min\sum_{i=1}^{n}(x_i-x)^2$。

② 几何平均数

几何平均数(Geometric Mean)是 n 个变量值连乘积的 n 次方根。几何平均数是计算平均比率和平均速度最适用的一种方法。通常用 $\overline{X}_G$ 表示。几何平均数的基本计算公式如下：

$$\overline{X}_G=\sqrt[n]{\prod_{i=1}^{n}x_i}$$

③ 中位数与分位数

中位数(Median)是一组数据按大小顺序排列后，处于中间位置的那个变量值，通常用 M_e 表示。其定义表明，中位数就是将某变量的全部数据均等地分为两半的变量值。其中，一半数值小于中位数，另一半数值大于中位数。中位数是一个位置代表值，因此它不受极端变量值的影响。

计算中位数时需先将各变量值按大小顺序排列，并按公式 $\frac{n+1}{2}$ 确定中位数的位置。

当一个序列中的项数为奇数时，则处于序列中间位置的变量值就是中位数。例如，根据 7、6、8、2、3 这 5 个数据求中位数，先按大小顺序排成 2、3、6、7、8。在这个序列中，选取中间一个数值 6，小于 6 的数值有 2 个，大于 6 的数值也有 2 个，所以 6 就是这 5 个数值中的中位数。

当一个序列的项数是偶数时，则应取中间两个数的中点值作为中位数，即取中间两个变量值的平均数为中位数。如一个按大小顺序排列的序列 2、5、7、8、11、

12,其中位数的位置在 7 与 8 之间,中位数就是 7 与 8 的平均数,即 $M_e=\frac{7+8}{2}=7.5$。

从上面的讨论我们可以发现,中位数将统计分布从中间分成了相等的两部分,与中位数性质相似的还有四分位数、十分位数和百分位数。

3 个数值可以将变量数列划分为项数相等的 4 个部分,这 3 个数值就定义为四分位数,分别称为第一四分位数、第二四分位数和第三四分位数,记作 Q_1、Q_2 和 Q_3。对于不分组数据而言,3 个四分位数的位置分别为如下:

Q_1 在 $\frac{n+1}{4}$;Q_2 在 $\frac{2(n+1)}{4}=\frac{n+1}{2}$;$Q_3$ 在 $\frac{3(n+1)}{4}$,可见 Q_2 就是中位数。

同理,十分位数和百分位数分别是将变量数列十等分和一百等分的数值。

④ 众数

众数(Mode)是一组数据中出现次数最多的那个变量值,通常用 M_0 表示。众数具有普遍性,在统计实践中,常利用众数来近似反映社会经济现象的一般水平。例如,说明某次考试学生成绩最集中的水平,说明城镇居民最普遍的生活水平,等等。

众数要根据掌握的资料而定。未分组资料或单项数列资料众数的确定比较容易,不需要计算,可直接观察确定。即在一组数列或单项数列中,次数出现最多的那个变量值就是众数。

(2) 平均指标之间的关系

① 众数、中位数和算术平均数的关系

大部分数据都属于单峰分布,其众数、中位数和算术平均数之间具有以下关系:如果数据的分布是对称的,则 $M_0=M_e=\bar{x}$,如图 7.5(a)所示;如果数据是左偏分布,那么说明数据中偏小的数较多,这就必然拉动算术平均数向小的一方靠拢,而众数和中位数由于是位置代表值,不受极值的影响,因此三者之间的关系表现为 $M_0>M_e>\bar{x}$,又叫负偏,如图 7.5(b)所示;如果数据是右偏分布,那么说明数据中偏大的数较多,必然拉动算术平均数向大的一方靠拢,则 $M_0<M_e<\bar{x}$,又叫正偏,如图 7.5(c)所示。

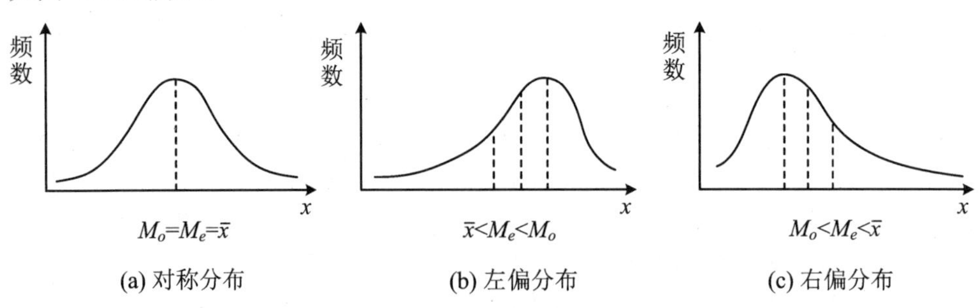

图 7.5 众数、中位数和算术平均数的关系示意图

② 众数、中位数和算术平均数的特点与应用场合

众数是一组数据分布的峰值，是位置代表值。其优点是易于理解，不受极端值的影响。当数据的分布具有明显的集中趋势时，尤其是对于偏态分布，众数的代表性比算术平均数要好。其特点是具有不唯一性，对于一组数据可能有一个众数，也可能有两个或多个众数，也可能没有众数。

中位数是一组数据中间位置上的代表值，也是位置代表值，其特点是不受极端值的影响。对于具有偏态分布的数据，中位数的代表性要比算术平均数好。

算术平均数由全部数据的计算所得，它具有优良的数学性质，是实际中应用最广泛的集中趋势测度值。其主要缺点是易受数据极端值的影响，对于偏态分布的数据，算术平均数的代表性较差。作为算术平均数变形的调和平均数和几何平均数是适用于特殊数据的代表值，调和平均数主要用于不能直接计算算术平均数的数据，几何平均数主要用于计算比例数据的数。这两个测度值与算术平均数一样，易受极端值的影响。

3. 变异指标

变异指标又称标志变动度，它综合反映了总体各个单位标志值的差异程度或离散程度。以平均指标为基础，结合运用变异指标是统计分析的一个重要方法。变异指标的作用有：反映现象总体总单位变量分布的离中趋势；说明平均指标的代表性程度；测定现象变动的均匀性或稳定性程度。

变异指标包括以下几种：全距、平均差、标准差和变异系数。

① 全距

全距是测定标志变异程度的最简单的指标，它是标志的最大值和最小值之差，反映了总体标志值的变动范围。用公式表示为：全距＝最大标志值－最小标志值。从计算可知，全距仅取决于两个极端数值，不能全面反映总体各单位标志值变异的程度，也不能拿来评价平均指标的代表性。

② 平均差

平均差是各单位标志值对其算术平均数的离差绝对值的算术平均数，反映了各标志值对其平均数的平均差异程度。其计算方法有简单和加权两种形式。

③ 标准差

标准差是总体中各单位标志值与算术平均数离差平方的算术平均数的平方根，又称均方差。它是测定标志变动程度的最主要的指标。标准差的实质与平均差基本相同，只是在数学处理方法上与平均差不同，平均差是用取绝对值的方法消除离差的正负号，然后用算术平均的方法求出平均离差；而标准差是用平方的方法消除离差的正负号，然后对离差的平方计算算术平均数，并开方求出标准差。标准差的计算也有简单和加权两种形式，要注意区别运用。

变异系数是以相对数形式表示的变异指标。它是通过变异指标中的全距、平均差或标准差与平均数对比得到的，常用的是标准差系数。变异系数的应用条件

是:当所对比的两个数列的水平高低不同时,就不能采用全距、平均差或标准差进行对比分析,因为它们都是绝对指标,其数据的大小不仅受各单位标志值差异程度的影响,而且受到总体单位标志值本身水平高低的影响;为了对比分析不同水平的变量数列之间标志值的变异程度,就必须消除数列水平高低的影响,这时就要计算变异系数。变异系数反映的是单位平均水平下标志值的离散程度,因而通过计算变异系数为水平高低不同的两个数列提供了对比的基础。

4. 数据的图形化处理

在深入地进行数据分析之前,以图形的方式对数据进行抽象汇总,是直观了解数据基本情况、把握数据分析方向的有效方法。依据数据分布的特点,纵向上表现为时间序列上的趋势特征,横向上表现为不同类别下的结构特征。图形展示除了能够在数据分析之初实现对数据的基本把握,还能用于展示数据分析的最终结果,为数据分析结果的使用者提供更直观、便利的服务。

常用的数据图形展示方法有:饼图、直方图、散点图、折线图、柱状图、条形图、气泡图、雷达图、箱线图等。

(1) 饼状图和环形图

饼状图是用圆形及圆内扇形的角度来表示数值大小的图形,它主要用于表示一个样本(或总体)中各组成部分的数据占全部数据的比例,对于研究结构性问题十分有用。在绘制饼状图时,样本中各部分所占的百分比用圆内的各个扇形角度表示,这些扇形的中心角度是按各部分百分比占360°的相应比例确定的。

环形图与饼状图类似,但又有区别。环形图中间有一个“空洞”,样本或总体中的每一部分数据用环中的一段表示。饼状图只能显示一个总体和样本各个部分所占的比例,而环形图则可以同时绘制多个总体或样本的数据系列,每一个总体或样本的数据系列为一个环。因此环形图可显示多个总体或样本各部分所占的相应比例,从而有利于进行比较研究。

如图7.6所示,A、B、C、D、E代表某检测机构的5个专项实验室,图中分别统计了某天5个专项实验室的检测业务量和占比情况。通过饼状图可以直观地观测到该检测机构实验室的检测业务结构情况。

通过环形图可以对比具有相同实验室设置的两个检测机构的业务结构差异性,从而为合理分配实验室人力、物力资源,合理规划实验室建设规模、配置设备和试剂耗材等资源提供最直观的数据支持。

(2) 直方图

直方图是把数据的离散状态分布用竖条在图表上标出,以帮助人们根据显示出的图样变化,在缩小的范围内寻找出现问题的区域,从中得知数据平均水平偏差并判断总体质量分布情况。

直方图从分布类型上来说,可以分为正常型和异常型。正常型是指整体形状左右对称的图形。此时过程处于稳定(统计控制状态),如图7.7(a)所示。如果是

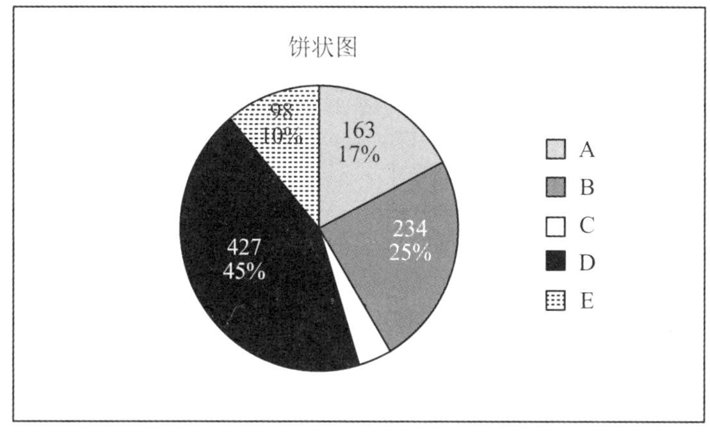

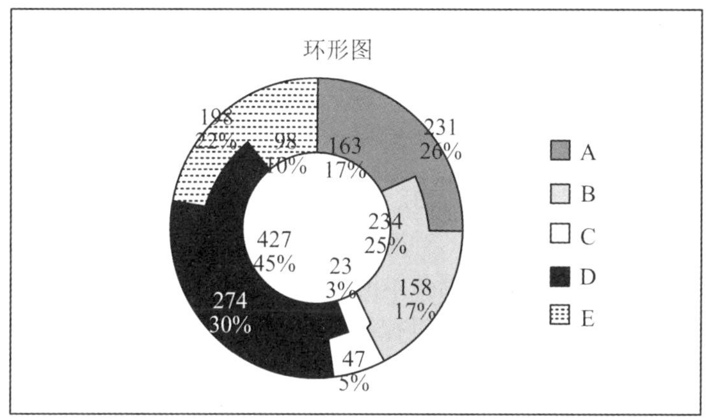

图 7.6　饼状图和环形图

异常型，就要分析原因并加以处理。常见的异常型主要有 6 种：

双峰型：直方图出现两个峰。主要原因是观测值来自两个总体，两个分布的数据混合在一起，此时数据应加以分层。

锯齿型：直方图呈现凹凸不平的现象。这是由于作直方图时数据分组太多、测量设备误差过大或观测数据不准确等造成的。此时应重新收集和整理数据。

陡壁型：直方图像峭壁一样向一边倾斜。主要原因是进行全数检查，使用剔除了不合格品的产品数据作直方图。

偏态型：直方图的顶峰偏向左侧或右侧。当公差下限受到限制（如单侧形位公差）或因某种加工习惯（如孔加工往往偏小）容易造成偏左；当公差上限受到限制或在轴外圆加工时，直方图呈现偏右形态。

平台型：直方图顶峰不明显，呈平顶形。主要原因是多个总体和分布混合在一起，或者在生产过程中有某种缓慢的倾向在起作用（如工具磨损、操作者疲劳等）。

孤岛型：在直方图旁边有一个独立的“小岛”出现。主要原因是生产过程中出现异常情况，如原材料发生变化或突然变换不熟练的工人。

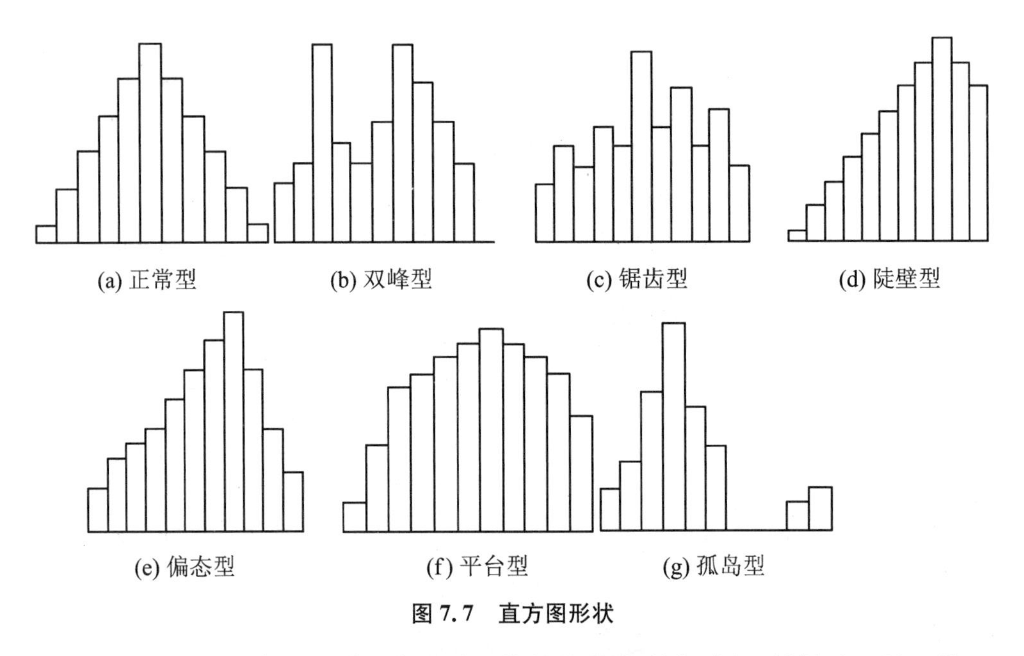

图 7.7　直方图形状

从直方图可以直观地看出产品质量特性的分布形态，便于判断过程是否处于控制状态，以决定是否采取相应的对策措施。

除了基本的图形展示外，依据基本的统计学原理结合应用领域还衍生出许多专业图表的应用，如针对生产过程有控制图的应用等。控制图是对生产过程中产品质量的状况进行实时控制的统计工具，是质量控制中最重要的方法。人们对控制图的评价是："质量管理始于控制图，亦终于控制图"。控制图主要用于分析判断生产过程的稳定性，及时发现生产过程中的异常现象，查明生产设备和工艺装备的实际精度，为评定产品质量提供依据。

对实验室数据实现前期的描述统计之后，我们对数据的特征有了基本的认识，在此基础上我们想要对数据有更深入的了解和把握，则需要借助更复杂、更科学的统计分析方法帮助我们实现数据认识和信息提取的工作。常用的统计建模方法有：假设检验、方差分析、一元（多元）线性回归、Logistic 回归、时间序列分析、主成分分析、因子分析、聚类分析、判别分析、关联分析、决策树、人工神经网络、贝叶斯网络、支持向量机等。下面将针对实验室数据分析的主要方法进行介绍。

（三）统计模型

1. 方差分析

在现实生活中，影响具体某个事物的因素往往有很多，我们常常需要正确确定哪些因素的影响是显著的，方差分析（ANOVA）就是解决这一问题的有效方法，通过分析样本资料各项差异的来源以检验 3 个或 3 个以上总体平均数是否相等或者是否具有显著性差异的方法。

统计上存在两类误差：随机误差和系统误差。随机误差是指在因素的同一水平（同一个总体）下，样本的各观察值之间的差异。例如，同一种颜色的饮料在不同超市里的销售量是不同的；不同超市销售量的差异可以看成是随机因素的影响，或者说是由于抽样的随机性所造成的，这类差异称为随机误差。系统误差是指在因素的不同水平（不同总体）下，各观察值之间的差异。例如，同一个超市，不同颜色饮料的销售量也是不同的；这种差异可能是由于抽样的随机性所造成的，也可能是由于颜色本身所造成的，后者所形成的误差是由系统性因素造成的，就是系统误差。

我们通常是在如下的基本假设条件下进行方差分析：

(1) 每个总体都应服从正态分布。即对于因素的每一个水平，其观察值是来自服从正态分布总体的简单随机样本。例如，每种颜色饮料的销售量必须服从正态分布。

(2) 各个总体的方差必须相同。即对于各组观察数据，是从具有相同方差的总体中抽取的。例如，4 种颜色饮料的销售量的方差都相同。

(3) 观察值是独立的。例如，每个超市的销售量都与其他超市的销售量独立。

方差分析是通过比较两类误差，以检验均值是否相等，如果系统（处理）误差显著地不同于随机误差，则均值是不相等的。误差是由各部分的误差占总误差的比例来测度的，通过对各观察数据误差来源的分析来判断多个总体均值是否相等。

方差分析将不同水平间的总离差（SST，SST 反映了全部数据总的误差程度）分成两部分，一部分是各组平均值与总平均值离差的平方和，反映各水平之间的差异程度或不同的处理造成的差异，称为组间差异或组间平方和，简称为 SSR；另一部分是每个样本数据与其组平均值离差的平方和，成为组内差异、组内平方和或残差平方和，简称为 $SSEC$。

方差分析基于以下原理：如果原假设成立，即 $H_1=H_2=\cdots=H_k$ 为真，则表明没有系统误差，组间平方和 SSR 除以自由度后的均方与组内平方和 SSE 除以自由度后的均方差异就不会太大。如果组间均方显著地大于组内均方，则说明各水平（总体）之间的差异不仅有随机误差，还有系统误差。判断因素的水平是否对其观察值有影响，实际上就是比较组间方差与组内方差之间差异的大小。通过构造统计量：

$$F=MSR/MSE$$

式中，MSR 等于 SSR 除以它的自由度 $k-1$，称为组间均方差；MSE 等于 SSE 除以它的自由度（$n-k$），称为组内均方差。

在零假设为真时，F 统计量服从自由度为 $k-1$ 和 $n-k$ 的 F 分布。

$$F=\frac{MSR}{MSE}=\frac{SSR(k-1)}{SSE/(n-k)}\sim F(k-1,n-k)$$

通过这个公式计算出统计量 F，查表求出对应的 P 值，与 a 进行比较，以确定是否为小概率事件。将统计量的值 F 与给定的显著性水平 a 的临界值 F_a 进行比较，作出接受或拒绝原假设 H_0 的决策。根据给定的显著性水平 a，在 F 分布表中查找与第一自由度（$df_1=k-1$）、第二自由度（$df_2=n-k$）相应的临界值 F_a；若 $F>F_a$，则拒绝原假设 H_0，表明均值之间的差异是显著的，所检验的因素对观察值有显著影响；若 $F\leqslant F_a$，则不能拒绝原假设 H_0，表明所检验的因素对观察值没有显著影响。

2. Logistic 回归模型

回归方法作为经典的研究变量相关模式的统计分析方法仅适用于因变量为数值型变量的情况，当输出变量为 0/1 的二分类变量时，只能选择建立对因变量进行 Logit 变化的二项 Logistic 回归模型。通过 Logistic 回归模型，不仅可以对新数据进行不合格风险的预测，还能通过自变量的回归系数分析自变量对因变量的影响模式和程度。

(1) 广义线性模型

线性模型和广义线性模型见表 7.1。

表 7.1　线性模型与广义线性模型

线性模型（约束条件）	广义线性模型（放宽条件）
μ 是 $x_1,\cdots,x_k$ 的线性函数（μ 表示 y 的期望值）	引入联系函数 $g(\mu)$，令 $\eta=g(\mu)$，$\eta=X\beta$，要求 $g(\mu)$ 单调，可导
y 是正态分布	y 是散度参数中的单参数指数组分布（包括正态、二项、泊松、伽玛、对数正态等）
$\in_i$ 独立同分布	独立性仍保持，方差可改变

(2) 变换与关系函数

当因变量是取值为 0～1 的概率（如市场占有率等）或是取值为 0 或 1 的示性变量（如是否购买等）时，对于第二种情况 $Ey_i=E\dfrac{r_i}{n_i}=p$，可以归结为第一种情况。

因此回归方程可以写成 $p=p(x_1,\cdots,x_k)$，但是 $p(x_1,\cdots,x_k)$ 不能是 $x_1,\cdots,x_k$ 的线性函数 $\beta_1x_1,\cdots,\beta_kx_k$，线性函数的取值范围可以为 $-\infty\sim\infty$，而 p 的变化范围为 0～1。

用广义线性模型的方法，找一个联系函数 g 使得 $g(p_i)$ 可以表示成 $x_1,\cdots,x_k$ 的线性函数。

Logit 变换、Probit 变换和 log-log 变换见表 7.2。

表 7.2　Logit 变换、Probit 变换和 log-log 变换

变换	公式	性质
Logit 变换	$g_3(\mu)=\ln\frac{\mu}{1-\mu}$	1. 逻辑斯蒂回归。 2. 对 $p=0.5$ 对称，$g_1(1-p)=-g_1(p)$。 3. 当 p 接近 0 或 1 时，$\ln\frac{p}{1-p}$ 变化较大，即可以较细致地反映自变量 $x_i,\cdots,x_k$ 对于 p 在 0 或 1 附近的变化的影响
Probit 变换	$g_2(\mu)=\varphi^{-1}(\mu)$ $\varphi(x)=\frac{1}{\sqrt{2\pi}}\int_{-\infty}^{x}\frac{\mu^2}{e-2}\mathrm{d}u$	1. 将其看作正态概率，反过来看它的取值变化。 2. 对 $p=0.5$ 对称，$g_2(1-p)=-g_2(p)$
log-log 变换	$g_3(\mu)=\mathrm{In}(-\mathrm{In}\,\mu)$	1. 取一次对数 $0\sim\infty$，再取对数 $-\infty\sim\infty$。 2. 对 $p=0.5$ 不具有对称性。 3. 实际应用：泊松分布的样本或列联表的频数分析。 (1) y 是泊松分布，则 $Ey=\gamma>0$。 (2) y 是二项分布 $b(n,p)$，则 $Ey=np>0$。 (3) y_i 是多项分布 $b(n,p_1,\cdots,p_k)$ 中第 i 类的频数，则有 $Ey_i=np_i>0,i=1,2,\cdots,k$。$y$ 的期望值是一个正数，取对数后范围为 $-\infty\sim\infty$

3. 聚类分析

现实世界中存在着大量的分类问题，如在产品质量管理中，根据各产品的某些重要指标可以将其分为一等品、二等品等。很长时间以来，人们主要靠经验和专业知识，作定性分类处理，致使许多分类都带有主观性和任意性，不能很好地揭示客观事物内在的本质差别和联系，特别是对于多因素、多指标的分类问题，定性分类更难以实现准确分类。聚类分析相较于其他多元分析方法是很粗糙的，理论上还不完善，但由于它能够解决许多实际问题，所以很受研究分析人员的重视，是多元分析的三大方法之一。

聚类分析的基本思想如下：首先定义能度量样品（或变量）间相似程度（亲疏关系）的统计量，在此基础上求出各样品（或变量）间相似程度的度量值；然后按相似程度的大小，把样品（或变量）逐一归类，关系密切的聚集到一个小的分类单位，关系疏远的聚集到一个大的分类单位，直到所有的样品（或变量）都聚集完毕，把不同的类型一一划分出来，形成一个由小到大的分类系统；最后根据整个分类系统画出一幅分群图，称为亲疏关系谱系图。

一个综合的实验室由若干专项实验室组成，每个子实验室又负责数以十计甚至百计的项目检测工作，不同的货物涉及的检测项目千差万别，为分析货物质量风

险和实验室检测情况的相关关系，需要建立货物类别和检测项目的实验室检测数据二维表，由于产品和检测项目种类繁多，结果将得到一个庞大的稀疏矩阵，不利于数据的分析与利用。根据统计思想可考虑采用聚类分析。

根据两步聚类的思想，以食品检测实验室为例，先将实验室的实际检测项目，依照所属实验室、检测设备、执行的国家标准、涉及该项目检测的样品种类等属性进行聚类，得到生物毒素、重金属、烈性食源性致病菌、禁用农兽药残留、非法添加物、允许残留物、限用农兽药残留、食品添加剂、条件致病菌、转基因、成分鉴别、辐照鉴别、营养指标、品质指标等 14 个检测项目子类。在此基础上，依照致死率（治病率）、实验室检测不合格率和连续发生概率等指标对 14 个项目子类进行进一步聚类，最终得到表 7.3 中的风险等级分类情况。

表 7.3　实验室检测项目风险等级分类表

风险等级	检测项目子类
一级	生物毒素、重金属
二级	烈性食源性致病菌、禁用农兽药残留、非法添加物、允许残留物
三级	限用农兽药残留、食品添加剂、条件致病菌
四级	转基因、成分鉴别、辐照鉴别
五级	营养指标、品质指标

表 7.3 的分析内容为实验室检测项目的风险等级划分提供了雏形，在实际应用中可以根据实验室业务专家的经验和建议进行调整，从而使实验室检测项目危害等级的分类兼顾专业理论知识和数据分析实际两方面。完成实验室检测项目风险等级的分类不仅有助于实验室内部的分类管理，同时还能为用户提供更多的增值服务，如通过检测项目的风险等级划分进一步研究产品的质量风险管理问题等。

上述分析方法主要针对数字化的数据，随着实验室数据的电子化、计算机信息分析处理能力的增强和统计分析方法应用领域的拓展，从大量文本中提取有规则的信息，无论在理论上还是在实际中都成为了可能。博客和微博等网络交流平台的发展，为公众关注热点新闻事件发表自己的观点提供了迅速便捷的平台，分析网络平台上基于主题的海量文本信息，对于把握公众对热点事件的态度，及时疏导公众情绪，引导事态良性发展具有重要意义。现在舆情信息分析已经成为挖掘公众情绪和与公众互动交流的有效方法。

4. 文本挖掘和舆情监测

人有喜怒哀乐，人对事物的评价有褒贬抑扬，这些都构成个人情绪。社会情绪（大众情绪）是指人们对社会生活的各种情境的知觉，通过群体成员之间相互影响、相互作用而形成的较为复杂且相对稳定的态度体验，这种知觉和态度体验对个体或全体产生指导性和动力性的影响。从构成上看，个人情绪是大众情绪的元素，两者的共性是都需要外化性的表达、宣泄，而且表现出某种具体情况；区别在于大众情绪从酝酿、形成到外化表达要远远复杂于个人情绪的表现，在情绪的控制效果和持续时间方面，个人情绪要容易控制和短促许多，而大众情绪一旦表现出来，其惯性很大，涉及面广，调控起来难度大得多。基本层面上的大众情绪是指人们对现实社会普遍抱有的一种在短时间内基本稳定不变的情绪，它是针对某一特定事件所持有的，会随着事态的变化而发展，在情绪指向和情绪强度上有不同的表现。大众情绪蕴含着巨大的能量，若能有效疏导则可以达到推进事态良性发展的效果，但若利用不善，则会使发展停滞不前甚至发生逆转。

互联网时代到来后，大众情绪不再是隐性的、不可观测的，网络为公众提供了畅所欲言、宣泄情绪的平台，也为致力于大众情绪研究的学者提供了显性的、客观的素材。这些素材中大众情绪的载体一般是短文本(如评论、回帖等)，多涉及社会热点事件，以大众针对事件的官方报道表达立场、宣泄情绪的方式存在，内容多表达大众对新闻报道的属实性及官方对事件所持立场是否得当的态度。

处理文本信息通常需要借助文本挖掘的方法，常用的方法有分词方法、字频分析方法、汉语(英文)频度分析方法、社会网络和语义网络分析方法、情感分析方法、流量分析方法、TF/IDF批量词频分析方法、相似分析方法、网站信息分析方法、聚类分析方法、分类分析方法等等。

舆情监测是针对互联网公众对现实生活中的某些热点、焦点问题所持有的有较强影响力、倾向性的言论和观点而实施的一种监视和预测行为。

(四) 实验室数据分析的发展

每一类产品的各种检测项目之间都存在着相互联系和相互影响的关系，同时又具有很强的地域性和时间序列性。分析它们之间的内在关系对于把握产品的质量状况和预测产品的未来质量趋势具有重要意义，同时进行产品各种检测项目的影响因素分析，科学、合理地评价各种影响因素，找出影响关键变量发展变化的主要因素，为检测人员深层次的质量分析提供依据。

大宗敏感产品的分析，以煤炭为例，煤炭的发热量实质上是煤炭中碳、氢、氧、硫、氮等元素的综合反应，所以我们认为煤炭的发热量与工业分析参数和元素分析参数密切相关，对实验室的大量检测数据进行分析，不难发现它们不仅仅是简单的二元线性关系，而是一种多元非线性关系。以实验室数字管理平台为依托，以规范的设备采集数据为基础，我们可以建立这样一种数学模型，即Qnet。已有相关文献的研究成果表明，我们可以进一步应用神经网络的数据挖掘工具处理煤炭分析数据间的关系，建立处理煤炭分析参数间复杂关系的非线性模型，并应用这个模型去预测煤炭的发热量。

在更广泛的范畴上，我们可以研究产品质量风险的影响因素。假设产品质量风险可由相关检测项目的风险情况(项目危害等级、实验室检测数据和评定结果)

度量。从经验判断上,我们认为进口货物的质量或风险会受到生产企业的情况(企业资质等级)、贸易国家的情况(是否来自疫区)、直接使用还是再加工、原料或成品、适用人群等因素的影响。我们可以建立以进口货物质量风险为因变量,可能的风险影响因素为多个自变量的统计分析模型,具体模型既可以选择经典的回归模型,也可以参考新兴的数据挖掘方法中的关联规则、分类回归树模型等,通过模型比较分析,挖掘产品质量风险的内在关系和结构,全方位洞察风险的影响机制,用事实为风险预防和控制说话。

随着数据分析的范围从狭义的数据扩展到广义的数据,“强化风险管理,强化重点监管,强化监管创新”目标的实现,可以通过综合全方位的信息,如实验室检验检测的全部信息及实验室外延的信息(如针对某政府领域,进口食品国内外安全舆情信息、流通过程信息、检测结果信息),融入大数据的技术和理念,进行统计分析和数据挖掘,并对此获得的数据信息进行风险分析,以此作为进口食品质量风险情况的缩影,为进口食品的风险预警和分类监管提供决策支持。同时,创新风险监管的思维和模式,促进实验室风险的监管从“消极、被动、事后和弥补”模式向“积极、主动、事前和预防”模式转变。

二、实验室数据分析实例

通过以上理论知识的介绍,本部分将针对政府检测实验室的数据管理目标和风险分析方法,以实验样本数据为例,从实验室数据与风险分析的关系、实验室检测风险体系构架、智能化实验室风险分析预警三个方面探究数字化实验室中数据分析与风险管理的方法,为读者进行该方面的研究提供思路和借鉴。

(一) 实验室数据与风险分析的关系

根据信息熵的观点,风险即不确定性,信息是用来消除不确定性的;风险的多样性与信息的海量性并存,说明人们并未能有效地利用信息来消除风险。原因是信息杂乱、无规则地堆放使它们变得毫无价值。中型实验室每周平均检测量达400～2000次,随着每个检测表单完成归档,这些数据也被束之高阁。此时的数据只是数据,还不是能够用来消除风险性的信息。因此数据的分类整理是挖掘海量数据中潜在的、有用信息的前提。

传统的产品质量控制一直以不合格率作为产品质量核心评价指标,实验室积累了大量的检测数据,最常见的检测结果表示形式为{合格,不合格},根据概率统计理论,n次实验中k次检出不合格的概率为$C_n^k p^k(1-p)^{n-k}$,服从二次分布。特别在大样本情况下,近似服从正态分布。在统计学中关于精确二项分布和近似正态分布的理论支撑下,以不合格率为基础对实验室检测结果的分析得到了广泛的研究和应用。

实验室检测结果一般以数值记录，但不合格率通过限量要求这一中间值，将连续的数值型检测结果转换为合格和不合格两类，从而淹没了数值数据中包含的信息。从产品和检测项目风险的比较与度量来看，不同产品之间的风险是难以等量齐观地去比较的，因为不同的产品因其自身用途、构成等属性的不同也会具有不同的风险，工业用橡胶和食用级别的橡胶的风险性自然不可同日而语。那么单纯比较两种橡胶产品的不合格率也是不科学的、同一个产品在进实验室检测时会涉及多个检测项目，那么由水分、灰分等品质指标引起的不合格与由铅、汞等重金属指标引起的不合格也必须加以区分。

从信息损益的角度进行分析，实验室原始检测数据具有完全信息量，是最理想的分析素材，因此在前期的数据采集和数据管理上，注重数据的统一性、规范性和完整性是数据分析有效性的关键。但对原始数据的分析也受到诸多限制，如因为设备精度的限制，许多检测结果以未检出的形式给出，完全的数值型数据就有大部分数据变为未检出，难以得到真实的检测数据。又如对数值数据分析的有效性需要建立在一定数据量的基础上，即大样本数据要求，但对实验室数据进行初步统计管理发现，一些检测项目的检测记录量非常有限，不满足统计分析的要求。由此，我们需要对数据进行划分，并针对不同产品风险特征的差异，采用不用的分析方法。

（二）实验室检测风险体系构架

每一类产品的各种检测项目之间都存在相互联系和相互影响的关系，同时又具有很强的地域性和时间序列性。分析它们之间的内在关系对于把握产品的质量状况和预测产品的未来质量趋势具有重要意义，同时进行产品各种检测项目的影响因素分析，科学、合理地评价各种影响因素，找出影响关键变量发展变化的主要因素，为检测人员深层次的质量分析提供依据。具体分为以下 3 个步骤：

(1) 从“质”和“量”两方面分析风险，所谓“量”即产品或检测项目的检出不合格率，而“质” 指产品涉及检测项目的危害性，综合全面地决定产品的风险。

(2) 通过 FMEA 模型在某政府领域的应用，检测不同产品、不同检测项目的风险优先度占比，探究实验室检测风险控制实践的可行性。

FMEA 是一种分析系统中故障发生的位置和原因、确定不同故障模式的影响程度，从而识别系统中最需要改进的环节，并采取相应的改进措施的方法。FMEA 应用于产品质量风险研究领域，其中发现故障即产品检出不合格，严重度即产品相应检测项目的危害程度，发生度即产品的检出不合格率，而难检度这一概念则可进一步扩展为产品的监管力度要求、原产地的疫病疫情情况、实验室检测能力等综合因素，从而实现风险预警的效果，以达到防控的目的。

(3) 对于存在风险的产品或检测项目，可运用帕累托定律进一步探寻风险控制的关键点。帕累托定律（又称二八定律、巴莱多定律、80/20 定律、最省力法则、不平衡原则等)，是19世纪末20世纪初意大利经济学家帕累托发明的。他认为：在任何一组东西中，最重要的只占其中一小部分，约20%，其余80%尽管是多数，但却是次要的，因此又称二八法则，被广泛运用到生活和企业管理方面。帕累托图分析法是用系统、量化的方法来分析因果关系，可以反映关键的少数和次要的多数关系，它是从问题的许多影响因素中找到主要影响因素的有效方法。在产品质量风险分析的研究中，根据帕累托定律我们可以推断，产品质量80%的风险来自于20%的检测项目。

(三) 智能化实验室风险分析预警

智能化实验室风险分析预警的智能化体现在通过信息化手段实现：① 监管需要的动态性和实时性；② 风险预测的科学性和前瞻性。

1. 监管需要的动态性和实时性

(1) 整理实验室检测项目表单，导出数字实验室系统实际检测的项目信息，综合两方面内容得到实验室检测项目风险的初始表单。

(2) 根据专家意见评定中的德尔菲法，由检测项目的实验室负责人对检测项目所属的项目子类进行划分。

(3) 根据专家意见评定中的头脑风暴法，组织相关业务专家和实验室检测专家组成10人专家组，对由步骤(2)反馈的项目子类划分结果进行再审核和调整，同时对项目子类的等级评定进行商议和确定。

(4) 经整理和校对，最终形成实验室检测项目风险划分的表单，其可作为系统中检测项目风险测度和风险预警等模块开发的依据。

(5) 将检测项目类别、检测项目名称、危害等级三者的对应关系存储在后台数据管理的数据库中，通过平台管理对监管数据进行更新和维护，具体见表7.4。

表7.4 检测项目类别、检测项目名称和危害等级

检测项目类别	检测项目名称	危害等级
生物毒素	棒曲霉毒素、黄曲霉毒素、黄曲霉毒素 B_1、黄曲霉毒素 $B_1+B_2+G_1+G_2$、黄曲霉毒素 M_1、脱氧雪腐镰刀菌烯醇等	10
非法添加物	对位红、过氧化苯甲酰、甲醛、三聚氰胺、苏丹红Ⅰ、苏丹红Ⅱ、苏丹红Ⅲ、苏丹红Ⅳ、吊白块、溴酸盐、亚硝酸盐、二甘醇等	9
禁用农兽药残留	二苯乙烯类激素、结晶紫、克伦特罗、孔雀石绿、莱克多巴胺、对硫磷、DDT、多氯联苯、二恶英、二溴乙烷、甲胺磷、甲基对硫磷、艾氏剂、六六六等	9
条件致病菌	大肠杆菌、单核细胞增生李斯特氏菌、霍乱弧菌、酵母菌、金黄色葡萄球菌、绿脓杆菌、真菌等	9

续表

检测项目类别	检测项目名称	危害等级
零允许残留物	对苯二胺、安赛蜜、亮蓝、邻苯二胺、柠檬黄、柠檬酸、氢醌、日落黄、山梨酸、苯甲酸、水杨酸、糖精钠、甜蜜素、苋菜红、胭脂红等	8
重金属	镁、锶、二氧化钛、镉、铬、汞、甲基汞、铝、锰、镍、铅、钡、砷、锑、铁、铜、无机砷、硒、锡、锌、银等	8
限用农兽药残留	多菌灵、恩诺沙星、4-磺胺-6-甲氧嘧啶、磺胺、磺胺二甲氧哒嗪、磺胺二甲嘧啶、磺胺甲基嘧啶、磺胺恶啉、磺胺嘧啶、金霉素等	7
品质指标	碘值、高锰酸钾消耗量、过氧化值、耗氧量、pH、灰分、挥发酸、挥发性盐基氮、精炼及漂白色泽、酒精度、氨基酸态氮、磷酸纯度、磷脂、氯化钠等	5
食品添加剂	二氧化硫、亚硝酸盐等	4
营养指标	蛋白质、氮含量、还原糖等	3

2. 风险预测的科学性和前瞻性

(1) 模型评价的前瞻性:FMEA 模型

FMEA 的核心是估算故障发生时的严重度(Severity)、发生度(Occurrence)及难检度(Detection)等,进而计算出风险优先度(Risk Priority Number,RPN),然后根据 RPN 的大小来判断是否有必要进行改进或确定改进的轻重缓急程度,从而以较低的成本减小事后损失,提高系统的可靠性。

风险优先度:$RPN=(S)\times(O)\times(D)$

风险优先度占比:$f=RPN/T$。

(2) 模型选择的科学性:帕累托定律

假定实验室产品质量风险来源于检测项目危害性、检测项目检出不合格率、实验室检测能力 3 个方面,即产品的风险可由其多个检测项目的风险优先度占比来表达,因此,选取风险优先度占比排名前 20%的检测项目,而其累计风险优先度占比达到 80%。产品风险控制点关键点的帕累托累计值的计算如下:

$$Pareto=\sum_{i=1}^{n}\left(\frac{PRN_{(i)}}{T}\right),\quad i=1,2,\cdots,m$$

$$Pareto\geqslant 80\%,\quad \frac{m}{n}\leqslant 20\%$$

第八章　数字化实验室发展与挑战

第一节　数字化实验室面临的挑战

在我国，实验室信息化是从2003年以后逐渐被各检验检测机构使用和认同的。从时间维度来看，实验室信息化经历了初级应用阶段、能力提升阶段、转型发展阶段、创新引领阶段。目前从整体判断，国内许多实验室信息化处于转型发展阶段。但由于地域差别、专业领域及市场化程度不一等原因，中西部大部分地区仍处于能力提升阶段，东部个别区域已跃升至创新引领阶段。即便如此，我国在数字化实验室领域与国际先进机构还有一定的差距，主要表现在实验室信息产品国产化、实验室仪器设备国产化、实验室领域标准规范等方面。

一、实验室信息产品国产化

我国检验检测体系总体上呈现“小、散、弱”的基本面貌，核心技术依然受制于国外。截至2018年年底，我国96.3%的检验检测机构属于“小微型企业”（每个企业的就业人数少于100人），年均营业收入中位值仅为141万元，76.94%的检验检测机构仅在本省内活动，能在境外开展检验检测活动的机构仅有273家，且尚无一家国际知名的检验检测品牌。在世界排名前20位的检验检测机构中，尚无一家中国检验检测机构，中国检验检测的国际影响力非常薄弱。

与检验检测行业信息化相匹配的数字化实验室同样起步较晚，行业产品和服务模式尚处于转型发展期，因此该行业集中度较低。当前实验室信息产品领域主要包括国外厂商以及国内企业，如三维天地、博安达、智云达、青之软件等，主要以定制性开发为主，而国外软件研发起步较早，在全球应用的案例更丰富，功能上更加强大。

从目前我国检验检测行业信息化建设的程度来看，行业内还普遍存在五大问题：一是对检验检测行业信息化的指导和引领较为欠缺，检验检测行业信息化整体水平不高；二是信息化建设体制机制仍需进一步完善，业务协同难、信息共享难等问题仍然突出存在；三是数字化实验室顶层架构仍需完善和落实，尚未形成完善的标准框架；四是新技术与业务工作的融合创新不够，云计算、大数据、移动互联网等尚未有效快速地应用于认证认可检验检测事业改革创新中；五是基础设施投入不足，不适应当前业务信息化的发展需要。

因此，我国检验检测数字化实验室具有很大的发展空间。预计在政策指导推动下，各检验检测机构将加大信息化投入，逐步建设各信息化和大数据处理平台，推动检验检测大数据行业市场稳步提升。

二、实验室仪器设备国产化

检验检测仪器设备包括各类高端测量仪器、分析仪器、成像仪器、诊疗仪器和各类实验仪器等。在帮助工业生产“把关”的同时，检验检测仪器设备也是科学研究的有力工具。纵观各国科技的发展历史不难发现，科技强国一定是基础研究强国，基础研究强国一定是测量与仪器强国。大多数现代科学发现和基础研究突破都是借助先进的精密测量方法和尖端测量仪器实现的。

国家许多部门都大力提倡检验检测机构参与检验检测仪器设备、试剂耗材、标准物质的设计研发，加强对检测方法、技术规范、仪器设备、服务模式、标识品牌等方面的知识产权保护。而我国，随着科学技术的不断发展，在一般产品检验检测领域中，检验检测设备的国产化率不断加大，基本可以满足检验检测的需求。但在一些专业领域，还存在“检不了、检不快、检不准”的问题，国产检测仪器设备还面临着“卡脖子”的问题。

国产设备的精确性、安全性、耐用性、品牌力度等方面与国外设备相比仍有一定差距，要与国际知名品牌机构对标比肩，很多仪器还需要进口，如食品和化学领域必须用到的气相色谱、高效液相色谱、气质联用仪等高精尖分析仪器设备。建立国产仪器设备“进口替代”验证评价体系，推动仪器设备质量提升和“进口替代”是数字化实验室的必经之路。

三、实验室领域的标准规范

在检验检测标准和方法方面，一是国内很多标准中缺乏关键限量指标、安全要素强制性标准和相关技术法律法规；二是国内的标准与国际通用的标准存在部分差异，考核指标大多低于国际标准，因此很难及时适应国际上的产品质量要求，这在一定程度上影响了我国产品的出口，制约了企业的发展；三是目前我国的一些产品标准存在多头归口的现象，部分标准存在标准重叠、内容交叉重复的矛盾，造成标准执行存在困难和偏差。一些团体标准、企业标准规避质量敏感内容；四是我国缺乏产品功能性、前沿性技术标准和相关检测方法；五是国产与进口标准物质之间的差异缺乏权威验证，经常出现同一个检测项目因采用标准物质的差异，国家标准、行业标准的检测结果与国际标准之间出现明显差异的现象。

因此，未来在走出国门、创出世界品牌、走国际化发展道路上还需要加强数字化实验室领域国家标准、国际标准的研究与研制。以此促进检验检测内外衔接，建设更高水平的开放型经济新体制，以拓展多双边合作机制、推动检验检测数据与结果国际互认为重点，积极参与国际规则和标准制定，加强国际相关制度、标准和技术的跟踪研究。支持国内机构拓展国际业务，鼓励检验检测机构在境外设立分支机构、办事处，通过合资、并购等方式加强海外布局。鼓励检验检测机构开展“一带一路”国家和地区的技术培训、实验室共建、实验室间比对、质量管理体系建设等业务，深化务实合作，促进共同发展。

第二节　数字化实验室的发展方向

一、与新一代信息技术紧密结合

（一）数字化实验室与新一代信息技术融合

数字化实验室作为现代信息技术、现代管理科学与现代分析技术完美结合的产物，在过去几十年里在全世界范围内取得了令人瞩目的技术进展和应用成就，为各种规模的实验室高效、科学地运作以及各类信息的存储、交流和二次加工利用提供了强有力的平台，从而促进检验检测所在企业/机构工作的各个环节能够实现全面量化评价和质量目标管理。数字化实验室成功地引发了世界各国各行各业的实验室在管理机制、组织结构、测试技术方面的巨大而深刻的变革，因此经常被誉为“重塑现代化企业的催化剂”。

数字化实验室有几种类型，但无论是分析测试型、过程控制型，还是研究开发型，其主要功能都是接受样品、执行分析任务与报告分析结果。作为实验室，其追求的目标包括人力与设备资源的有效使用、样品的快速分析处理、高质量的分析数据结果。尽管对于不同的实验室一些具体的目标可能会不一致，但所有的实验室其评价标准几乎都是一样的，那就是数据结果的质量、获得数据的速度等，这些标准反映了实验室的资源利用率。

作为科学研究和生产技术的重要基础，人们对于分析测试的要求，无论是在样品数量、分析周期、分析项目方面，还是在数据准确性等方面都提出了越来越高的标准。各种类型的实验室无论其规模大小，都在不断地产生大量的信息，这些信息主要是测试分析的结果数据。另外,还有许多与实验室正常运行相关的管理型信息。在很多情况下,实验室需要处理更多样品,获得更多数据,与此同时实验室分析人员的数量并没有相应地增多。要获得较高质量的实验数据,必然会加重实验室现有分析人员的工作压力。随着实验室业务量的迅速增长、业务规则的日趋复杂以及历史数据的不断累积,实验室信息往往在数量上非常庞大,同时在逻辑上又非常复杂。在这种情况下,如何科学地对海量数据进行保存、管理、维护、传递,对众多客户报告进行生成、发送以及对各台仪器设备进行维护,同时处理好其他实验室中相关的业务、事务、人事等管理问题,就成为现代许多实验室面临的共同难题。

在传统的人工管理模式下,实验室需要为维护这些信息而耗费大量的人力和物力,结果往往发现管理效率很低,并且总是不可避免地会出现这样那样的错误,因此无法进行实验室信息的快速科学分析,这个问题对于规模较大的实验室来说尤为突出。这种繁琐、缓慢、需要多次复查的管理模式的结果就是头绪繁多、管理混乱,从而对实验结果的获得造成阻碍。在这种情况下,如果没有采用实验室自动化,就必须要求经过严格训练的高素质科技工作者加入,以最大限度地提高工作效率,从而满足实验室的要求。

作为集现代化管理思想与计算机技术为一体的,用于各行业实验室管理和控制的一项崭新的应用技术,实验室信息管理系统的引入能够把实验室的管理水平提升到智能化水平。简要地说,实验室信息管理系统的出现迎合了实验室在以下4个方面的需要。

1. 管理海量信息

近年来,实验室信息呈现出爆炸性增长的趋势,部分原因可以归结为:

(1) 实验室业务量猛增。

(2) 管理部门对实验室的分析流程和日常运行提出了更高的要求,如国家食品和药品监督管理局近年来对食品药品的检验检测目标提出了更严格的要求。

(3) 仪器自动化使分析数据的高速采集成为可能,并且通过仪器自动计算得到的衍生数据量大大增加,这样在较短的时间内就会由自动化仪器产生出大量的数据。

(4) 对质量控制(Quality Control,QC)的要求进一步提高,需要对数据进行深入的统计分析,包括统计质量控制(Statistical Quality Control,SQC)和统计过程控制(Statistical Process Control,SPC)程序,因而对数据的采集、保存、查询、分析、报告以及归档提出了更高的要求。

实验室信息管理系统的出现,可以帮助组织保存实验室数据,实现与组织内部与其他部门之间的信息交流。例如,建立与实验室仪器设备之间的数据接口从而高速地采集分析数据,与相关软件包之间可以方便地进行数据的导入导出,从而可以很方便地进行图表绘制和统计分析。

2. 加强质量保证

质量保证(Quality Assurance,QA)被定义为:为了提供质量可靠的产品和服务而必须事先计划好所有活动，它是对质量控制措施进行质量评价以确定测定流程的有效性。在工业生产中，质量控制指的是每天进行产品质量的检验，但是并不考虑所采用的质量控制流程是否正确以及是否与实验室中可能发生的变化相适应。而质量评价是指对用于产品生产或服务中的质量控制流程进行监测和评价的活动。也有人更为直接地将质量保证定义为“由质量控制和质量评价这两个互相独立而又相互关联的活动组成的有机综合体”。

实验室需要不断加强质量保证措施，以符合政府监管部门、主管机构的监管要求，同时也是基于分析本身的严谨性和生产过程控制的实际需要。实验室信息管理系统的出现可以显著地促进整个质量保证过程，实验室信息管理系统对生产效率和质量保证起到促进作用的方面主要有：

（1）数据输入和计算过程加快。

（2）数据查询所需要的时间缩短。

（3）数据输入错误发生概率减少。

（4）报告和图表的生成速度更快。

（5）参数检查速度更快，并且更不易出错。

（6）可以保持有效的审核追踪。

（7）可以自动进行样品追踪。

（8）可以提供对实验室数据的分布式访问。

（9）标准、仪器校准、流程以及记录都是可追溯的。

（10）可以更方便地提供各个生产阶段的文档——原料测试、在线测试和最终的产品测试。

3. 减少数据输入错误

不管数据是输入到电子记事本还是实验室信息管理系统中，质量保证程序都需要提出数据输入错误的问题。实验室信息管理系统的出现，提供了多种安全机制来减少数据输入的错误，具体如下：

（1）数据输入限制，如数值型的字段中不能输入字符型变量，pH 的输入限定必须在 0～14。

（2）范围检验，如当输入值超出一定限值时通过声音或者颜色提供警告信息。

（3）条形码输入，这种自动输入能够有效地减少输入错误，可以用于样品标签、样品位置、样品容器类型、产品编码等信息的输入。

（4）下拉列表选择，可以输入的值已经保存在一个下拉列表中，用户只能从中进行选择从而减少输入误差。

（5）用户提示，显示在屏幕上引导用户进行下一步操作，如进行输入数据的保存或放弃等。

（6）自动计算，对于某种测试方法，实验室信息管理系统将在得到足够的信息后自动完成计算来得出结果，从而有效地减少数据运算和传递过程中造成的错误。

(7) 自动报告/图表生成，避免由于输入数据错误导致生成的报告和图表错误。

(8) 按照规格参数进行数据确认，如当一个产品的分析检测项目有40多项，而事实上只有1项与规格参数不符时，如果人为检查每个项目的结果可能会有疏漏，但实验室信息管理系统会很容易地发现不符合项。

(9) 在数据输入时按照法规要求进行数据确认，法规规定在数据输入阶段必须检验数据格式、数据范围，并与以前的输入表对照，同时允许第二个人进行数据的校核。

4. 缩短样品分析周期

快速的样品周转对于实验室的好处是显而易见的，如在临床医学实验室中，会使重病患者得到及时科学的治疗而获得新生；在制造生产过程控制实验室中，可以及时发现不合格的产品，找到原因并进行调整，从而避免更大的经济损失；在分析测试型实验室中，会提高仪器的使用率，从长期来看能够大大降低分析成本。

实验室信息管理系统的出现，将提供下列功能来加速样品的周转：

(1) 自动计算。

(2) 自动报表生成。

(3) 利用规格参数来进行数据的验证。

(4) 自动数据采集，来自仪器的信号通过数据接口可以生成合适的数据文件格式，并导入实验室信息管理系统数据库。

(5) 数据调取，实验室的工作人员需要对样品的状态进行追踪，因此需要定位老的样品文件记录、电子记事本或者直接去找这个样品，而实验室信息管理系统进行历史数据的调取和样品追踪只需要用户点几下鼠标即可，从而大大降低了这项耗时的搜索工作的劳动强度。

我国的实验室信息化主要有两大发展趋势。其一，作为质量管理体系中的重要一环，实验室信息化产品可在整合企业资源和需求的基础上横向发展，逐渐完善其功能，向全面的质量信息化管理方向发展。其二，随着社会对检验检测的需求不断增加，检验检测领域的数据也将呈爆发式增长趋势，因此行业将向人工智能与大数据的方向发展，未来实验室信息化将与新一代信息技术，如大数据、人工智能、物联网技术、智能机器人、区块链技术、边缘计算技术、5G技术、数字孪生技术等相融合。

物联网技术：实验室信息化未来将围绕智能传感器在信息获取、信息转换、信息传递和信息处理中的智能化升级，给检验检测行业带来检验方式的变革。物联网技术通过角度感应、射频识别、红外感应器等信息传感设备实现了万物互联，并且与互联网和移动互联网互相补充，形成人、物体和各类设施在任何时间、任何地点互联互通，为智能检验检测提供了支撑。未来设备连接是物联网的核心。与云计算一样，物联网设备的安全性是至关重要的考虑因素。传感器数据收集、管理和使用是实验室的典型最终目标。应监控物联网设备产生的数据质量，以充分利用物联网实验室。预测性维护和状态监测为实施物联网解决方案的实验室提供了改进维护计划和缩短实验室停机时间的工具。

智能机器人及关键零部件：随着劳动力的价格上涨和机器人制造成本的不断降低，“机器换人”应用领域不断拓展，特别是在有毒有害物质检测、危险工况检测、大量重复性检测、大型复杂装备检测等领域中，智能机器人具有广阔的前景。智能机器人三大关键零部件控制器、伺服电机、减速机是制约我国机器人产业的主要瓶颈，占机器人成本的70%，这是我国智能机器人发展需要重点突破的领域。

区块链技术：区块链技术去中心化的技术特征，可以实现信息自我验证、传递和管理，将有助于进一步深化检验检测监管模式，节约信息传递成本，提升检验检测公信力，围绕区块链去中心化等特征，可使区块链技术在许多检验检测重点领域进行技术突破，以改变现有的应用模式。

大数据技术：大数据技术可以从大规模、实时、海量的大数据中挖掘出有价值的信息，通过信息的提炼形成知识，由知识升华为智慧，所以大数据技术是智能化检验检测的必要支撑技术。促进大数据技术与检验检测技术融合，是实现智能检验检测的必然选择。信息化、自动化系统的应用使实验过程记录、仪器设备和实验活动都在快速产生着海量、多样的数据，大数据技术提供了一种新的数据分析方法，不再完全依赖于随机抽样，通过大数据可以分析挖掘出小数据无法提取的有价值的信息。

人工智能技术：人工智能技术为检验检测智能化提供了必要的方法论支撑，尤其是深度学习算法、自然语言处理、知识图谱、智能语音、机器视觉和人脸识别等人工智能技术的深入发展，为检验检测智能化提供了可能。所以说，人工智能技术是检验检测真正实现智能化的最关键支撑技术。人工智能与检验检测行业的结合，利用VR、AR、MR等技术可以形成全新的检验检测培训认证体系，基于人工智能全新模式的检验检测培训认证模式将为检验检测行业带来前所未有的发展契机，在观察性学习、操作性学习、社会性学习和研究性学习中都具有广阔的应用前景。建立基于深度学习算法、模拟人脑进行分析学习的智能检验检测神经网络，提高检验检测的科学性和一致性。

人工智能在实验室信息化领域有许多基于人工智能的方法和用途，其中最重要的是创造和定义独特的本体，也就是说，在一个主题领域中，一组概念和类别显示了它们的属性和它们之间的关系。利用数据挖掘、聚合、转换和报告的范例规则，可以促进并用于支持相互关系分析，并开始了解不同数据领域之间的边界关系（这些关系可能不明显）。如今，在很大程度上，人工智能已被降级为解释文本、声音、运动和触觉表达，以改善各种系统的人机界面和复杂数据集可视化的应用。此外，所谓的智能数据挖掘和识别模式在分析原始数据和计算后的数据（如基因组数据）中至关重要。人工智能系统也被用来监控基础设施和解释那些过于微小或短暂的事件，这些事件不能被人类感官实时解释。以自动化和系统化的自我导向方式进行监控、解释、整理和行动，可以提供一系列有意义的应用程序，使人类操作员摆脱琐碎的任务，或者从极为复杂的任务中解脱出来，专注于将数据转化为信息，最终实现组织知识。

云计算与边缘计算技术：云计算技术与检验检测技术结合，为检验检测提供了高速、高性能、高可靠性、实时、海量的检验检测数据处理能力。边缘计算技术的基本原理就是在靠近数据源的地方进行计算，是一个在靠近物或数据源头的网络边缘侧，融合网络、计算、存储、应用核心能力，就近提供边缘智能服务的开放平台。它与云计算相辅相成，可以看作云计算的下沉。边缘计算可以满足敏捷连接、实时业务、数据优化、应用智能、安全与隐私保护等方面的需求，是实现分布式自治、检验检测智能化的重要支撑。

5G技术：5G技术的目标是提高数据速率、减少延迟、节省能源、降低成本、提高系统容量和与大规模设备连接，为超大规模、海量、实时的检验检测大数据传输和处理提供了可能。离开5G技术的支撑，真正的智能化检验检测技术很难实现。

数字孪生技术：数字孪生技术是充分利用物理模型、传感器更新、运行历史等数据，集成多学科、多物理量、多尺度、多概率的仿真过程，在虚拟空间中完成映射，从而反映相对应的实体装备的全生命周期过程。数字孪生技术以数字化的方式拷贝一个物理对象，模拟对象在现实环境中的行为，对产品、制造过程乃至整个工厂进行虚拟仿真，从而提高制造企业产品研发、制造的生产效率。数字孪生技术为智能化检验检测技术提供了重要支撑。

（二）数字化实验室综合发展方向

新兴产业、新兴技术的发展影响检验检测行业的发展。互联网＋、云计算、大数据、人工智能等新兴技术，将会影响现有的检验检测思路和架构，未来可能会引发行业颠覆性的变化。例如，快速测试技术的重大突破，将大大简化检验检测大型设备的复杂操作；虚拟技术与量子技术的深入应用，可实现样品无需送达即可实现远程化、“傻瓜化”的检验检测等。这些新技术、新趋势将可能导致检验检测行业生态的重大变化。“检测＋物联网”，即将传统的检验检测标准和方法利用传感设备和互联网实现即时数据采集，检验检测机构定期进行数据分析，结合现场抽样来实现即时监测，用于保障仪器设备的安全运转。“检测＋大数据”可以通过大数据和区块链技术，实现实验室与实验室、专家、消费者、企业、国家之间的知识共享和数据共享。“检测＋新媒体”可以创造出为企业生产、采购，为消费者消费决策进行指导的专业媒体。“检测＋社交”可以实现行业的垂直社交平台，整合实验室和专家资源，形成学术交流和知识输出的知识平台。这些都给检验检测机构和实验室指明了发展的方向，检验检测技术在“互联网＋”的时代背景下，与人工智能融合，将会衍生出新的价值，促进检验检测行业的长远发展。

然而，检验检测涵盖面广、体系庞杂，对“检验检测数字化实验室”的理解还不统一，融合发展还需要一定的探索。尽管如此，“数字化实验室”是其做大做强检验检测服务业的必然发展道路，也是国家和社会经济对行业的要求。

如果检验检测机构或者实验室只是通过检测结果出具检验报告，那和其他具有同样资格可以出具报告的检验检测机构没有本质区别，但检验检测机构和实验室能够为产品生产企业在产品研发上，为产品使用企业在产品选择上，输入专业的检验检测能力，这样就能够形成差异化能力，使自己的检验检测机构更具高层次的竞争力，也会拥有更高的利润率。

发达国家在21世纪初，就提出了实验室挑战计划，要求实验室开放共享，运用更多智能化的机器和机器人参与操作。进入实验室，将给人带来高科技的感觉，实验室可以成为展示中心，向外来人员以及合作单位进行展示，通过实验室可获知未来企业的研发能力如何；通过设备和平时的操作流程，就能知道检验检测能力如何。数字化实验室可以实现少投入，多产出；可以在同样的面积、同样的空间的情况下，满足未来更多调整的可能性以及扩增的可能性；可以节约更多的人力、物力，并提供更高效、高质量的技术服务。通过分析，检验检测机构数字化实验室的发展方向可以归纳为下面几个方面。

1. 新技术引领检验检测的发展方向

“互联网＋”不仅仅是改进管理与服务的工具和手段，人工智能也不仅仅是提升效率的权宜之计和技术手段，而应该真正将“互联网＋”、人工智能放到主导地位，纳入检验检测未来的长远发展中去谋划。在这个万物互联和万物智能的时代，人工智能和“互联网＋”正深刻地改变着经济与社会的运行方式，它将进一步把人类从繁重、危险、重复性的劳动中解放出来，带动多种传统产业变革，促进产业模式的调整。对检验检测实验室来说，它们正在实现从传统检验检测向“互联网＋”与智能化发展。

2. 提升检验检测的能力与水平

质量检验检测行业的发展在一定程度上取决于质量检测仪器的发达程度，已有不少相关领域借助机器人、无人机进行检测，在提高检测准确度的同时，也加强了对实验人员的保护，有效避免了危险的发生。然而，我国“互联网＋”与智能化才刚起步，检验检测机构无论是在认识上还是在实践上，都与国际先进水平差距较大。我国检验检测机构和实验室若想站稳脚跟实现赶超，就要乘势而上向智能化要生产力、要效率、要未来。

3. 延展检验检测的价值链条

人工智能的核心是海量的可深度开发利用的数据。检验检测机构在多年的发展中，积累了大量的专业检测数据，在“大数据时代”的今天，这是一笔宝贵的财富。然而，这笔“数字”财富远没有发挥出它应有的作用。我国之前更多的是进行数量上的统计，而针对专业性能参数的实际检测数据本身，则利用原始的方式通过人工花费大量的时间去整理和简单分析；分析方式简单，利用的先进分析手段有限，分析方向单一，不能实现数据的自学习功能；利用范围有很大的局限性。从这个角度来看，在推行“互联网＋”与“智能化”中，检验检测具有其他领域无法比拟的优势。依托“互联网＋”与“智能化”，充分运用云计算、大数据等成熟的技术和模式，对管理存储的检验检测原始数据进行深度分析、挖掘，是第三方检验检测机构从要素驱动发展向创新驱动发展转变面临的一次百年难逢的机遇。跳出传统检验检测的视野局限，将服务领域向前拓展至生产环节，向后延伸至售后环节，为产品的全生命周期质量提供第一手的资料等。利用好可挖掘的海量检测数据，将成为未来延展检验检测机构和实验室的价值链条、推动检验检测行业变革的关键驱动力。

4. 提升机构质量管理水平

目前，国际上在提倡实验室低熵化，实验室需在降低能耗、降低污染和排放、提高效率、增强秩序上加强思考和实践。例如，一个智能库存管理系统运用在成千上万的设备备件和实验耗材管理中，可以实现效率几百倍的提升。智能化实验室可以实现实验环境控制，根据实验检测要求由实验人员选择工作环境，既可以保证实验人员的安全，又能保证数据结果的准确性和可靠性；可以设定危险化学品和废气废水的控制，既可实现环保要求，又能保证实验室安全。

智能化实验室除了可以在保障实验室安全、节约资源、降低能耗方面做很多事情，还可以实现实验室的自我诊断，帮助实验室管理者作出正确的决策，帮助实验人员进行实验室日常管理。智能实验室的自我诊断功能，可以将实验室涉及的实验装备、仪器设备、耗材试剂、备品备件等实验室基础设施整合在一起，完整记录基础设置及实验设备状态，预测和排除故障，保证实验室安全运行。

总之，数字化、智能化、网络化是当前社会发展的大趋势。在检验检测行业，人工智能技术同样是促进产业实现转型升级的有效推动力，检验检测与智能化结合是大势所趋。在网络和人工智能技术大发展的时代背景下，运用新兴信息技术，实现资源和数据的集聚共享，是提升检验检测能力，打造检验检测品牌的有效模式；是夯实质量技术基础，推动我国经济发展迈入高质量发展时代的有效手段。

实验室的数字化是走向智能化的第一步，也是实现数据有效利用的重要基础。通过“互联网＋”与智能化等赋能检验检测机构和实验室，提升检验检测效率和能力，促进行业发展。

（三）生产制造智能机器人应用于基因检测实验室

生产制造智能机器人是一种专用于工业制造领域的、具有多功能的、能够驱动的、机械式的智能化装置。这种装置能够通过简单的驱动，实现非人为干预（或是半人为干预）自动化任务的执行。生产制造智能机器人的主要工作原理是通过人工控制和自身机械动力相结合来实现操作。机器人的自动控制，是借用计算机语言模拟人脑，自动发出行为控制指令来实现的。因此，生产制造智能机器人简单的日常操作，实际上就是程序的汇编与自动化应用。生产制造机器人的加入，使得工业加工的速度更快，运行效率更高。与此同时，机器人自动控制系统通过对数据的输入和输出，能够更加灵活地控制工业制造生产加工步骤，提高生产制造行业自动化处理的水平。

相比于人类的大脑，机器人无法像人类的大脑那样，按照神经系统的指挥支配和调节身体全部关节的各项功能。机器人的大脑实际上就是一个控制器，设计者通过自动控制程序的编写和安装，实现机器人全部可能的操作。机器人没有思维，无法自主进行思考，也没有大脑，无法自主实现任何简单的操作，但却可以无条件地按照指示操作。从实践应用的角度来说，机器人具有灵活度高和工业生产工作效率高的优点。

某基因测序公司采用工业机器人与数据化实验室信息管理平台相结合，面向全球推出高通量测序(NGS)领域首个多产品并行的柔性智能交付平台。此柔性化智能产线的发布，突破了传统的 NGS 测序方式。同时，伴随着柔性智能交付平台的投产使用，也将有助于进一步定义行业内的 NGS 测序标准，推动行业生态健康有序地发展。并为客户提供更智能、更高效、更可靠的服务，满足客户多样化的测序相关需求。

柔性智能交付平台能打造安全精准的一站式解决方案，突破传统，创造更短的交付周期和更稳定的交付质量。实现基因测序实验室向数字化、自动化发展，推动行业标准的建立，实现真正的智能化转型。其主要功能如下。

1. 更智能，树立 NGS 测序标杆

智能化是柔性智能交付平台的基石。长期以来，NGS 测序得益于高通量、检测速度快、灵活多用等优点，逐渐成为主流的商业测序方式，但传统的测序流程主要依靠实验人员人工或半人工操作完成。

柔性智能交付平台进一步优化了 NGS 测序流程，通过智能化解决方案，打破 NGS 测序过程中的协作孤岛，实现从样本提取、检测、建库、库检、文库 pooling 及生物信息分析的智能化作业。

借助系统自动化任务排程提供的智能解决方案，柔性智能交付平台目前已满足四大产品类型(WGS、WES、RNAseq、建库测序产品)共线并行的交付，极大地提高了产品交付周期和数据质量。未来还将扩容更多的产品类型。

同时，柔性智能交付平台还基于高效数据传输和机器识别，实现了对各生产单元的精准控制、实时监测和动态优化，保障 24 小时全天候不间断的智能生产。

2. 更高效，创造突破性的周期和规模

高效是柔性智能交付平台的优势。通过首创的自动化、智能化流程，相比人工协作、单环节人机半自动传统产线，柔性智能交付平台的样本处理效率得到大幅提高。它每天可以处理 2000～3000 个全流程样本，产品周期平均压缩 60%。同时凭借全自动化的设计，确保 24 小时高效率运转，全方位地保证大型项目的周期。

如某研究所 RNAseq 建库测序项目，标准分析样本量为 500 个，传统方式从建库到数据交付周期需 16 天，而柔性智能交付平台可以做到只需 90 个小时。

柔性智能交付平台在提升产品处理效率的同时，进一步提升了人力管理效率，将人工投入降低 70%，但产品上机产出稳定性提升了 1 倍。通过数字化创新，基因测序公司将释放更多生产力，进行更多的开发与创新。

3. 更稳定，保障可靠的质量

可靠稳定是柔性智能交付平台的核心竞争力。在 NGS 测序中，样品污染是影响测序结果准确度的一大问题。柔性智能交付平台凭借全自动、智能化的产品产线，从样本入库到产品产出，均能保证极高的可靠性和稳定性。平台可以对送检样品进行机器分析和判别，在样本检测和分析环节无人工介入，最大化地保证了检测过程的无污染和分析准确性，准确率可达 99.99%。

柔性智能交付平台在提取环节和库检环节使用双重质控程序，为不同的产品进行自动筛选并匹配对应的标准，同步并行地开展数据的识别和诊断工作。检测结果均由机器进行判断，最大限度地确保检测结果的客观有效性，结合稳定的生产工艺流程，可帮助企业提升 5%的库检合格率。

此外，所有送检样本在进入柔性智能交付平台之后，便会生成唯一的追踪码，生产全流程可追溯，通过系统服务器端即可随时查看项目进展。

二、实现仪器设备国产化研发

检验检测仪器设备包括各类高端测量仪器、分析仪器、成像仪器、诊疗仪器和各类实验仪器等。在帮助工业生产“把关”的同时，检验检测仪器设备也是科学研究的有力工具。纵观各国的科技发展历史不难发现，科技强国一定是基础研究强国，基础研究强国一定是测量与仪器强国。大多数现代科学发现和基础研究突破都是借助先进的精密测量方法和尖端测量仪器实现的。国家鼓励检验检测机构参与检验检测仪器设备、试剂耗材、标准物质的设计研发，加强对检测方法、技术规范、仪器设备、服务模式、标识品牌等方面的知识产权保护，建立国产仪器设备“进口替代”验证评价体系，推动仪器设备质量提升和“进口替代”。

科学技术的飞速发展，促进科学仪器新技术、新成果层出不穷。目前，科学仪器已远远超出“光机电一体化”这个概念，除了加入计算机技术，还大量引进了日新月异的高新技术，当今仪器设备的发展总体呈现以下趋势：

(1) 常规科学仪器向多功能、自动化、智能化、网络化方向发展。

(2) 复杂组分样品检测分析的科学仪器向联用技术方向发展。

(3) 用于环境、能源、农业、食品、临床检验等国民经济领域的科学仪器向专用、小型化方向发展。

(4) 样品前处理仪器向专用、快速、自动化方向发展。

随着传感技术、数字技术、互联网技术和现场总线技术的快速发展，采用新材料、新机理、新技术的测量测试仪器设备实现了高灵敏度、高适应性、高可靠性，并向嵌入式、微型化、模块化、智能化、集成化、网络化方向发展。微电子技术、微机械技术、纳米技术、信息技术等综合应用于生产中，仪器体积将变得更小。受惠于上述技术的运用，集成多样的功能模块，仪器功能将会更加齐全。

仪器设备，特别是实验分析仪器仪表制造行业进入快速发展阶段。随着计算机技术、微制造技术、纳米技术和新功能材料等高新技术的发展，实验分析仪器设备正沿着大型落地式、台式、移动式、便携式、手持式、芯片式的方向发展，越来越小型化、微型化、智能化，部分实验分析仪器设备已出现可穿戴式或不需外界供电的植入式、埋入式新型产品。实验分析仪器设备的应用领域广泛，在国民经济建设各行各业的运行过程中承担着重要的把关角色。未来，液相色谱仪、液质联用仪、气相色谱仪、气质联用仪、离子色谱仪、电感耦合等离子体质谱仪是国产化研发的主要方向。

（一）液相色谱仪

液相色谱仪可提升分析速度，如超高效液相色谱的诞生和发展，使色谱分析时间缩短，速度多倍提升，检测通量大大提升；提高灵敏度，搭配光纤流通池的 DAD 检测器，将灵敏度提升到传统检测器的数倍；增加选择性，如二维液相色谱，通过第二维度的再分离，可用于更复杂样品的分析；微量样品的分析，如纳升液相，可以减少试剂消耗，达到最高的分离效率和极好的峰容量，由于分析柱拥有极小的直径，可以确保最小的样品丢失，保证质谱联机有卓越的性能，可以用最小的流速提供高浓度的样品；前处理自动化，通过液体工作站进行配液、稀释、混匀、过滤等操作，将样品直接注入色谱系统，可以节省人工处理的时间，排除人为干扰因素；软件的物联网化、智能化和更高的易用性，将人们从重复性的工作中解脱出来，专注于更有价值的活动。

（二）液质联用仪

三重四极杆质谱仪小型化，可减少实验室空间的占用，更加绿色环保；质谱样品前处理的自动化，包括二维液相质谱联用，实现了在线前处理等功能，减少了人工操作，提升了质谱利用率；离子淌度质谱仪提高了多维的分析能力；四极杆飞行时间质谱仪、静电轨道阱、电荷检测质谱仪等高分辨质谱仪，提升了复杂未知物质的分析检测能力；质谱仪的原位检测、质谱成像等，实现了对样品的无损、保持生物活性的快速检测。提升质谱的数据分析能力，提供完善的数据库、自动化的数据解析和对比功能，可获得更丰富的信息及更准确的分析检测结果。

（三）气相色谱仪

气相色谱仪具有微板流路技术、二维及多维分离技术、质谱联用技术等。制约气相色谱仪性能的因素主要有色谱柱的分离效能，检测器的灵敏度、线性范围和选择性，仪器对特殊气体的耐受性等。集成化、芯片化是微型化的思路之一，还可考虑将其他技术应用于微型化的过程中，以帮助色谱仪解决重复性、稳定性等难题。

（四）气质联用仪

气质联用仪具有小型化、便携化的特点。通过对质谱检测器进行微型化、芯片化，从而实现手持式气质联用仪能够用于现场和应急检测；提高分析检测能力，发展四极杆飞行时间质谱、静电轨道阱等高分辨质谱和气相色谱联用，实现复杂物质的分析。

（五）离子色谱仪

随着离子色谱应用领域的快速拓展，面临的样品呈现目标离子多样化、样品基质复杂化的特点。因此，不断优化样品前处理方法、探索与各种检测器的联用手段以提高灵敏度便成为其发展的必由之路。基于离子色谱仪器近年来诸多革命性技术的提出，使离子色谱有了操作更加简捷、耗时更短、灵敏度更高、准确性更高、稳定性更好等优势，在许多应用领域已经成为首选的检测分析方法。离子色谱的应用领域从原来简单的水中阴阳离子的检测拓展到食品、化工、微生物代谢、生物制药蛋白组学、半导体、新能源以及环境监测等众多领域；检测浓度从常规的 mg/L级（ppm 级）、μg/L 级（ppb 级）向 ng/L 级（ppt 级）发展；检测器从单一的电导检测，发展出抑制电导检测、电化学检测、紫外检测、质谱检测等多种方式；色谱模式从单一的层析柱层析，向柱切换技术和二维色谱技术等方面发展。

（六）电感耦合等离子体质谱仪

电感耦合等离子体质谱仪进一步改善了干扰消除能力，发展三重四极杆型电感耦合等离子体质谱仪和电感耦合等离子体-飞行时间质谱仪，可提高电感耦合等离子体质谱仪对基体的耐受性，对分子离子的抗干扰性、灵敏度及稳定性；提高仪器的采集速度，改善数据处理能力和软件的操控性，实现智能化管理；发展微量、痕量进样技术，提升电感耦合等离子体质谱仪对高盐样品的耐受性；简化样品前处理方法，发展激光烧蚀和固体直接进样及前处理自动化；电感耦合等离子体质谱仪小型化，发展新型检测器，仪器的结构需进一步模块化，以提升仪器的可靠性和可维护性；发展 ICPMS 和其他设备的联用系统，如与 HPLC/IC/GC 联用进行形态价态分析、与气体导入装置联用进行气体分离分析、与激光烧蚀系统联用进行样品原位分析、与场流分离联用进行纳米颗粒等的分析、与质谱成像技术联用等。

三、加快相关国家标准的制定

标准是经济活动和社会发展的技术支撑，是国家治理体系和治理能力现代化的基础性制度。近些年,我国标准化事业快速发展,标准体系初步形成,应用范围不断扩大,水平持续提升,国际影响力显著增强,全社会标准化意识普遍提高。但是,与经济社会发展的需求相比,我国标准化工作还存在较大差距。在检验检测信息化方面,相关的国家标准较少。

(一)标准化的重要意义

1. 现代化大生产的必要条件

标准化可以规范社会的生产活动,规范市场行为,引领经济社会发展,推动建立最佳秩序,促进相关产品在技术上相互协调和配合。随着科学技术的发展,生产的社会化程度越来越高,技术要求越来越复杂,生产协作越来越广泛。许多工业产品和工程建设,往往涉及几十、几百甚至上万个企业,协作点遍布世界各地。这样一个复杂的生产组合,客观上要求必须在技术上使生产活动保持高度的统一和协调一致。这就必须通过制定和执行许许多多的技术标准、工作标准和管理标准,使各生产部门和企业内部各生产环节有机地联系起来,以保证生产有条不紊地进行。

2. 科学管理的基础

标准化有利于实现科学管理和提高管理效率。现代生产讲究的是效率,效率的内涵是效益。现代企业实行数字化、智能化管理的前提也是标准化。

3. 调整产品结构和产业结构的需要

标准化可以使资源合理利用,可以简化生产技术,可以实现互换组合,为调整产品结构和产业结构创造了条件。

4. 扩大市场的必要手段

生产的目的是消费,生产者要找到消费者就要开发市场。标准化不但为扩大生产规模、满足市场需求提供了可能,也为实施售后服务、扩大竞争创造了条件。需要强调的是,由于生产的社会化程度越来越高,各个国家和地区的经济发展已经同全球经济紧密结成一体,标准和标准化不但为世界一体化的市场开辟了道路,也同样为进入这样的市场设置了门槛。

5. 促进科学技术转化成生产力的平台

科学技术是第一生产力,但是在科学技术没有走出实验室之前,它只在科学技术领域产生影响和作用,它是潜在的生产力,但不是现实的生产力。只有通过技术标准提供的统一平台,才能使科学技术迅速快捷地过渡到生产领域,向现实的生产力转化,从而产生应有的经济效益和社会效益。标准化与科技进步有着十分密切的关系,两者相辅相成、互相促进。标准化是科技成果转化为生产力的重要“桥梁”,先进的科技成果可以通过标准化手段转化为生产力,推动社会进步。

6. 推动贸易发展的桥梁和纽带

标准化可以增强世界各国的相互沟通和理解,消除技术壁垒,促进国际间的经贸发展和科学、技术、文化交流与合作。当前世界已经被高度发达的信息和贸易联成一体，贸易全球化、市场一体化的趋势不可阻挡，而真正能够在各个国家和各个地区之间起到联结作用的桥梁和纽带就是技术标准。只有全球按照同一标准组织生产和贸易，市场行为才能够在更大的范围和更广阔的领域发挥应有的作用，人类创造的物质财富和精神财富才有可能在全世界范围内为人类所共享。

7. 提高质量和保护安全

标准化有利于稳定和提高产品、工程和服务的质量，促进企业走质量效益型发展道路，增强企业素质，提高企业竞争力；保护人体健康，保障人身和财产安全，保护人类生态环境，合理利用资源；维护消费者权益。技术标准是衡量产品质量好坏的主要依据，它不仅对产品性能作出具体的规定，而且还对产品的规格、检验方法及包装、储运条件等相应地作出明确规定。严格地按标准进行生产，按标准进行检验、包装、运输和储存，产品质量就能得到保证。标准的水平标志着产品质量水平，没有高水平的标准，就没有高质量的产品。

（二）加强标准化工作建设，促进实验室检测技术科技创新

随着技术检测市场竞争的日趋激烈，企业标准化建设在实验室检测技术能力的提升以及科技创新促进企业发展的战略中发挥着不可替代的作用。

1. 标准化与科技创新

检验检测技术标准化是实验室科技创新的纽带，检验检测技术标准化的科技创新是实验室发展的强大动力，两者相互依赖、共同促进，共同推进实验室检验检测技术的发展。

（1）科技创新是标准化工作的动力

标准是社会生产发展中代表了最新技术水平的科技成果与先进的实践经验的融合体。标准在制定、实施和修订的过程中不断进步，淘汰过时的经验和技术，强化了最新的科技成果，因此，新的标准所涵盖的科学技术和实践经验总是不断地呈现上升的发展趋势。标准的修订是科技创新最典型的特征，科技创新为标准化工作发展注入了强大的动力，它一方面由于检验检测技术的不断创新，刺激标准起草人员不断地修订标准以适应日益发展的科技发展的需要；另一方面由于检验检测新技术的不断应用，标准化过程不断提出新的要求，促进了标准化工作的不断发展。可以肯定地说，没有科技创新就不会有旧的标准相继废止与新的标准不断涌现，标准化工作就不可能进步和发展。

在实验室的检测过程中，出现了大量新的检测技术的应用和实践，标准化工作为实验室检测技术的发展提供了强大的基础和动力。

（2）实验室标准化是科技创新的桥梁

随着检验检测市场竞争的日趋激烈，检验检测技术企业均会将科技创新作为提升企业竞争力的核心。要促进企业的科技创新和技术进步，增强检验检测技术企业的市场竞争力，就必须加强企业的标准化建设。

2. 检验检测标准工作步骤

认真主动地做好标准化工作，促进检验检测技术企业的科技创新，是检验检测技术企业发展的需要。

(1) 不断完善标准体系

建立先进、科学、适用的标准体系是推行企业标准化工作的核心。数字化实验室应认真落实《中华人民共和国标准化法》等相关法律法规，依据《企业标准体系》的相关标准要求，建立完善以检验检测技术要求和市场管理需求为主体的《数字化实验室标准体系》，该体系以技术标准为主，管理标准、工作标准相互补充、相互支持、相互协调。标准体系包括法律法规、通用技术标准、检查标准、检测标准、校准标准，收集国内外标准2300余项，在指导数字化实验室检测技术科技创新方面发挥着积极的作用。

(2) 严格质量管理方面的标准化工作

标准化工作与质量工作是相辅相成的。标准化工作建立在现代企业制度和加强企业管理的基础上，是质量管理体系的重要组成部分，而企业管理又是标准化发展的基础，数字化实验室应将标准化工作与质量管理密切配合，相互促进、相互补充。不但建立了以检验检测技术为主的标准体系，也建立了ISO17025、ISO17020、计量认证、国家安全生产检验检测机构认定等“四合一”的质量管理体系，从检测项目的立项，到可行性研究，再到检测项目的实施，每一个过程都以相应的技术标准、管理标准和工作标准为依据进行过程控制，以保证检测项目的最佳质量，从而规范了数字化实验室的检测行为，提高了企业的管理水平。

(3) 收集各类技术标准，满足检验检测技术发展的需要

先进的检验检测技术的应用对标准了解要求比较高，为适应最新的检验检测技术的发展，数字化实验室应收集相关的ISO、1EC、API、ASME、ASMT等多个国际标准和国外先进标准，不断地开展新的检测技术研究，为新标准的制定奠定基础。

3. 标准管理与信息化

(1) 建立标准查询信息系统，确保实验室使用最新的标准

数字化实验室应在自身的局域网平台上，建立标准查询系统，该系统包含相关的国际标准、国外先进标准、行业标准、公司标准，并定期发布相关信息，供实验室查询，提出购买需求，使实验室标准化，确保实验室使用最新的标准。

(2) 建立科学的、有效的标准化管理系统是提高标准使用率的重要手段

数字化实验室标准化管理采用了网络在线服务，体现了标准化管理体系的系统性、协调性、时效性、灵活性。标准化管理部门和标准化所将标准化工作的动态情况通过局域网发布，为实验室提供了在线查询、浏览和远程传递的服务，标准的使用率大大提高，实现了标准化管理的现代化、信息化。

（三）检验检测标准化重点领域

1. 仪器仪表及自动化

开展智能传感器与仪器仪表、工业通信协议、数字工厂、制造系统互操作、嵌入式制造软件、全生命周期管理，以及工业机器人、服务机器人和家用机器人的安全测试和检验检测等领域的标准化工作，提高我国仪器仪表及自动化技术水平。

2. 信息通信网络与服务

开展新一代移动通信、下一代互联网、三网融合、信息安全、移动互联网、工业互联网、物联网、云计算、大数据、智慧城市、智慧家庭等标准化工作，推动创新成果产业化进程。

3. 食品安全相关标准

开展食品基础通用标准以及重要食品产品和相关产品、食品添加剂、生产过程管理与控制、食品品质检测方法、食品检验检疫、食品追溯技术、地理标志产品等领域的标准制定工作，支撑食品产业持续健康发展。

四、数字化实验室的综合发展方向——以食品检测实验室为例

我国人口基数大，食品消费量高，食品生产、加工、流通企业分散，传统法定的检测无法实现食品检测全覆盖，我国的食品监管工作需要更加便携集约、现场快速，使食品安全检测装备和技术智能化。随着基因芯片、生物传感器、免疫层析等新技术的研发以及样品前处理技术的进步，食品检测时间将进一步缩短、技术将进一步绿色化、灵敏度与准确度将进一步提升。增强对食品中未知新型有害物的发现、分离和鉴定能力，提升未知有害物筛查及复杂痕量化合物高通量定性定量研究的技术和水平，为提升食品安全检验检测水平提供有力的技术保障。

食品安全快速检测市场需求尚未完全开发。近年来，在国家政策的鼓励与引导、民众食品安全意识强化的背景下，政府监管部门、食品生产加工企业、食品安全检测机构等主要客户群体的快检需求具有极大的发展空间。同时，随着消费者食品安全意识和自我保护意识的增强，食品安全智能、绿色、快速、可视化检测产品走进家庭指日可待，消费者市场的扩张将成为食品安全快速检测的下一个增长爆发点。

（一）智能方向

1. 基于智能手机的检测

近年来，智能手机凭借其轻巧便携和实时检测（Point-of-care Testing，POCT）的优势，不再局限于人们的通话交流和普通的拍摄记录，其在分析检测领域的应用

已成为研究热点，并在医疗诊断、环境监测和食品监督等领域展现出广阔的应用前景。智能手机的检测原理是在光学检测或电化学检测中，手机采集待测物质在实验过程中的光信号或电信号，并通过应用程序或软件进行分析和统计，输出实验结果。在食品监督领域中不仅可以通过智能手机控制实验进程、拍摄记录实验结果，也可用其直接进行数据处理分析，还可以针对实验需求开发应用程序，使实验装置微型化、分析检测实时化。该技术的优势在于装置易设计、成本低、便于携带、可实时检测。另外，可将实验数据生成条形码或二维码，从而使食品在生产加工、包装储存、运输流通和批发零售等环节得到有效、及时的监督，也可将数据上传至云端共享。

目前，智能手机主要用于对食品添加剂、抗生素、微生物、农药残留与重金属、生物毒素以及食物新鲜度的检测。有学者以链霉素适配体-纳米金粒子复合物为比色法指示剂，使用自制的智能手机便携检测装置，对蜂蜜和牛奶中的链霉素进行定量检测，APP 将图像结果的 RGB 值转换为检测波长下的吸光度，检测结果(315.05 nmol/L)与 LC-MS 法(314.26 nmol/L)相比无显著差异。还有学者研发出可检测蔬果中农药甲基对硫磷和甲基对氧磷的手套。手套食指部分为含有固定化有机磷水解酶的传感扫描装置，包括笑脸状碳基计数器、工作电极和 Ag/AgCl 参考电极；拇指部分带有印制的碳垫，触摸样品表面可采集待测物，再与食指接触发生电化学反应；反应产生的伏安信号通过无线通信传输至手机，经 APP 显示检测结果，可现场检测有机磷农药残留。基于上述背景，基于智能手机的检测技术的近期发展目标是开发能够直观显示检测结果的智能手机 APP，对检测数值灵敏度与精确度进行分析研究；中期发展目标是探寻更加灵敏的传感器，提高检测精确度；远期发展目标是以特异性强的传感器结合智能手机建立快速精准的现场检测方法。

2. 智能标签

智能标签是利用可随周围环境的某些因素改变而发生颜色改变或形态变化的物质作为指示剂，再将指示剂通过某种载体制成的标签，从而达到对食品品质及内外部环境的识别和判断。智能标签作为食品新鲜度检测领域较早发展的技术之一，具有非常大的发展潜力，标签可以跟踪冷链物流中的任何环节，可以监测整个冷链物流。在食品逐渐失鲜的过程中，智能标签的颜色会随着包装内部水分、温度、不同微生物的代谢产物等因素的变化而变化。生产商和消费者可以通过指示标签快速、准确、及时地获取食品新鲜度信息，减小商业损失，避免健康损害。智能标签具有体积小、成本低、信息识别方便等优点，目前已经在防伪、物流跟踪、温度监测、新鲜度监测等领域广泛应用。如有学者使用掺铜离子液体装饰 RFID 标签，使该标签对温度敏感，可以监测冷链物流中温度的变化。还有学者使用 20 种不同类型带有卤色染料的多孔纳米复合材料制成条形码，根据鲜肉挥发出的气体种类和浓度的不同，形成彩色条形码，使用深度卷积神经网络(DCNN)对大量条形码进行训练，得到预测肉类新鲜度的 DCNN，准确率可以达到 98.5%。该 DCNN 可以植入智能手机，用户可以随时获得新鲜度信息。

智能标签低廉的成本、易于识别的优点，以及可以大规模生产的性能等，使其在整个产业链均可以作为消费者识别包装内部食品新鲜度的参照，具有非常大的实用性。随着科技的进步和智能材料的不断出现，环保和易于大规模加工生产的智能标签技术陆续被研制出来，将具有较好的应用前景。

近年来，尽管智能标签技术已成为食品行业的研究热点之一，但研究成果转化率低，特别是国内市场上应用可视化智能包装的食品很少，主要受生产成本较高、材料性能不稳定、安全性有待考证等因素的制约。基于上述背景，智能标签技术的近期发展目标是加强用于智能标签的新型指示剂、成膜基质等材料的研究，在高效、准确识别具有食品品质劣变特征的物质的同时保障安全性，且不对食品风味产生明显影响；中期发展目标是开发成本低廉、环境友好、易于生产、可循环使用的智能标签；远期发展目标是技术通过安全性验证，获得相关部门的批准，实现市场应用，从而为食品生产运输建立统一的智能标签，可以对运输生产等各环节进行追踪监测。

3. 智能食品包装传感技术

随着新材料和新技术的发展，人们一直致力于开发新的食品质量监测系统，将最新的传感技术应用于食品包装行业中，以便在不破坏产品包装的情况下实时检测和报告食品的质量，由此也开辟了智能食品包装这一新兴领域。在智能食品包装中，产品、包装和环境三者相互作用，对监测食品状况和延长食品真实保质期发挥着积极作用。智能食品包装主要通过各种信号向人们传递包装食品以及周围环境的相关信息。

近年来，已有越来越多关于食品安全监测、包装食品监测、手持检测设备等方面的研究，以便能够更准确便捷地检测和报告食品的腐败现象。例如，研究人员开发了一种基于荧光核酶的大肠杆菌传感技术，能够将其整合到食品包装中。其原理为嵌有荧光基团的 RNA 内切核酶与大肠杆菌发生特异性反应后，RNA 上的荧光基团暴露，导致荧光信号增强。该核酶微阵列固定在柔性透明聚合物的薄膜上，可以与食品一起包装，在检测时无需打开包装即可实现目标细菌的指示。这类非破坏性传感技术将是智能食品包装发展的重要方向之一。如今，越来越多主动式的智能食品包装在提升食品安全方面，特别是在提高食品质量和减少防腐剂的使用上发挥着关键作用。未来，智能食品包装的目标是开发通用型智能包装材料，实现可规模化应用的食品安全和质量监控。基于上述背景，智能食品包装传感技术的近期发展目标是使用已开发的智能包装技术对食品品质的影响进行分析，同时检测现有方法对食品品质变化的灵敏性；中期发展目标是研发更灵敏的传感技术应用于食品包装；远期发展目标是推广智能包装材料在熟食等易腐食物中的应用。

4. 听觉传感技术

由于物体产生振动会形成声波，经人耳处理信号后会形成神经冲动，使人感知到声音。声音中包含着物体的相关信息,听觉传感技术正是利用了这些声波对食品进行检测。听觉传感技术的研究侧重于通过声音的变化检测果蔬的内部品质。例如,在竹笋的生长过程中,温度的突变会导致其内部结构出现空洞等品质缺陷,而人工检验耗时耗力。有学者开发了一种利用声学传感器对竹笋品质进行检测的方法,敲击竹笋后,声信号由连接在计算机上的麦克风进行收集,通过对共振频率进行分析,可检测内部空洞的竹笋并进行分选。目前,听觉传感器在新鲜果蔬的品质检测上仍处于起步阶段,就目前的研究程度而言,听觉传感器较适用于表面与内部组织硬度差异较大的果蔬的品质检测。基于上述背景,听觉传感技术的近期发展目标是将声学传感检测技术广泛应用于果蔬的品质检测,完善目前存在的问题,提高检测的精确度;中期发展目标是研发更灵敏的声学传感器,开发适用于多种蔬菜水果的软件计算方式;远期发展目标是未来推广应用于农产品大批量快速检测方面的使用。

5. 嗅觉传感技术

嗅觉传感技术是指通过食物挥发的气味对食品品质进行鉴定的一类技术,主要指电子鼻技术。电子鼻又称气味扫描仪,是 20 世纪 90 年代发展起来的一种快速检测食品的新型仪器。它是由选择性的电化学传感器阵列和适当的识别方法组成的仪器,能识别简单和复杂的气味,可得到与人的感官品评相一致的结果。目前,电子鼻技术主要应用于具有特殊挥发性气味的食品真伪鉴定、食品品质鉴定及溯源追踪等。王鹏杰等人以气质联用和电子鼻联用的方式,筛选出能区分不同岩茶品种的关键电子鼻传感器,并通过气质联用明确了岩茶的品种特征和香气物质,为岩茶的品种鉴别和质量控制提供了参考;李红月等人依据电子鼻技术建立了一种评价冻藏竹荚鱼新鲜度的方法;田晓静根据不同地区枸杞挥发物质成分的不同建立了一种枸杞溯源追踪的方法。基于上述背景,嗅觉传感技术的近期发展目标是将现有嗅觉检测方法进行分析研究,建立适用性更广的嗅觉检测技术;中期发展目标是对多种食品的挥发性气体特征进行分析研究;远期发展目标是推广应用于食品真伪性鉴定及食品溯源的检测。

6. 味觉传感技术

人类的舌头上存在可以感受味道的味细胞,覆盖在味细胞表面的生物膜在接触食品中的化学物质时会产生电压,这一电压的变化传递到大脑,我们就可以识别味道。味觉传感器就是通过模仿舌头细胞中的结构来重现上述过程,因此味觉传感器又称电子舌。电子舌是一种主要由交互敏感传感器阵列、信号采集电路和基于模式识别的数据处理方法组成的现代化智能感官定性定量分析检测仪器,能够将样品液的味觉感官品质,如酸味、甜味、苦味、鲜味等以数值的形式输出。目前,电子舌已被广泛应用于酒类、调味品等食品的品质鉴定与真伪鉴定中。彭厚博等人利用电子舌技术对 5 种不同年份的浓香型白酒基酒进行判别分析,建立了一种识别白酒年份的电子舌鉴定方法,为鉴别白酒的真伪提供了技术支撑。基于上述背景，味觉传感技术的近期发展目标是将味觉传感技术应用于白酒的实际检测，分析人工品鉴与电子舌技术评判的差异性，使电子舌技术检测结果更接近人工品鉴结果；中期发展目标是继续开发分辨能力更强的味觉传感器，对多种食品的味觉检测结果进行统计分析；远期发展目标是建立电子舌检测结果相关标准，将电子舌技术应用于酒类、调味品等食品的真伪鉴定与品质鉴定等。

7. 视觉智能检测系统

视觉智能检测系统又称AI视觉识别技术，是通过人工智能对生产状况进行检测的技术。近年来，视觉检测设备以其高效、智能、非接触等特点逐渐取代人工检测，在工业中得到了广泛的应用。目前，视觉检测设备主要应用于电子行业，在食品行业中同样具有广阔的应用前景。应用视觉智能检测系统可减少人为因素导致的污染等事故，适用于流水线生产食品的检测，如薯片、饮料等。山东明佳科技有限公司建立了一套基于食品安全的视觉智能检测系统，填补了我国该类技术产品的空白。该系统以多传感器信息融合为基础，以机器视觉、图像处理和智能控制技术为主要依据，对食品包装生产线上的各个环节进行检测与监控。目前，凭借其良好的性能指标和低廉的产品价格已经快速占领了国内市场，并逐步进入国际市场。基于上述背景，视觉智能检测系统的近期发展目标是对已应用视觉智能检测系统的食品生产线进行跟踪分析，检测视觉智能监测系统在面对突发问题时的检测灵敏性；中期发展目标是开发智能化更高的AI算法，优化系统对突发问题的解决能力；远期发展目标是推广应用于食品流水线生产。

（二）绿色方向

1. 绿色萃取技术

萃取是重要的样品提取、净化技术。绿色萃取技术的主要特点是提取时间短、提取率高、提取溶剂用量少、能耗低，无污染绿色萃取技术包括基质分散固相萃取、固相/液相微萃取、超临界流体萃取、微波辅助萃取、浊点萃取等。截至2022年2月，食品安全国家标准规定的120项农药残留和74项兽药残留检测方法中，前处理净化步骤基本采用固相萃取。但在近5年发布的国家标准中，基质分散固相萃取已逐步成为以农药残留检测方法国家标准为代表的国家标准主流净化方法。基于该背景，绿色萃取技术的近期发展目标是推广以基质分散固相萃取为代表的较为成熟且已基本商品化的绿色萃取技术在食品检测中的应用，推动此类绿色萃取技术写入标准的检测方法中；中期发展目标是不断优化更多绿色萃取技术，如新的萃取剂或分散剂的开发、分析物及分析基质范围的拓展，推动其实现商品化试剂盒的生产；远期发展目标是推动绿色萃取技术与多种分析手段联用，实现自动化操作和在线技术的开发等。

2. 绿色净化富集材料开发

绿色净化富集材料的开发是推动前处理技术向绿色、高效发展的核心，包括石墨烯/氧化石墨烯、碳纳米管、磁性金属有机框架材料、共价有机框架材料、分子印迹聚合物、纳米复合材料、功能化聚合物材料等。这些新材料具有可回收、抗杂质干扰能力强、生物相容性好等优点，能够有效解决食品样品成分复杂，基质、杂质干扰性强，痕量待测物检测困难的问题。新型绿色材料多壁碳纳米管已作为净化富集材料应用于《食品安全国家标准　植物源性食品中单氰胺残留量的测定　液相色谱-质谱联用法》(GB 23200.118—2021)。同时，国内公司如北京百灵威科技有限公司等也相继推出商品化固相萃取磁珠。基于该背景，新型绿色净化富集材料的近期发展目标是针对食品安全国家标准中规定的基质和目标物，开发合成条件温和、成本低廉、制备工艺简单的绿色净化富集材料，提高食品检测的特异性、灵敏度与准确性；中期发展目标是推动更多绿色净化富集材料向商品化发展，建立用于食品检测前处理的新材料产品标准；远期发展目标是推动新型绿色净化富集材料纳入国家标准检测方法。

3. 生物传感器检测技术

生物传感器主要是指利用酶、抗体、抗原、微生物、细胞、组织、核酸等生物活性物质作为固定化的生物敏感材料，并作为识别元件，将生物活性表达的信号转换为电信号进行检测的仪器。随着相关研究的不断深入，生物传感器在最佳性能方面取得了突破，实现了高灵敏度和低检测阈值，能够用于食品中农兽药残留、致病微生物、重金属和生物毒素等方面的检测。目前，在食品方面的标准仅有团体标准《牛奶中致敏原(α-乳白蛋白和β-乳球蛋白)快速检测电化学传感器法》(T/SDAQI 010—2021)。分子识别元件是生物传感器选择性测定的基础，如何提升识别元件的稳定性，如何通过识别元件的拓展实现该技术在更多场景下的应用，是该技术尚待解决的问题。基于该背景，生物传感器检测技术的近期发展目标是提升识别元件的稳定性，如抗原、抗体、酶在电极表面修饰的稳定性，最大程度地保证修饰量的精确度以及发挥作用的实际用量；中期发展目标是研发快速、简便、适配生物传感器技术的前处理方法，使该技术在实际检测中能真正发挥其快速的优势；远期发展目标是结合生物电子学和微电子学等学科技术，逐步实现生物传感器产品的微型化、便携化，使其适应快速检测技术的市场化需求。

4. 近红外光谱检测技术

近红外光谱通过检测分子振动从基态向高能级跃迁时所产生的近红外光，得到样品中有机分子含氢基团的特征信息，通过建立分析模型，得到所需要的参数指标数据。近红外光谱检测技术因其绿色、快速、无损的优势，广泛应用于各类食品的真伪、种类、产地、致病菌、污染物鉴别、理化性质测定、新鲜程度鉴定等方面。近红外光谱检测技术包括两个部分：一是硬件，即精密的光谱仪器；二是软件，即化学计量学软件。在硬件方面，目前我国的近红外光谱设备发展迅速，大量采用近红外光谱检测技术的国家标准得以推广，但中高端设备仍依赖于进口。在软件方面，数据处理繁杂、建模难度大是制约该技术走出实验室、走向食品检测一线的关键。基于该背景,近红外光谱检测技术的近期发展目标是积累并不断优化基于不同食品基质及检测目标的分析模型,不断提高方法的检测准确率;中期发展目标是制定行业内的技术标准,统一各类样品的采集及处理方法、近红外光谱检测实验参数、数据预处理和建模方法;远期发展目标是规模化使用成本低、通用性好、配套设施一致的近红外光谱仪,达到增强仪器通用性、使检测结果在实验室间可重现的目的,最终推动该方法在国家标准检测和现场应用中的普及。

5. X 射线荧光光谱检测技术

X 射线荧光光谱法是一种利用待测元素的原子蒸汽,在一定波长的辐射能激发下发射的荧光强度进行定量分析的方法。该方法能够测量的元素范围广、分析速度快、前处理简便、无污染,在环境、地质、冶金等领域得到了广泛的应用。但常规的 X 射线荧光光谱仪受制于元器件的性能以及食品原料的多样性、食品基质和加工工艺的复杂性,元素检出限较高,现阶段在食品元素检测中的应用不足。基于该背景,X 射线荧光光谱检测技术的近期发展目标是通过元件的优化提升元素激发效率,降低散射线背景,从而提升信噪比,降低元素检出限。开发计算机处理技术,通过建立基本参数库和基体校正数学模型等方法,计算消除干扰,提高模型预测的准确度;中期发展目标是充分利用各种 X 射线荧光光谱技术的特点,在食品领域不断扩大该技术的应用范围,使检测方法能够满足国家标准规定的绝大多数食品种类中重金属或微量、痕量元素的检测要求;远期发展目标是充分发挥该技术的便携优势,提升其场外快速检测的应用能力。

6. 顶空气相色谱检测技术

顶空分析作为一种无有机溶剂萃取的绿色样品处理技术,常与气相色谱技术结合用来分析复杂基质中的挥发性有机物。在食品检测领域,顶空气相色谱技术被用于食品中溶剂残留、挥发性风味物质、食品接触材料中挥发性有机物的测定等方面。目前,该技术已被写入食品安全国家标准,用于测定食品中 21 种熏蒸剂残留量。顶空气相色谱检测技术的近期发展目标是使该技术与质谱、电子鼻等设备联用,扩展该技术的应用场景;中期发展目标是新技术(如新型纤维涂层)的开发,充分扩展可检测的化合物范围,以达到研究领域的扩大;远期发展目标是开发小型化系统或设备来进行更快速、更灵敏的测定,适应越来越多的现场检测需要。

7. 毛细管电泳检测技术

毛细管电泳法是一类在高压直流电场作用下,以电渗流为驱动力,毛细管为分离通道,依据样品中各组分的迁移速度不同而实现分离的绿色液相分离技术。该项技术的优势在于可检测肉、蔬菜、水果、饮用水等多种复杂食品基质中的多种物质,包括离子、营养成分、添加剂等。毛细管电泳技术作为一种绿色检测技术,因其分析时间短、分辨率高、样品和试剂消耗极小等优点,在食品检测领域已有很好的应用基础。但是,该绿色检测技术的致命缺点在于灵敏度较低,这也限制了其在国家检测标准中的运用和推广。目前,运用毛细管电泳技术的国家标准仅有《水产源致敏性蛋白快速检测　毛细管电泳法》(GB/T 38578—2020)等。基于该背景，毛细管电泳检测技术的近期发展目标是发展能满足各类样品、减少或避免样品前处理的分离检测方法，推动其在食品中高含量组分定性检测的方法标准化；中期发展目标是开发与激光诱导荧光、质谱、核磁等技术的联用，建立高灵敏度、高选择性检测方法，满足对痕量/超痕量有害物质与未知成分的准确定性定量；远期发展目标是普及毛细管电泳仪器，推动毛细管电泳定量检测技术纳入国家标准检测方法。

8. 实时直接分析质谱检测技术

实时直接分析质谱是近年来新出现的一种绿色、广谱、无损敞开式电离质谱，可在大气压环境下直接检测气态、液体、固态的物质。其对样品要求低、分析速度快(通常30秒内就可完成一个样品的分析)、分析过程中不需要有机溶剂，适用于小分子化合物的定性及定量检测。自2005年提出以来，该技术率先运用于食品检测行业国际知名学术研究机构及政府实验室中。美国国立卫生研究院、中国科学院等运用实时直接分析质谱检测技术完成了许多先进的发明和发现。美国食品药品监督管理局、美国环境保护署等国外实验室应用实时直接分析高分辨质谱快速鉴定了蔬菜、水果的多种农药残留。近两年，中国检验检疫科学研究院、中国食品药品检定研究院等国内顶尖食品检验检测机构也陆续采用该技术。实时直接分析质谱检测技术在欧美等国的研究与应用已成燎原之势，但国内仍固步于行业头部机构。同时，作为一种新兴技术，实时直接分析质谱检测在食品检测领域的适用性有待进一步提升。基于该背景，直接分析质谱检测技术的近期发展目标是实时直接分析离子源离子化机理研究，以提高检测灵敏度；中期发展目标是进一步推动实时直接分析离子源的商品化和自动化，提高和主流质谱厂商各种类型质谱仪的兼容性，同时建立实时直接分析质谱综合数据库，以增加其在食品质量定量方面的应用；远期发展目标是促进实时直接分析离子源与小型化、可移动的手持质谱仪相结合，将其应用范围扩大至实验室外的食品质量与安全检测。

9. 食品组学技术

食品组学是在基因组学、转录组学、蛋白组学、代谢组学、化学计量学和生物信息学的基础上发展起来的。食品组学技术依托高通量、高分辨率、高精度的分析仪器，通过海量数据处理和分析，旨在为打破食品领域安全、营养、功能等方面的研究瓶颈提供解决方案，提高消费者的福利、健康和自信。食品组学面向食品营养，拟通过对营养成分进入机体后的变化情况进行系统研究，分析海量组学数据，构建分子网络，研究营养成分的分子作用通路，推动食品营养研究的深入发展。食品组学面向食品安全，拟通过精准、快速、灵敏的分析检测方法，发现风险因子，保障食品从农田到餐桌的安全性。同时，拟通过对食品样品DNA、蛋白质、代谢产物等进行大数据统计分析和生物信息学研究，甄别食品相关特性，为食品溯源提供依据。目前，食品组学因站在了基因组学、转录组学、蛋白质组学、代谢组学和脂质组学等“巨人”的肩膀上，取得了较快的发展，但在标准统一和实际应用方面仍面临着诸多挑战。基于该背景，食品组学技术的近期发展目标是提高组学方法与食品基质的适配性，解决因为食物中成分复杂、各成分间差异巨大、营养素繁多、各类活性物质之间联系密切造成的技术挑战；中期发展目标是建立相对统一的研究方法和标准操作规程，建立食品组学数据库，推动该技术在行业内的普及；远期发展目标是推动食品组学研究成果的实际应用，为人群膳食建议、个性化食品营养定制提供指导，形成包含非靶向筛查、多元危害物快速识别与检测、智能化监管、实时追溯等内容的高标准食品安全监测体系，保障食品安全。

（三）快检方向

快速检测方法按照分析地点划分，主要分为两类，即实验室快速检测技术和现场快速检测技术。实验室快速检测技术对检测场地有一定的要求，必须在实验室内进行。现场快速检测技术即在食品生产或现场执法阶段，通过定性、半定量法展开检测工作，这种现场快速检测技术对检测条件没有过高的要求，可现场随机抽样，效率高且检测仪器方便携带。

1. 表面增强拉曼光谱技术

拉曼光谱分析法是基于拉曼散射效应，对与入射光频率不同的散射光谱进行分析以得到分子振动、转动方面的信息，并应用于分子结构研究的一种分析方法。其中表面增强拉曼光谱（Surface-enhanced Raman Spectroscopy，SERS）技术是基于入射光和电磁场在等离子体局域场表面的耦合作用，使拉曼散射信号增强106～1015 倍的一种信号放大检测技术，可以实现类似色谱方法的指纹式图谱分析。相较于其他检测方法具有灵敏度高、荧光背景低、前处理简单、快速无损等优点，在化学与生物传感等领域有广阔的应用前景，目前已被广泛应用于检测食品中的农药残留、非法添加物、毒素等。有学者将银纳米球和银纳米棱镜作为表面增强拉曼光谱底物，采用化学还原法制备了球形 NPs 的胶体，基于此实现了对阿特拉津、西玛津等的检测。刘燕梅等人采用电化学沉积法和自组装相结合的方法，制备了贵金属/氮化钛复合基底，并利用贵金属/氮化钛复合薄膜为表面增强拉曼光谱基底，对烟酸溶液进行拉曼检测。

目前，我国已经颁布了一些关于拉曼光谱的标准，如国家标准《拉曼光谱仪通用规范》（GB/T 40219—2021）、《工业微生物菌株质量评价　拉曼光谱法》（GB/T 38569—2020）、《出口液态乳中三聚氰胺快速测定　拉曼光谱法》（SN/T 2805—2011）、《出口果蔬中百草枯检测　拉曼光谱法》（SN/T 4698—2016）、《茶叶中毒死蜱快速测定　拉曼光谱法》（T/KJFX 001—2017）、《食品中碱性染料的快速检测　拉曼光谱法》（T/CITS 0010—2021）。这些标准规定了不同食品基质中快速检测微生物、农兽药、非法添加物等方面的拉曼光谱测定方法，说明该技术在食品检测中的应用范围较广，但尚无表面增强拉曼光谱技术应用于实际检测的标准。随着表面增强拉曼光谱基底的不断优化、各种便携式和手持式拉曼光谱仪的出现以及与其他技术联用的发展，表面增强拉曼光谱有望成为一种可靠的常规技术。

基于以上背景，表面增强拉曼光谱的近期发展目标是丰富及优化不同种类的表面增强拉曼光谱基底，以满足各种检测的需要；中期发展目标是制定能够实际应用于样品检测的技术标准，建立完整的样品采集与前处理方法，优化统计模型实现数据的快速分析；远期发展目标是发明高灵敏度、易操作和性价比高的便携式和手持式拉曼光谱仪，实现表面增强拉曼光谱技术在现场快速检测应用中的普及。

2. 等温扩增技术

等温扩增技术是核酸快速检测发展中的后起之秀，兼具准确性和现场快速检测适用性，在食品安全领域已广泛应用于致病微生物、动物源性成分和转基因农产品等，其中应用较多的主要有环介导等温扩增（Loop-mediated Isothermal Amplification，LAMP）和重组酶聚合酶扩增（Recombinase Polymerase Amplification，RPA）等。环介导等温扩增技术特异性高、灵敏度强，能够在恒温条件下完成对目标序列的检测，但该技术引物设计较烦琐，容易产生假阳性结果。目前，关于环介导等温扩增技术已经颁布了一系列标准，如《转基因植物及其产品成分检测　环介导等温扩增方法制定指南》《出口食品中转基因成分环介导等温扩增（LAMP）检测方法》《食品安全地方标准　动物源性食品中沙门菌环介导等温扩增（LAMP）检测方法》《食品接触表面李斯特氏菌属的快速检测　等温扩增法》《沙门氏菌（猪霍乱、鼠伤寒）环介导等温扩增检测技术》，主要应用于转基因成分和致病菌快速检测。重组酶聚合酶扩增是于 2006 年开发的一种等温扩增技术，采用重组酶聚合酶扩增检测的标准目前仅有《猪 δ 冠状病毒检测　重组酶聚合酶扩增（RPA）法》，但相较于环介导等温扩增技术，重组酶聚合酶扩增只需 1 对引物即可，且反应温度更低，只需 37～42 ℃，因此，重组酶聚合酶扩增技术较环介导等温扩增技术更加适用于实验室外环境的检测。

酶促等温扩增技术（Enzymatic Recombinase Amplification，ERA）与重组酶聚合酶扩增的原理相似，是我国自主研发的一种新型等温扩增技术，通过模拟生物体遗传物质自身扩增复制的原理，将来源于细菌、病毒和噬菌体的特定重组酶、外切酶、聚合酶等多酶体系进行改造突变并筛选其功能，通过不同的核酸扩增反应体系进行优化组合，从而获得核心的重组等温扩增体系，建立特殊扩增反应体系，在 37～42 ℃恒温条件下，可将微量 DNA/RNA 的特异性区段在数分钟内扩增数十亿倍。刘迪等人根据 GenBank 上猫疱疹病毒（FHV）TK 基因保守区域序列，设计了多对酶促等温扩增技术特异性引物用于筛选最佳引物对及探针，并将酶促等温扩增技术与横向流动试纸条联用，开发出一种快速检测猫疱疹病毒的酶促恒温扩增-横向流动试纸条（ERA-LFD）方法，可在 30 分钟内完成检测。虽然酶促等温扩增技术在市场上还没有广泛应用，但一些报道已经证实了其检测能力和潜力，对现场快速检测具有十分重要的意义。

基于以上背景，等温扩增技术的近期发展目标是开发针对不同种类检测物的特异性引物及探针，并制定有害物质相关检测标准；中期发展目标是对等温扩增技术进行优化，解决引物设计难度较大及由非特异性扩增造成的假阳性问题；远期发展目标是等温扩增与多种新型检测技术联合使用，使等温扩增技术真正应用于现场快速检测。

3. 免疫层析试纸条技术

免疫层析试纸条技术将免疫技术和色谱层析技术进行了结合，因其保留了免疫层析技术的优势，同时整合了多重检测的性能，已逐步成为一个高效的多重检测平台。其具有操作简单、检测快速、成本低廉等特点，这些优点也使免疫层析试纸条技术广泛应用于致病菌、激素残留、细菌毒素、重金属及农兽药残留等有毒有害物质的检测。现行的国家标准有《免疫层析试纸条检测通则》(GB/T 40369—2021)，描述了免疫层析试纸条检测的一般要求、检测过程和结果报告，适用于采用免疫层析试纸条的检测。

免疫层析试纸条可以与多种技术联合使用，目前最常用的是胶体金免疫层析技术。免疫层析试纸条可以选择不同类型的信号标记物来改善多重检测能力，提高检测效率。信号类型可分为比色信号、荧光信号、拉曼信号、化学发光信号、磁信号。

有学者制备了两株抗非洲猪瘟病毒磷酸化蛋白 P30 的单克隆抗体，并基于单抗 3H7A7 和 6H9A10 建立了信号放大夹层胶体金试纸条特异性快速检测非洲猪瘟病毒。多重免疫层析试纸因其操作简单、适用于现场等优点，在食品危害因子的快速筛查方面发挥了巨大作用。未来，随着科学技术的不断发展，会有越来越多的技术与试纸条进行联合使用，为食品中多种危害因子的检测提供技术支撑。

基于以上背景，免疫层析试纸条技术的近期发展目标是降低检测基质对于试纸条检测性能的影响，检测样品的复杂成分会影响试纸条的检测灵敏度，降低影响，对检测性能的提高具有重要意义；中期发展目标是开发出经济、亲和力高的新型单克隆抗体，如纳米抗体在免疫技术中的应用越来越广泛，将来有望应用于免疫层析试纸条技术；远期发展目标是开发出可以同时进行多重检测的试纸条，同时，开发简易便携的小型信号接收仪器并达到定量的目的也是试纸条技术发展的关键。

4. 流式细胞仪鉴别技术

流式细胞仪是对细胞进行自动分析和分选的装置，由分析系统、电子系统、光学系统、液流系统组成。流式细胞仪的工作原理是待测液颗粒依次通过检测区，被荧光染色标记的细胞在激光照射下激发光信号，光信号转换成电信号被计算机识别，最后由软件进行分析。目前，流式细胞仪一般应用于分析细胞表面标志、细胞内抗原物质、细胞受体、肿瘤细胞的 DNA 和 RNA 含量、免疫细胞的功能等领域。也有研究者将其应用于病原微生物的检测，他们将免疫磁珠与流式细胞术结合检测食品中的单增李斯特氏菌，检测限达 102～108 CFU/mL，完成检测的时间仅为

1分钟。流式细胞仪还可以用于水中细菌、病毒、特殊病原菌、藻细胞的快速测定，微生物群落和生理状态的快速分析及其衍生等方面的检测。目前，流式细胞仪应用于病原菌检测的研究相对较少，各种病原菌的特异性检测还有待进一步研究。我国现行标准为医药行业标准《流式细胞仪》(YY/T 0588—2017)，规定了流式细胞仪的术语和定义、产品分类、技术要求、实验方法、标志、标签、使用说明、包装、运输和储存，主要适用于临床使用的对单细胞或其他非生物颗粒膜表面以及内部生物化学及生物物理特性成分进行定量分析和分选(只限于有分选功能的流式细胞仪)的流式细胞仪。

基于以上背景，流式细胞仪的近期发展目标是将流式细胞仪应用于不同病原菌的检测中，以丰富现有检测方法，目前流式细胞仪检测的主要对象是细胞，但细菌、浮游生物等也可以用流式细胞仪分析；中期发展目标是研发出可以单独作用于病原菌的特异性染料，应用小型化的固态激光器，增加流式细胞仪检测的特异性；远期发展目标是追求检测仪器小型化，甚至达到微流控的状态，可以减小样本体积，降低试剂消耗，提高检测速度，缩小空间，从而带来光电及液路的改善。

5. 基因芯片快速检测技术

基因芯片快速检测技术是生物芯片技术的一种，可利用杂交技术实现基因检测。测序原理是杂交测序方法，即通过与一组已知序列的核酸探针杂交进行核酸序列测定的方法，可在一块基片表面固定序列已知的靶核苷酸的探针。当溶液中带有荧光标记的核酸序列与基因芯片上对应位置的核酸探针进行互补匹配时，通过确定荧光强度最强的探针位置，获得一组序列完全互补的探针序列，据此可重组出靶核酸的序列。目前主要应用于药物筛选和新药开发、疾病诊断、现代农业、环境保护等领域。在食品检测领域主要应用于转基因食品检测、禽畜类病疫及致病性细菌微生物检测上，目前已经颁布了《转基因产品检测　基因芯片检测方法》(GB/T 19495.6—2004)、《玉米中转基因成分的测定　基因芯片法》(GB/T 33807—2017)、《转基因产品检测　植物产品液相芯片检测方法》(GB/T 19495.9—2017)、《常见畜禽动物成分检测方法　液相芯片法》(GB/T 35024—2018)、《分枝杆菌菌种鉴定基因芯片检测基本要求》(GB/T 29888—2013)、《转基因玉米品系检测　可视芯片检测方法》(SN/T 4413—2015)、《肉及肉制品中常见致病菌检测方法　基因芯片法》(SN/T 2651—2010)等一系列芯片检测方法。

基因芯片技术具有快速、高效、自动化等优点，可以在同一张芯片上完成多种成分的检测。目前虽然有一些商业化成品芯片，但普遍研发成本较高、灵敏性较差，且由于没有精准的微生物资源鉴定方法，限制了基因芯片检测技术的发展，因此需要食品检测行业通过技术研发拓展基因芯片的应用潜力，从食品原料检测以及致病微生物菌类检测两个方面着手，更好地保障食品生产加工安全。

基于以上背景，基因芯片快速检测技术的近期发展目标是探针合成，如何进一步提高合成效率及芯片的集成程度是研究的焦点；中期发展目标是目前大多数基因芯片的信号检测需要专门的仪器设备，费用较昂贵，且不利于现场快速检测，可以尝试与新型显色技术进行联用，达到检测结果可视化的目的；远期发展目标是简化芯片制作工艺，开发出可以同时检测多种有害物质的商品化基因芯片，推动基因芯片技术在检测行业的快速发展。

6. 比色分析检测技术

基于比色原理的生物检测方法结合了生物特异性识别和比色传感检测技术的优势，其原理是元素不同价态的离子都有着该元素离子特定的颜色，离子除各自特定的颜色外，这种颜色的深浅还与离子的浓度有严格的线性关系，只要没有其他干扰因素，离子的这种颜色与在溶液中的浓度的比例关系可以用来对溶液中的离子浓度进行对比分析。比色分析检测技术可通过颜色变化直观地检测目标物，具有特异性强、灵敏度高、响应速度快和易微型化等优点。目前也已经颁布了一系列采用比色法进行食品质量安全快速检测的标准，如《面制品中铝残留量的快速检测　比色法》（KJ 202104）、《食品中硼酸的快速检测　姜黄素比色法》（KJ 201909）、《粮油检验　谷物及其制品中 α-淀粉酶活性的测定　比色法》（GB/T 5521—2008）、《食品中葡萄糖的测定　酶-比色法和酶-电极法》（GB/T 16285—2008）、《水果及制品可溶性糖的测定　3,5-二硝基水杨酸比色法》（NY/T 2742—2015）、《甜菜中甜菜碱的测定　比色法》（NY/T 1746—2009）、《出口葡萄酒中总二氧化硫的测定　比色法》（SN/T 4675.22—2016）、《出口食品中磷脂的测定　比色法》（SN/T 3851—2014）等，说明了比色法在目前食品快速检测中的应用较广。

此外，比色分析检测技术还可以与多种技术结合，如适配体比色生物检测、酶联免疫吸附检测等。李光文等人研究利用滚环扩增反应和铜纳米线进行信号放大，建立了一种新型免标记高灵敏 Hg2＋比色检测方法，通过 T-Hg2＋-T 特异性结合引发滚环扩增反应。

基于以上背景，比色分析检测技术的近期发展目标是将比色检测技术应用于多种新型检测技术中，建立更多不同检测物行业检测标准；中期发展目标是在保证检测准确性的前提下，建立能够对检测物进行定量的比色检测技术，形成商业化标准；远期发展目标是开发新型的标记材料以提高灵敏度，实现高通量检测的试纸条。

7. 微流控检测技术

微流控技术广义上讲是一种在微纳尺度上对微量流体进行操控的技术。微流控的重要特征之一是在微尺度环境下具有独特的流体性质，如层流和液滴等。借助这些独特的流体现象，微流控可以实现一系列常规方法难以完成的微加工和微操作。由于纳米技术和制造技术的发展，许多生物和生化分析可以成功地小型化到微流控平台，被称为“芯片上的实验室”。经过近 30 年的发展，微流控技术已经应用于食物过敏原、生物毒素、病原微生物、农兽药残留、重金属检测等食品安全检测中。例如，李俊豪等人结合微流控技术及磁微粒免疫荧光分析技术建立了 EB

病毒标志物微流控检测平台，具有检测时间短、试剂消耗少、污染小、自动化程度高、易于基层推广等优点，可适用于各级医疗机构。还有目前使用的冠状病毒检测试剂盒，也是利用RT-LAMP技术检测SARS-CoV-2的N基因RNA，通过微流控装置中光学和电子元件的实时检测，反映混合物的颜色变化，在30分钟内实现新型冠状病毒的快速诊断。我国已经颁布了《食源性致病菌快速检测　微流控芯片法》(T/ZACA 031—2020)和《猪瘟病毒及非洲猪瘟病毒检测　微流控芯片法》(SN/T 5336—2020)。未来，随着微流控装置制作工艺的日益成熟、反应系统性能的提高、人工操作的减少、自动化程度的提高，微流控检测技术会逐渐提高检测速度和通量，并实现检测标准化，会有更广阔的应用前景。

目前，国内微流控产品的产业应用仍处于发展初期，多成分同时检测、制作成本控制等问题仍有待探索。同时，由于微流控领域新技术层出不穷、产业化程度较低、产学合作不足等原因，该技术至今仍然没有体系化的国际和国内标准。基于此，微流控技术的近期发展目标是进一步开发能够满足食品中多种靶标成分同时检测、一次性检测多个样本的微流控芯片，满足不同检测的需要；中期发展目标是寻找更经济的微流控检测材料，以节约成本，如开发纸基芯片等成本更低的材料，促进微流控技术的推广和大规模应用；远期发展目标是目前许多微流控技术均处于实验室阶段，实际应用中还存在一些限制，将实验室研制的微流控检测技术芯片应用于现场即时检测，并从产品的设计、加工和测试等方面推动现场即时检测微流控技术的标准化，促进该技术在食品检测领域的产业化应用，充分发挥微流控技术在现场检测中的优势。

8. 金纳米检测技术

金纳米颗粒通常是指一种直径为1～100 nm的微小金颗粒。金纳米颗粒由于粒径小、溶液体系稳定、有一定的显色能力以及较好的生物兼容性等特点，被广泛应用于各种生物检测研究中，为核酸、蛋白质、细胞因子等生物物质的研究提供了更多的分析方法。相较于传统的荧光素或放射性同位素标记物，金纳米颗粒具有长时间稳定保存、操作简便、环境污染小等优点。任林娇等人利用金纳米颗粒淬灭FAM荧光基团，结合裂分型核酸适配体识别机制，制备了一种检出限低、操作简单的高灵敏裂分型适配体传感器用于血清中三磷酸腺苷的检测。李甜等人基于“三明治”结构核酸杂交和磁分离策略构建了对SARS-CoV-2相关核酸序列的可视化检测方法。

金纳米由于体系稳定以及具有较好的生物兼容性，被广泛应用于各种检测技术中，目前已知的金纳米检测技术有金纳米-斑点免疫法、金纳米-免疫层析法、金纳米-比色分析法、金纳米-传感器联用等。目前已颁布的食品检测标准有《马铃薯A病毒检疫鉴定方法　纳米颗粒增敏胶体金免疫层析法》(GB/T 28974—2012)、《番茄环斑病毒检疫鉴定方法　纳米颗粒增敏胶体金免疫层析法》(GB/T 28973—2012)、《贝类食品中食源性病毒检测方法　纳米磁珠-基因芯片法》(SN/T 2518—

2010)、《牛布鲁氏菌病荧光纳米颗粒试纸条制备和诊断方法》(DB35/T 1669—2017)。金纳米检测技术目前也存在一些缺点,如在制备金纳米颗粒后,对其粒径形状的表征检测成本较高,因此限制了金纳米颗粒在生物检测中的进一步发展和应用。

基于以上背景,金纳米检测的近期发展目标是寻找合适的方法制备出高活性、高选择性的金纳米颗粒,进一步推动金纳米颗粒的商品化;中期发展目标是对金纳米颗粒表征检测方法的优化,以及金纳米颗粒与被标记物结合方法的优化,是金纳米颗粒在生物检测方面的重要发展方向;远期发展目标是将金纳米颗粒与多种新型检测技术联合使用,推动金纳米技术在现场快速检测中的应用。

(四)可视方向

1. 质谱成像检测技术

质谱成像检测技术是一种通过质谱获取样品的化学信息与空间信息,并将其作为化学图像进行后续处理和可视化的技术,最早应用于生命科学和医学领域。常见的质谱成像技术有基质辅助激光解吸电离质谱成像、解吸电喷雾电离质谱成像、二次离子质谱成像等。随着技术的发展以及对食品安全的更高追求,质谱成像也被逐步用于食品安全检测,在蔬菜储存期间生物碱分布变化、在线监测茶叶热加工过程中活性物质变化、水产品中兽药残留分布等方面取得了重要的研究进展。尽管质谱成像技术在生命科学和医学领域的应用较成熟,但其作为食品检测技术刚刚崭露头角。同时,由于质谱成像的样品通常由冷冻切片技术制备而来,无法获得微米级的样品切片,因此很难对质地高、易碎的食物样品进行分子成像。基于该背景,质谱成像检测技术的近期发展目标是进一步发展基于喷雾的环境电离技术,通过电喷雾电离直接从样品表面得到待测分子。同时,不断提升检测的灵敏度和成像的分辨率;中期发展目标是发展质谱成像自动在线检测系统,以拓展其在食品加工、运输、储存全过程风险物质动态监测方面的应用;远期发展目标是强化质谱成像技术与代谢组学的联用,同时解决食品成分分析、营养评估、有害物筛查、真伪鉴别等多种问题。

2. 高光谱成像检测技术

高光谱成像检测技术立足于多光谱成像基础上,在200～2500 nm的光谱信息范围内实现对目标的连续性成像处理,同时获得目标空间特征和光谱信息的检测技术。在食品检测领域,高光谱成像检测技术能够快速检测食品外观破损、颜色异常等,剔除不合格的食品。并能够快速检测出食品中的农药、病虫害、成分等信息,针对肉类食品中的pH、落菌数、污染物等进行有效检测,从而对食品进行安全鉴定和品质分级。但是,高光谱成像技术也存在一些光谱检测难以避免的问题,如光谱数据易受噪音影响,从高光谱采集到的海量信息中筛选出有效的特征光谱信息难度大,数据处理模型不具备通用性等。基于该背景,高光谱成像检测技术的近期发展目标是开发性能更优的减小数据维度、去除冗余信息的算法，提升数据降维效果和检测速度；中期发展目标是从设备、样本数据采集环境和算法上进一步优化，降低噪音对光谱数据的影响，提高数据质量，实现高光谱成像在线监测；远期发展目标是建立适用于食品检测不同方向、不同机制的标准化模型，增强数据的通用性，最终整合成一套集光谱数据采集、预处理、降维和建模的相对完整的设备。

3. 热成像检测技术

热成像检测技术是通过接收目标物各部位发射出的红外线，经过红外信息转换与处理技术，以图像的形式显示目标物各部位发射的红外线强度的方法。在食品领域，该技术可通过检测食品表面机械损伤、表面温度、特定波长数据等指标，对食品质量检验、加工参数监控及食品污染物检测等方面进行研究。一般来说，食品检测中采用的热成像系统通常包括相机、光学系统（如聚焦镜、透镜、平行过滤器）、检波器组合（如微型辐射热测量器）、信号处理、图像处理系统等部件，并配备温差生成装置。随着高分辨率红外检测器的发展，热成像技术在食品领域得到越来越广泛的应用，然而该技术在食品质量在线检测方面的应用还需克服一些技术难题。例如，检测前通过冷或热处理形成样品间温差的过程可能引入污染物，并改变食品的感官性质；传送带系统会影响背景噪音的去除效果；等等。基于该背景，热成像检测技术的近期发展目标是优化温差生成装置，提升待测样品热分布均匀性，同时充分考虑不同食品对温度的耐受性；中期发展目标是充分考虑在线环境对检测带来的影响。通过提高检测器像素、优化数据算法等手段，达到热成像技术在线检测稳定的目标；远期发展目标是形成产学研一体化的技术路线，推动该技术的应用试点检测，实现标准化检测标准。

4. 可视化传感器检测技术

可视化传感器检测技术又称色敏传感技术，是一种新型传感检测技术。它是将色敏材料固定于基底材料上构建色敏传感器阵列，让色敏传感器阵列与样品的待测成分反应，反应前后通过颜色发生变化实现样品信息的可视化，从而对待测样本进行定性或定量分析。可视化传感技术在食品领域的主要应用有嗅觉可视化和味觉可视化。与传统的电子鼻、电子舌等技术大多基于物理吸附作用或范德华力等弱作用力，在物质检测中容易受到环境湿度的影响及发生基线偏移相比，可视化技术对环境中的水蒸气等因素具有较强的抗干扰能力，从而成为食品检测领域的一大突破，被不断应用在食品及农产品的分类分级、新鲜度及储藏期判别、发酵阶段识别、产品品质检测等各方面。该技术发展时间较短，虽然近年来研究不断深入，但问题和不足也比较明显，如传感器阵列中的色敏材料在筛选时主要依靠经验，大多局限于单一指标的检测，应用程度不高等。基于该背景，可视化传感器检测技术的近期发展目标是建立高效的色敏材料筛选方式，节省试错成本，提高实验效率；中期发展目标是进一步加强可视化技术，尤其是嗅觉可视化技术在食品检测中的应用；远期发展目标是突破现阶段局限于单一检测技术对待测物进行单一指标检测的瓶颈，与嗅觉可视化技术、味觉可视化技术及质谱等多种技术结合，进行多指标全面检测。

5. 计算机视觉检测技术

计算机视觉检测技术是通过图像传感器采集得到所测样品的图像，把所得图像转换为数字图像，继而通过计算机技术模拟出人的判别准则，对图像进行识别，并与图像分析技术融合来分析得出所要结论的技术。在食品领域，该技术多用于食品品质检测，目前已经广泛应用于果蔬、肉制品、烘焙食品、禽蛋、海鲜等大类食品的外观（如重量、形状、大小、色泽、外观损伤等）识别、内部无损检测、腐败变质检测、新鲜度检测等方面，但该技术在运用过程中仍然存在一些技术难题亟待解决，如检测性能受环境影响较大；检测指标有限；检测兼容性差，同一检测模型一般只能用于唯一种类的食品分级检测。基于该背景，计算机视觉检测技术的近期发展目标是图像处理技术的优化，如将计算机视觉与人工神经网络技术融合，保证检测对象在不同环境下的最大程度识别；中期发展目标是将计算机视觉技术与多种检测技术有机结合，实现多种图像技术、图像模式和非成像传感器技术等的集成应用。通过不同的信息源对某一性状进行检测，提高检测结果的客观性、准确度以及检测系统的稳健性；远期发展目标是在提升图像处理技术和融合多种检测技术的基础上，结合食品化学等信息，建立科学、完整、系统的数据图像特征参数组合模型，组成特征矢量，提高识别的准确性，更好地为食品检测的精准化和智能化服务。

参 考 文 献

［1］ 王群. 实验室信息管理系统(LIMS):原理、技术与实施指南[M]. 哈尔滨:哈尔滨工业大学出版社,2004.

［2］ 樊自强. 国外第三方检测机构在中国经济发展中的作用[J]. 科技资讯,2011(10):219-221.

［3］ 汪传雷. 我国检验检测服务业发展现状、问题及对策[J]. 技术市场,2013(5):298-302.

［4］ 付登坡,江敏,任寅姿,等. 数据中台:让数据用起来[M]. 北京:机械工业出版社,2020.

［5］ 郭华,王兆君,安冬,等. 疾病预防控制中心实验室信息管理系统[M]. 北京:清华大学出版社,2020.

［6］ 黄莜,武斌,李明明. 实验室仪器数据自动采集系统的分析与设计研究[J]. 中国管理信息化,2020(18):186-189.

［7］ 王锦隆. 国产软件发展中的若干问题[J]. 科学与财富,2017(32):31.

［8］ 薛泓林,阎立. 信息化建设中的国产化研究探讨[J]. 中国新技术新产品,2011(24):36.

［9］ 国家认证认可监督管理委员会. 实验室信息系统管理规范:RB/T 028—2020[S]. 北京:中国标准出版社,2020.

［10］ 国家认证认可监督管理委员会. 检测实验室信息系统管理建设指南:RB/T 029—2020[S]. 北京:中国标准出版社,2020.

［11］ 中国机械工业联合会. 智能实验室信息管理系统功能要求:GB/T 40343—2021[S]. 北京:中国标准出版社,2021.

［12］ 上海市认证协会. 数字化实验室　数据控制和信息管理要求:T/CSCA 130002—2020[S]. 北京:中国标准出版社,2020.

［13］ ASTM Committee E13. 15. Standard Guide for Laboratory Informatics: E1578-18[S]. Washington:ASTM International,2018.

［14］ 刘洁,余小鸽,吴博. LIMS系统在实验室仪器设备数据自动化采集中的应用[J]. 中国检验检测,2020(6):93-95.

［15］ 程琳,李尚达,宋鹏飞,等. 中国国际标准化现状及发展形势分析[J]. 中国铸造装备与技术,2021,56(5):79-82.

［16］ 于欣丽. 国家标准体系构建研究[J]. 求索,2004(6):13-16.

［17］ 王美. 数字化实验室建设[M]. 天津:天津科技翻译出版有限公司,2015.

［18］ 李军. 大数据从海量到精准[M]. 北京:清华大学出版社,2014.

［19］ 刘隽良,王月兵. 数据安全实践指南[M]. 北京:机械工业出版社,2022.

［20］ 宋寰,卫尊义. 检验检测机构及实验室智能化发展探索[J]. 石油管材与仪器,2019(5):91-93.

[21] 王会芝. 工业机器人在智能制造中的应用[J]. 农机与农艺,2022(3):78-80.

[22] 杨震,刘飞. “十四五”时期机器人产业发展的挑战与政策思路[J]. 现代工业经济和信息化,2022(2):25-26.

[23] 孙磊,胡晓茹,刘丽娜,等. 实时直接分析-串联质谱法(DART-MS/MS)快速检测吐根中生物碱[J]. 中国中药杂志,2012,37(10):1426-1430.

[24] 任林娇,彭政,孟晓龙,等. 基于金纳米颗粒的裂分型适配体传感器检测三磷酸腺苷[J]. 分析化学,2022,50(3):405-414.

[25] 张茜,刘炜伦,路亚楠,等. 顶空气相色谱-质谱联用技术的应用进展[J]. 色谱, 2018,36(10):962-971.

[26] 李甜,张道楠,石京慧,等. 基于金纳米材料的新型冠状病毒可视化检测[J]. 化工新型材料,2022,50(3):75-78,83.

[27] 雷裕,胡新军,蒋茂林,等. 高光谱成像技术应用于畜禽肉品品质研究进展[J]. 食品安全质量检测学报,2021,12(21):8404-8411.

[28] 王雪莹,罗佳丽,黄明亮,等. 热成像技术在食品工业中的研究进展[J]. 食品工业科技,2013,34(1):397-400.

[29] 满忠秀. 基于嗅觉可视化技术的大米储藏期识别研究[D]. 镇江:江苏大学,2018.

[30] 李兆丰,徐勇将,范柳萍,等. 未来食品基础科学问题[J]. 食品与生物技术学报,2020,39(10):9-17.

[31] 丁黎明,丁钢强,张双凤. ISO/IEC 17025 实验室管理体系应用指南[M]. 杭州:浙江大学出版社,2006.

[32] 孙玉侠,荣臻,王健,等. 热成像技术在食品质量安全控制中的应用[J]. 食品科学, 2013,34(5):318-321.

[33] 董云峰,张新,许继平,等. 基于区块链的粮油食品全供应链可信追溯模型[J]. 食品科学,2020,41(9):30-36.

[34] 曹妍. 如何正确使用光谱成像技术进行食品检测[J]. 中国食品工业,2021(24):79-80.

[35] 唐晓纯. 国家食品安全风险监测评估与预警体系建设及其问题思考[J]. 食品科学, 2013,34(15):342-348.

[36] 李银龙,聂雪梅,杨敏莉,等. 新型磁性固相萃取材料在食品样品前处理中的应用进展[J]. 食品科学,2022,43(5):295-305.

[37] 吴雪. 计算机视觉技术在农产品和食品检测中的应用[J]. 粮油加工与食品机械,2002(3):38-39.

[38] 欧艳鹏. 大数据的存储管理技术[J]. 电子技术与软件工程,2017(21):175.

[39] 周司涵. 基于解吸电喷雾电离质谱成像的香菜关键成分分布研究[D]. 哈尔滨:哈尔滨工业大学,2021.

[40] 陈羚,谢海洋. 生物传感器在食品安全检测中的应用[J]. 食品安全导刊,2021(28):137-138.

[41] 张志勇,赵全中,涂安琪,等. 浅谈我国近红外光谱设备的应用[J]. 设备管理与维修,2021(19):122-123.

[42] 周陶鸿,宋政,胡家勇,等. X 射线荧光光谱法快速检测食品中的二氧化钛[J]. 食品安全质量检测学报,2021,12(1):50-55.

[43] 张晓瑞. 基于嗅觉和味觉可视化技术的腐乳风味表征方法研究及装置设计[D]. 镇江：江苏大学，2021.

[44] 林伟强. 实验室信息管理系统仪器接口技术研究[J]. 电脑编程技巧与维护，2012(2)：4-5.

[45] 刘通，邢仕歌，刘晓静，等. X射线荧光光谱结合基本参数法快速测定食品中砷、镉、铅元素含量[J]. 中国食品卫生杂志，2021，33(6)：790-796.

[46] 戚可可. 光电离质谱技术在生物组织成像和茶叶热加工中的应用研究[D]. 合肥：中国科学技术大学，2021.

[47] 胥清翠，范丽霞，梁京芸，等. 生物传感器在农产品质量安全检测中的应用与展望[J]. 农产品质量与安全，2018(6)：74-78.

[48] 王昊阳，东国卿. 实时直接分析高分辨质谱技术研究碳硼烷类化合物[J]. 分析测试学报，2021，40(2)：276-281.

[49] 胡谦，张九凯，邢冉冉，等. 实时直接分析-四极杆飞行时间质谱法快速鉴别油茶籽油真伪[J]. 分析测试学报，2021，40(2)：282-287，294.

[50] 高勇，郭艳，安维，等. 生物传感器的研究现状及展望[J]. 价值工程，2019，38(31)：225-226.

[51] 孙磊，胡晓茹，金红宇，等. 实时直接分析-串联质谱法快速分析乳香中多种乳香酸[J]. 中草药，2012，43(7)：1320-1323.

[52] 丁晓静，郭磊. 毛细管电泳实验技术[M]. 北京：科学出版社，2015.

[53] 刘燕梅，裴媛，李波，等. 金银/氮化钛表面增强拉曼基底制备及对烟酸的定量检测[J]. 光谱学与光谱分析，2021，41(7)：2092-2098.

[54] 满靖. 绿色分析测试技术在食品检验中的应用初探[J]. 食品安全导刊，2018(12)：89.

[55] 段鹤阳，潘俊帆. X射线荧光光谱法的应用和发展前景[J]. 化工管理，2021(14)：55-56.

[56] 赵婧，钱兵，何燕，等. 实时直接分析质谱技术在食品质量安全检测中的研究进展[J]. 食品研究与开发，2020，41(17)：210-216，224.

[57] 李光文，王美丽，方权辉，等. 基于铜纳米线放大的汞离子高灵敏比色检测法[J]. 分析试验室，2020，39(1)：28-32.

[58] 钱原铬，赵春江，陆安祥，等. X射线荧光光谱检测技术及其研究进展[J]. 农业机械，2011(23)：137-141.

[59] 李俊豪，韩冠华，林晓涛，等. 基于微流控技术的磁免疫荧光法在EB病毒检测中的应用[J]. 色谱，2022，40(4)：372-383.

[60] 王莉，宋兴祖，陈志宝. 大数据与人工智能研究[M]. 北京：中国纺织出版社，2019.

[61] 张毅哲，陆进宇，王阳阳，等. PKI/CA技术在实验室信息管理系统中的应用研究[J]. 计量与测试技术，2018，45(7)：71-73，75.

[62] 张秋菊，曹林波，王硕. 绿色分析化学在检验检测机构中的应用[J]. 中国卫生检验杂志，2019，29(21)：2682-2685.

[63] 李亚丽，岳燕霞. 成像技术在食品安全与质量控制中的研究进展[J]. 现代食品，2020(17)：114-115，127.

[64] 赵涛. 机器视觉技术在食品检测中的发展与应用研究[J]. 食品研究与开发，2021，42(19)：233-234.

[65] 王建伟，陶飞，郭双欢，等. 近红外光谱技术在食品安全检测中的应用进展[J]. 食品工业，

2021,42(12):461-464.
[66] 胡铁功,李泽霞,柳宁宁.近红外光谱技术在白酒行业的应用研究进展及展望[J].酿酒,2022,49(2):28-33.
[67] 刘迪,许鑫燕,郑亚婷,等.猫疱疹病毒 ERA-LFD 检测技术的建立与应用[J].中国兽医科学,2022,52(1):11-18.
[68] 陈丽霞,赵志毅,杨森,等.毛细管电泳在食品安全检测中的应用进展[J].食品安全质量检测学报,2020,11(20):7189-7195.
[69] 石长波,姚恒喆,袁惠萍,等.近红外光谱技术在肉制品安全性检测中的应用研究进展[J].美食研究,2021,38(2):62-67.
[70] 张毅.数字化及智能制造数字化转型进入新阶段:从政策角度看企业数字化转型发展趋势[J].起重运输机械,2021(11):28-29.
[71] 郭晓媛.云计算在国内某企业信息化建设中的应用研究[J].电子技术与软件工程,2014(20):2.
[72] 汪源.云化业务平台中业务自动部署的设计与实现[D].北京:北京邮电大学,2015.
[73] 朱先亮,汤国防.基于云计算的网络服务集群部署设计[J].电子技术与软件工程,2018(24):17.
[74] 范芳东.云计算及其关键技术[J].电脑知识与技术,2021(23):130-131.
[75] Thomas E R L,Mahmood Z,Puttini R. 云计算:概念、技术与架构[M].龚奕利,贺莲,胡创,译.北京:机械工业出版社,2017.
[76] 赵然,朱小勇.微服务架构评述[J].网络新媒体技术,2019(1):58-61.
[77] 辛园园,钮俊,谢志军,等.微服务体系结构实现框架综述[J].计算机工程与应用,2018(19):10-17.
[78] 赵云志,杨宇林,李楠.基于微服务架构的检验检测业务系统的研究与设计[J].品牌与标准化,2021(6):49-51.
[79] 陈新宇,罗家鹰,邓通,等.中台战略:中台建设与数字商业[M].北京:机械工业出版社,2019.
[80] 刘泊伶.业务中台补齐数字化能力短板[J].企业管理,2022(1):114-116.
[81] 霍海平.数字化转型背景下中台建设研究[J].IT 经理世界,2020(4):115-116,125.
[82] 许丽萍.软件国产化的应用牵引,政策是突破关键[J].信息与电脑,2014(17):80-81.
[83] 林伟强.LIMS 仪器接口技术研究[J].电脑编程技巧与维护,2013(2):4-5.
[84] 李楠.LIMS 接口技术的实现[J].电子技术与软件工程,2017(13):1.
[85] 王艳洁.基于 LIMS 临床检验设备接口规范化应用研究[D].北京:北京交通大学,2017.
[86] 黄晓凤,王会波,李长青.LIMS 与检测仪器接口技术实现数据自动化采集[J].医学信息,2020,33(3):21-23.
[87] 郭晓敏,林伟强,邹玉兰.基于平板计算机的检验数据采集系统的设计与实现[J].中国药事,2018,32(2):216-220.
[88] 施骁俊.仪器数据采集功能在环境监测 LIMS 中的应用:以上海市宝山区环境监测站为例[J].山东化工,2019,358(12):194-195.
[89] 程江.用于仪器仪表系统集成的多种通信接口转换器的研究与实现[D].西安:西安电子科技大学,2014.

[90] 汤静，方明，李海. 实验室仪器设备的管理与使用[J]. 自动化与仪器仪表，2012(5)：137-137.

[91] 王茜，冀晋文，吴刚，等. 实验室信息管理系统中仪器设备管理模块的设计与实现[J]. 分析测试技术与仪器，2021，27(3)：219-222.

[92] 程琳，李尚达，宋鹏飞，等. 中国国际标准化现状及发展形势分析[J]. 中国铸造装备与技术，2021，56(5)：79-82.

[93] 朱斌，周剑锋，陈仁杰. 我国国际标准化工作现状和发展趋势[J]. 中国标准化，2018(13)：105-122.

[94] 赵军. 工业发达国家标准体系的探讨[J]. 冶金标准化与质量，1996(6)：3-6.

[95] 于欣丽. 国家标准体系构建研究[J]. 求索，2004(6)：13-16.

[96] 李思远，代潇潇. 实验室仪器设备领域标准化发展分析与探究[J]. 中国标准化，2019(S2)：165-175.

[97] 张艳丽. 实验室仪器设备管理路径探寻[J]. 质量管理与监督，2019(6)：150-151.

[98] 毛芳，盛立新. 国际标准化发展新趋势背景下中国标准国际化的现状及路径完善[J]. 标准科学，2018(12)：88-91.

[99] 张剑，魏利伟，李坤威，等. 检测实验室仪器设备计量分类管理标准初探[J]. 标准科学，2016(6)：68-71.

[100] 胡一俊，伍晓茜. 新《标准化法》背景下团体标准推动高质量发展的对策研究[J]. 法治建设，2021(7)：16-19.

[101] 江洲，陈玉忠，咸奎桐，等. 构建国家标准体系的关键问题研究[J]. 中国标准化，2012(2)：40-44.